21世纪软件工程专业教材

Java核心技术

（第2版）

马志强　王慧　李雷孝　郭若飞　主编

清華大学出版社
北京

内容简介

本书涵盖了Java平台标准版的全部基础知识和高级特性，主要包括Java语法基础、面向对象编程、数组、高级类特性、泛型与集合框架、异常、流、JDBC访问数据库、GUI编程、线程、网络编程等。

全书结构严谨，层次清晰，语言生动，理论论述精准深刻，程序实例丰富实用。本书不要求读者具有开发编程基础，或者软件开发方面的任何经验，就可以具备使用Java语言进行应用开发的能力。本书可以用于普通高校计算机科学与技术、软件工程、网络工程、物联网工程、数据科学与大数据技术、人工智能专业的本科生教材，高职院校计算机相关专业的大专生教材，也可以作为Java软件开发工程师的培训教材、Java初学者和Java开发工程师的参考用书。

图书在版编目（CIP）数据

Java核心技术/马志强等主编．—2版．—北京：清华大学出版社，2022.8（2024.2重印）
21世纪软件工程专业教材
ISBN 978-7-302-61179-0

Ⅰ．①J…　Ⅱ．①马…　Ⅲ．①JAVA语言—程序设计—教材　Ⅳ．①TP312.8

中国版本图书馆CIP数据核字（2022）第110406号

责任编辑：张　玥
封面设计：常雪影
责任校对：徐俊伟
责任印制：曹婉颖

出版发行：清华大学出版社
网　址：https：//www.tup.com.cn，https：//www.wqxuetang.com
地　址：北京清华大学学研大厦A座　　**邮　编**：100084
社 总 机：010-83470000　　**邮　购**：010-62786544
投稿与读者服务：010-62776969，c-service@tup.tsinghua.edu.cn
质量反馈：010-62772015，zhiliang@tup.tsinghua.edu.cn
课件下载：https：//www.tup.com.cn，010-83470236
印 装 者：三河市龙大印装有限公司
经　销：全国新华书店
开　本：185mm×260mm　　**印　张**：29.75　　**字　数**：709千字
版　次：2014年4月第1版　2022年8月第2版　　**印　次**：2024年2月第2次印刷
定　价：89.50元

产品编号：094732-01

第2版前言

PREFACE

在 2022 年 2 月 TIOBE 公布的编程语言排行榜上，Java 语言仍然保持位列三甲的成绩。排名在一定程度上说明 Java 在行业中得到了广泛应用，使用 Java 技术进行软件开发的人员较多。要想成为 Java 技术类的开发人员，不仅需要有扎实的 Java 语言功底，还要学习掌握软件设计与开发技术。

本书既阐述软件开发技术，又培养工程实践能力。以 IT 企业对开发人员的技术能力要求为基础，以工程能力培养为目标，梳理了软件工程对计算机语言要求的知识点，并形成相应知识单元；按照工程需求顺序进行课程内容组织，便于学习和掌握；提供一定量的案例，注重实践能力的培养。

全书共分 12 章，章节安排以工程应用为主线展开。第 1 章为 Java 语言概述；第 2 章为 Java 语法基础；第 3 章为面向对象编程；第 4 章为数组；第 5 章为高级类特性；第 6 章为泛型与集合框架；第 7 章为异常；第 8 章为流；第 9 章为 JDBC 访问数据库；第 10 章为 GUI 编程；第 11 章为线程；第 12 章为网络编程。

本书在第 1 版的基础上进行章节合并及内容调整，形成第 2 版。与第 1 版相比的变化在于：(1)考虑到泛型主要应用在集合框架中，将第 1 版的泛型与集合框架合并为一章，在内容的组织上先介绍泛型，再讲集合，这样在集合讲解中就可以实现对泛型的应用，调整后对相应内容进行了重新组织和撰写。(2)GUI 编程在 Java 软件开发中的使用不是太多，在不影响知识讲解连贯性的前提下，从第 1 版的第 6 章调整至第 10 章，并且为了更符合 Java 软件开发的实际情况，重点描述了 Swing 组件，对相关内容进行重新组织和撰写。(3)针对第 1 章 Java 语言概述，将“Java 程序的开发过程”进行细化，更易于初学者实现对 Java 语言的入门。(4)针对第 3 章面向对象编程，按照面向对象的三大基本特征重新组织和梳理了章节内容，使知识点更具连贯性和完备性，同时扩展了常用类这一节内容。(5)针对第 5 章高级类特性，按照 Java 8 版本的新特性重新撰写了接口内容，并且新增了 Java 8 Lambda 表达式和注解的相关内容。(6)针对第 9 章 JDBC 访问数据库，新增了 JDBC 高级特征应用，并对本章部分现有内容进行了调整和完善。(7)对本书的综合案例进行了大幅调整，减少了 GUI 内容的使用，降低了综合案例的复杂度，更易于读者接受和掌握。

本书具有以下特点。

(1) 遵照教指委最新的计算机科学与技术和软件工程专业及相关专业的培养目标和方案合理安排 Java 核心技术的知识体系，结合 Java 技术方向的先行课程和后续课程组织相关知识点与内容。

(2) 注重理论和实践结合,教材融入面向对象软件开发过程和工程实践背景的项目案例,使得学生在掌握理论知识的同时提高程序设计过程中分析问题和解决问题的能力,加强创新意识,理论知识和实践技能得到全面发展。

(3) 每个知识点都包括基础案例,每章都有一个综合案例,知识内容层层推进,易于接受和掌握。每章的综合案例以"大学生综合测评系统"为基础,以开发过程为主线,将知识点有机地串联在一起,便于掌握与理解。

(4) 各章习题提供一定数量的课外实践题目,采用课内外结合的方式提高学生软件开发的兴趣和工程实践能力,满足当前社会对软件开发人员的需求。

(5) 教材提供配套课件和综合案例的源代码。

本书由马志强、王慧、李雷孝和郭若飞主编。其中,马志强编写了第 1、2 和 4 章,王慧编写了第 3、5、9 章,李雷孝编写了第 6、7 和 8 章,郭若飞编写了第 10、11、12 章。编者在编写过程中参阅了甲骨文公司、青岛软件园、杰普软件等公司的教学科研成果,也吸取了国内外教材的精髓,这里表示由衷的感谢。

本书的出版过程得到了刘利民教授、张世娥老师的支持和帮助,还得到了清华大学出版社的大力支持,在此表示诚挚的感谢。本教材受到全国高等学校计算机教育研究会 2013 年度高等学校计算机教材建设项目资助。

由于编者水平有限,书中难免有不妥和疏漏之处,恳请各位专家、同仁和读者不吝赐教。

编者

2022 年 2 月

第1版前言

PREFACE

近年来，在TIOBE公布的排名中，Java始终位列三甲的成绩。排名在一定程度上说明Java在行业中得到广泛应用，使用Java技术进行软件开发的人员较多。要想成为Java技术类的开发人员，不仅需要有扎实的Java语言功底，还要学习掌握软件设计与开发技术。

本书既叙述软件开发技术，又培养工程实践能力。以IT企业对开发人员的技术能力要求为基础，以工程能力培养为目标，阐述软件工程对计算机语言要求的知识点，并形成相应知识单元；按照工程需求顺序组织课程内容，便于学习和掌握；提供一定量案例，注重培养实践能力。

全书共分13章，内容安排以工程应用为主线。第1章为Java语言概述；第2章为Java语法基础；第3章为面向对象编程；第4章为数组；第5章为抽象类、接口、内部类以及反射；第6章为GUI基础、事件处理、适配器类以及常用Swing组件编程；第7章为List、Set和Map接口与其实现类的使用；第8章为泛型类、泛型方法的定义与使用；第9章为Java程序中异常的处理；第10章为I/O流的读/写操作；第11章为JDBC编程，事务处理以及DAO模式编程；第12章为线程编程；第13章为基于TCP和UDP协议的Socket编程。

本书具有以下特点。

(1) 遵照教指委计算机科学与技术和软件工程专业的培养目标和方案，合理安排知识体系，结合Java技术方向的先行课程和后续课程组织知识点与内容。

(2) 注重理论和实践结合，融入面向对象软件开发过程和工程实践背景的项目案例，使学生在掌握理论知识的同时提高分析问题和解决问题的能力，加强创新意识，理论知识和实践技能得到全面发展。

(3) 每个知识点都包括基础案例，每章都有一个综合案例，知识内容层层推进，易于学习。每章综合案例以"大学生综合测评系统"为基础，以开发过程为主线，将知识点有机串联在一起，便于掌握理解。

(4) 章节习题提供一定数量的课外实践题目，采用课内外结合的方式提高学生的软件开发兴趣和工程实践能力，满足当前社会对软件开发人员的需求。

(5) 本书提供配套课件和案例的源码。

本书由马志强、张然和李雷孝编著。其中，马志强编写第1、2、3、4、11和13章并统稿，张然编写第8章、各章综合案例与习题，李雷孝编写第5、6、7、9、10和12章。编写过程中参阅了甲骨文(Oracle)公司、安博教育集团、青岛软件园、达内时代科技、杰普软件等公司的教学科研成果,也吸取了国内外教材的精髓,在此表示由衷感谢。感谢柯展、闫瑞在案例代码的实现和测试中的贡献。

本书的出版得到刘利民教授、刘建兰老师的支持和帮助,还得到清华大学出版社的大力支持,在此表示诚挚的感谢。

本书受到全国高等学校计算机教育研究会 2013 年度高等学校计算机教材建设项目资助。

由于作者水平有限,书中难免有不妥和疏漏之处,恳请读者不吝赐教。

编者

2013 年 10 月

目　录

CONTENTS

第 1 章　Java 语言概述 ………………………………………………… 1
1.1　Java 技术 ………………………………………………… 1
1.1.1　Java 的诞生与发展 ………………………………………… 1
1.1.2　Java 的应用领域 ………………………………………… 3
1.1.3　Java 语言的特点 ………………………………………… 4
1.1.4　Java 平台 ………………………………………… 5
1.1.5　Java API 的使用 ………………………………………… 7
1.2　Java 程序的开发过程 ………………………………………… 9
1.2.1　JDK 的下载与安装 ………………………………………… 9
1.2.2　简单的桌面应用程序结构 ………………………………………… 9
1.2.3　Java 程序的编译 ………………………………………… 11
1.2.4　装载运行 ………………………………………… 12
1.2.5　集成开发环境的使用 ………………………………………… 12
1.3　基本输入输出 ………………………………………… 14
1.3.1　基本输入方法 ………………………………………… 14
1.3.2　基本输出方法 ………………………………………… 17
1.4　案例 ………………………………………… 18
1.4.1　案例设计 ………………………………………… 19
1.4.2　案例演示 ………………………………………… 19
1.4.3　代码实现 ………………………………………… 19
1.5　习题 ………………………………………… 20

第 2 章　Java 语法基础 ………………………………………… 23
2.1　Java 语法概述 ………………………………………… 23
2.1.1　Java 程序注释 ………………………………………… 23
2.1.2　Java 编码规范 ………………………………………… 25
2.2　常量与变量 ………………………………………… 26

2.3 运算符与表达式 …… 30
2.3.1 运算符 …… 30
2.3.2 表达式 …… 34
2.3.3 类型转换 …… 35
2.4 控制结构 …… 36
2.4.1 分支结构 …… 36
2.4.2 循环结构 …… 40
2.4.3 跳转语句 …… 44
2.5 案例 …… 47
2.5.1 案例设计 …… 47
2.5.2 案例演示 …… 47
2.5.3 代码实现 …… 49
2.6 习题 …… 58

第 3 章 面向对象编程 …… 62
3.1 面向对象程序设计思想 …… 62
3.2 类 …… 64
3.2.1 类的定义 …… 64
3.2.2 属性 …… 65
3.2.3 方法 …… 66
3.2.4 构造方法 …… 70
3.2.5 this 关键字 …… 72
3.3 对象 …… 74
3.3.1 对象的声明 …… 74
3.3.2 对象的实例化 …… 74
3.3.3 对象的使用 …… 76
3.3.4 对象的销毁 …… 76
3.3.5 对象的传递 …… 77
3.4 继承 …… 79
3.4.1 继承的定义 …… 79
3.4.2 super 关键字 …… 83
3.4.3 方法重写 …… 85
3.5 多态 …… 86
3.5.1 多态概述 …… 86
3.5.2 instanceof 运算符 …… 88
3.5.3 引用类型转换 …… 89
3.6 访问控制 …… 89
3.6.1 包 …… 89

3.6.2 访问控制修饰符 …… 91

3.7 非访问控制修饰符 …… 94

3.7.1 static 修饰符 …… 94

3.7.2 final 修饰符 …… 97

3.8 常用类 …… 99

3.8.1 Object 类 …… 99

3.8.2 字符串类 …… 102

3.8.3 封装类 …… 106

3.8.4 Java 8 新增日期和时间类 …… 108

3.9 案例 …… 112

3.9.1 案例设计 …… 112

3.9.2 案例演示 …… 113

3.9.3 代码实现 …… 113

3.10 习题 …… 118

第 4 章 数组 …… 124

4.1 基本概念 …… 124

4.2 一维数组 …… 124

4.3 多维数组 …… 128

4.4 数组 API 的使用 …… 131

4.5 案例 …… 134

4.5.1 案例设计 …… 134

4.5.2 案例演示 …… 135

4.5.3 代码实现 …… 135

4.6 习题 …… 141

第 5 章 高级类特性 …… 144

5.1 抽象类 …… 144

5.2 接口 …… 147

5.2.1 接口概念 …… 147

5.2.2 接口定义 …… 148

5.2.3 接口的默认方法和静态方法 …… 149

5.2.4 接口的多继承 …… 149

5.2.5 接口实现 …… 150

5.2.6 接口的多重实现 …… 152

5.3 内部类 …… 154

5.3.1 内部类概念 …… 154

5.3.2 实例内部类 …… 155

5.3.3 静态内部类 …… 156
5.3.4 局部内部类 …… 157
5.3.5 匿名内部类 …… 159
5.3.6 内部类应用 …… 160
5.4 Lambda 表达式 …… 161
5.4.1 Lambda 表达式概述 …… 161
5.4.2 函数式接口 …… 162
5.4.3 Lambda 表达式应用 …… 163
5.4.4 方法引用 …… 164
5.5 反射 …… 166
5.5.1 反射概念 …… 166
5.5.2 Class …… 166
5.5.3 其他反射相关 API …… 167
5.5.4 反射编程基本步骤 …… 169
5.6 注解 …… 176
5.6.1 基本注解 …… 176
5.6.2 自定义注解 …… 179
5.6.3 元注解 …… 182
5.7 案例 …… 186
5.7.1 案例设计 …… 186
5.7.2 案例演示 …… 186
5.7.3 代码实现 …… 187
5.8 习题 …… 188

第6章 泛型与集合框架 …… 192
6.1 泛型简介 …… 192
6.2 泛型类和泛型方法 …… 193
6.2.1 泛型类 …… 193
6.2.2 类型通配符 …… 196
6.2.3 泛型方法 …… 198
6.2.4 受限制的类型参数 …… 200
6.3 集合概述 …… 202
6.3.1 集合框架结构 …… 203
6.3.3 集合实现类 …… 206
6.4 List 接口实现类 …… 207
6.5 Set 接口实现类 …… 210
6.6 Map 接口实现类 …… 217
6.7 案例 …… 220

6.7.1 案例设计 …… 220
6.7.2 案例演示 …… 221
6.7.3 代码实现 …… 221
6.8 习题 …… 223

第7章 异常 …… 226
7.1 异常概念和分类 …… 226
7.1.1 异常概念 …… 226
7.1.2 异常分类 …… 229
7.1.3 常见异常 …… 231
7.2 异常处理 …… 232
7.2.1 异常处理机制 …… 232
7.2.2 捕获-处理异常 …… 232
7.2.3 声明抛出异常 …… 236
7.2.4 人工抛出异常 …… 238
7.3 自定义异常 …… 239
7.4 案例 …… 240
7.4.1 案例设计 …… 241
7.4.2 案例演示 …… 241
7.4.3 代码实现 …… 242
7.5 习题 …… 245

第8章 流 …… 247
8.1 流的基本概念 …… 247
8.2 流的分类 …… 248
8.3 流的体系结构 …… 248
8.3.1 InputStream …… 249
8.3.2 OutputStream …… 250
8.3.3 Reader …… 250
8.3.4 Writer …… 251
8.4 常用流的使用 …… 252
8.4.1 流的操作步骤 …… 252
8.4.2 字节流 …… 253
8.4.3 字符流 …… 256
8.4.4 字节字符转换流 …… 258
8.4.5 随机读取文件流 …… 259
8.4.6 PrintStream/PrintWriter …… 261
8.4.7 标准I/O …… 262

8.5 对象序列化 …… 263
8.6 文件操作 …… 265
8.7 案例 …… 272
8.7.1 案例设计 …… 272
8.7.2 案例演示 …… 273
8.7.3 代码实现 …… 273
8.8 习题 …… 279

第 9 章 JDBC 访问数据库 …… 282
9.1 JDBC 体系结构 …… 282
9.2 JDBC 常用 API …… 283
9.3 数据库连接 …… 286
9.3.1 注册驱动 …… 286
9.3.2 建立数据库连接 …… 287
9.3.3 获得 Statement 对象 …… 288
9.3.4 执行 SQL 语句 …… 289
9.3.5 处理结果集 …… 289
9.3.6 关闭资源 …… 290
9.4 JDBC 的基本应用 …… 292
9.4.1 数据库的基本操作 …… 292
9.4.2 JDBC 的简单封装 …… 301
9.4.3 DAO 模式 …… 303
9.5 JDBC 的高级特征使用 …… 310
9.5.1 属性文件使用 …… 310
9.5.2 数据库元数据 …… 312
9.5.3 可滚动结果集和可更新结果集 …… 314
9.5.4 调用存储过程 …… 317
9.5.5 事务处理 …… 319
9.5.6 批处理 …… 321
9.5.7 高级 SQL 类型 BLOB 和 CLOB …… 322
9.6 案例 …… 325
9.6.1 案例设计 …… 325
9.6.2 案例演示 …… 325
9.6.3 代码实现 …… 327
9.7 习题 …… 334

第 10 章 GUI 编程 …… 337
10.1 GUI 基础 …… 337

10.1.1 GUI 编程概述 …… 337
10.1.2 组件 …… 338
10.2 GUI 应用程序的构建 …… 339
10.2.1 容器 …… 339
10.2.2 布局管理器 …… 342
10.3 GUI 事件处理 …… 348
10.3.1 GUI 事件处理机制 …… 349
10.3.2 GUI 事件类型 …… 351
10.3.3 多重监听器 …… 353
10.3.4 适配器类 …… 355
10.3.5 基于内部类的事件处理 …… 357
10.4 Swing 基本组件 …… 358
10.4.1 JButton 按钮组件 …… 358
10.4.2 JLabel 标签组件 …… 358
10.4.3 JTextField 文本框组件 …… 359
10.4.4 JTextArea 文本域组件 …… 360
10.4.5 JMenuBar、JMenu 和 JMenuItem 菜单组件 …… 361
10.4.6 选择框组件 …… 363
10.4.7 JDialog 对话框组件 …… 367
10.4.8 JScrollPane 滚动面板组件 …… 371
10.4.9 JTable 表格组件 …… 371
10.5 案例 …… 374
10.5.1 案例设计 …… 374
10.5.2 案例演示 …… 375
10.5.3 代码实现 …… 376
10.6 习题 …… 390

第 11 章 线程 …… 392
11.1 线程基础 …… 392
11.1.1 线程的基本概念 …… 392
11.1.2 线程的概念模型 …… 393
11.1.3 线程的创建 …… 393
11.2 线程的状态 …… 401
11.2.1 线程状态转换 …… 401
11.2.2 常用的线程状态转换方法 …… 402
11.3 线程同步 …… 409
11.3.1 临界资源问题 …… 409
11.3.2 线程同步 …… 412

11.4 线程死锁 …… 414
11.5 线程通信 …… 415
11.6 案例 …… 419
11.6.1 案例设计 …… 419
11.6.2 案例演示 …… 420
11.6.3 代码实现 …… 421
11.7 习题 …… 424

第 12 章 网络编程 …… 428
12.1 网络基本概念 …… 428
12.2 java.net 包 …… 429
12.3 基于 TCP 的 Socket 编程 …… 430
12.3.1 InetAddress 类 …… 430
12.3.2 Socket 编程模型 …… 432
12.3.3 服务器程序 …… 434
12.3.4 客户端程序 …… 435
12.3.5 多客户端的服务器程序 …… 436
12.4 基于 UDP 的 Socket 编程 …… 439
12.4.1 UDP 编程模型 …… 439
12.4.2 接收端程序 …… 440
12.4.3 发送端程序编程 …… 442
12.5 URL …… 444
12.6 案例 …… 456
12.6.1 案例设计 …… 456
12.6.2 案例演示 …… 456
12.6.3 代码实现 …… 457
12.7 习题 …… 459

Java 语言概述

作为一门纯面向对象的程序设计语言，Java 深受软件开发人员的喜爱，是软件开发领域的主流程序设计语言之一。本章首先介绍面向对象编程语言的演变历史，然后介绍 Java 技术的构成，最后以案例为基础介绍 Java 桌面应用程序的开发过程。

1.1 Java 技术

面向对象编程语言起源于 20 世纪 60 年代开发的 Simula67 语言，它首次提出了对象的概念；20 世纪 70 年代出现了一门基于对象且支持数据抽象的 Ada 语言，但它没有全面支持继承；随后出现了一门真正的面向对象语言 Smalltalk，它丰富了面向对象的概念，实现了面向对象技术的机制。此后所有面向对象语言都受到了 Smalltalk 语言的启发。20 世纪 90 年代初，随着互联网应用的兴起，以 James Gosling 为负责人的工程师团队开发出一门可以跨平台应用的面向对象程序设计语言——Java。Java 语言在全球云计算和移动互联网产业的推动下不断推出新特性，以适应新技术发展的需要。

1.1.1 Java 的诞生与发展

Java 语言起源于 20 世纪 90 年代初 Sun Microsystems 公司的 Green 开源项目，项目目标是开发一种能够在家用电器等电子产品上运行的框架，使电子产品更加智能化。C++ 语言具有在硬件上直接开发的优势，项目组首先考虑采用 C++ 语言编写程序，然而由于单片机系统中硬件资源匮乏，特别是嵌入式处理器芯片种类繁多，编写的程序跨平台运行成为了项目开发的主要困难。为此，项目组研发人员根据嵌入式软件运行的需求，首先设计了一种结构简单、符合嵌入式应用需要的硬件平台体系结构，并为其制定了相应的规范。然后，研发人员对 C++ 语言进行了改造，去除了 C++ 语言中影响安全的成分，并结合嵌入式系统实时性的要求，开发出了一个名为 Oak 的面向对象语言。在 Web 应用出现之前，Oak 可以说是默默无闻。但是，从 1994 年起，项目组研发人员开始将 Oak 技术应用到 Web 应用上，为 Oak 找到了适合发展的市场定位，逐渐发展成为 Java 语言。Java 语言发展中重要的时间节点如表 1-1 所示。

表 1-1 Java 发展历程

年 份	主要事件
1995 年	Sun Microsystems 公司在 Sun World 会议上正式发布 Java 语言，IBM、Apple、DEC、Adobe、HP、Oracle、Netscape 和 Microsoft 等公司均停止了自己的相关开发项目，购买了 Java 使用许可证，并为自己的产品开发了相应的 Java 平台
1996 年	1 月，Sun Microsystems 公司发布了 Java 的第一个开发工具包(JDK 1.0)，这是 Java 发展历程中的重要里程碑，标志着 Java 成为一种独立的开发工具；4 月，10 个最主要的操作系统供应商申明将在其产品中嵌入 Java 技术；9 月，约 8.3 万个网页应用了 Java 技术来制作；10 月，该公司发布了 Java 平台第一个即时编译器(JIT)
1997 年	2 月，JDK 1.1 发布，在随后的三周时间里，达到了 22 万次的下载量；4 月，JavaOne 会议召开，参与者逾一万人，创当时全球同类会议规模之纪录；9 月，JavaDeveloperConnection 社区成员超过十万
1999 年	里程碑版本 JDK 1.2 发布。Sun 公司发布第二代 Java 的三大版本：标准版 J2SE(Java2 Standard Edition)，应用于桌面环境；企业版 J2EE(Java2 Enterprise Edition)：应用于基于 Java 的应用服务器；微型版 J2ME(Java2 Micro Edition)，应用于移动、无线及有限资源的环境。Java 2 的发布标志着 Java 的应用开始普及，是 Java 发展历程中的又一个里程碑
2000 年	J2SE 1.3 即 JDK 1.3 发布、JDK 1.4 发布。获得 Apple 公司 Mac OS 的工业标准的支持
2002 年	J2SE 1.4 发布
2004 年	J2SE 1.5 发布，是 Java 语言发展史上的又一里程碑事件。为了表示这个版本的重要性，J2SE 1.5 正式更名为 Java SE 5.0，代号 Tiger，该版本是自 1996 年发布 1.0 版本以来最大的更新
2005 年	Sun 公司发布了 Java SE 6。此时，Java 的各个版本都已经更名，去掉了前些版本中的数字 2，改为 Java
2009 年	Sun 公司被 Oracle 收购，Java 成为 Oracle 的一员
2011 年	Oracle 公司发布了 Java 7，这是 Oracle 发布的第一个 Java 版本
2014 年	Oracle 公司发布了 Java 8，这次版本升级为 Java 带来了全新的 Lambda 表达式。除此之外，Java 8 还增加了大量新特性，这些新特性使得 Java 变得更加强大。该版本是目前市场的主流版本
2017 年	Java 9 发布
2018 年	Java 10 版本、Java 11 版本发布
2019 年	Java 12 版本、Java 13 版本发布
2020 年	Java14 版本、Java 15 版本发布

根据智联招聘网招聘信息显示，Java 开发人员的招聘量仍然是最多的，基本是其他程序设计语言的 3 倍以上。多年来，Java 语言在编程语言排行榜中一直处在前两位，2011—2020 年 Java 语言在 TIOBE 编程语言排行榜中所处的位置如表 1-2 所示。

表 1-2 2011—2020 年编程语言排行榜

年 份	排 名									
	1	2	3	4	5	6	7	8	9	10
2011	**Java**	C	C++	PHP	Python	C#	VB	OC	Perl	Ruby
2012	C	**Java**	OC	C++	PHP	C#	VB	Python	Perl	Ruby
2013	C	**Java**	OC	C++	C#	C#	VB	Python	Perl	JS
2014	C	**Java**	OC	C++	C#	Basic	PHP	Python	Perl	TS
2015	**Java**	C	C++	OC	C#	JS	PHP	Python	VB	VB .NET
2016	**Java**	C	C++	C#	Python	PHP	VB .NET	JS	Assembly	Ruby
2017	**Java**	C	C++	C#	Python	PHP	JS	VB .NET	DOP	Perl
2018	**Java**	C	C++	Python	VB .NET	C#	JS	PHP	SQL	Go
2019	Python	**Java**	JS	C#	PHP	C/C++	R	OC	Swift	MATLAB
2020	**Java**	C	Python	C++	C#	VB .NET	JS	PHP	Swift	SQL

1.1.2 Java的应用领域

Java 是一门纯面向对象编程语言，具有简单、安全、可靠、可移植和跨平台的一系列优点，尤其在移动端和服务器端软件开发方面，Java 语言的优势更加明显。Java 语言主要应用在大型门户网站、电子商务领域应用、大数据技术、嵌入式应用和 Android 应用等开发领域。

1. 大型门户网站开发

Java 语言能够快速发展的主要原因是设计了 Web 开发中的动态交互技术，因此，Java 成为了大型门户网站应用开发的主流技术。特别地，随着 Java 技术生态环境的不断完善，各种框架技术（如 Spring MVC、Struts 以及 Hibernate 等）的推出进一步促进了 Java 技术在大型门户网站系统的开发应用。

2. 电子商务领域应用开发

由于 Java 语言具有良好的健壮性和安全性，因此在电子商务领域及大型商务网站应用开发领域中占据了一定的位置。特别是金融机构、跨国投资银行以及交易第三方等金融服务业公司常采用 Java 语言开发服务器端系统，主要完成高频数据的接收、计算和结果分发功能。

3. 大数据技术开发

Hadoop 开源框架、Mahout 数据挖掘框架以及其他大数据处理技术，很多都是用 Java 语言编写实现的。因此，Java 语言也是大数据技术开发应用的主流语言之一。

4. 嵌入式应用开发

由于 Java 本身最初的设计理念就是针对嵌入式系统的,因此 Java ME 版本主要应用在嵌入式系统开发方面,可以进行移动电话、网络电话、数字电视上的机顶盒、导航系统、个人数字辅助设备、网络交换以及家用自动电器等方面的开发。

5. Android 应用开发

Android 系统已经成为移动端的主流系统,Android 应用支持多种语言开发。目前,Android 应用中的很多程序采用 Java 语言编写,主要采用 Java 内部类编程模式实现。

1.1.3 Java 语言的特点

Java 是一类技术生态环境的总称,主要包括 Java 语言和 Java 平台两部分。Java 语言是一门高级的面向对象语言,具有简单、面向对象、分布式、多线程、动态、体系结构中立、可移植、高性能、健壮和安全的特点。

1. 简单性(Simple)

Java 语言的语法与 C 语言和 C++ 语言很接近,因此大多数程序员很容易学习和使用。同时 Java 丢弃了 C++ 中很少使用的、很难理解的以及令人迷惑的特性,如操作符重载、多继承、自动的强制类型转换。特别地,Java 语言不使用指针,并提供了自动的垃圾收集机制,使程序员不必为内存管理而担忧。

2. 面向对象性(Object oriented)

Java 提供了类、接口和继承等原语。为了简单起见,只支持类之间的单继承,但支持接口之间的多继承,并支持类与接口之间的实现机制。Java 语言全面支持动态绑定,而 C++ 语言只对虚函数使用动态绑定。总之,Java 语言是一个纯面向对象程序设计的语言。

3. 分布式(Distributed)

Java 支持 Internet 应用的开发,在 Java 应用编程接口中有一个网络应用编程接口(Java.net),它提供了用于网络应用编程的类库,包括 URL、URLConnection、Socket、ServerSocket 等。Java 的远程方法调用(RMI)机制也是开发分布式应用的重要手段。

4. 多线程(Multithreaded)

线程是一种特殊的对象,它的活动由一组方法来控制。Java 语言支持多个线程的同时执行,并提供多线程之间的同步机制(最简单的方法使用关键字 Synchronized)。

5. 动态性(Dynamic)

Java 程序需要的类能够动态地载入到运行环境,也可以通过网络来载入需要的类。这也有利于软件的升级。另外,Java 中的类有一个运行时刻的表示,能进行运行时刻的类型检查。

6. 体系结构的中立性(Architecture neutral)

程序在 Java 平台上被编译为体系结构中立的字节码格式,然后可以在装有 Java 运行环境的任何系统中运行。这种特点适合于异构的网络环境和软件的分发。

7. 可移植性(Portable)

Java 的体系结构有中立性,同时还严格规定了各个基本数据类型的长度。Java 系统本身也具有很强的可移植性,Java 编译器是用 Java 实现的,Java 的运行环境是用 ANSIC 实现的。

8. 高性能(High performance)

Java 是解释型语言。但是,与普通的解释型高级脚本语言相比,Java 的确是高性能的。事实上,随着 JIT(Just-In-Time)编译器技术的发展,Java 的运行速度越来越接近于 C++。

9. 健壮性(Robust)

Java 的健壮性体现在强类型检查、异常处理、垃圾回收机制等方面。对指针的丢弃是 Java 的明智选择。Java 的安全检查机制使得 Java 更具健壮性。

10. 安全性(Secure)

Java 通常被用在网络环境中,Java 提供了一个安全机制,以防恶意代码的攻击。除了具有许多安全特性外,Java 对通过网络下载的类具有一个安全防范机制(类加载器 ClassLoader),如分配不同的名字空间以防替代本地的同名类与字节代码检查,并提供安全管理机制(类安全管理器 SecurityManager),为 Java 应用程序设置安全哨兵。

1.1.4 Java 平台

Java 平台由两部分组成:Java 虚拟机(Java Virtual Machine,JVM)和 Java 应用程序接口(Java Application Programming Interface,API)。Java 平台将 Java 程序和硬件平台隔离开,实现了“一次编写,到处执行”的特点。Java 平台体系结构如图 1-1 所示。

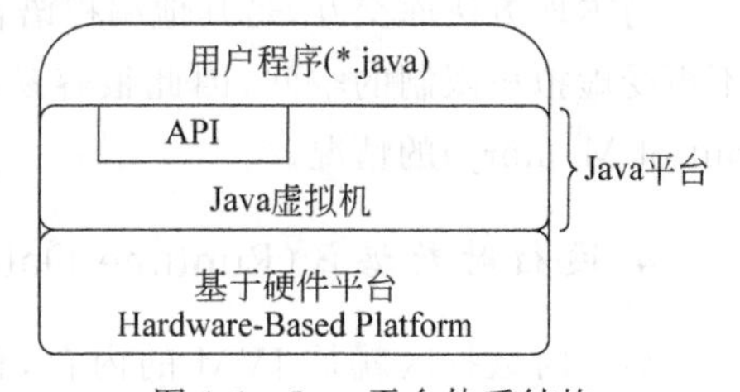

图 1-1 Java 平台体系结构

Java 虚拟机(JVM)是运行 Java 代码的虚拟计算机,是一台通过软件模拟实现的真实计算机系统。JVM 是一种用于计算机设备的规范,可以采用不同方式(软件或硬件)实现。所以,JVM 有自己的硬件,如处理器、堆栈、寄存器等,还有相应的指令系统,为 Java 字节码程序提供了独立的运行环境。JVM 包括 4 部分,分别是类装载子系统、执行引擎子系统、本地方法接口和运行时数据区。Java 虚拟机体系结构如图 1-2 所示。JVM 执行字节码时,需要把字节码解释成具体平台上的机器指令执行。因此,只要根据 JVM 规格描述编写对应计算机系统上的 JVM,就能保证经过编译的任何 Java 代码能够在该系统上运行,实现"一次编写,到处执行"。

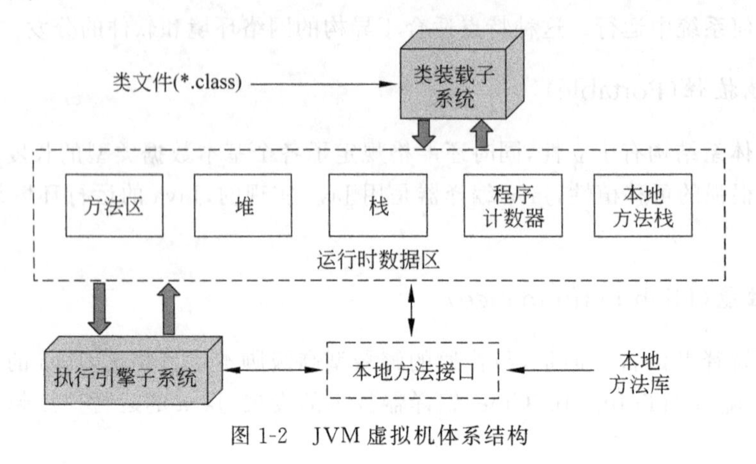

图 1-2 JVM 虚拟机体系结构

1. **类装载子系统**(Class Loader Subsystem)

根据给定的类全名,如 java.lang.Object 来装载类(Class)文件的内容到运行时数据区间(Runtime Data Area)中的方法区域(Method Area)。程序员可以继承 java.lang.ClassLoader 类来写自己的类装载器。

2. **执行引擎子系统**(Execution Engine)

由一套字节码指令集构成,通过执行引擎来完成字节码的执行,执行类中的指令。第一代 JVM 执行引擎采用解释技术;第二代 JVM 执行引擎采用即时编译技术;目前的 JVM 执行引擎采用自适应优化技术。

3. **本地方法接口**(Native Method Interface)

与本地方法库交互,是其他编程语言交互的接口。当调用本地方法的时候,就进入了不再受虚拟机限制的空间,因此很容易出现 JVM 无法控制的本地堆溢出(Native Heap out of Memory)的情况。

4. **运行时数据区**(Runtime Data Area)

运行时数据区就是 JVM 的内存,包括堆、栈、方法区、程序计数器和本地方法栈 5 部分。

(1) 堆(Heap):每个 JVM 实例中只存在一个堆空间,实现虚拟机中数据共享。它是一个可动态申请的内存空间,负责存储对象的数据。所有使用 new 类名( )构造出来的对象都在堆中存储。

(2) 栈(Stack):是一个先进后出的数据结构,通常用于保存方法中的参数、局部变量、所有基本类型和引用类型。它的存储空间小,但速度比较快。

(3) 方法区(Method Area):被装载的类信息存储在方法区的内存中。当虚拟机装载某个类型时,它使用类装载器定位相应的类文件,然后读入这个类文件内容,并把它传输到虚拟机中。

(4) 程序计数器(Program Counter,PC):每一个线程都有自己的PC寄存器,也是该线程启动时创建的。PC寄存器的内容总是指向下一条将被执行指令的地址,这里的地址可以是一个本地指针,也可以是在方法区中相对应于该方法起始指令的偏移量。

(5) 本地方法栈(Native Method Stack):保存native方法进入区域的地址。

1.1.5 Java API的使用

Java API是Java语言提供的组织成包接口的类和接口的集合,为开发者提供了各种有效的类和接口,并按照功能进行了分包存放。如图1-3[①] 所示。

表1-3中对Java API中常用的包进行了说明。

表1-3 Java API部分包说明

包　名	主要功能
java.applet	创建Applet需要的类和接口
java.awt	创建图形用户界面的类和接口
java.beans	开发Java Bean需要的类和接口
java.io	系统输入/输出的类和接口
java.lang	Java语言的基础类和接口
java.math	提供任意精度整数和实数的类和接口
java.net	网络应用的类和接口
java.rmi	远程方法调用的类和接口
java.security	用于安全方案的类和接口
java.sql	访问标准数据源数据的类和接口
java.text	提供与语言无关的处理文本、日期、数字和消息的类和接口
java.time	Java 8中新的处理日期、时间的类和接口
java.util	集合类、时间处理模式、日期时间、国际化等常用类和接口
javax.accessibility	提供用户界面组件之间相互访问的类和结构
javax.naming	为命名服务提供了一系列类和接口
javax.swing	提供了轻量级的用户界面组件

① 引自Oracle Java 8.0用户名册。

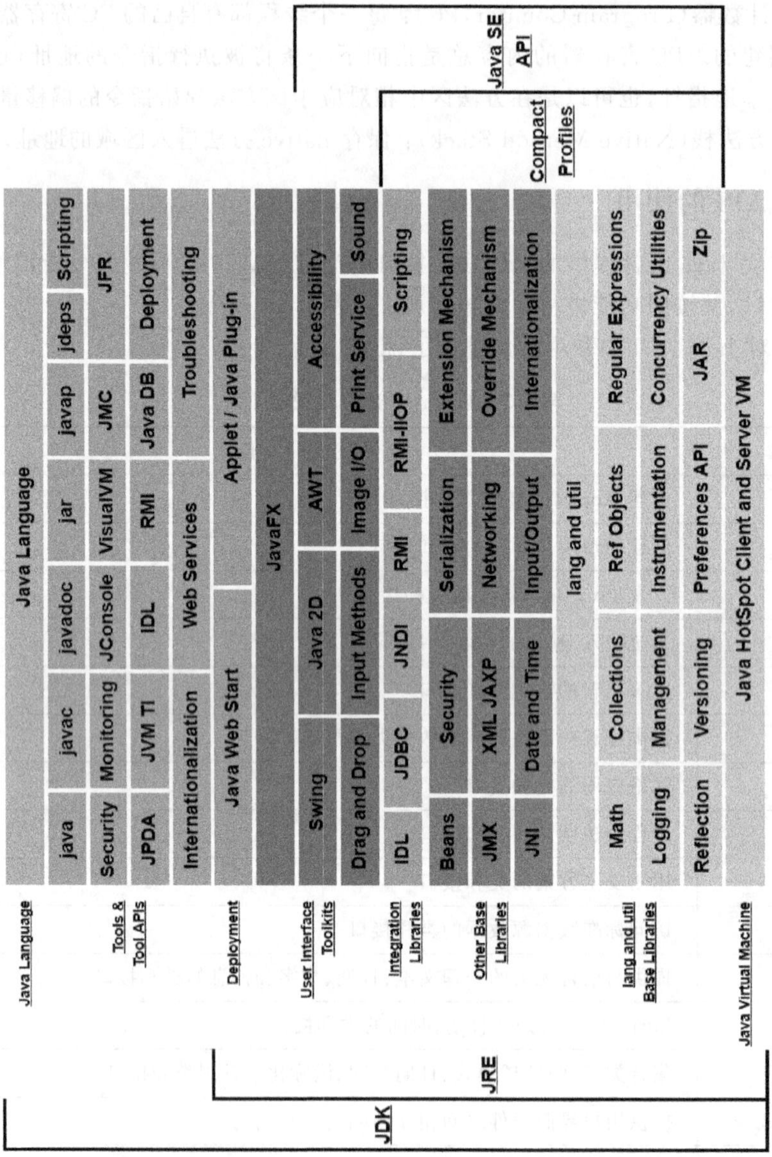

JDK
JRE
Java Language
Java Language
Tools &
Tool APIs
java
javac
javadoc
jar
javap
jdeps
Scripting
Security
Monitoring
JConsole
VisualVM
JMC
JFR
JPDA
JVM TI
IDL
RMI
Java DB
Deployment
Internationalization
Web Services
Troubleshooting
Deployment
Java Web Start
Applet / Java Plug-in
JavaFX
User Interface
Toolkits
Swing
Java 2D
AWT
Accessibility
Drag and Drop
Input Methods
Image I/O
Print Service
Sound
Integration
Libraries
IDL
JDBC
JNDI
RMI
RMI-IIOP
Scripting
Other Base
Libraries
Beans
Security
Serialization
Extension Mechanism
JMX
XML JAXP
Networking
Override Mechanism
JNI
Date and Time
Input/Output
Internationalization
lang and util
Base Libraries
lang and util
Math
Collections
Ref Objects
Regular Expressions
Logging
Management
Instrumentation
Concurrency Utilities
Reflection
Versioning
Preferences API
JAR
Zip
Java Virtual Machine
Java HotSpot Client and Server VM
Compact
Profiles
Java SE
API

图 1-3　Java API

1.2 Java 程序的开发过程

使用 Java 语言，可以开发 3 类程序，分别是 Java 桌面应用程序、Java Web 应用程序和 Java Applet 程序。本书主要介绍桌面应用程序的开发。Java 程序的开发过程包括编写源程序、编译、调试、修改错误、装载执行，如图 1-4 所示。

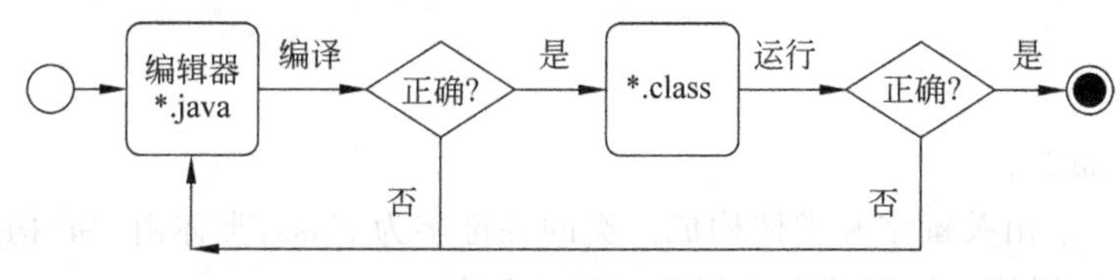

图 1-4 Java 程序开发过程

1.2.1 JDK 的下载与安装

JDK(Java Development Kit)是 Java 语言的软件开发工具包，是 Java 桌面应用程序、Java Web 应用程序和 Java Applet 程序的开发环境，它提供了编译 Java 和运行 Java 程序的环境。

进行 Java 应用程序开发之前，首先搭建 Java 开发环境。搭建 Java 开发环境需要下载、安装及配置 JDK。JDK 开发工具包需要从 Oracle 公司的官方网站(http://www.oracle.com/)下载，目前的最新版本是 15，但是应用最广泛的是 Java 8(JDK8)版本，例如 Windows 系统的 JDK8 版本"jdk-8u121-windows-i586.exe"。本书中如没有特殊说明，都以 Windows 版本的 JDK 为例。

将 JDK 安装工具包下载到本地磁盘，双击安装文件，直接按照对话框中的安装提示操作即可。在安装过程中可以使用系统默认的安装目录，也可以自己选择按照目录。安装目录在配置环境变量时需要使用。

安装 JDK 后，需要配置相应的环境变量。步骤如下。

(1) 配置环境变量：右击"我的电脑"→"高级"→"环境变量"。

(2) 在系统变量里新建 JAVA_HOME 变量，变量值为安装 JDK 的路径。

(3) 新建 classpath 变量，值为.;%JAVA_HOME%\lib; %JAVA_HOME%\lib\tools.jar。classpath 变量代表程序运行要加载类的所在位置，可以配置，也可以不配置，不进行配置默认为当前目录。

(4) 在 path 变量中添加变量值%JAVA_HOME%\bin;%JAVA_HOME%\jre\bin。path 必须配置，目的是寻找 Java 工具应用程序的位置，如 javac、java、javadoc 等。

1.2.2 简单的桌面应用程序结构

最简单的 Java 桌面应用程序应至少包括一个类，类中包括 main 方法。编写 Java 源程序的工具主要分为两类：一类是单纯的文本编辑器，如记事本程序、EditPlus 等；另一种是集成开发工具，如 Eclipse、MyEclipse、NetBeans 等。

【例 1-1】 简单的 Java 桌面应用程序,输出提示"欢迎学习 Java 语言"提示信息。文件名为 ConsoleHello.java。

程序 ConsoleHello.java 如下。

```
public class ConsoleHello{
    public static void main(String args[]){
        System.out.println("欢迎学习 Java 语言!");
    }
}
```

程序说明如下。

(1) 类定义:由关键字和类体构成。类的关键字为 class,类体由{和}构成,其中类名为用户自定义标识符。标识符定义规范详见 2.2 节。

(2) 源程序的文件名命名规则:主文件名应该与修饰为 public 的类名一致,扩展名必须为 java。一个源文件中只能包含一个 public 的类或接口,可以包括多个非 public 的类或接口。所以,【例 1-1】中的文件名为 ConsoleHello.java。

(3) main 方法:作为桌面程序,类中必须包括 main 方法,它是桌面程序运行的入口。main 的头部要求定义为 public static void main(String[] args),public static 是 main 方法的修饰符。其中 args 参数是程序执行时带入程序的命令行参数,目的是使程序按照参数指定的方式运行。

命令行执行格式为 java MyApp arg1 arg2,其中 MyApp 为文件名,arg1、arg2 为带入程序的参数。

(4) 输出方法:【例 1-1】主要实现了内容的输出,使用了 System 类中 out 对象的 println 方法实现。

【例 1-2】 编写字符界面的菜单程序,文件名为 ConsoleUI.java。

程序 ConsoleUI.java 如下。

```
/**
  * 文档注释使用举例
  * @author Java 课程小组
  * @version 0.1v
  * 本例是 Java 的入门案例
  * 说明 Java Application 桌面系统的程序组成
  * main 方法的构成
  * 注释的分类与使用说明
  * 输出方法的使用
 */
package ch01;                    //包语句
public class ConsoleUI {
        /* 多行注释使用举例
           这是 main 方法,注意首部的构成,只有桌面系统才有 main 方法,
           其他的如 Applet 和 Web application 都没有 main 方法 */
    public static void main(String[] args){
```

```
        //单行注释-输出方法的使用
        //这是一个 console 界面
        System.out.println("************************************");
        System.out.println("*****\t算术学习系统          \t*****");
        System.out.println("*****\t作者：内蒙古工业大学   \t*****");
        System.out.println("*****\t2019.07.08            \t*****");
        System.out.println("************************************");
        System.out.println("");
    }
}
```

程序说明如下。

(1) Java注释：包括3种注释，分别是：单行、多行和文档注释。单行注释使用"//单行注释内容"、多行注释使用"/* 多行注释内容 */"、文档注释使用"/** 文档注释内容 */"。

(2) 转义字符：输出字符串时，为了实现对齐，字符串中使用了转义字符"\t"，代表水平制表符。

(3) package语句：是一个建包的语句，详见3.6节。

1.2.3 Java程序的编译

Java语言是一门编译语言。需要将Java编写的源程序(*.java)编译为Java字节码程序(*.class)，编译正确后，才能在JVM上加载运行。Java程序的编译有两种方式：一种是使用命令行方式编译；一种是使用集成开发环境编译。

下面以命令行方式为例演示编译过程。在命令提示符下输入javac命令和要编译的Java源程序，如图1-5所示，编译正确时则在当前目录下创建一个名为ConsoleHello.class的文件，如图1-6所示。编译错误时编译器会提示相应的错误信息，如图1-7所示。对于编译错误的程序，根据编译错误的提示修改源代码，直到编译正确才能创建对应的.class文件，才可以装载到JVM上运行。

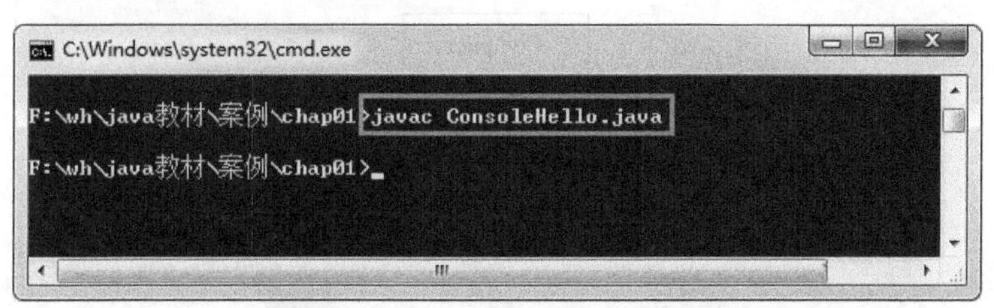

图1-5 编译正确界面

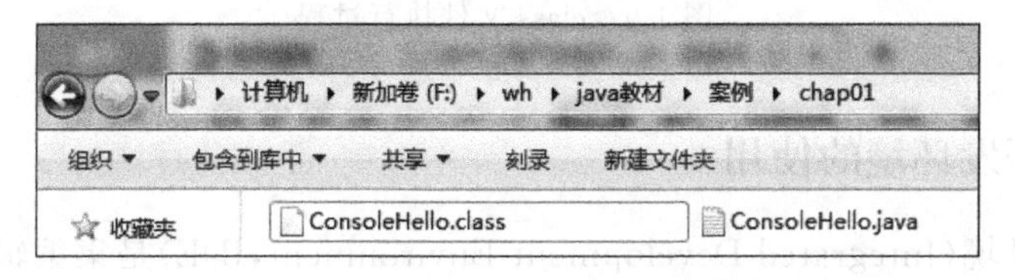

图1-6 编译后生成.class文件

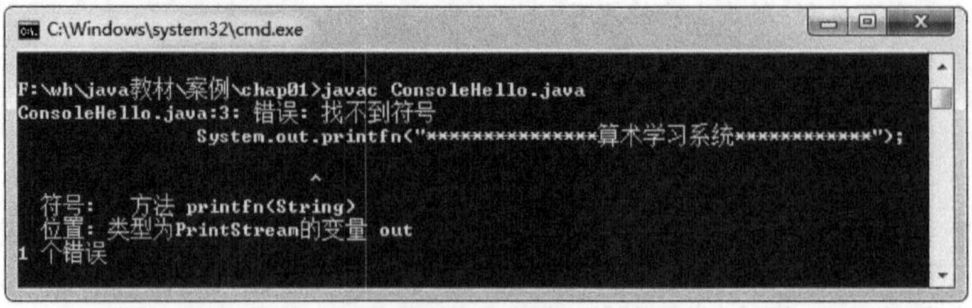

C:\Windows\system32\cmd.exe
F:\wh\java教材\案例\chap01>javac ConsoleHello.java
ConsoleHello.java:3: 错误: 找不到符号
System.out.printfn("***************算术学习系统************");
^
符号: 方法 printfn(String)
位置: 类型为PrintStream的变量 out
1 个错误

图 1-7 编译错误

1.2.4 装载运行

正确编译后的 Java 程序(class 文件)可以装载到 JVM 上运行,而 JVM 可以安装到任何支持它的操作系统上,实现“一次编写,到处执行”。使用命令行方式装载运行时,需在命令提示符后输入 java 和要装载的类名,不包含 class 扩展名,运行过程如图 1-8 所示。Java 程序可以运行在任意可以安装 JVM 的机器上,执行过程如图 1-9 所示。

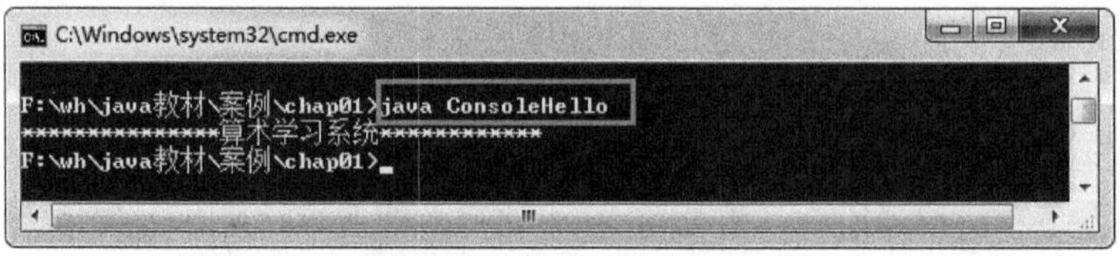

C:\Windows\system32\cmd.exe
F:\wh\java教材\案例\chap01>java ConsoleHello
***************算术学习系统************
F:\wh\java教材\案例\chap01>_

图 1-8 运行 class 文件界面

Java Program
public class ConsoleHello{
public static void main(String args[]){
System.out.println("Hello Java!");
}
}
ConsoleHello.java
Compiler
JVM
JVM
JVM
Windows
Unix
Mac OS

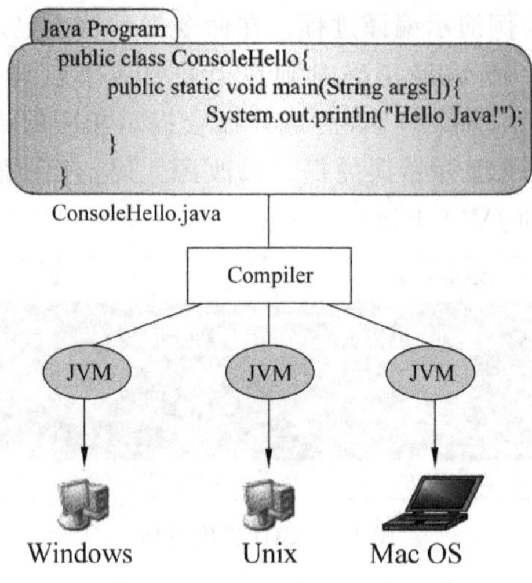

图 1-9 class 文件执行过程

1.2.5 集成开发环境的使用

集成开发环境(Integrated Development Environment,IDE)是集编辑、编译、运行、调试、打包和发布等功能于一体的软件。Java 的集成开发环境有很多,主要有 JCreator、

NeBeans IDE、JDeveloper、Eclipse 和 MyEclipse。Eclipse 是一个开源软件，用户可以免费下载(地址为 http://www.eclipse.org/)，解压后直接使用。如果没有安装 JDK，需要首先按照 1.2.1 节中的办法安装。

1. 启动 Eclipse

启动 Eclipse 后的使用界面如图 1-10 所示。

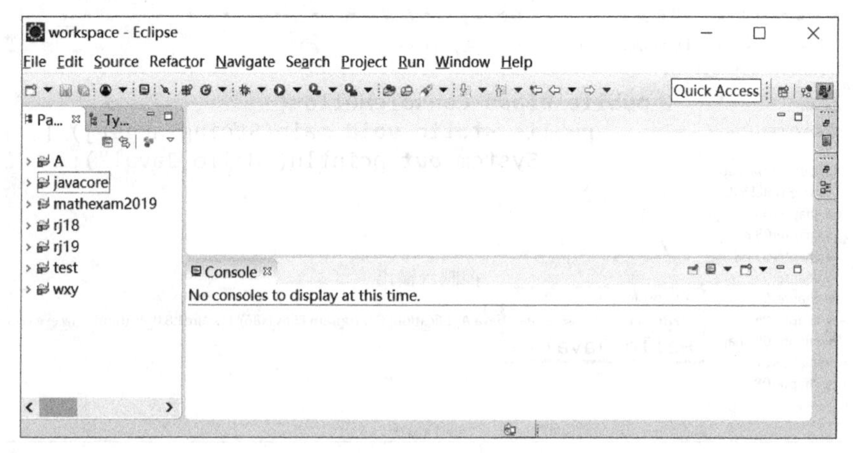

图 1-10　Eclipse 主界面

2. 编辑程序

在 Eclipse 下编辑程序，需要新建一个工程，方法为选择 File→new→Java Project；然后选择 File→new→class，Eclipse 的界面如图 1-11 所示。Eclipse 是一个自动编译的集成环境，在编写代码的同时系统就进行了编译。

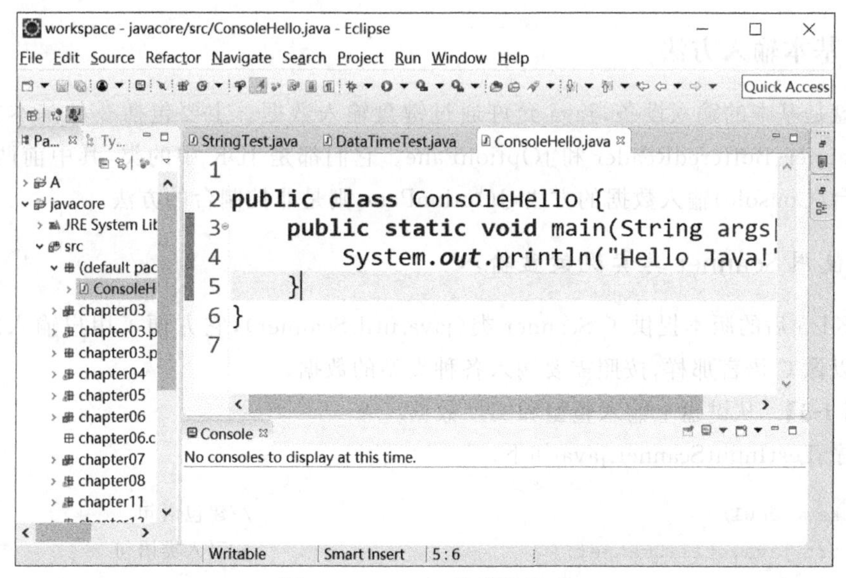

图 1-11　Eclipse 的编辑界面

3. 运行程序

可选择菜单中的 Run→run as→Java Application 运行程序,如果编写的是非图形界面的应用程序,则运行结果在 Console 视图中显示,如图 1-12 所示。

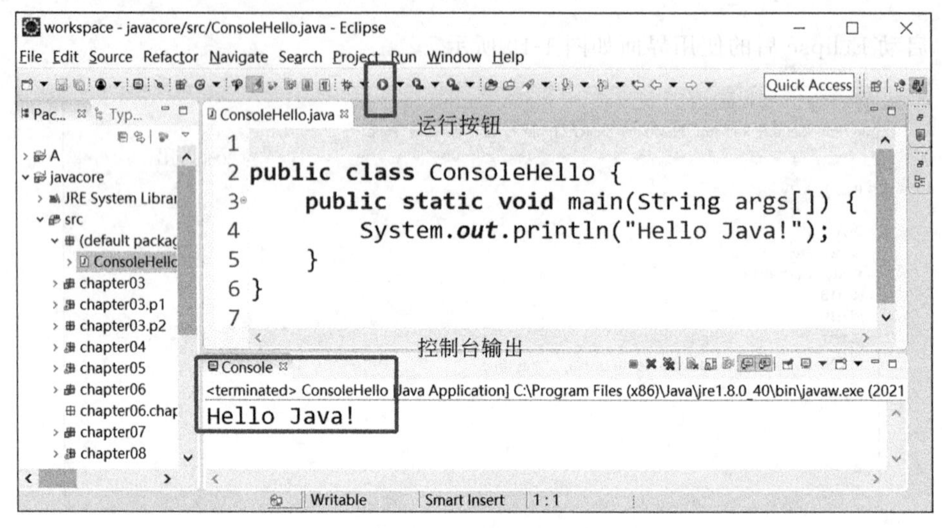

图 1-12 运行界面

1.3 基本输入输出

Java 没有基本的输入与输出语句。它的输入与输出全部基于流实现。为了方便学习和测试使用,本节首先介绍基本的输入与输出办法。流的原理性内容将在第 10 章详细介绍。

1.3.1 基本输入方法

键盘是基本的输入设备,Java 允许通过键盘输入数据。主要包括 3 种基本方法,分别是 Scanner、BufferedReader 和 JOptionPane。它们都是 JDK 中的类,其中前两种方法是控制台(Console)输入数据的方法,JOptionPane 则是非控制台的方法。

1. 使用 Scanner 类实现键盘输入

JDK1.5 后的版本提供了 Scanner 类(java.util.Scanner),它方便了用户输入的实现。用户可以像 C 语言那样,按照需要输入各种类型的数据。

【例 1-3】 从键盘上输入整型和实型数据。

程序 TestInputScanner.java 如下。

```
package ch01;                                          //建包语句
import java.util.Scanner;                              //引入类语句
public class TestInputScanner {
```

```
    public static void main(String[] args) {
        Scanner stdin =new Scanner(System.in);
        //指定从标准输入流(System.in)中进行数据输入
        int answer1;
        double answer2;
        System.out.print("5 +5 =");
        answer1 =stdin.nextInt();
        System.out.println("5 +5 ="+answer1);
        System.out.print("5.0 * 5.0 =");
        answer2 =stdin.nextDouble();
        System.out.println("5.0 * 5.0 ="+answer2);
    }
}
```

程序运行结果如图 1-13 所示。

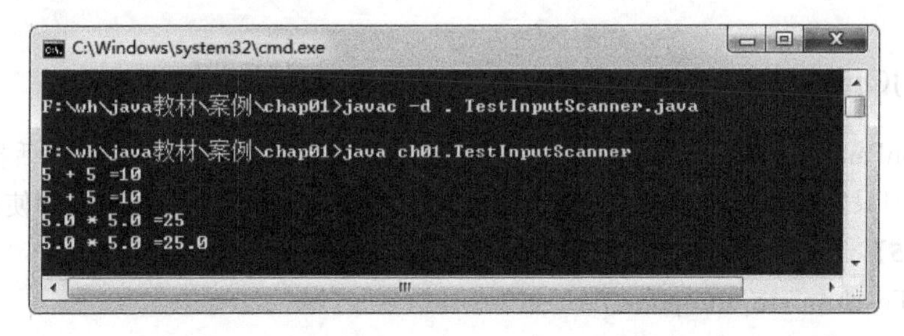

图 1-13 程序 TestInputScanner.java 的运行结果

2. 使用 BufferedReader 类实现键盘输入

在 JDK1.5 版本前,使用 BufferedReader 字符输入流实现从键盘上输入数据,输入的数据是字符串,需要进行类型转换才能将字符串转换为用户需要的类型。本节使用字符串到整型的转换 Integer.parseInt(String)。

【例 1-4】 从键盘上输入整型和实型数据。

程序 TestInputReader.java 如下。

```
package ch01;                                //建包语句
import java.io.BufferedReader;               //引入带缓冲的字符输入类,实现行输入
import java.io.IOException;                  //引入异常类
import java.io.InputStreamReader;            //引入字符输入类
public class TestInputReader {
    public static void main(String[] args) throws IOException{
        BufferedReader stdin;                //定义输入流对象
        String dataString;                   //定义字符串对象
        int testInt;                         //定义整型数据变量
        stdin =new BufferedReader(new InputStreamReader(System.in));
        //实例化字符输入流
```

```
        System.out.println("输入整型测试数据: ");  //输入测试数据提示
        dataString =stdin.readLine();              //从键盘上读取字符串
        testInt =Integer.parseInt(dataString);     //字符串型数据转换为整型数据
        System.out.println("测试数据"+testInt);    //输出测试数据
    }
}
```

程序运行结果如图 1-14 所示。

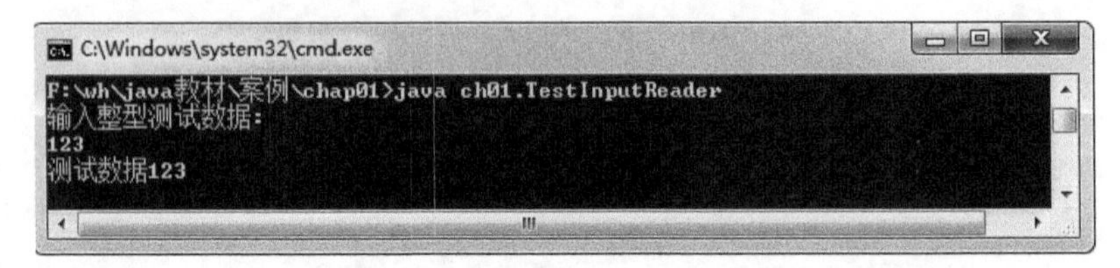

图 1-14　程序 TestInputReader.java 的运行结果

3. 从 JOptionPane 对话框输入

JOptionPane 是 javax.swing 中的类,是一种可视化的对话框。通过该对话框可以实现数据输入,但只能输入字符串数据。在做控制台(Console)应用程序时,不推荐使用本方法。

【例 1-5】 使用对话框进行数据输入。

程序 TestInputJoptionpane.java 如下。

```
package ch01;                                        //建包语句
import javax.swing.JOptionPane;                      //引入对话框输入类
public class TestInputJoptionpane {
    public static void main(String[] args) {
        int testInt;
        String dataStr;
        dataStr =JOptionPane.showInputDialog("输入数据");   //从对话框输入数据
        testInt =Integer.parseInt(dataStr);         //字符串转换为用户所需数据类型
        System.out.println("测试数据为: " +testInt);  //输出测试结果
    }
}
```

程序运行结果如图 1-15 所示。

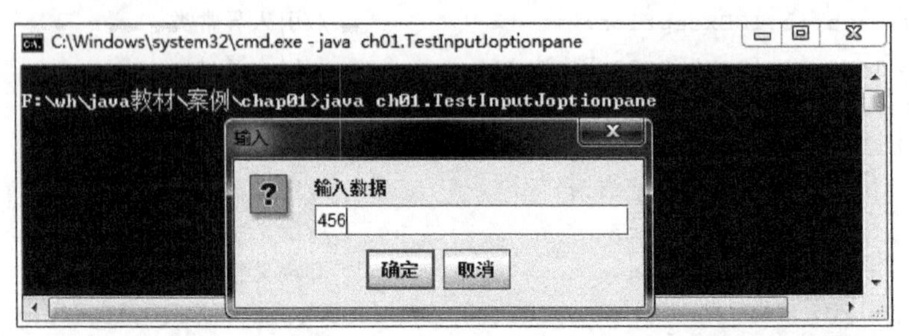

图 1-15　程序 TestInputJoptionpane.java 的运行结果

1.3.2 基本输出方法

Java 语言向标准设备上输出有两种方式：一是控制台方式(Console)；二是可视化的对话框方式。

1. 使用控制台方式输出

Java 使用控制台方式输出时，还是方便的。System 类提供了 out 标准输出流对象，即 System.out，它的类型为 PrintStream，为实现数据输出提供了方便。前面程序中的 System.out.println()就是向控制台输出的一种方法，其他更多方法查阅 JDK 文档(https://docs.oracle.com/javase/8/docs/api/)。

2. 使用对话框方式输出

Java 输出时也可以采用可视化对话框方式实现。使用 JOptionPane 的 showMessageDialog 方法进行数据输出。输出的数据是字符串，其他类型的数据需要转换。

【例 1-6】 使用对话框进行数据输出。

程序 TestOutputJOP.java 如下。

```
package ch01;
import javax.swing.JOptionPane;
public class TestOutputJOP {
    public static void main(String[] args){
        JOptionPane.showMessageDialog(null, "输出数据");     //直接输出字符串数据
        JOptionPane.showMessageDialog(null, String.valueOf(124.5));
          //输出转换后的字符串数据
    }
}
```

程序运行结果如图 1-16 和图 1-17 所示。

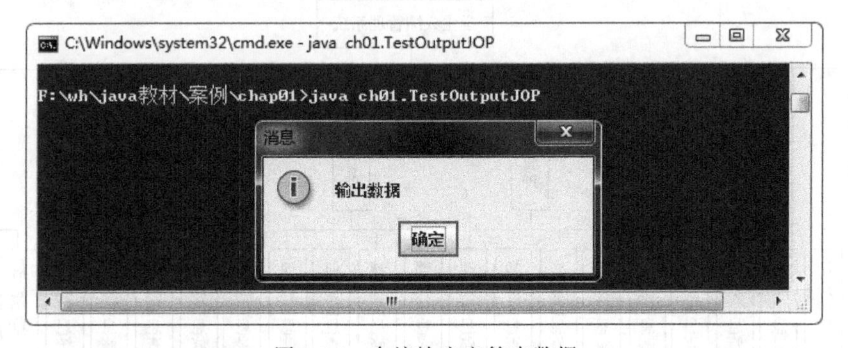

图 1-16 直接输出字符串数据

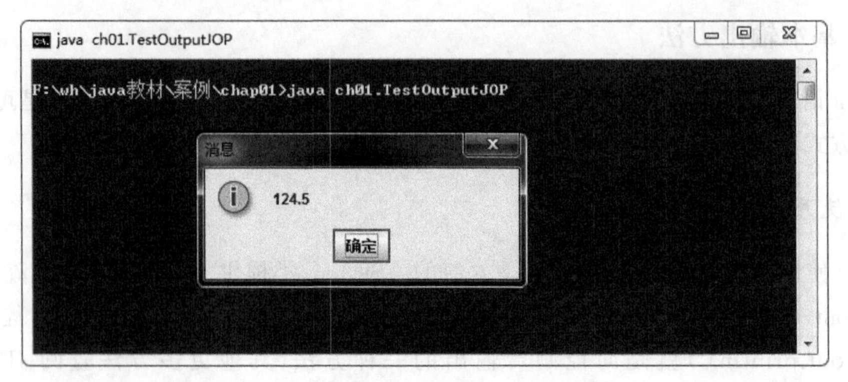

图 1-17 输出转换为字符串的数据

1.4 案 例

作为贯穿全书的综合案例,"学生成绩管理系统"与软件工程迭代开发相结合。根据工程开发实践,每章内容与系统部分功能相结合,用于说明各章知识点和技术在实际工程实践项目中的应用。

"学生成绩管理系统"的主要功能是实现系统中管理员、教师、学生三类用户对系统的操作。其中超级管理员可以对管理员信息、学生信息、教师信息、课程信息和班级信息进行管理;负责对课程进行安排;另外可以对学生成绩录入、修改、查询以及个人信息修改等功能进行操作;教师可以对本人所讲课程的成绩录入、修改、查询以及个人信息修改等功能进行操作;学生可以对查看本人所修学的课程成绩以及个人信息的修改等功能进行操作,以及最后用户退出的操作。功能模块如图 1-18 所示。为了配合书中知识点的组织,案例在原系统的基础上进行了裁剪。读者可以根据自己的实际情况进行修改,在课程结束时设计出适合自己情况的系统。案例的开发首先是基于字符的桌面程序,然后是基于图形的桌面程序。

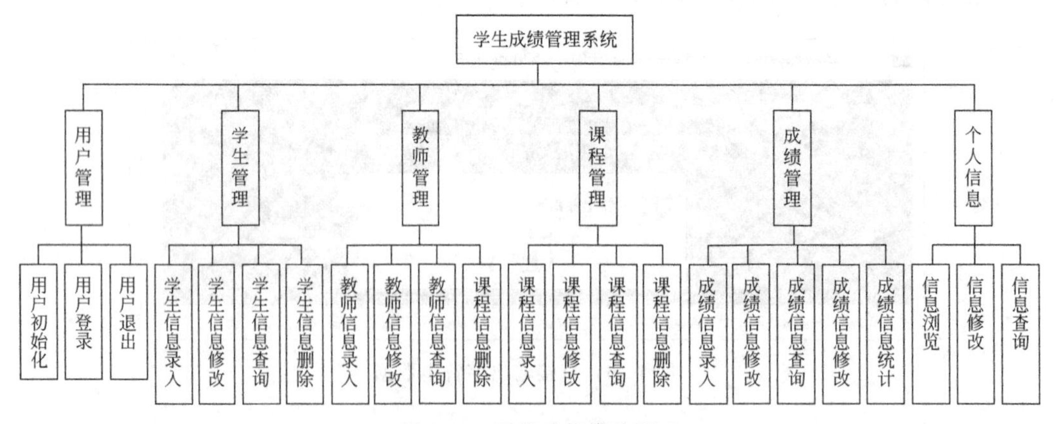

图 1-18 系统功能模块图

1.4.1 案例设计

本案例程序主要用于实现用命令行形式显示系统主界面。按照图 1-18 设计的系统功能，在系统的主要功能中实现用户的登录退出；基础数据中学生、教师、课程、成绩的录入、修改、查询、删除等的操作；个人信息的维护。根据这些功能设计在主界面上显示用户登录、信息管理、个人信息维护及退出系统的菜单选项。其中信息管理、个人信息维护模块需登录系统后才能操作。

1.4.2 案例演示

程序运行后的界面如图 1-19 所示。

```
命令提示符 - java chapter01.MainCUI

D:\wh\课程\workspace\StudentSys\src\chapter01>java chapter01.MainCUI
----------------------------------------
************************************
* * * * * 学生成绩管理系统 (v1.0) *****
************************************
----------------------------------------
*        1、用户管理                *
*        2、信息管理                *
*        3、个人信息管理            *
*        4、退出系统                *
----------------------------------------
系统已经启动，输入功能编号（1-4）》
请输入功能编号（1-4）：
```

图 1-19 系统运行主界面

1.4.3 代码实现

本程序使用类 MainCUI 实现，具体功能在 main()方法中实现。

程序 MainCUI.java 的具体代码如下。

```
package chapter01;
import java.util.Scanner;
public class MainCUI {
    public static void main(String[] args) {
        //TODO Auto-generated method stub
        System.out.println("----------------------------------------");
        System.out.println("***********************************");
        System.out.println("***** 学生成绩管理系统 (v1.0)*****");
        System.out.println("***********************************");
        System.out.println("----------------------------------------");
        System.out.println("* \t1、用户登录\t\t * ");
        System.out.println("* \t2、信息管理\t\t * ");
        System.out.println("* \t3、个人信息管理\t\t * ");
        System.out.println("* \t4、退出系统\t\t * ");
        System.out.println("----------------------------------------");
```

```
        System.out.println("系统已经启动,输入功能编号(1-4)》");
        Scanner scanner =new Scanner(System.in);
        System.out.println("请输入功能编号(1-4): ");
        String str =scanner.nextLine();}
}
```

可以看出,一个 Java 类程序由 package 语句、import 语句和 class 语句三部分组成。在 class 代码块中可以定义方法,其中 main 方法是 Java 桌面程序的入口方法,如果要直接运行,一个类必须有 main 方法,否则将出现错误。

程序语句 System.out.println("");为打印语句。程序中的 package 和 import 语句将在 3.6 节中详细阐述。

1.5 习　　题

1. 选择题

(1) Java 应用程序源文件的扩展名为(　　)。

A. java　　B. class　　C. exe　　D. html

(2) Java 应用程序经过编译后会产生一个以(　　)为扩展名的字节码文件。

A. java　　B. class　　C. exe　　D. html

(3) main 方法是 Java 桌面应用程序执行的入口点,关于 main 方法首部定义,(　　)是合法的。

A. public static void main()

B. public static void main(String args[])

C. public static int main(String [] arg)

D. public void main(String arg[])

(4) 在 Java 中,负责对.class 中间字节码解释执行的是(　　)。

A. 垃圾回收器　　B. 虚拟机　　C. 编译器　　D. 多线程机制

(5) 下列选项中,(　　)反映了 Java 程序并行机制的特点。

A. 安全性　　B. 多线程　　C. 跨平台　　D. 可移植

(6) Java 为移动设备提供的平台是(　　)。

A. Java ME　　B. Java SE　　C. Java EE　　D. JDK5.0

(7) 以下正确的 java 注释是(　　)。

A. //This is comment　　B. /* This is comment

C. * This is comment *　　D. /** This is comment

(8) 在 Java 编程中,(　　)命令用来执行 java 类文件。

A. javac　　B. java

C. appletviewer　　D. 以上所有选项都不正确

2. 填空题

(1) 如果将类 MyClass 声明为 public,它的文件名称必须是________才能正常编译,编译后的类文件名为________。

(2) main 方法的参数是________,一个源程序文件中可以有________个 public 类。

(3) 有一个 Java 源文件 A.java,编译源文件的命令是________;运行 class 文件的命令是________。

3. 程序设计题

(1) 搭建 Java 运行环境,并编写一个 Java 程序,打印输出“开始学习 Java 程序设计!”。

(2) 修改下面 4 个 Java 源文件中的错误,使其能够编译和运行。

① Test1.java 源程序。

```
public class Test1 {
    public static void main(String[] args) {
        System.out.println("What's wrong with this program?");
    }
}
public class TestAnother1 {
    public static void main(String[] args) {
        System.out.println("What's wrong with this program?");
   }
}
```

② Test2.java。

```
public class Testing2 {
    public static void main(String[] args) {
        System.out.println("What's wrong with this program?");
    }
}
```

③ Test3.java。

```
public class Test3 {
    public static void main(String args) {
        System.out.println("What's wrong with this program?");
    }
}
```

④ Test4.java。

```
public class Test4 {
    public void main(String[] args) {
```

```
            System.out.println("What's wrong with this program?");
        }
    }
```

(3) 设计菜单显示类,程序的执行结果如图 1-20 所示。

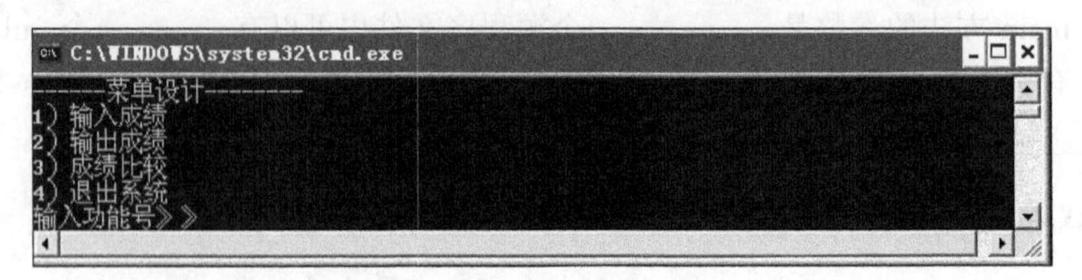

图 1-20　菜单设计样式

4. 思考题

(1) 通过 Java 程序的运行过程理解 JVM 的工作原理。

(2) 使用 Java API 文档查阅 java.io 包下的 PrintStream 类,学习 print 方法的使用。

5. 实训题

(1) 实训题目。

班级成绩管理系统一级菜单的设计与实现。

(2) 实训内容。

设计并实现"班级成绩管理系统"字符界面一级菜单。班级成绩管理系统的功能包括班级信息管理、课程管理、成绩输入、平均成绩排名和退出系统。

(3) 实训要求。

系统界面友好,有一定的提示信息,方便用户完成信息的输入和输出。

Java 语法基础

开发 Java 程序，首先要掌握 Java 的程序结构和基本语法内容。本章将以学生成绩的输入案例为基础介绍 Java 程序的基本结构、变量、类型、表达式和控制流程等内容。

2.1 Java 语法概述

任何一种编程语言都有自身的编写规范和编码规则。为了提高程序的可读性，常常在程序中添加注释内容。本节将简要介绍 Java 语言的程序注释、代码编写规范和编码规则。

2.1.1 Java 程序注释

规范的程序中都应该包含注释，注释可以提高程序的可读性。Java 语法规定可以在 Java 源文件中的任意位置加入注释语句，这些注释语句在程序编译时将被编译器忽略。因此在注释中添加的任何内容对编译后的程序不会有任何影响。Java 的程序注释包括 3 种方式：单行注释、多行注释和文档注释。

1. 单行注释

单行注释的使用形式为“//注释内容”。利用单行注释时，从符号“//”直到换行位置内容均作为注释而被编译器忽略。例如：

```
int age=13;                              //定义 age 用于保存年龄信息
```

2. 多行注释

多行注释的使用形式为“/ * …… * /”。符号“/ * ”和“ * /”必须成对出现，注释内容写在两者之间，内容可换行。例如：

```
/*
注释内容 1
注释内容 2
*/
```

为了提高程序书写的美观也可以写成：

```
/*
*注释内容 1
*注释内容 2
*/
```

3. 文档注释

文档注释和多行注释相似,文档注释的使用形式为“/ * * …… * /”。符号“/ * * ”和“ * /”必须成对出现,注释内容写在两者之间,内容可换行。例如:

```
/**
*注释内容 1
*注释内容 2
*/
```

文档注释除了可以作为程序注释出现在任何声明之前,使用 JDK 提供的 Javadoc 工具,可以直接将源代码里的文档注释提取成一份系统的 API 文档。API 文档就是用来说明这些应用程序接口的文档。对于 Java 语言而言,API 文档通常详细说明了每个类、每个方法的功能及用法。

Javadoc 命令形式如下:

```
javadoc -d 文档存放路径 Java 程序源文件名称
```

【例 2-1】 Java 程序注释的使用。

程序 Student.java 如下。

```
public class Student{
    //单行注释
    public int age;                  //age 表示年龄
    public String name;              //name 表示姓名
    //多行注释
    /*
    * 表示收入
    */
    private double salary;
    //文档注释
    /**
    * study 方法描述学生学习的行为动作
    */
    public void study(){
        System.out.println("Student is studying!");
    }
}
```

【例 2-1】定义了一个类 Student(有关类的概念和定义在第 3 章详细讲解),其中属性定义采用了单行注释和多行注释,方法说明采用了文档注释说明。

通过命令行窗口界面进入Java程序源文件所在目录，执行命令如下：

```
javadoc -d D:\doc Student.java
```

命令执行如图2-1所示。

```
C:\Windows\system32\cmd.exe

D:\ch02>javadoc -d D:\doc Student.java
正在加载源文件Student.java...
正在构造 Javadoc 信息...
正在创建目标目录: "D:\doc\"
标准 Doclet 版本 1.8.0_191
正在构建所有程序包和类的树...
正在生成D:\doc\Student.html...
正在生成D:\doc\package-frame.html...
正在生成D:\doc\package-summary.html...
正在生成D:\doc\package-tree.html...
正在生成D:\doc\constant-values.html...
正在构建所有程序包和类的索引...
正在生成D:\doc\overview-tree.html...
正在生成D:\doc\index-all.html...
正在生成D:\doc\deprecated-list.html...
正在构建所有类的索引...
正在生成D:\doc\allclasses-frame.html...
正在生成D:\doc\allclasses-noframe.html...
正在生成D:\doc\index.html...
正在生成D:\doc\help-doc.html...

D:\ch02>
```

图2-1 提取文档注释内容命令执行

生成的Student说明文档如图2-2所示。双击“index.html”可以查看Student类的结构信息和文档注释说明的内容。

名称	修改日期	类型	大小
allclasses-frame.html	2020/2/29 10:43	360 se HTML Docu...	1 KB
allclasses-noframe.html	2020/2/29 10:43	360 se HTML Docu...	1 KB
constant-values.html	2020/2/29 10:43	360 se HTML Docu...	4 KB
deprecated-list.html	2020/2/29 10:43	360 se HTML Docu...	4 KB
help-doc.html	2020/2/29 10:43	360 se HTML Docu...	7 KB
index.html	2020/2/29 10:43	360 se HTML Docu...	3 KB
index-all.html	2020/2/29 10:43	360 se HTML Docu...	5 KB
overview-tree.html	2020/2/29 10:43	360 se HTML Docu...	4 KB
package-frame.html	2020/2/29 10:43	360 se HTML Docu...	1 KB
package-list	2020/2/29 10:43	文件	1 KB
package-summary.html	2020/2/29 10:43	360 se HTML Docu...	4 KB
package-tree.html	2020/2/29 10:43	360 se HTML Docu...	4 KB
script.js	2020/2/29 10:43	JavaScript 文件	1 KB
Student.html	2020/2/29 10:43	360 se HTML Docu...	10 KB
stylesheet.css	2020/2/29 10:43	层叠样式表文档	14 KB

图2-2 Javadoc生成的说明文档

2.1.2 Java编码规范

编码规范是程序员编程时应注意的一些细节问题，有利于提高程序的可读性，使程序员可以快速地理解新的代码，有利于维护编写的Java代码。编码规范不是语法规则。

1. 命名规范

命名常量时,应使用大写字母,单词间用下画线隔开,并且能见其名知其意。如 PI、MAX_VLAUE 等。

命名变量时,字母应小写,且要有意义,尽量避免使用单个字符。对于临时变量,可以使用 i、j、k 等。又如用 age 表示年龄,用 userName 表示用户名等。

方法是被用来调用执行某一操作,方法名是对操作的描述。方法的首字母应该小写,如果由多个单词组成,则其后的单词首字母应大写。例如,向数据库添加数据的方法可用名称 addData(),查询所有用户信息可用名称 findAllUsers()。

命名包时,包名及前缀由小写字母组成,如 java.io、com.imut.ch01。

命名类时,类名使用名词,首字母大写,若由多个单词组成,则每个单词的首字母大写,尽量使类名简洁而富于描述。例如 Student、RandomAccessFile。

接口的命名规范与类的命名规范相似。例如 FileFilter。

尽管 Java 语言的语法允许使用其他语言命名,但建议不要使用汉字或其他语言的文字命名。

2. 代码规范

编写代码时,声明一个变量和编写一条代码语句都要单独占一行,这样有助于添加程序注释。

空格和制表符的使用。关键字之后要留空格,如 if、for、while 等关键字之后应留一个空格,再跟左括号"(",以突出关键字;方法名与其左括号"("之间不要留空格,以与关键字区别;二元操作符,如"＝""＋＝""＞＝""＜＝""＋""*""%""&&""||""＜＜""^"等的前后应加空格。程序块要采用缩进风格编写,缩进只使用 Tab 键,不能使用空格键(在编辑器中将 Tab 设置为 4 格);方法体的开始、类的定义以及 if、for、do、while、switch、case 语句中的代码都要采用缩进方式。

合理使用空行。类、方法等相对独立的程序块之间、变量说明之后必须加空行。

避免使用技巧性过高的语句,减少回归调用和嵌套层数过多循环,对关键代码添加注释。

2.2 常量与变量

前面的程序中已经使用了变量,如【例 1-3】中的 int answer1。实际上,对象能够具有不同的状态,软件能够按照不同的配置参数去运行,主要是变量起了重要作用。本节主要介绍标识符、数据类型、常量和变量的使用。

1. 标识符

计算机程序是一个标识符的集合。程序设计语言中的标识符就是一个名称(或标号),它与逻辑空间中的地址相对应。Java 语言规定标识符可以由一个或多个字符组成,首字符必须是字母、下画线或美元符号字符,第二个字符及后继字符必须是上述任意字符或数字字符(0～9);大小写敏感,无长度限制,可以使用汉字或其他语言,用户自定义标识符时不能使用Java的关键字、预留关键字和具有特殊意义的标识符。在Java中,标识符的定义有一定的命名规范,对常量、变量、类等进行命名时,必须在保证标识符有效的前提下遵循编码规范。

为了方便书写Java程序,Java语言预先定义了关键字(Key Word)、保留字(Reserved Word)和具有特殊意义的标识符。Java关键字是具有特殊含义的标识符,用来表示计算机语言提供的说明与基本运算,如表2-1所示。保留字是为Java预留的关键字,它们虽然现在没有作为关键字,但在以后的升级版本中有可能作为关键字。主要包括两个,即const和goto。Java语言中具有特殊意义的标识符包括true、false和null,true表示逻辑真,false表示逻辑假,null表示不确定的对象,即引用变量没有指向任何对象。

表2-1 Java关键字

abstract	boolean	break	byte	case
catch	char	class	continue	default
do	double	else	extends	false
final	finally	float	for	if
implements	import	instanceof	int	interface
long	native	new	null	package
private	protected	public	return	short
static	super	switch	synchronized	this
throw	throws	transient	true	try
void	volatile	while		

2. ***数据类型***

程序在计算机中运行时,需要为数据分配一定的存储空间,运算时需要遵循相应的规则,这些都由计算机语言提供的数据类型决定的。Java的数据类型分为基本数据类型(Primitive Data Type)和复合数据类型(或引用类型)。其中基本数据类型由Java语言提供,包括8种。复合数据类型则是由JDK包和用户自己定义的类、接口和数组组成。数据类型的组成如图2-3所示。基本类型的长度、表示范围和缺省值如表2-2所示。

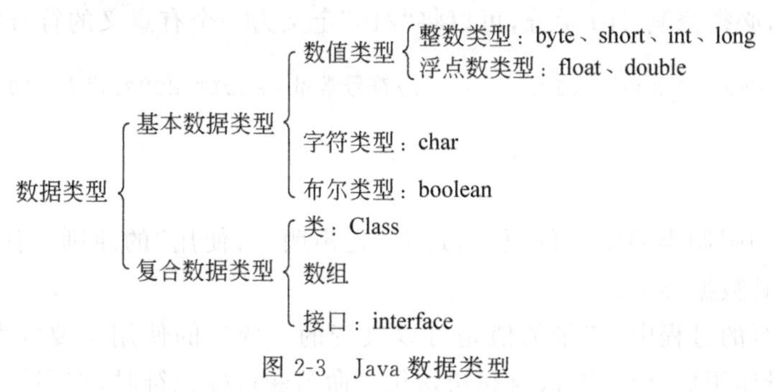

图2-3 Java数据类型

表 2-2　基本数据类型的表示范围

类　型	长　度	表 示 范 围	缺省值
byte	8 b	－128 ～＋127	0
short	16 b	－32 768～＋32 767	0
int	32 b	－2 147 483 648～＋2 147 483 647	0
long	64 b	－9 223 372 036 854 775 808～ 9 223 372 036 854 775 807	0L
float	32 b	－3.4E38～3.4E38	0.0f
double	64 b	－1.7E308～1.7E308	0.0d
char	16 b	'\u0000'～'\uffff'	'\u0000'
boolean	8 b	true、false	false

3. 常量

常量是程序在执行过程中不能改变的量,分为字面常量和标识符常量。

【例 2-2】 “数据科学与应用学院”、30、0.25f、0.25 等都是字面常量。其中“数据科学与应用学院”是字符串常量,30 是整型常量,0.25f 是浮点型常量、0.25 是双精度型常量。

在程序开发中,常常会用一个不能改变的符号来代替一个字面常量,称为标识符常量(或符号常量)。作为符号常量首先是不能改变,同时是一个合法的 Java 标识符。程序开发规范要求符号常量一律采用大写字符格式定义,当由多个单词构成符号常量时,单词间使用下画线相连。

符号常量的语法格式如下。

```
final DataType XXX =data;
```

final 为修饰符,含有最终的意义;DataType 为数据类型;XXX 为符号常量;data 为符号常量的具体值。

【例 2-3】 程序开发中经常使用圆周率进行计算,可以将它定义为符号常量。

```
final float PI =3.1415f;              //符号常量 PI,代表 3.1415
```

学生毕业,必须修满 210 学分,可以将“210”定义为一个有意义的符号常量。

```
final int CREDIT_HOUR =210;           //符号常量 CREDIT_HOUR,代表 210 个学分
```

4. 变量

Java 是一门强制类型定义的语言,遵循“先声明,后使用”的原则。任何变量在使用前都必须声明其数据类型。

在程序执行的过程中,变量的值是可以改变的。变量的使用主要涉及以下 4 方面:变量类型、变量作用域、变量默认值和初始化。命名变量标识符时,首字符要小写,一般变

量标识符中会出现变量类型的标识。

变量在使用过程中有4种类型：分别是实例变量(Instance Variables)、类变量(Class Variables)、局部变量(Local Variables)和参数变量(Parameters)。

实例变量就是在类中定义的非静态(static)类变量，它是在类中定义的属性，在实例化对象中存储具体数据的空间。

类变量恰好与实例变量相反，它是类中的静态变量，在类装载入虚拟机时，该变量就被初始化为指定或默认的值，供类访问。以上两种变量将在第3章中深入讲解。

局部变量是在具体的语句块或方法体中定义的变量，该变量必须由用户进行初始化。

参数变量是定义方法头部时进行参数传递的变量。

【例2-4】 局部变量的定义与使用。

程序BaseTypeTest.java如下。

```
package chapter02;
public class TestBaseType {
    public static void main(String[] args) {
        final int COURSE_HOUR =210;               //定义符号常量
        boolean flag =true;                       //定义布尔型变量,并附初始值
        char ch ='a';                             //定义字符型变量,用字符来初始化
        char ch_chinese=' \u5185';                //定义字符型变量用字符的编码值来初始化
        int i =100;                               //定义整型变量,并附初始值
        byte lowbyte =16;                         //定义字节型变量,并附初始值
        float score =97.5f;                       //定义浮点型变量,并附初始值
        System.out.println("boolean =" +flag); //输出对应的值
        System.out.println("char =" +ch);
        System.out.println("UTFchar =" +ch_chinese);
        System.out.println("int =" +i);
        System.out.println("byte =" +lowbyte);
        System.out.println("float =" +score);
        System.out.println("COURSE_HOUR =" +COURSE_HOUR);
        System.out.println("int max =" +Integer.MAX_VALUE);  //输出整型的最大值
        System.out.println("int min =" +Integer.MIN_VALUE);  //输出整型的最小值
    }
}
```

程序运行结果如下。

```
boolean =true
char =a
UTFchar =内
int =100
byte =16
float =97.5
COURSE_HOUR =210
int max =2147483647
```

```
int min =-2147483648
```

【例 2-4】中的 main 方法中定义了多个局部变量,代码中所有变量都是"先声明、后使用",变量声明为不同的基本数据类型,然后为这些变量赋予对应的值,最后输出。

2.3 运算符与表达式

为了实现程序功能,使运算和控制更方便,需要在数据类型上提供相应的运算操作。有时将变量、方法、运算符组织起来会形成更加复杂的运算。

2.3.1 运算符

运算符是一种提供一元(单目)、二元(双目)和三元(三目)操作并返回结果的特殊符号。与方法相比,运算符主要体现在高效性上。Java 语言提供了赋值、算术、关系、逻辑、类型比较、位运算和条件运算等运算符。

1. 赋值运算符(Assignment Operator)

Java 中的赋值过程通过赋值运算符实现,赋值运算符分为简单赋值运算符和复合赋值运算符。

简单赋值运算符为"=",它是将操作符右边计算得到的值赋值给操作符左边的变量。

【例 2-5】 已知 int baseInt = 2,求解表达式 baseInt = baseInt * baseInt + baseInt + 3 的值。

该表达式表示将 2 * 2 + 2 + 3 的值赋值给 baseInt,使用中要注意与数学中的等号区分。

复合赋值运算符就是将赋值符与其他运算符合并的一种缩写。分别是 *=、/=、%=、+=、-=、<<=、>>=、>>>=、&=、^=和|=。具体使用时,把握 E1 op= E2 等效于 E1 = (T)((E1) op (E2))(其中 T 是 E1 的类型)这一原则即可。

【例 2-6】 已知 int baseInt = 2,求解表达式 baseInt *= 2 + 3 的值。

该表达式表示 baseInt = baseInt * (2 + 3),而不是 baseInt = baseInt * 2 + 3,所以结果为 10。

2. 算术运算符(Arithmetic Operator)

Java 提供了算术运算操作符,实现数值的加、减、乘、除等运算,返回数值类型值。分别是+(加)、-(减)、*(乘)、/(除)、%(取余)、++(自增)和--(自减)。

① "+"运算符也可以用到字符串中,实现字符串合并。

② 在整型运算中,除数是不能为 0 的,否则直接运行异常。但是在浮点数运算中,允许除数为零,所得结果是 Infinity。

③ 在 Java 的取余运算中,余数的正负符号完全取决于左操作数,和左操作数的正负号一致。在浮点数取余运算中,除数为 0,得到一个 NaN 常量,NaN 不是一个数。

④ 自增、自减运算符是单目运算符,可以放在操作数前面,也可以放在操作数后面,

但是具体功能不一样。

【例 2-7】 算术运算符使用。

程序 ArithmeticOperatorTest.java 如下。

```
public class ArithmeticOperatorTest {
    public static void main(String[] args) {
        int a =10,b =3;
        float f =12.1f;
        int c;
        c =a++;                                     //先将 a 的值赋予 c,a 再加 1
        System.out.println("c ="+c+" a="+a);
        c =++b;                                     //先将 b 加 1,然后把结果赋予 c
        System.out.println("c ="+c+" b="+b);
        System.out.println("a/b="+a/b);
        System.out.println("a%b="+a%b);
        System.out.println("f+b="+f+b);
        System.out.println("f%b="+f%b);
        System.out.println("f%0="+f%0);
        System.out.println("f/0="+f/0);
        //System.out.println(a/0);
        int x=100;
        int y=5;
        System.out.println("你是"+(x+y)+"号!");
    }
}
```

程序运行结果如下。

```
c =10 a=11
c =4 b=4
a/b=2
a%b=3
f+b=12.14
f%b=0.10000038
f%0=NaN
f/0=Infinity
你是 105 号!
```

【例 2-7】可以正常运行,表明执行一个浮点型除法时,除数为 0 时结果是 Infinity,表示无穷大。程序中也应用了“+”的两个功能。

3. *关系运算符*(Equality and Relational Operator)

关系运算符主要用于两个操作数进行比较的运算中,返回值为逻辑值,进行关系运算的两个操作数必须是可比较的。分别是＜(小于)、＜＝(小于等于)、＞(大于)、＞＝(大于等于)、! =(不等于)和= =(等于)。

【例 2-8】 写出判断学生成绩(百分制)是否及格的表达式。

```
float score;                                    //定义成绩变量
```

表达式为 score >= 60。该表达式的值将根据 score 数据的不同产生不同的结果。如果 score = 61.5f,则结果为 true;如果 score = 59.9f,则结果为 false。

在使用关系运算符的过程中,要注意区分"=="和"="。

【例 2-9】 已知 int score = 50,求表达式 score == 60 的值。

表达式的结果为 boolean 型的值,为 false。如果少写一个"=",即表达式变为 score = 60,表达式变为"赋值"表达式,结果是将变量 score 的值改变为 60。

4. 逻辑运算符(Logical Operator)

逻辑运算符对两个 boolean 类型或表达式的操作数进行逻辑运算,返回值为逻辑类型。包括 &&(短路与)、||(短路或)、!(取反)、^(逻辑异或)、&(逻辑与)和|(逻辑或),运算规则如表 2-3 所示。

表 2-3 逻辑运算操作

a	b	a&&b	a||b	! a	a^b	a&b	a|b
true	true	true	true	false	false	true	true
true	false	false	true	false	true	false	true
false	true	false	true	true	true	false	true
false	false	false	false	true	false	false	false

其中"&&"和"||"是一种"短路"逻辑运算符。如 op1 && op2,如果 op1 的结果为 false,运算符是不再计算 op2 的结果,因为"&&"的运算结果已经确定,就是 false;又如 op1 || op2,如果 op1 的结果为 true,运算符是不再计算 op2 的结果,因为"||"的运算结果已经确定,就是 true。所以,使用这两个逻辑符时,要注意这一点。

【例 2-10】 已知 int grade = 60,int course = 4;,求表达式(course >= 5) && (grade = 78) < 80 和 grade 的值。

表达式的结果是 false,grade 的值为 60;如果 course 的初值为 5,则表达式的值仍为 false,grade 的值为 78。主要原因就是"&&"的短路计算过程。

5. 条件运算符(Conditional Operator)

条件运算符是定义在布尔类型上的一种运算,返回逻辑值。具体格式如下。

```
表达式 1?表达式 2: 表达式 3
```

表达式 1 的返回值为布尔类型,条件运算符的返回值由表达式 1 的值决定。如果表达式 1 的值为 true,则整个表达式的值为表达式 2 的值,否则为表达式 3 的值。由于运算符的高效性,常使用条件运算符替代"if--else"语句。

【例 2-11】　已知 int grade = 55,求表达式 String result = (grade＞=60)? "及格":"不及格"的值?

result 的值就是条件运算符的结果,结果为 result = "不及格"。

6. 位运算符(Bitwise and BitShift Operator)

位操作运算是对二进制数据进行的运算。包括二进制位的 &(与)、|(或)、^(异或)、~(非)操作符和移位操作符＜＜(带符号左移)、＞＞(带符号右移)、＞＞＞(无符号右移)。如表 2-4 所示,其中 op1、op2 为操作数。

表 2-4　位运算符

<table>
<tr><th>运算符</th><th>举　例</th><th>运 算 说 明</th></tr>
<tr><td>&</td><td>op1 & op2</td><td>相同位上值均为 1 时,结果为 1,其余情况为 0</td></tr>
<tr><td>|</td><td>op1 | op2</td><td>相同位上值均为 0 时,结果为 0,其余情况为 1</td></tr>
<tr><td>^</td><td>op1^op2</td><td>相同位上值相同,结果为 0,不同为 1</td></tr>
<tr><td>~</td><td>~op1</td><td>位上值为 1,结果为 0;位上值为 0,结果为 1</td></tr>
<tr><td>＜＜</td><td>op1＜＜k</td><td>将 op1 的值左移 k 位,低位补 0</td></tr>
<tr><td>＞＞</td><td>op1＞＞k</td><td>将 op1 的值右移 k 位,低位舍弃,如果是正数,高位补 0,负数补 1</td></tr>
<tr><td>＞＞＞</td><td>op1＞＞＞k</td><td>将 op1 的值右移 k 位,低位舍弃,高位补 0</td></tr>
</table>

对于移位操作运算,以下举例说明,如表 2-5 所示。需要注意的是:负数以补码形式进行表示。

表 2-5　移位运算操作

十进制数	二进制数(x)	x＜＜2	x＞＞2	x＞＞＞2
17	00010001	0001000100	0000010001	0000010001
−17	11101111	1110111100	1111101111	0011101111

【例 2-12】　已知 *a* 和 *b* 两个数(其中 *a* = 41,*b* = 42),计算 *a*+*b* * 256 的结果。

程序 ByteTest.java 如下。

```
public class ByteTest {
    public static void main(String[] args) {
        int ax =41;
        int bx =42;
        int cx;
        System.out.println(Integer.toBinaryString(ax));      //以二进制格式输出
        System.out.println(Integer.toBinaryString(bx));
        bx =bx <<8;                                          //移位操作
        System.out.println(Integer.toBinaryString(bx));
        cx =ax|bx;                                           //或操作
```

```
        System.out.println(Integer.toBinaryString(cx));
        System.out.println(cx);
    }
}
```

2.3.2 表达式

表达式是比操作符更大的一个计算单元，它由一系列变量、常量、运算符和方法调用构成。使用表达式的目的就是得到表达式的计算结果，它的值可以作为方法的参数，或其他表达式的操作数及影响语句的执行顺序。

一个表达式可以包含各种运算符，进行混合运算，这时需要决定运算的次序和方向。Java 中明确规定，进行表达式计算时遵循运算符优先级原则，具体如表 2-6 所示，其中 expr 为表达式。出现相同优先级时，按照给出的结合性原则运算。

表 2-6 运算符优先级

优先级	运 算	运 算 符	结 合 性
1	后缀自增减运算	expr＋＋、expr－－	从右向左
2	单目运算	＋＋expr、－－expr、＋expr、－expr、～、!	从右向左
3	乘除运算	*、/	从左向右
4	加减运算	＋、－	从左向右
5	移位运算	＜＜、＞＞、＞＞＞	从左向右
6	关系运算	＜、＞、＜＝、＞＝、instanceof	从左向右
7	相等运算	＝＝、! ＝	从左向右
8	位与运算	&	从左向右
9	位异或运算	^	从左向右
10	位或运算	|	从左向右
11	逻辑与	&&	从左向右
12	逻辑或	||	从左向右
13	条件运算	? :	从右向左
14	赋值运算	＝、＋＝、－＝、*＝、/＝、%＝、&＝、^＝、 |＝、＜＜＝、＞＞＝、＞＞＞＝	从右向左

书写表达式时，不能一味地追求效率，使其不易理解。为了增加代码的可读性，使表达式运算逻辑清晰，尽量使用小括号进行逻辑划分。

【例 2-13】 从键盘输入两个整数，分别给出两个数之间的关系（＞、＜和 ＝＝）是否成立。

程序 ExpressTest .java 如下。

```
import java.util.Scanner;
```

```
public class ExpressTest {
    public static void main(String[] args) {
        boolean flag;
        int testa;
        int testb;
        Scanner stdin = new Scanner(System.in);                //定义键盘输入
        System.out.println("输入第一个数据: ");
        testa = stdin.nextInt();
        System.out.println("输入第二个数据: ");
        testb = stdin.nextInt();
        flag = testa > testb;                                  //两个数进行">"操作
        System.out.println(testa + ">" + testb + ": " + flag);
        flag = testa < testb;                                  //两个数进行"<"操作
        System.out.println(testa + "<" + testb + ": " + flag);
        flag = testa == testb;                                 //两个数进行"=="操作
        System.out.println(testa + "==" + testb + ": " + flag);
    }
}
```

2.3.3 类型转换

Java 语言中的类型转换包括基本数据类型间和引用类型间的相互转换。本节只讲解 Java 中的基本数据类型的类型转换,引用类型间的转换将在第 3 章介绍。

由于数据类型中定义的存储数据位数不同,所以编写程序时常常会根据需要进行不同数据类型的转换。例如,当把一种类型的数据赋值给不同类型的变量时,需要进行类型转换。Java 的基本数据类型转换分为自动类型转换、强制类型转换和封装类过渡转换。对于基本类型,根据存储位数进行从低到高的排序,结果为 byte、short(char)、int、long、float 和 double。其中 short 和 char 的存储位数相同,处在同级。

1. 自动类型转换

运算时,表达式中既出现低级数据类型,又出现高级数据类型时,Java 编译器会自动将低级类型的数据转换为高级类型的数据,运算结果为高级数据类型。基本数据类型间的自动转换如图 2-4 所示,图中顺着实线箭头的转换是不会发生数据精度丢失的转换,虚线箭头的转换过程是有可能发生数据精度丢失的。例如: 3/2.0f 表达式的运算结果为 1.5f。

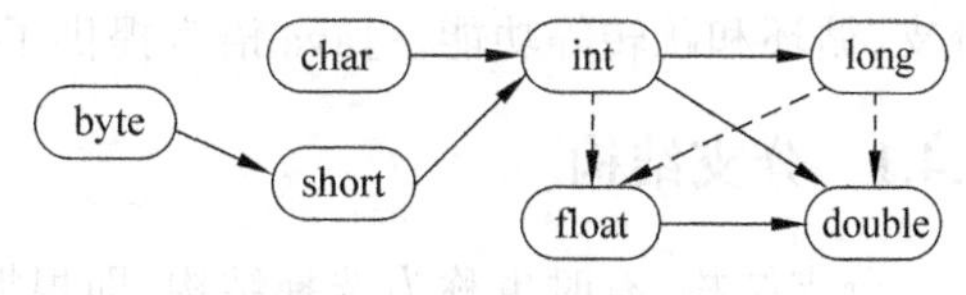

图 2-4 自动类型转换

2. 强制类型转换

运算时,当表达式需要从高级数据类型向低级数据类型转换时,开发人员需要明确给出转换操作,因为这时会损失高级数据类型的精度。

语法格式为:(目的类型)表达式;

【例 2-14】 int i = (int)9.9f。将实数类型数据强制转换为整型数据。

使用强制类型转换时,要注意数据精度的丢失问题。

3. 封装类过渡转换

封装类是用来封装基本类型数据的类,Java API 为 8 种基本数据类型提供了对应的 8 种封装类,以便能够将基本数据类型数据视为对象来处理。这些封装类分别为 Byte、Character、Short、Integer、Long、Float、Double 和 Boolean。

这里引入两个基本操作实现数据的类型转换:包装和拆箱。包装操作是将基本类型数据转换为封装类对象;拆箱操作是将封装类对象转换为基本类型数据的操作。

【例 2-15】 实型类型数据的包装与拆箱操作。

```
float f =1.2222f;
Float ff =Float.valueOf(f);                                //包装操作
int i;
i=ff.intValue();                                           //拆箱操作,类型转换
```

【例 2-16】 整型类型数据的包装与拆箱操作。

```
Integer i=new Integer(123);
int a=i.intValue();                                        //拆箱操作
```

开发人员很多时候会提出将字符串转换为对应数据类型的需要,可以通过对应数值数据类型封装类的 parseXxx()实现。

【例 2-17】 字符串与对应数值类型的转换。

```
float tempf =Float.parseFloat("12.3");
```

2.4 控制结构

前面的程序设计过程中主要使用了顺序结构。但在实际开发中,还需要使用程序的分支、循环和跳转等功能。Java 语言提供了这些功能语句。

2.4.1 分支结构

分支结构,有时也称为选择结构,即根据给定的条件进行分支执行的过程。分支语句分为条件分支和开关语句两种。

1. if 语句

Java 语言中的 if 语句分为 if-then(单分支)和 if-then-else(双分支)两种。if-then 语句是 if 语句中最基本的条件语句。

if-then 语句的基本语法格式如下。

```
if(条件表达式){
    …//语句块
}
```

执行 if-then 语句时，当 if 条件满足时，执行 then 语句块中的语句，否则执行 if 语句的后继语句，如图 2-5 所示。

if-then-else 语句可以提供不满足条件时的选择。它的基本语法格式如下。

```
if(条件表达式){
    语句块 1          //条件满足,执行语句块 1
}else{
    语句块 2          //条件不满足,执行语句块 2
}
```

执行 if-then-else 语句时，当 if 条件满足时，执行 then 语句块 1 中的语句，否则执行 else 语句块 2 中的语句，如图 2-6 所示。

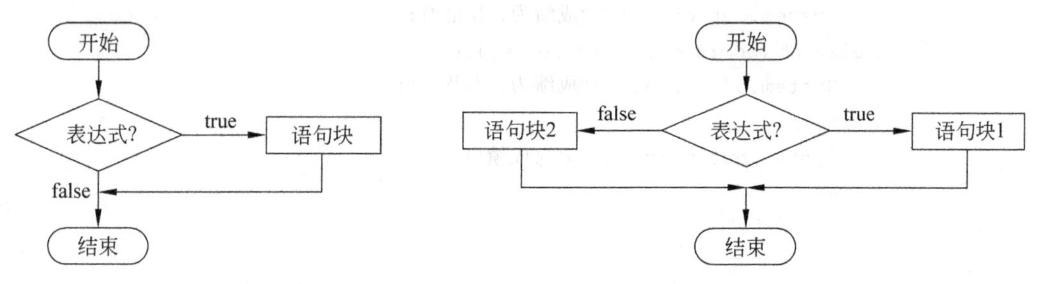

图 2-5 if-then 语句流程图

图 2-6 if-then-else 语句流程图

Java 语言还提供了一种 else-if(多分支)控制结构，语法格式如下。

```
if(条件表达式 1){
    语句块 1;
}else if(条件表达式 2){
    语句块 2;
}else if ( …){
    …;
}else{
    语句块 n;
}
```

执行该语句时，首先判断条件 1，不满足再判断条件 2，…，不满足再判断条件 $n-1$，不满足再执行语句块 n。当满足其中一个条件时，执行对应的语句，并退出 else-if 语句，再执行后继语句。

【例 2-18】 使用 if 语句，实现将键盘输入的百分制成绩改为五分制。

程序 IfElseTest.java 如下。

```
import java.util.Scanner;
public class IfElseTest {
```

```
    public static void main(String[] args) {
        //从键盘获得输入
        Scanner sc =new Scanner(System.in);
        int score =sc.nextInt();
        //单分支 if 语句
        if(score<0)
            System.out.println("输入非合法成绩。");
        //多分支 if 语句
        if (score <100 && score >=90) {
            System.out.println("成绩为: 优秀");
        } else if (score <90 && score >=80) {
            System.out.println("成绩为: 良");
        } else if (score <80 && score >=70) {
            System.out.println("成绩为: 中");
        } else if (score <70 && score >=60) {
            System.out.println("成绩为: 及格");
        } else if (score <60 && score >=0) {
            System.out.println("成绩为: 不及格");
        } else {
            System.out.println("无效成绩");
        }
    }
}
```

【例 2-18】程序运行时,根据输入的百分制分值,通过 if 语句的处理输出对应的五分制的成绩。

使用 if 语句时,可以进行 if 语句的嵌套使用。但是,要注意使用过程中 else 与 if 的配对问题,else 总是与自己最近的 if 语句配对。如果在嵌套使用 if 语句中没有 else 语句,则这个 if 语句要使用大括号进行封装,以保证程序逻辑的正确性。

2. switch 语句

当程序有多个分支,但又不需要每次都进行像 else-if 语句那样的判断,Java 提供了 switch 语句。语法格式如下。

```
switch(整型/字符型/字节){                              //也可以是对应的包装类
case 值 1:
    语句块 1;
    [break;]
case 值 2[,case 值 3]:
    语句块 2;
    [break;]
 ⋮
case 值 n:
    语句块 n;
```

```
    [break;]
  [default:
     语句块 n+1;]
  }
```

其中的 case 值 *n* 表示一个分支的模块，[]表示该内容是可选的。switch 语句根据表达式的值选择一个 case 模块开始执行，当执行完该模块时，如果后面的语句是 break，将结束 switch 语句，执行后继语句，否则将继续执行下一个 case 模块，直到 switch 结束或遇到 break 语句。default 语句是当没有对应的 case 模块时，将执行该模块的语句块。

【例 2-19】 将百分制成绩改为五分制转换修改为 switch 语句形式。

程序 SwitchTest.java 如下。

```
import java.util.Scanner;
public class SwitchTest {
    public static void main(String[] args) {
        //从键盘获得输入
        Scanner sc =new Scanner(System.in);
        int score =sc.nextInt();
        if(score<0)
            System.out.println("输入非合法成绩。");
        int n =score / 10;
        switch (n) {
        case 9:
            System.out.println("成绩为优秀!");
            break;
        case 8:
            System.out.println("成绩为良好!");
            break;
        case 7:
            System.out.println("成绩为中!");
            break;
        case 6:
            System.out.println("成绩为及格!");
            break;
        default:
            System.out.println("成绩为不及格!");
        }
    }
}
```

【例 2-18】和【例 2-19】执行相同的功能。注意的是，case 后面只能是常量，可以是运算表达式，但一定要符合正确的类型，不能是变量，即便变量在之前进行了赋值。实现 switch 分支，关键需要将所处理的数据和 case 后的常量表达式进行匹配，否则 JVM 依然会报错。

2.4.2 循环结构

【例 2-20】 编写程序,求解 1+2+3+…+100 的值。

程序 Sum100.java 如下。

```
public class Sum100{
    public static void main(String args[]){
        int sum =0;
        sum =sum +1;
        sum =sum +2;
        ⋮                                                    //为了节约篇章,略去 97 行
        sum =sum +100;
        System.out.println("100 的和是: "+sum);
    }
}
```

可以看到,共写了 104 行代码,其中求和有 100 行。如果要编写求解 10000 以内的整数和,会写更多行的代码。实际上,在程序设计语言中,还有一种十分重要的程序控制结构,就是循环结构。

Java 语言提供了 3 种循环结构,分别是 for、while 和 do-while。

1. for 循环

for 循环一般用于循环次数已知的情况下,但有时也可以用在循环次数未知的情况下。

for 循环语句的基本格式如下。

```
for(表达式 1;表达式 2;表达式 3){
    循环语句块;
}
```

其中,表达式 1 用于设置循环变量的初始值;表达式 2 是循环的结束条件;表达式 3 则用于修改循环变量的值。

执行 for 循环时,首先执行表达式 1,接着执行表达式 2,如果条件成立(表达式结果为 true),执行循环语句块,然后执行表达式 3;再次由表达式 2 进行判断,如果条件成立,继续执行语句块……执行表达式 3,如果不成立(表达式结果为 false),则退出循环。循环往复,直到表达式 2 的条件不成立为止,即退出循环,执行后继语句。for 循环的执行流程图如图 2-7 所示。

所以,【例 2-20】的程序可以写成 for 循环的程序,程序 Sum100.java 如下。

```
public class Sum100{
    public static void main(String args[]){
        int sum =0;
        for(int i =1;i<=100;i++){
```

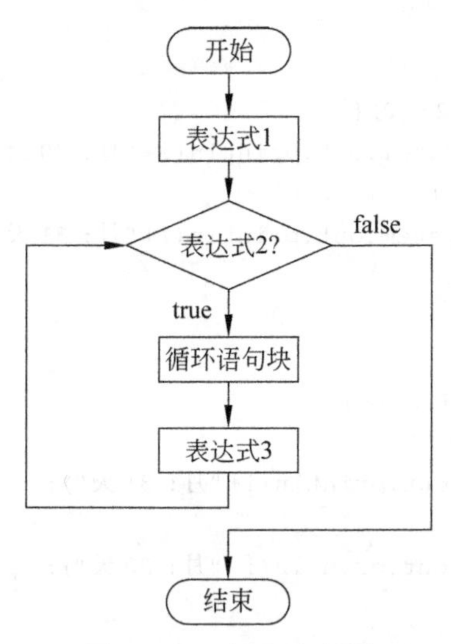

图 2-7 for语句流程图

```
        sum = sum + i;
      }
      System.out.println("100 的和是: "+sum);
    }
}
```

【例 2-21】 根据所给年份输出 12 个月中每月的天数。

程序 LeapTest.java 如下。

```
import java.util.Scanner;
public class LeapTest{
    public static void main(String[] args){
        Scanner stdin =new Scanner(System.in);
        int year;
        boolean isLeap;
        System.out.println("输入年份:");
        year =stdin.nextInt();
        if(year%4==0&&year%100!=0||year%400==0){        //闰年的判断
            isLeap =true;
        }else{
            isLeap =false;
        }
        for(int i =1;i<=7;i++){
            if(i==2){
                if(isLeap){
                    System.out.println(i+"月: 29天");
                }else{
                    System.out.println(i+"月: 28天");
```

```
                }
            }else{
                if(i%2==0){
                    System.out.println(i+"月: 30 天");
                }else {
                    System.out.println(i+"月: 31 天");
                }
            }
        }
        for(int i =8;i<=12;i++){
            if(i%2 ==0){
                System.out.println(i+"月: 31 天");
            }else{
                System.out.println(i+"月: 30 天");
            }
        }
    }
}
```

2. while 循环

while 循环,是指满足条件时需要反复执行循环体的语句结构。语法格式如下。

```
while(条件表达式){
    循环语句块;
}
```

while 循环的执行流程图如图 2-8 所示。

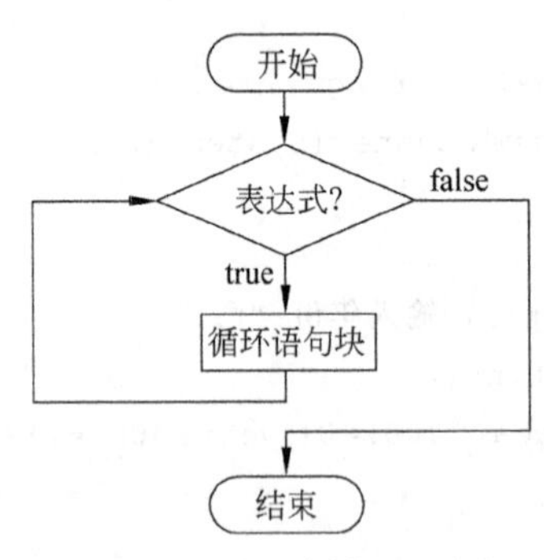

图 2-8　while 语句流程图

编写 while 语句时,需要增加两个表达式,一是在进入循环前的循环变量的赋初值表达式;二是语句块中要有修改循环变量的表达式。

【例 2-22】 从键盘上输入一组成绩,计算成绩和与平均分。

程序 WhileTest.java 如下。

```
import java.util.Scanner;
public class WhileTest{
```

```
    public static void main(String[] args){
    Scanner stdin =new Scanner(System.in);
    float data;
    float sum,avg;
    int total =1;
    System.out.println("输入第"+total+"人成绩(要结束时输入小于 0 的数即可:)
    >>");
    data =stdin.nextFloat();
    sum =0;
    while(data >=0){                                    //结束条件继续
        sum =sum +data;
        total++;
        System.out.println("输入"+total+"成绩(当结束时输入小于 0 的数即可:)
        >>");
        data =stdin.nextFloat();
    }
    System.out.println((total-1)+"人的成绩和: "+sum);
    if(total-1 >0){                                     //没有成绩输入,除零判断
        avg =sum/(total-1);
    }else{
        avg =0;
    }
    System.out.println((total-1)+"人的平均成绩: "+avg);
    }
}
```

利用成绩不小于 0 的特点,把小于 0 的数作为数据输入结束的标记,实现了没有具体人数要求的成绩输入、求和与平均值的计算。

3. do-while 循环

Java 语言还提供了一种 do-while 循环,它与 while 循环的区别是,不论是否满足条件,do-while 循环中的语句块都要执行一次循环体。

do-while 循环的语法格式如下。

```
do{
  语句块;
}while(条件表达式);
```

执行 do-while 循环时,首先执行语句块的语句,然后进行条件判断,如果条件满足,则继续执行语句块,否则执行后继语句。do-while 循环的执行过程如图 2-9 所示。

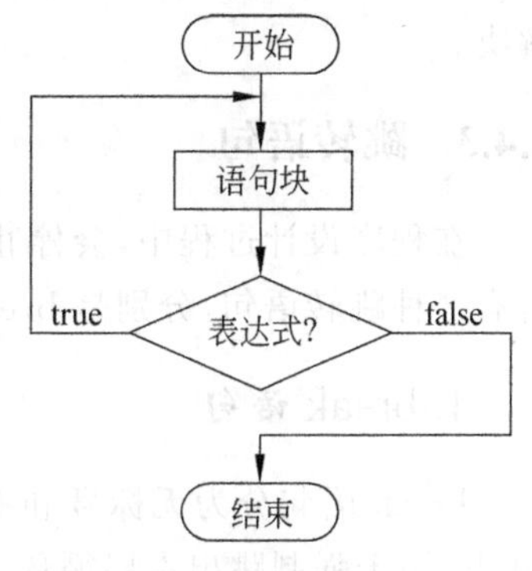

图 2-9　do-while 语句流程图

【例 2-23】 使用 do-while 循环实现【例 2-22】的程序。

程序 DoWhileTest.java 如下。

```
import java.util.Scanner;
public class DoWhileTest {
    public static void main(String[] args){
    Scanner stdin =new Scanner(System.in);
    float data;
    float sum,avg;
    int total =1;
    sum =0;
    do{
        System.out.println("输入"+total+"成绩(当结束时输入小于 0 的数即可:)
        >>");
        data =stdin.nextFloat();
        if(data >=0 ){
            sum =sum +data;
            total++;
        }
    }while(data >=0);
    System.out.println((total-1)+"人的成绩和: "+sum);
    if(total-1 >0){
        avg =sum/(total-1);
    }else{
        avg =0;
    }
    System.out.println((total-1)+"人的平均成绩: "+avg);
    }
}
```

实际上,上述 3 种循环是可以相互转化的。在开发过程中,可以根据实际情况选择合适的循环语句编写程序。

使用循环语句,常见的错误是死循环,就是循环体一直执行而不停止。引起这个问题的主要原因是:没有给循环变量赋初值;没有在循环体中改变循环变量的值;条件表达式中没有循环变量或没有使用条件表达式。出现死循环时,从以上方面寻找错误就可以解决。

2.4.3 跳转语句

在程序设计过程中,会停止执行当前语句,转而跳转到指定语句开始执行。Java 语言有 3 种跳转语句,分别是 break、continue 和 return 语句。

1. break 语句

break 语句分为无标号和有标号两种形式,常用在循环语句中,如 for、while 和 do-while,用于强制跳出本层循环,即执行 break 语句后,将忽略本层循环体中的其他语句和循环条件的限制,直接执行本层循环语句的后继语句。break 语句还可以应用在 switch

语句中，用于终止 switch 语句，前面在 switch 语句中已使用。

【例 2-24】 使用 break 语句跳出循环。

程序 WhileTest1.java 如下。

```
import java.util.Scanner;
public class WhileTest1 {
    public static void main(String[] args) {
    Scanner stdin =new Scanner(System.in);
    float data;
    float sum,avg;
    int total =1;
    sum =0;
    do{
        System.out.println("输入"+total+"成绩(当结束时输入小于 0 的数即可:)
        >>");
        data =stdin.nextFloat();
        if(data <0 ){
            break;                                    //输入的数据为负数时,跳出循环
        }
        sum =sum +data;
        total++;
    }while(data >=0);
    System.out.println((total-1)+"人的成绩和: "+sum);
    if(total-1 >0){
        avg =sum/(total-1);
    }else{
        avg =0;
    }
    System.out.println((total-1)+"人的平均成绩: "+avg);
    }
}
```

以上程序演示了 break 无标号语句在循环中的使用，还有一种是带标号语句，即用在代码块中，用于跳到它所指定的代码块外，如【例 2-25】所示。执行到 break 语句时，程序会跳转到 ENDWHILE 所标记的 while 循环语句块外，即执行 while 循环的后继语句。

【例 2-25】 使用 break 语句跳到指定标记后执行。

程序 WhileTest2.java 如下。

```
import java.util.Scanner;
public class WhileTest2{
    public static void main(String[] args) {
    Scanner stdin =new Scanner(System.in);
    float data;
    float sum,avg;
```

```
        int total =1;
        sum =0;
        ENDWHILE:                                              //循环语句标号
        do{
            System.out.println("输入"+total+"成绩(当结束时输入小于 0 的数即可:)
            >>");
            data =stdin.nextFloat();
            if(data <0 ){
                break ENDWHILE;                                //跳出 ENDWHILE 语句标号标注的循环
            }
            sum =sum +data;
            total++;
        }while(data >=0);
        System.out.println((total-1)+"人的成绩和: "+sum);
        if(total-1 >0){
            avg =sum/(total-1);
        }else{
            avg =0;
        }   System.out.println((total-1)+"人的平均成绩: "+avg);
        }
    }
```

2. continue 语句

continue 语句也分为无标号和有标号两种,仅用于循环语句中,用于强制跳出本次循环。即执行到 continue 语句后,将忽略循环体中的任何其他语句,转而进行下一次循环。对于 for 循环语句,执行 continue 语句后,会执行表达式 3,然后才执行下一次循环。

【例 2-26】 找出 1～100 之间的素数,并使用 continue 语句,按照 5 个一行输出这些素数。

程序 IsPrimeTest.java 如下。

```
public class IsPrimeTest {
    public static void main(String[] args) {
        int num =0;
        for(int n=1;n<=100;n++){
          if(n<=1){
              continue;
          }else{
              boolean flag =true;
              for(int i=2;i<n;i++){
                  if(n%i==0){
                      flag =false;
                      break;
                  }
              }
```

```
            if(flag){
                System.out.print(n+"\t");
                num++;
                if(num<5)
                    continue;
                System.out.println();
                num=0;
            }
        }
      }
    }
}
```

3. return 语句

return 语句用于从当前方法跳转返回，跳回到调用这个方法的方法中，然后执行它的后继语句。

return 语句的格式如下。

```
return 表达式;
```

表达式的类型与声明方法类型一致，不一致时需要进行强制类型转换来实现。

2.5 案　　例

本章案例是实现"学生成绩管理系统"中根据用户的操作选择显示对应的功能界面，对应功能如图 1-18 所示。如在顶级功能菜单中选择了"用户管理"模块，则在显示的二级功能菜单中会显示用户初始化和用户登录的操作，接着再选择对应的功能选项，实现用户管理相应的功能。本章案例主要涉及变量、表达式、条件分支和循环等知识点，通过案例的学习，使读者全面复习和理解本章知识。

2.5.1 案例设计

案例的设计遵循用户界面与逻辑功能相分离的模式，本章案例设计了 5 个类，分别是 MainCUI、UserCUI、AdminCUI、TeacherCUI、StudentCUI。MainCUI 类是实现主菜单功能，UserCUI 类是划分用户登录权限，以及根据管理员、教师、学生的操作权限设计操作界面。其他 3 个类 AdminCUI、TeacherCUI、StudentCUI，分别是 3 类用户各自操作的菜单实现类。本章案例仅给出了"用户管理"下用户登录的功能设计、演示及代码实现，以管理员登录为例。涉及的类有 MainCUI、UserCUI 和 AdminCUI，其中 MainCUI 类在第 1 章案例的基础上完善，这 3 个类的类图如图 2-10 所示。

2.5.2 案例演示

启动系统，如图 2-11 所示。输入数字"1"，进入用户管理界面，如图 2-12 所示。在用

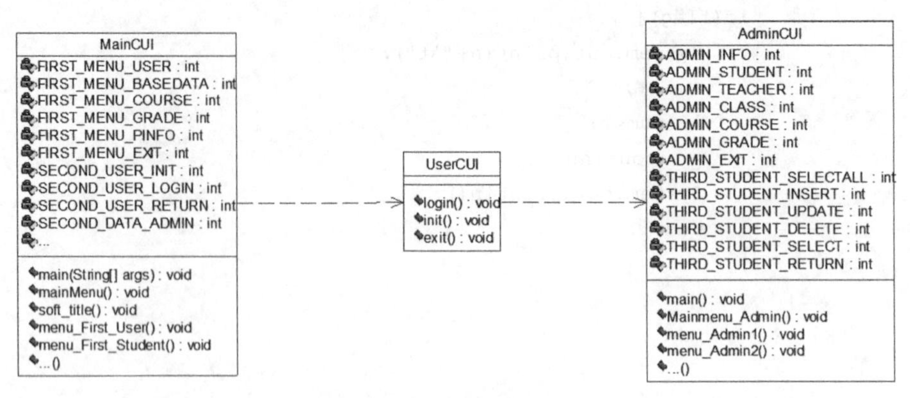

图 2-10　案例类图

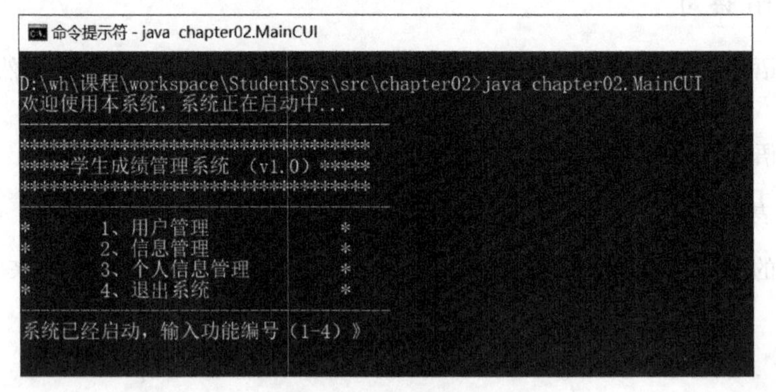

图 2-11　系统主界面

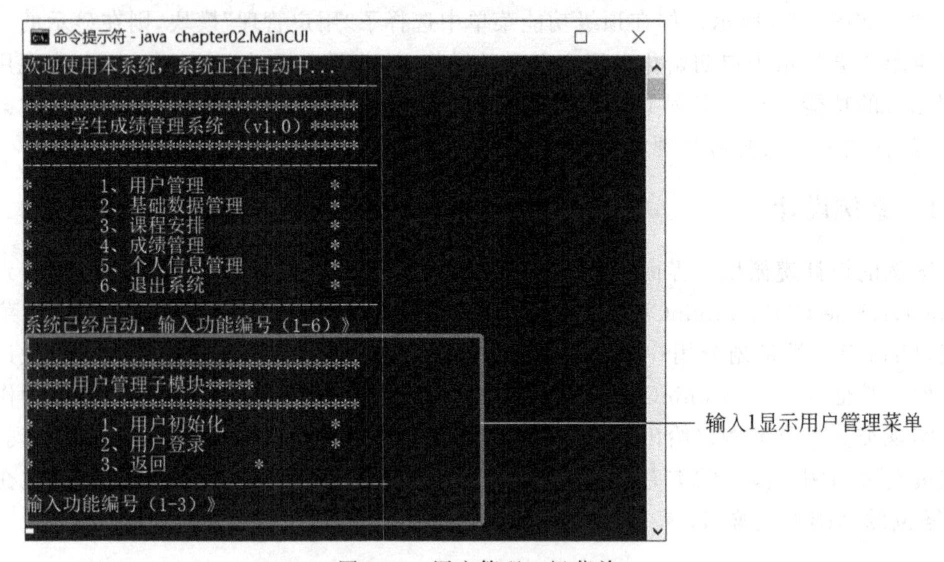

图 2-12　用户管理二级菜单

户管理功能中继续输入数字“2”，进入用户登录功能，程序提示输入登录的用户类型，输入用户类型后，输入用户名和密码(程序中将对应类型用户的用户名和密码都定义为固定值，例如：学生用户的用户名和密码为 stu 和 stu；教师用户的用户名和密码为 tea 和 tea；管理员用户的用户名和密码为 admin 和 admin)。若用户名和密码输入正确，提示登录成功信息，否则提示登录失败信息，以管理员信息登录后，界面如图 2-13 所示。

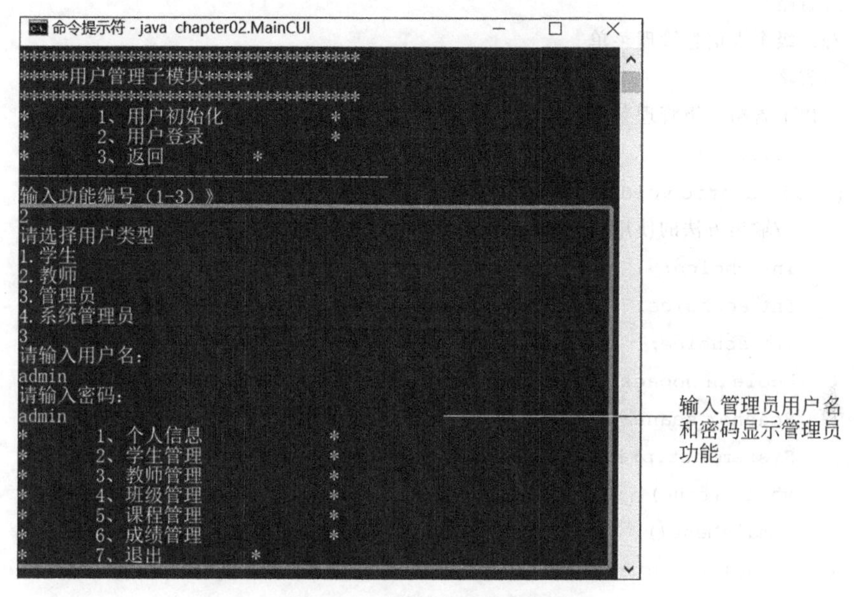

图 2-13 学生用户成功登录

2.5.3 代码实现

本章代码仅给出了“用户管理”下以管理员身份登录后的界面信息，及选择学生管理界面后的相关内容。

程序 MainCUI.java 如下。

```
package chapter02;
import java.util.Scanner;
public class MainCUI {
    //一级菜单的符号常量
    private final static int FIRST_MENU_USER =1;
    private final static int FIRST_MENU_BASEDATA =2;
    private final static int FIRST_MENU_PINFO =3;
    private final static int FIRST_MENU_EXIT =4;
    //二级用户管理菜单
    private final static int SECOND_USER_INIT =1;
    private final static int SECOND_USER_LOGIN =2;
    private final static int SECOND_USER_RETURN =3;
    //二级基础信息管理菜单
    private final static int SECOND_DATA_ADMIN =1;
```

```
//省略其他
//二级课程信息管理菜单
//省略
//二级成绩信息管理菜单
//省略
//二级个人信息管理菜单
//省略
//以下省略三级管理菜单静态常量的定义
// ......
public static void main(String[] args) {
    //输出方法的使用
    int choice;
    int sechoice;
    int schoice;
    boolean nobackflag =true;
    Scanner scanner =new Scanner(System.in);
    System.out.println("欢迎使用本系统,系统正在启动中...");
    while (true) {
      mainMenu();
      choice =Integer.parseInt(scanner.nextLine());
      nobackflag =true;
      switch (choice) {
      case FIRST_MENU_USER:
          //用户管理二级菜单设计
          while (nobackflag) {
              menu_First_User();
              sechoice =Integer.parseInt(scanner.nextLine());
              switch (sechoice) {
              case SECOND_USER_INIT:
                  UserCUI.init();
                  break;
              case SECOND_USER_LOGIN:
                  UserCUI.login();
                  return;
              case SECOND_USER_RETURN:
                  nobackflag =false;
                  break;
              default:
                  break;
              }
          }
          break;
```

```
case FIRST_MENU_BASEDATA:
    //基本信息二级菜单设计
    while (nobackflag) {
        menu_First_Basedata();
        sechoice = Integer.parseInt(scanner.nextLine());
        switch (sechoice) {
        case SECOND_DATA_ADMIN:
            menu_Second_Admin();
            System.out.println("Press any key to continue!");
            scanner.nextLine();
            break;
        //选择其他各种基本信息的处理
        /*
         * case SECOND_DATA_STUDENT:
         *
         *              break;
         * case SECOND_DATA_TEACHER:
         *              break;
         * case SECOND_DATA_COURSE:
         *              break;
         * case SECOND_DATA_CLASS:
         *              break;
         * case SECOND_DATA_RETURN:
         *              nobackflag = false;
         *              break;
         */
        default:
            break;
        }
    }
    break;
case FIRST_MENU_PINFO:
    //menu_First_PINFO()
    break;
case FIRST_MENU_EXIT:
    System.out.println("系统已退出,谢谢使用!");
    scanner.close();
    return;
default:
    System.out.println("输入错误!");
    break;
}
```

```
            System.out.println("Press any key to continue!");
            scanner.nextLine();
        }
    }

    private static void mainMenu() {
        soft_title();
        System.out.println("*\t1、用户管理\t\t*");
        System.out.println("*\t2、信息管理\t\t*");
        System.out.println("*\t3、个人信息管理\t\t*");
        System.out.println("*\t4、退出系统\t\t*");
        System.out.println("--------------------------");
        System.out.println("系统已经启动,输入功能编号(1-4)》");
    }
    private static void soft_title() {
        System.out.println("--------------------------");
        System.out.println("****************************************** * ");
        System.out.println("*****学生成绩管理系统 (v1.0)*****");
        System.out.println("****************************************** * ");
        System.out.println("--------------------------");
    }
    private static void menu_First_User() {
        System.out.println("****************************************** * ");
        System.out.println("*****用户管理子模块*****");
        System.out.println("****************************************** * ");
        System.out.println("*\t1、用户初始化\t\t*");
        System.out.println("*\t2、用户登录\t\t*");
        System.out.println("*\t3、返回\t\t*");
        System.out.println("--------------------------");
        System.out.println("输入功能编号(1-3)》");
    }
    private static void menu_First_Basedata() {
        //基本信息管理对应的功能菜单显示
        //省略实现
    }
    private static void menu_First_Course() {
        //课程信息管理对应的功能菜单显示
        //省略实现
    }
    private static void menu_First_Grade() {
        //成绩信息管理对应的功能菜单显示
        //省略实现
```

```
    }
    private static void menu_First_Pinfo() {
        //个人信息管理对应的功能菜单显示
        //省略实现
    }
    private static void menu_Second_Admin() {
        //管理员管理对应的功能菜单显示
    }
    private static void menu_Second_Student() {
        //学生管理对应的功能菜单显示
    }
    private static void menu_Second_Teacher() {
        //教师管理对应的功能菜单显示
    }
    private static void menu_Second_Class() {
        //班级管理对应的功能菜单显示
    }
    private static void menu_Second_Course() {
        //课程管理对应的功能菜单显示
    }
    //其他三级菜单实现
}
```

程序 UserCUI.java 如下。

```
package chapter02;
import java.util.Scanner;
public class UserCUI {
    public static void login() {
        String userType =null;
        String userName =null;
        String userPass =null;
        Scanner in =new Scanner(System.in);
        System.out.println("请选择用户类型");
        System.out.println("1.学生");
        System.out.println("2.教师");
        System.out.println("3.管理员");
        System.out.println("4.系统管理员");
        userType =in.nextLine();
        while (!userType.equals("1") && !userType.equals("2")
                                    && !userType.equals("3") && !userType.equals
                                    ("4")) {
            System.out.println("用户类型不对,请重新输入!");
```

```
            userType =in.nextLine();
        }
        System.out.println("请输入用户名: ");
        userName =in.nextLine();
        System.out.println("请输入密码: ");
        userPass =in.nextLine();
        if (userType.equals("1") && userName.equals("stu") && userPass.equals
        ("stu")) {
            System.out.println("学生登录成功,功能建设中……");
        } else if (userType.equals("2") && userName.equals("tea")
                                       && userPass.equals("tea")) {
            System.out.println("教师登录成功,功能建设中……");
        } else if (userType.equals("3") && userName.equals("admin")
                                       && userPass.equals("admin")) {
          AdminCUI.main();
        } else if (userType.equals("4") && userName.equals("Sadmin")
                                       && userPass.equals("Sadmin")) {
          System.out.println("系统管理员操作界面");
          System.out.println("正在建设中");
          System.out.println("press any key to continue!");
          in.nextLine();
        } else {
          System.out.println("登录失败,用户类型、用户名和密码不对!");
          System.out.println("press any key to continue!");
          in.nextLine();
        }
    }
    public static void init() {
        String userName =null;
        String userPass =null;
        Scanner in =new Scanner(System.in);
        System.out.println("系统管理员登录");
        System.out.println("请输入用户名: ");
        userName =in.nextLine();
        System.out.println("请输入密码: ");
        userPass =in.nextLine();
        if (userName.equals("Sadmin") && userPass.equals("Sadmin")) {
            System.out.println("欢迎进入用户初始化界面!");
            System.out.println("正在建设中");
            System.out.println("press any key to continue!");
            in.nextLine();
        } else {
```

```
            System.out.println("登录失败,用户名和密码不对!");
            System.out.println("press any key to continue!");
            in.nextLine();
        }
    }
    public static void exit() {
        Scanner in =new Scanner(System.in);
        in.close();
        return;
    }
}
```

程序 AdminCUI.java 如下。

```
package chapter02;
import java.util.Scanner;
public class AdminCUI {
    //管理员主管理菜单
    private final static int ADMIN_INFO =1;
    private final static int ADMIN_STUDENT =2;
    private final static int ADMIN_TEACHER =3;
    private final static int ADMIN_CLASS =4;
    private final static int ADMIN_COURSE =5;
    private final static int ADMIN_GRADE =6;
    private final static int ADMIN_EXIT =7;
    //三级学生信息管理菜单
    private final static int THIRD_STUDENT_SELECTALL =1;
    private final static int THIRD_STUDENT_INSERT =2;
    private final static int THIRD_STUDENT_UPDATE =3;
    private final static int THIRD_STUDENT_DELETE =4;
    private final static int THIRD_STUDENT_SELECT =5;
    private final static int THIRD_STUDENT_RETURN =6;
    public static void main() {
        int choice;
        int sechoice;
        boolean nobackflag =true;
        Scanner scanner =new Scanner(System.in);
        while (true) {
            Mainmenu_Admin();
            choice =Integer.parseInt(scanner.nextLine());
            nobackflag =true;
            switch (choice) {
            case ADMIN_INFO:
```

```
        menu_Admin1();
        System.out.println("Press any key to continue!");
        scanner.nextLine();
        break;
    case ADMIN_STUDENT:
        while (nobackflag) {
            menu_Admin2();
            sechoice = Integer.parseInt(scanner.nextLine());
            switch (sechoice) {
            case THIRD_STUDENT_INSERT:
                //调用添加学生的方法调用,第 3 章案例完善
                System.out.println("建设中,Press any key to continue!");
                scanner.nextLine();
                break;
            case THIRD_STUDENT_SELECT:
                //调用 stuImp 对象中对应的方法
                System.out.println("建设中,Press any key to continue!");
                scanner.nextLine();
                break;
            case THIRD_STUDENT_RETURN:
                nobackflag = false;
                break;
            }
        }
        break;
    case ADMIN_TEACHER:
        menu_Admin3();
        System.out.println("建设中,Press any key to continue!");
        scanner.nextLine();
        break;
    case ADMIN_CLASS:
        menu_Admin4();
        System.out.println("建设中,Press any key to continue!");
        scanner.nextLine();
        break;
    case ADMIN_COURSE:
        menu_Admin5();
        System.out.println("建设中,Press any key to continue!");
        scanner.nextLine();
        break;
    case ADMIN_GRADE:
        menu_Admin6();
```

```
                System.out.println("建设中,Press any key to continue!");
                scanner.nextLine();
                break;
            case ADMIN_EXIT:
                System.out.println("系统已退出,谢谢使用!");
                scanner.close();
                ;
                return;
            default:
                System.out.println("输入错误!");
                break;
            }
        }
    }
    private static void Mainmenu_Admin() {
        System.out.println("*\t1、个人信息\t\t*");
        System.out.println("*\t2、学生管理\t\t*");
        System.out.println("*\t3、教师管理\t\t*");
        System.out.println("*\t4、班级管理\t\t*");
        System.out.println("*\t5、课程管理\t\t*");
        System.out.println("*\t6、成绩管理\t\t*");
        System.out.println("*\t7、退出\t\t*");
        System.out.println("----------------------------------------");
        System.out.println("输入功能编号(1-7)》");
    }
    private static void menu_Admin1() {
        System.out.println("*\tadmin基本信息如下\t*");
        System.out.println("*\t  显示基本信息          \t\t*");
        System.out.println("*\t1、个人信息修改\t\t*");
        System.out.println("*\t2、返回\t\t*");
        System.out.println("----------------------------------------");
        System.out.println("输入功能编号(1-2)》");
    }
    private static void menu_Admin2() {
        System.out.println("*\t1、学生列表\t\t*");
        System.out.println("*\t2、学生添加\t\t*");
        System.out.println("*\t3、学生删除\t\t*");
        System.out.println("*\t4、学生修改\t\t*");
        System.out.println("*\t5、学生查询\t\t*");
        System.out.println("*\t6、返回\t\t*");
        System.out.println("----------------------------------------");
        System.out.println("输入功能编号(1-6)》");
```

```
    }
    private static void menu_Admin3() {
        //管理员对教师管理的菜单
    }
    private static void menu_Admin4() {
        //管理员对班级管理的菜单
    }
    private static void menu_Admin5() {
        //管理员对课程管理的菜单
    }
    private static void menu_Admin6() {
        //管理员对成绩管理的菜单
    }
}
```

2.6 习 题

1. 选择题

(1) 下列有关 Java 语言的叙述中,正确的是(　　)。

A. Java 是不区分大小写的

B. 源文件名与 public 类型的类名必须相同

C. 源文件名其扩展名为.jar

D. 源文件中 public 类的数目不限

(2) (　　)不是 Java 的关键字。

A. interface　　B. super　　C. sizeof　　D. throws

(3) (　　)是 Java 中合法的标识符。

A. fieldname　　B. super　　C. 3number　　D. #number

(4) int 型 public 成员变量 MAX_LENGTH,该值保持为常数 100,则定义这个变量的语句是(　　)。

A. public int MAX_LENGTH=100

B. final int MAX_LEN

C. public const int MAX_LENGTH=100

D. public final int MAX_LENGTH=100

(5) Java 语言中数值数据的类型能自动转换,按照从左到右的转换次序为(　　)。

A. byte→int→short→long→float→double

B. byte→short→int→long→float→double

C. byte→short→int→float→long→double

D. short→byte→int→long→float→double

(6) 在编译时,(　　)不会出现错误。

A. float f=1.3;　　　　B. char c="a";

C. byte b=257;　　　　D. int i=10;

(7) 在下面的代码段中,m 的(　　)值将引起 default 的输出。

```
public class Test1{
    public static void main(String args[]){
          int m;
          switch(m) {
          case 0:System.out.println("case 0");
          case 1:System.out.println("case 1");break;
          case 2:
          default:System.out.println("default");
          }
    }
}
```

A. 0　　　　B. 1　　　　C. 2　　　　D. 以上答案都不正确

(8) 编译运行以下程序后,关于输出结果的说明,正确的是(　　)。

```
public class Conditional{
    public static void main(String args[ ]){
        int x=4;
        System.out.println("value is "+((x>4) ? 99.9 :9));
    }
}
```

A. 输出结果为 value is 99.99　　　　B. 输出结果为 value is 9

C. 输出结果为 value is 9.0　　　　D. 编译错误

(9) 关于以下程序段,正确的说法是(　　)。

```
1. String s1="abc"+"def";
2. String s2=new String(s1);
3. if(s1==s2){
4.     System.out.println("==succeeded");
5. }
6. if (s1.equals(s2)){
7.   System.out.println(".equals() succeeded");
8. }
```

A. 4 行与 7 行都将执行　　　　B. 4 行执行,7 行不执行

C. 7 行执行,4 行不执行　　　　D. 4 行、7 行都不执行

2. 填空题

(1) 下列 Java 标识符中,________是合法的;________是不合法的。

abc,#a,const,$abc,a1,_abc,_1a,1abc,ab123,if,$#1sa,$_a,_$q1

(2) char ch='A',执行 ch = ch +1 语句后,ch 的值是________。

(3) 若 x = 5,y = 10,则 x < y 和 x >= y 的逻辑值分别为________和________。

(4) 表达式 0x81>>5 的结果为 ________。

(5) Java 中采用 Unicode 编码,一个 Unicode 编码占用________字节。

(6) 写出下面表达式的运算结果,设 a=3,b=-5,f=true:--a%b++的值是________;(a>=1&&a<=12? a:b) 的值是________;f^(a>b)的值是________;(--a)<<a 的值是________。

(7) 用表达式表示一个整数的 20%,结果为整数的表达式为________;结果为双精度的表达式为________。

3. 编写程序

(1) 由命令行输入一个成绩,使用 switch 结构求出成绩的等级。A:90~100;B:80~89;C:70~79;D:60~69;E:0~59。

(2) 计算圆周率:PI=4-4/3+4/5-4/7…;打印出第一个大于 3.1415 小于 3.1416 的值。

(3) 输入一个数据 n,计算斐波那契数列(Fibonacci)的第 n 个值。斐波那契数列为 1,1,2,3,5,8,13,21,34,…。

(4) 计算多项式 1-1/3+1/5-1/7+1/9…的值。

① 求出前 50 项的和值。

② 求出最后一项绝对值小于 1e-5 的和值。

(5) 产生 100 个 0~999 之间的随机整数,然后判断这 100 个随机整数哪些是素数,哪些不是。

(6) 在屏幕上打印出 n 行的金字塔图案,如 n=3,则图案如下。

```
  *
 ***
*****
```

(7) 哥德巴赫猜想即任何一个大于 6 的偶数可以拆分成 2 个质数的和,打印出所有的可能。如输入 10,结果为 10=5+5、10=3+7。

4. 实训题

题目 1:班级成绩管理系统二级菜单的设计与实现。

(1) 实训内容。

在第 1 章实训的基础上完成二级菜单的设计,菜单结构如图 2-14 所示。例如,成绩输入包括增加新成绩、删除成绩、修改成绩、查找成绩等功能。其他菜单功能自己设计。

(2) 实训要求。

系统由两个类组成,一个是应用程序类,另一个是菜单类。菜单要求是能够由一级菜

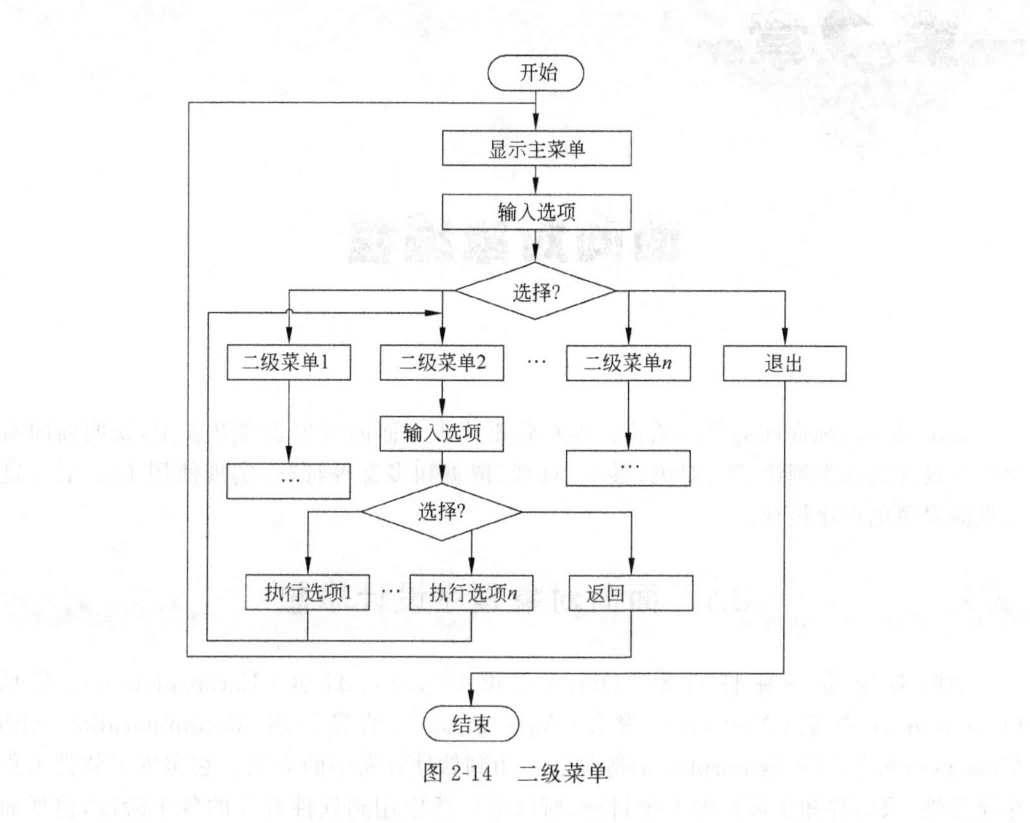

图 2-14　二级菜单

单进入二级菜单，由二级菜单返回一级菜单。

面向对象编程

Java是一门纯面向对象的语言。本章将正式步入面向对象程序开发中，说明面向对象程序设计的基本理论、类、对象、继承、重载、覆盖和多态等特征，实现使用Java语言进行面向对象的程序设计。

3.1 面向对象程序设计思想

面向对象是一种将对象(Object)、类(Class)、封装(Encapsulation)、继承(Inheritance)、抽象(Abstract)、聚合(Aggregation)、消息传递(Communication with Messages)和多态(Polymorphism)等概念运用到软件开发中的方法。它实现了软件工程中重用性、灵活性和扩展性的3个目标，所以被广泛应用到软件开发的各个阶段，包括面向对象分析(OOA，Object Oriented Analysis)，面向对象设计(OOD，Object Oriented Design)和面向对象程序设计(OOP，Object Oriented Programming)。

1. 面向对象程序设计

面向对象程序设计是一种以"对象"为中心的程序语言模型，主要包括对象、类、数据抽象、数据封装、继承、动态绑定、多态性、消息传递等概念，使面向对象的思想得到了具体体现。面向对象开发领域流行的一句话是"万物皆对象"，即软件是由各种对象构成的一个动态运行的系统。每个对象都属于某一类特定类型，不同类型决定了属于它的对象可以接收不同的消息。

(1) 类(Class)。

用于定义某类事物的抽象特征和行为。通俗地说，类定义了某类事物的属性和它所具有的行为(或方法)。例如，在教学管理系统中，常常会设计"学生"类，类中包含"学号""姓名""入学时间""年级"和"专业"等属性，同时也会设计"入学注册""选课"等基本行为。在设计阶段，类一般采用统一建模语言(Unified Modeling Language，UML)图来描述。类由3部分组成：类名、属性和方法，如图3-1所示。其中左边为类的一般描述，右边为Student类的UML描述。

类是面向对象程序设计的基础，通过提供类机制，供开发人员构建适合应用所需的类型。面向对象程序设计中的核心问题是类从哪里来，类的属性和行为如何决定。实际上，类来源于对应业务领域的分析，从具体用例(Use Case)中提取出来。类的属性和方法则

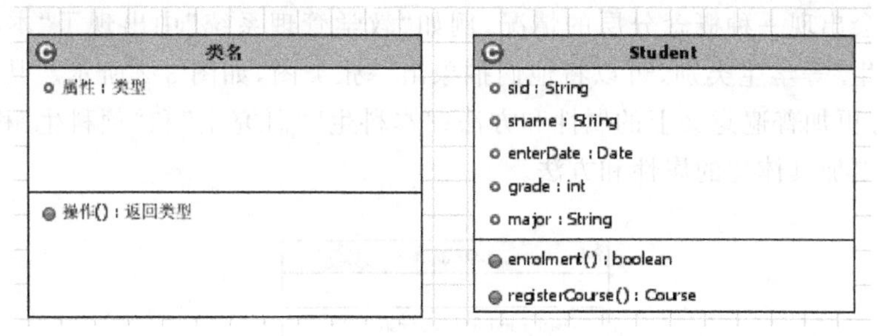

图 3-1 类图

根据业务领域的应用范围来决定。例如,“学生”类中一般会设计“性别”属性,但是作为教学管理系统,一般与“性别”没有紧密的关系或应用,所以教学管理系统中“学生”类可以不设计“性别”属性。

(2) 对象(Object)。

对象是类的实例(Instance),是一个动态的概念,用于构成系统的具体执行逻辑。例如,“学生”类定义了教学管理系统中学生的抽象特征,是一个用来声明具体对象的类型。“李凯”是一个具体的学生,他是2020年入学的软件工程专业的一年级学生。他具有“学生”类中各个属性对应的值。所以,“李凯”是“学生”类的一个实例,他的属性值被称作“状态”。实际上,当用户编写的程序运行时,JVM会为对象动态地分配内存空间。因此,类是抽象的,即用户自定义的数据类型,对象则是具体的,是类型的变量。

在面向对象软件开发中,软件开发人员首先从问题领域中寻找对象,并将同类对象的共有属性抽取出来,设计成类(即所说的抽象成类),然后将类实例化为对象,由各种不同类型对象的相互作用构成软件。

(3) 消息传递(Message Passing)。

对象通过接受消息、处理消息、传出消息或使用其他类的方法来实现系统功能。对象的相互作用实现了系统的业务功能。例如,“李凯”发出“选课”消息。

2. 面向对象程序设计的特征

面向对象的软件开发过程更适于设计大型和复杂的系统,主要原因是实现了数据和功能的封装,易于代码维护和复用。面向对象程序设计包括3个主要特征:封装(Encapsulation)、继承(Inheritance)和多态(Polymorphism)。

(1) 封装。

将数据和方法封装在一个类中,对数据实现了隐藏,对公开方法通过消息传递实现调用(自身的具体实现,实现了隐藏),并使程序的调试实现了局部化的目标。例如,“李凯”具有“选课”的方法,程序设计中实现“选课”功能时,只需给“李凯”这个对象传递“选课”消息,而不需要知道具体的“选课”流程。在程序调试过程中,一旦选课的业务不符合客户的逻辑需求,只需要修改“选课”方法的内部逻辑,实现调试的局部化。

(2) 继承。

是一种数据和方法共享的机制,实现了代码重用、易扩展的目标;在软件开发中,业务系统中的类会出现一种概念分层的情况,例如"教学管理系统"中出现了"本科生""研究生"和"预科生"等学生类别,可以将他们抽象出一张类图,如图 3-2 所示。其中"学生"称为父类,具有更加普遍意义上的属性和方法;"本科生""研究生"和"预科生"称为子类,比父类具有要更加具体化的属性和方法。

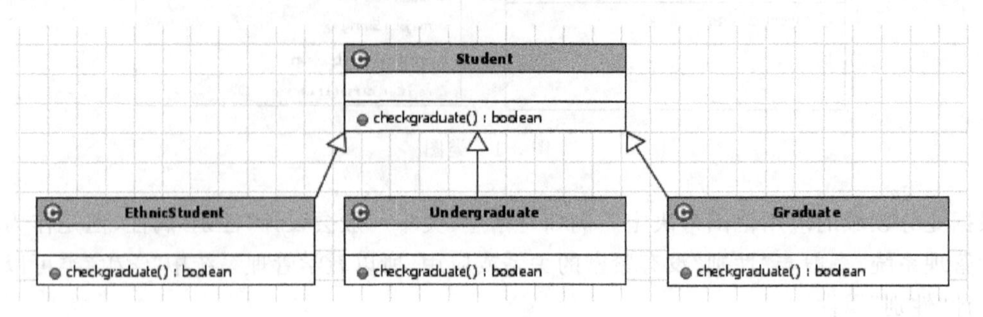

图 3-2　继承类图

(3) 多态性。

在程序执行时,对象会根据当前具体对应的消息执行的一种机制。实现了不同对象的消息执行不同动作的过程,具有动态绑定的灵活性,将面向对象开发技术具有的这一特征称为多态。多态性的实现可以通过"类"或"接口"实现。例如,在"学生"示例中,对于学生(Student 类)对象,向其发送"毕业检查"(checkgraduate)的消息,当该对象的具体实例是"研究生"时,将执行研究生的"毕业检查";是"预科生"时,将执行预科生的"毕业检查"。这就是使用类实现的多态过程。

3.2　类

3.2.1　类的定义

根据前面的知识,写程序时首先要写类。为什么面向对象不首先写对象,而是写类呢?实际上,面向对象程序设计方法写程序前,首先是要对研究问题的领域进行对象寻找,然后再把具有相同或相似属性和行为的对象抽象成一个类。

Java 语言对类的一般定义格式如下。

```
[<modifiers>] class <class_name>[extends superclass]
[implements interfacea,...]{
    [<attribute_declarations>]                //定义属性
    [<constructor_declarations>]              //定义构造方法
    [<method_declarations>]                   //定义方法
}
```

类定义包括如下内容。

(1) modifiers:修饰符。修饰符包含访问修饰符和非访问修饰符。访问修饰符可以是 public、private 和默认(default)等值,用于说明类的访问权限。非访问修饰符可以是

abstract、final 或 static,用于说明定义的类的特性。

(2) class <class_name>:类定义。class 为类关键字,class_name 为类名,是一个由用户定义的合法 Java 标识符。按照命名规范,类名的首字符一般大写。

(3) extends superclass:类继承。extends 为关键字,superclass 为父类标识符。

(4) implements interfacea,...:接口实现列表。implements 为关键字,interfacea 为接口标识符。

(5) { }:为类结构体。

3.2.2 属性

完成类结构的定义后,要进行类属性的定义。类的属性定义包括访问修饰符、类型和标识符。格式如下。

```
[<access modifiers>] <type><attribute _name>;
```

(1) access modifiers。

指属性访问修饰符。public、protected、private 和 default。为了实现类的封装特性,一般情况下属性的访问修饰符设为 private,即只有类自身可以访问它,其他类都不能访问。为了能够让这些属性被访问,需要设置 public 的方法。这将在方法定义中说明。

(2) type。

类型名称。既可以是基本类型名,也可以是复合类型名。

(3) attribute _name。

属性名称。是合法的 Java 标识符。

【例 3-1】 根据图 3-3 所示的 Student(学生)类,使用 Java 语言描述属性部分。

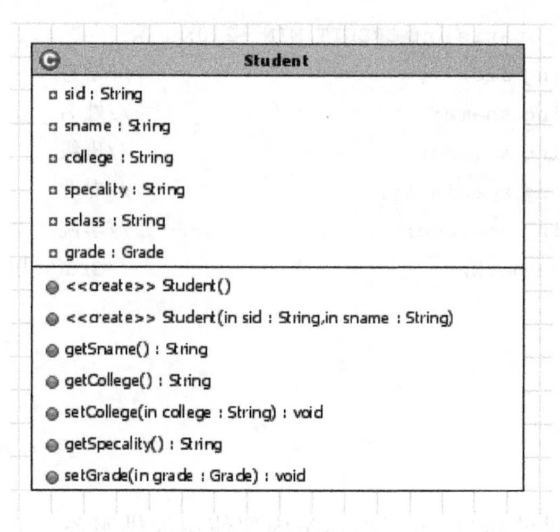

图 3-3 学生类结构

```
class Student{
    private String sid;                          //学号
    private String sname;                        //姓名
```

```
    private String sclass;                      //班级
    private String specialty;                   //专业
    private String college;                     //学院
    private Grade mark;                         //Grade 用户自定义成绩类,成绩
}
```

【例 3-2】 学生的成绩类包括学号、课名、学分和成绩,使用 Java 语言描述。

```
class Grade{
    private String sid;                         //学号
    private String cname;                       //课名
    private float credit;                       //学分
    private float score;                        //成绩
}
```

上面介绍的属性是必须实例化后才能访问的属性,称为成员变量(fields),还有一种属性是不需要实例化就可以使用的属性,而且是一种共享变量,称为类变量(class variable)。定义类变量的办法就是使用 static 修饰符对变量进行修饰。

【例 3-3】 定义一个共享变量。

```
public static int total =0;
```

还可以使用 final 修饰符定义类间共享的符号常量。

【例 3-4】 假设学生毕业的最低学分是 210 分,这个数据被所有学生对象共享,而且不能修改,所以,可以定义为类的符号常量。

```
class Student{
    public final static int CREDIT_MIN =210;
    private String sid;                         //学号
    private String sname;                       //姓名
    private String sclass;                      //班级
    private String specialty;                   //专业
    private String college;                     //学院
    private Grade mark;                         //Grade 用户自定义成绩类,成绩
}
```

3.2.3 方法

1. 方法的定义

方法是类向外提供的接口,也可以为类内部使用提供服务。方法的定义如下。

```
[<modifiers>] <return_type><method _name>(parameter lists) [throws exception
lists]{
      //method body (方法体);
}
```

每个方法包括以下 6 部分中的几部分。

(1) modifiers:访问修饰符,包括 public、protected、private 和 default。

(2) return_type:返回类型,方法运行后返回值的数据类型,可以是任何有效的类型,包括全部基本类型和复合类型,如果方法没有返回值,则返回类型为 void。

(3) method _name:方法名,符合规范的标识符。

(4) parameter lists:参数列表,表示传输的数据,包括数据类型和方法变量,使用“,”对多个参数进行分割,方法定义时也可以没有参数。

(5) exception lists:异常列表,在第 7 章中介绍。

(6) 方法体:方法的功能定义。

方法的使用根据定义也分为两种:一种是必须被实例化后才能使用的方法,称为成员方法;另一种是通过类名进行访问的方法,称为类方法。使用 static 进行定义。下面演示成员方法的定义,类方法将在 3.7.1 节中详细介绍。

【例 3-5】 实现一个将成绩类对象中的属性逐一输出显示的方法。

程序 Grade.java 如下。

```
public class Grade {
    private String sid;
    private String cname;
    private float credit;
    private float score;
    public void showInfo() {
        System.out.println("sid=" +sid +", cname=" +cname +", credit=" +
                                    credit +", score=" +score );
    }
```

【例 3-5】中定义的 showInfo 方法没有返回值,因此方法类型为 void,方法无参数,小括号中的内容为空,方法体为一条输出语句,输出对象的属性及对应的属性值。

由于类将属性进行了封装,特别是将属性设置为私有类型(private),其他对象无法通过“对象名.属性名”的方式访问它们,所以需要设置方法提供对它们的访问。对它们的访问包括两类方法:读取和设置属性的值。为了方便用户定义与使用,Java 定义了统一的方法名。读取属性值为 getXxx(),设置属性值为 setXxx()方法。

【例 3-6】 对成绩类属性进行读取和设置方法的定义。

程序 Grade.java 如下。

```
public class Grade {
    private String sid;
    private String cname;
    private float credit;
    private float score;
    public void showInfo() {
        System.out.println("sid=" +sid +", cname=" +cname +", credit=" +
                                    credit +", score=" +score );
```

```
    }
    public String getSid() {
        return sid;
    }
    public void setSid(String sid) {
        this.sid =sid;
    }
    public String getCname() {
        return cname;
    }
    public void setCname(String cname) {
        this.cname =cname;
    }
    public float getCredit() {
        return credit;
    }
    public void setCredit(float credit) {
        this.credit =credit;
    }
    public float getScore() {
        return score;
    }
    public void setScore(float score) {
        this.score =score;
    }
}
```

2. *不定参数个数的方法定义*

使用方法时,常有一些不定参数个数的广义方法的使用。如C语言中printf("%d,%s",a,b)的使用,根据格式参数来决定对应参数的个数使用。Java也提供了这种方法的定义。参数的定义使用3个点(…),格式为(类型 …参数变量)。

【例3-7】 不定参数个数方法的定义。

程序TestMethod.java如下。

```
class TestMethod{
      static void myprint(String format,Object …objects){
      //不定参数个数的方法定义
          String temp =format;
          String result ="";
          int index =0;
          int num =0 ;
          while((index =temp.indexOf('%'))>=0 && index <format.length()){
              char ch =temp.charAt(index +1);
```

```
                switch(ch){
                case 's':
                    result +=objects[num].toString();
                    num++;
                    break;
                case 'd':
                    result +=objects[num].toString();
                    num++;
                    break;
                }
                temp =temp.substring(index+1);
            }
            System.out.println(result);
        }
    }
```

这里定义了一个不定参数的 myprint 方法，根据 format 参数中%的个数来确定后面参数的个数，用%后面的 s 和 d 的字符区分具体的数据类型。如 myprint("%d",12345); myprint("%s","hello!"); myprint("%s,%d","hello!",12345); myprint("%s,%d,%s","hello!",12345,"234");等都是合法的使用。读者可以根据需要，对上面方法的数据类型和功能进行扩充。

3. 方法重载

在实际开发中，有时可能会在同一个类中定义几个功能相同但参数不同的方法。如定义一个计算面积的方法，不同形状的面积计算方法是不同的，需要的参数也不相同，如果为三角形、圆形、长方形等各种形状定义一个计算面积的方法，需要定义多个方法，而且方法的命名也会枯燥无意义。因此，Java 提供了方法重载(overloading)机制来实现同一个类中存在多个同名的方法。对于重载的多个方法，应具有相同的方法名，但为了使编译器能够区分这些方法，必须彼此间有不同的成分。因此，Java 语言要求进行方法重载时，必须遵循以下原则。

(1) 在同一个类中，方法名必须相同的多个方法。

(2) 方法的参数列表必须不同：表现在参数个数不同、参数类型不同或参数顺序不同。

(3) 方法的返回类型可以相同，也可以不同。

【例 3-8】 使用方法的重载实现三角形、圆形、矩形、正方形的面积计算。

程序 OverLoadTest.java 如下。

```
public class OverLoadTest {
        /**
         * 方法重载
         * /
        public static void main(String[] args) {
```

```
        OverLoadTest olt =new OverLoadTest();
        double area =olt.area(3, 4, 5);
        System.out.println("area="+area);
    }
    //求三角形的面积
    public double area(double a,double b,double c){      //a、b、c 为三角形三边长
        double p = (a+b+c)/2;
        double area =Math.sqrt(p* (p-a) * (p-b) * (p-c));
                                                          //海伦公式求解三角形面积
        return area;
    }
    //正方形面积
    public double area(double d){
        return d* d;
    }
    //矩形面积
    public double area(double a,double b){
        return a* b;
    }
    //圆的面积
    public double area(float r){
        return 3.14* r* r;
    }
    /* 下面方法如果定义在类中,则编译错误
     * public float area(float r){
       return (float)3.14* r* r;
    }*/
}
```

【例 3-8】中在同一个类中定义了 3 个同名方法,方法名都为 area,但参数个数、类型不同,实现了方法的重载。在程序的编译过程中,根据变量类型来找相应的方法,因此方法重载实现了 Java 的"编译时多态"。编译之后的方法名实际加上了各参数类型成为方法的签名,编译器也是通过方法的签名来识别方法的。

3.2.4 构造方法

实例化对象时,需要同时初始化属性。Java 提供了专门方法,称为构造方法(Constructor Method)。构造方法是一个特殊的方法,方法名必须与类名相同,并且没有返回类型。注意:没有返回类型是指不能定义返回类型,而不是 void 类型。

【例 3-9】 定义成绩类的构造方法。

程序 Grade.java 如下。

```
public class Grade {
    private String sid;
```

```
    private String cname;
    private float credit;
    private float score;
    //构造方法,完成成员变量的初始化
    public Grade(String sid, String cname, float credit, float score) {
        this.sid =sid;
        this.cname =cname;
        this.credit =credit;
        this.score =score;
    }
    //省略属性的读取和设置方法及 showInfo 方法
}
```

Java 提供构造方法的目的是在创建对象时初始化成员变量。定义类时，可以显式地定义构造方法，也可以不定义。不显式定义构造方法时，Java 编译器会为每一个类提供一个缺省的无参构造方法。用默认的构造方法初始对象时，由系统用默认值来初始化对象的成员变量。Java 对各种数据类型都指定了默认的初始值，数值型默认初始值为 0，boolean 类型的默认初始值为 false，char 类型的默认初始为\0，引用类型默认初始值为 null。需要注意，一旦类中显式定义了一个或多个构造方法，系统将不再提供默认的构造方法。

构造方法是为了方便用户实例化对象时同时进行成员变量的初始化。【例 3-9】中的构造方法只提供了一种方式实现成员变量的初始化。在不同的应用情况下，需要进行不同的初始化，这需要通过构造方法重载来实现。构造方法和普通方法一样，也可以重载，通过多个参数不同的构造方法为对象成员变量的初始化提供方便。

【例 3-10】 重载成绩类的构造方法。

程序 Grade.java 如下。

```
public class Grade {
    private String sid;
    private String cname;
    private float credit;
    private float score;
    public Grade() {
        //无参构造方法
    }
    public Grade(String sid, String cname, float credit) {
        this.sid =sid;
        this.cname =cname;
        this.credit =credit;
        this.score =60.0f;
    }
    public Grade(String sid, String cname, float credit, float score) {
        this.sid =sid;
```

```
        this.cname =cname;
        this.credit =credit;
        this.score =score;
    }
    //省略属性的读取和设置方法
}
```

【例 3-10】给出了 3 个重载的构造方法，一个是不带参数的构造方法，且方法体为空，但调用时会根据成员变量的类型设置默认初始值；另外两个带参数，且参数个数不同，从而实现了构造方法的重载。

3.2.5 this 关键字

在【例 3-9】和【例 3-10】定义的构造方法中都使用了 this 关键字，那么 this 的作用究竟是什么呢？在对象实例化方法和构造方法中，this 代表当前对象。主要用在实例化方法时对象属性的使用和构造方法的引用。

this 关键字有以下两种使用方法。

1. this 区分成员变量与局部变量

用法如下。

```
this.varName(成员变量)                              //引用对象的成员变量
```

典型的情况是用在区分构造方法的参数与成员变量的标识符相同的情况下。【例 3-9】和【例 3-10】定义的构造方法中都使用了 this 来实现区分成员变量与局部变量。

```
public Grade(String sid, String cname, float credit, float score) {
    this.sid =sid;
    this.cname =cname;
    this.credit =credit;
    this.score =score;
}
```

方法中参数的名字 sid、cname、credit 和 score 与类中成员变量的名字是完全一致的。在构造方法中进行赋值时，为了区分成员变量与局部变量(方法的参数)，使用了 this 关键字来实现，this.sid 指定是当前对象的 sid 成员变量，赋值运算符右侧的 sid 是局部变量，其他几条赋值语句同样使用 this 来指代当前对象，实现区分构造方法的参数与成员变量。

2. this 用于构造方法的调用

用法如下。

```
this(参数列表)                                      //调用本类的构造方法
```

用在构造方法的重载实现中，目的是调用其他构造方法。但是 this 语句必须放在第一行。

【例 3-11】 this 作为构造方法的使用。

程序 Grade.java 如下。

```
public class Grade {
    private String sid;
    private String cname;
    private float credit;
    private float score;

    public Grade() {
        //无参构造方法
    }
    public Grade(String sid, String cname, float credit) {
        this.sid =sid;
        this.cname =cname;
        this.credit =credit;
        this.score =60.0f;
    }
    public Grade(String sid, String cname, float credit, float score) {
        this(sid,cname,credit);
        this.score =score;
    }
    public String getSid() {
        return sid;
    }
    public void setSid(String sid) {
        this.sid =sid;
    }
    public String getCname() {
        return cname;
    }
    public void setCname(String cname) {
        this.cname =cname;
    }
    public float getCredit() {
        return credit;
    }
    public void setCredit(float credit) {
        this.credit =credit;
    }
    public float getScore() {
        return score;
    }
    public void setScore(float score) {
        this.score =score;
    }
```

```
    public void showInfo() {
        System.out.println("sid=" +sid +", cname=" +cname +", credit=" +
                        credit +", score=" +score );
    }
}
```

【例 3-11】修改了【例 3-10】中 4 个参数的构造方法,在方法体中使用了 this(sid, cname,credit),实现对 public Grade(String sid, String cname, float credit) 方法的调用。

3.3 对 象

对象(Object)是软件建模中的基本单位,是一个运行状态(state)和行为(behavior)的综合体,对象之间通过消息传递(调用方法)相互作用。在面向对象程序设计中,类是对象的模板,依据类来创建一个对象。对象具有不同的方法,可以使用对象的不同状态和不同方法,使程序在运行中呈现出不同功能。

对象的使用包括对象的声明、实例化、使用和销毁。

3.3.1 对象的声明

在 Java 语言中,变量需要先定义,后使用。所以要想使用一个对象,必须先进行声明才能使用。凡是符合变量声明的地方,都可以用来声明对象。实际上,对象声明的是保存该对象引用的变量,将来可以通过这个变量对对象进行操作。

声明格式如下。

```
类名 对象名;
类名 对象名列表;
```

【例 3-12】 声明成绩类对象。

```
Grade grade;                            //声明了一个 Grade 对象 grade
Grade grade1,grade2;                    //声明了两个 Grade 对象 grade1 和 grade2
```

在 Java 中声明对象后,对象变量中存储的值不是实际对象属性的值,而是对象的一个引用(即地址)。在【例 3-12】中声明的 grade、grade1 和 grade2 中存储的都不是具体的对象,而是代表某个 Grade 对象的引用。它们的类型是 Grade,是一个类的类型,属于复合(引用)类型变量。声明对象时并没有创建对象,所以对象变量 grade、grade1 和 grade2 的初始值为空,如图 3-4 所示。

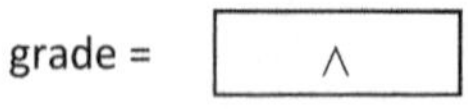

grade = ∧

图 3-4 空对象 grade

3.3.2 对象的实例化

声明对象后,还不能真正使用对象。因为对象的声明并没有实现对象的创建,只有创建了对象才能使用对象。对象的创建也就是用一个类来实例化一个对象,所以对象的创建也叫作对象的实例化。创建对象主要是因为声明时没有为对象分配存储空间,所以必须使用运算符 new 创建对象实例,才能使用对象。

实例化格式如下。

```
对象名 =new 类名();
```

【例 3-13】 实例化 Grade 类对象 grade。

```
grade=new Grade("20200101001","高数",3,65.0f);  //实例化对象
```

在实际开发中,常常是声明和实例化一起完成。

【例 3-14】 声明和实例化一起完成,下面的 Grade 类使用了【例 3-11】中的定义。

```
Grade grade1=new Grade("20200101002","面向对象程序设计",3,68.0f);
Grade grade2=new Grade("20200101003","面向对象程序设计",3,70.0f);
```

【例 3-13】和【例 3-14】中使用关键字 new 进行了对象的实例化,对象实例化的过程是为对象分配存储空间,并执行构造方法,完成属性的初始化。

new 关键字的作用如下。

① 为对象分配内存空间。

② 引起对象对应构造方法的调用。

③ 为对象返回一个引用。

在 grade 对象的实例化过程中,内存分配情况如图 3-5 所示。

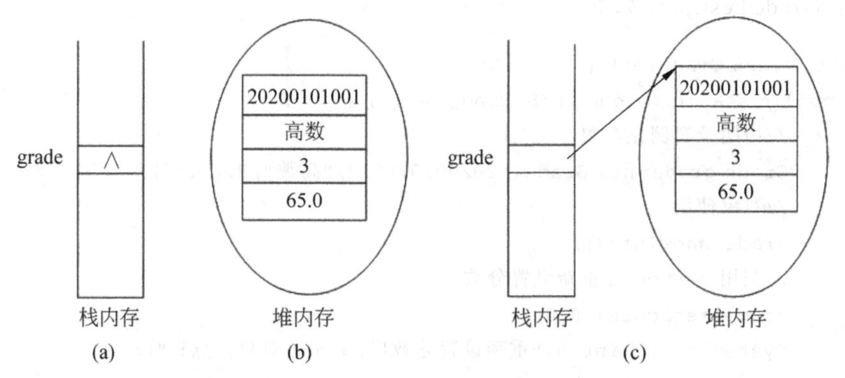

图 3-5 grade 对象的实例化过程

Java 中内存的逻辑分区情况如下。

① 栈内存:特定程序专用,采用先进后出的分配原则,存储空间分配连续,存储容量小,速度快。通常存放局部变量。

② 堆内存:所用应用程序公用,存储空间分配不连续,存储容量大,速度慢。通常存放成员变量、对象。

③ 代码区:专门存放方法、代码块。

④ 静态、常量存储区:存放静态变量、常量。

在对象的实例化过程中,为对象变量 grade 在栈内存中分配空间,为对象本身在堆内存中分配内存空间,调用构造方法执行其中的代码,实现属性值的设置,最后将堆内存中

对象的引用返回赋值给栈内存中的 grade,使得 grade 中存放堆内存中对象的"字符串表示"值,可以理解为是 grade 中存放对象的首地址或指针。

3.3.3 对象的使用

对象经过实例化后,就可以进行属性和方法的访问,但是能否访问这些内容与类中定义他们的访问属性有关,这将在后面介绍。

访问属性格式如下。

```
对象名.属性名;
```

访问方法格式如下。

```
对象名.方法名(参数列表);
```

【例 3-15】 属性和方法的访问。

```
System.out.println(grade.sid);
                    //grade 的访问修饰符为 public,将 grade 对象的 sid 属性输出
System.out.println(grade.getSid());
                    //grade 的访问修饰符为 private,使用 get 方法访问 sid
```

【例 3-16】 演示 Grade 类对象的实例化及使用过程。

程序 GradeTest.java 如下。

```
public class GradeTest {
    public static void main(String[] args) {
        //声明及实例化对象
        Grade grade=new Grade("20200101001","高数",3,65.0f);
        //对象使用
        grade.showInfo();
        //调用 setScore 重新设置分数
        grade.setScore(70.0f);
        System.out.println("重新设置分数后,grade 对象信息: ");
        grade.showInfo();
    }
}
```

程序运行结果如下。

```
sid=20200101001, cname=高数, credit=3.0, score=65.0
```

重新设置分数后,grade 对象信息如下。

```
sid=20200101001, cname=高数, credit=3.0, score=70.0
```

3.3.4 对象的销毁

Java 语言采用 JVM 自动垃圾回收机制来清理对象。JVM 会按照某种策略(如定时、

内存使用情况)使用垃圾回收机自动回收系统中不再使用的对象。

对应C++语言的析构方法,Java也提供了一个finalize()方法。但是,本方法的工作原理是假设垃圾回收机要释放本对象的存储空间,回收前首先执行该方法。所以,可以使用finalize()方法做垃圾回收时的清理工作,但是,finalize方法不会在用户指定的时间执行清理工作。对于垃圾的回收,也可以使用System.gc()对系统中的无效对象进行清理,但也并不保证立即执行。

实际上,不论上面哪种对象的销毁办法,都是在垃圾回收机工作时才开始进行清理工作的,而垃圾回收机什么时候开始工作,由JVM设定的策略决定。

3.3.5 对象的传递

对象也可以作为方法参数进行传递,但是,传递时使用的是对象的引用(对象变量)。定义方法时,参数的类型既可以是基本类型,如整型、实型、双精度型等,也可以是复合类型,如数组、对象等。

使用方法时,Java进行参数传递是按照"值"传递的。传递基本类型参数时,复制实参(调用方法时程序给方法传递的实际数据)的值,传递给形参(方法声明时声明的参数),实参和形参在内存中占用不同的空间,两者互不影响,修改形参的值不会改变实参的值。传递复合类型参数时,也是按照"值"的方式传递,实参值传递给形参,但是引用类型变量实参中存放的是对象的引用,因此,形参得到的也是对象的引用,形参和实参指向了同一片内存空间。如果方法通过引用改变了所指对象的内容将会同时改变实参所指向对象的值。

【例3-17】 演示参数传递的例子。

程序PersonTest.java如下。

```
public class PersonTest {
    public void m1(int n) {
        n =1000;
    }
    public void m2(Person p) {
        p.setAge(12);
        p.setName("Jack");
        p.setSalary(1234.56);
    }
    public void m3(Person p) {
        p =new Person("Tom",23,9876.54);
    }
    /**
      * 方法的传值方式
      */
    public static void main(String[] args) {
        PersonTest pt =new PersonTest();
        int n =10;
```

```
        System.out.println("m1 方法调用前,n="+n);
        pt.m1(n);
        System.out.println("m1 方法调用后,n="+n);

        Person p1 =new Person("zhangsan",32,6666.66);
        //打印一个引用变量,则输出引用变量所指向对象的字符串表示,即打印该对象的
        //toString方法的返回值
        System.out.println("m2 方法调用前,p1="+p1);
        pt.m2(p1);
        System.out.println("m2 方法调用后,p1="+p1);

        Person p2 =new Person("lisi",41,3333.02);
        System.out.println("m3 方法调用前, p2="+p2);
        pt.m3(p2);
        System.out.println("m3 方法调用后, p2="+p2);
    }
}
class Person{
    String name;
    int age;
    double salary;
    public Person(String name, int age, double salary) {
        this.name =name;
        this.age =age;
        this.salary =salary;
    }
    public String getName() {
        return name;
    }
    public void setName(String name) {
        this.name =name;
    }
    public int getAge() {
        return age;
    }
    public void setAge(int age) {
        this.age =age;
    }
    public double getSalary() {
        return salary;
    }
    public void setSalary(double salary) {
        this.salary =salary;
    }
```

```
    //打印对象引用时默认调用该方法,表示打印出对象的字符串表示
    public String toString() {
        return "Person1 [name=" +name +", age=" +age +", salary=" +salary
            +"]";
    }
}
```

程序运行结果如下。

```
m1 方法调用前,n=10;
m1 方法调用后,n=10;
m2 方法调用前,p1=Person1 [name=zhangsan, age=32, salary=6666.66];
m2 方法调用后,p1=Person1 [name=Jack, age=12, salary=1234.56];
m3 方法调用前,p2=Person1 [name=lisi, age=41, salary=3333.02];
m3 方法调用后,p2=Person1 [name=lisi, age=41, salary=3333.02]。
```

PersonTest 类中的 m1(int n)方法参数为基本数据类型 int,在参数传递过程中,实参 $n=10$ 复制给形参 n,在方法 $m1$ 中改变的是形参 n 的值,对实参 n 没有影响,因此在方法调用前后,n 的值不发生改变;m2(Person p)方法参数为复合类型(引用类型),并且在方法中通过引用变量改变了所指向对象的属性值,由于实参和形参所指对象相同,所以实参指向对象的属性值发生了改变(引用变量的值不发生改变);m3(Person p)方法参数为复合类型(引用类型),在方法中通过对形参重新赋值直接改变了引用变量的值,使得形参指向了其他对象。在这个过程中,实参值不会发生变化,所指对象的属性也没有改变。

3.4 继　　承

继承是面向对象程序设计的基本特征之一,是实现多态的基础。继承的主要目的是实现系统中代码的复用。

3.4.1 继承的定义

继承(Inheritance)是指在已有类型的属性和方法的基础上扩充和改造,得出新的类型,也就是定义一个类时可以继承一个已经存在的类。继承可以简化代码,实现代码复用,是多态的基础;满足"is a"关系就是类继承。

被继承的类称为父类(superclass),定义的新类称之为子类(subclass)。Java 中类的继承定义的语法如下。

```
[<modifiers>] class <subclass_name>extends superclass {
    [<attribute_declarations>]
    [<constructor_declarations>]
    [<method_declarations>]
}
```

其中,extends 就是类继承的关键字。创建一个新类时,系统中已经存在一个具有新

类的部分属性和方法的类,可以使用继承创建这个新类。这样就可以复用已经定义的属性和方法。

【例 3-18】 在实际成绩管理中,成绩不仅包括百分制,还有二分制和五分制。其中二分制的成绩为“不及格”和“及格”;五分制的成绩为“不及格”“及格”“中”“良”和“优秀”。那么成绩类如何设计?

(1) 解决方案 1:修改成绩类。

根据前面定义的成绩类,成绩类包括的属性为学号、课程名、学分和成绩。为了实现二分制、五分制和百分制,修改成绩类,增加成绩类型属性。1 表示百分制;2 表示二分制;3 表示五分制。其中成绩在百分制下使用 0～100 的实数;二分制下使用 0～1 的实数;五分制使用 0～4 的实数。

```
class Grade{
    public final static int CENTI_SCALE =1;
    public final static int BINARY_SCALE =2;
    public final static int FIVE_SCALE =3;
    private String sid;                                    //课程编号
    private String cname;                                  //课程名
    private float credit;                                  //学分
    private int gType;                                     //成绩类型
        private float score;                               //成绩
        //构造方法
    ⋮
        //读取成绩
        public String getScore() {
            String result =null;
            switch(gType) {
            case CENTI_SCALE:
                result =Float.toString(score);
                break;
            case BINARY_SCALE:
                if(score ==0) {
                    result ="不及格";
                }else{
                    result ="及格";
                }
                break;
            case FIVE_SCALE:
                if(score ==0) {
                    result ="不及格";
                }else if(score ==1) {
                    result ="及格";
                }else if(score ==2) {
                    result ="中";
```

```
            }else if(score ==3){
            result ="良";
            }else if(score ==4){
                result ="优秀";
        }
        break;
    }
    return result;
  }
}
```

成绩类的使用,如姚明参加了“高数”“IT 日语”和“Java EE 框架技术”课程的学习(其中“高数”是百分制,公共选修课“IT 日语”是二分制,选修课“Java EE 框架技术”是五分制),下面实例化这些课程的成绩对象,并使用它们。

```
class TestGrade{
    public static void main(String[] args){
        Grade grade;
        //编号“01”,高数,6学分,百分制,89分
        grade =new Grade("01","高数",6, Grade.CENTI_SCALE,89);
        System.out.println("成绩"+grade.getScore());
        //编号“02”,IT 日语,3学分,二分制,1-表示“及格”
        grade =new Grade("02","IT 日语",3, Grade.BINARY_SCALE,1);
        System.out.println("成绩"+grade.getScore());
        //编号“03”,Java EE 框架技术,4学分,五分制,3-表示“良”
        grade =new MyGrade("03","Java EE 框架技术",4, Grade.FIVE_SCALE,3);
        System.out.println("成绩"+grade.getScore());
    }
}
```

(2) 解决方案 2:使用继承。

在原有类型的基础上,继承实现二分制和五分制的成绩表示,百分制仍然由原来的成绩类来表示。类的继承模型如图 3-6 所示。

```
class BinaryGrade extends Grade {                          //二分制成绩类
    private String biscore;
    public String getBiscore() {
        return biscore;
    }
    public void setBiscore(String biscore) {
        this.biscore =biscore;
    }
}
class FiveGrade extends Grade {                            //五分制成绩类
    private String fscore;
    public String getFscore() {
```

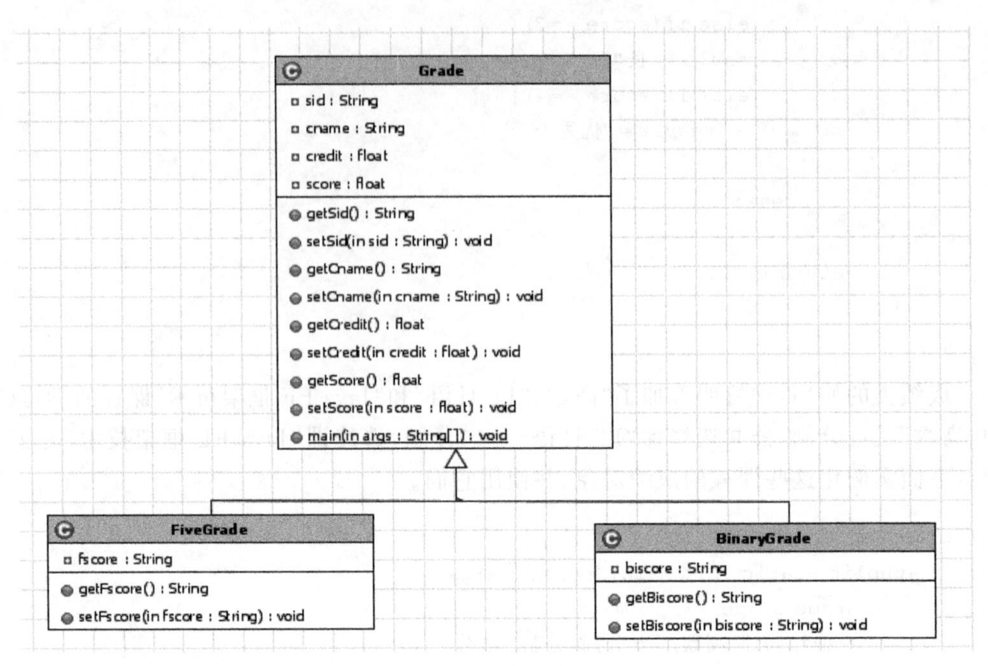

图 3-6　类的继承建模

```
        return fscore;
    }
    public void setFscore(String fscore) {
        this.fscore = fscore;
    }
}
public class TestInherit{                                  //测试类
    public static void main(String[] args) {
        Grade cgrade = new Grade();                         //定义百分制成绩对象
        cgrade.setScore(50.0f);
        System.out.println(cgrade.getScore());
        BinaryGrade egrade = new BinaryGrade();             //定义二分制成绩对象
        egrade.setBiscore("及格");
        System.out.println(egrade.getBiscore());
        FiveGrade fgrade = new FiveGrade();                 //定义五分制成绩对象
        fgrade.setFscore("良好");
        System.out.println(fgrade.getFscore());
    }
}
```

对比以上两种方案,第一种方案需要重新设计类,第二种方案则是在原有基础上实现扩展的二分制和五分制两种成绩,使原有代码继续使用,只对私有内容进行了设计与实现,但是在成绩的读取和设置上存在调用方法的不一致性。

虽然面向对象具有继承的特征,能够实现代码重用,但是,如果不从底层进行规范的设计,即使是使用了继承特征,也只是一种修修补补的过程,整个系统还是一个不稳定的系统。

使用继承时,要注意以下几点。

① Java 只允许单继承,不允许多继承。

② 子类可以继承父类中被声明为 public、protected 的成员变量和方法,不能继承父类中被声明为 private 的成员变量和方法。

③ 如果子类声明了一个与父类同名的成员变量,则此时子类的成员变量隐藏了父类的成员变量。

④ 如果子类声明了一个与父类同名的成员方法,则此时子类不能继承父类的成员方法,此时称子类的成员方法隐藏了父类的成员方法。

3.4.2 super 关键字

使用继承的过程中,常常在子类中访问父类的私有属性和方法,Java 通过 super 关键字解决这个问题。

super 代表当前对象的父类引用。它的典型应用有两种情况:访问父类的成员和访问父类的构造方法。

1. 访问父类成员

子类中有与父类的同名属性和同名方法,方法重写时使用 super 来调用父类的属性和方法。

super 访问父类成员的方法为 super.同名属性或者同名方法(参数列表)。

【例 3-19】 访问父类成员。

程序 FiveGrade.java 如下。

```
class FiveGrade extends Grade {                              //五分制成绩类
    private String fscore;
    public String getFscore() {
        return fscore;
    }
    public void setFscore(String fscore) {
        this.fscore =fscore;
    }
    public void showInfo() {
        super.showInfo();                                    //调用父类的方法
        System.out.println("fscore:"+fscore);
    }
}
public class SuperTest1 {
    public static void main(String[] args) {
        FiveGrade fgrade=new FiveGrade();
        fgrade.setSid("01");
```

```
            fgrade.setCname("高数");
            fgrade.setCredit(3);
            fgrade.setScore(79.0f);
            fgrade.setFscore("中");
            fgrade.showInfo();
        }
    }
```

程序运行结果如下。

```
sid=01, cname=高数, credit=3.0, score=79.0
fscore: 中
```

在【例 3-19】中,类 FiveGrade 方法 showInfo()中调用了父类中的 showInfo(),显示 sid、cname、credit 和 score 4 个属性的值,fscore 值的显示功能添加在 FiveGrade 类的 showInfo()方法中。子类构造方法不能继承父类构造方法,因此实例化 FiveGrade 类对象时使用的是该类无参构造方法,然后通过 setXXX()方法实现对属性值的设置。

2. 在子类构造方法中的应用

父类的部分属性是私有的,因此希望构造子类时将父类的属性也初始化。可以使用 super 关键字调用父类的构造方法实现这种应用。在子类构造方法中使用 super 调用父类构造方法,必须是这个构造方法的第一句语句。

【例 3-20】 父类构造方法的应用。

程序 FiveGrade.java 如下。

```
class FiveGrade extends Grade {
    private String fscore;
    public FiveGrade() {
        super();                                                  //父类构造方法的调用
    }
    FiveGrade(String sid, String cname, float credit){
        super(sid,cname,credit);                                  //父类构造方法的调用
        fscore ="及格";
    }
    //省略
}
public class SuperTest2 {
    public static void main(String[] args) {
        FiveGrade fgrade=new FiveGrade("01","高数",3);
        fgrade.showInfo();
    }
}
```

虽然构造方法不能继承,但可以使用 super,在子类的构造方法中调用父类的构造方法,上述代码中的 FiveGrade 类三参构造方法调用了父类的三参构造方法,无参构造方法

也调用了父类的无参构造方法。

如果子类的构造方法中既没有显式地调用父类的构造方法,也没有通过 this 调用同一类中其他重载的构造方法(该方法中也没有显示地调用父类的构造方法),那么系统会默认调用 super()。因此,为了避免在子类的构造方法中产生异常,建议父类中必须提供空的构造方法。

3.4.3 方法重写

在子类中定义的方法与父类的方法在方法名,方法参数的个数、类型与顺序,返回类型(也可以是子类)上全部一致时,称为方法重写(Overriding)。方法重写是子类中根据需要对继承父类方法进行的重新实现。【例 3-19】中 FiveGrade 类中的 showInfo 方法就实现了对父类 Grade 类中 showInfo 方法的重写。

方法重写需要遵循以下规则。

(1) 重写方法必须和被重写的方法具有相同的方法名、参数列表、返回类型(也可以是子类)。

(2) 重写方法不能使用比被重写方法更严格的访问权限。例如,父类中被重写方法的方法访问权限是 public,子类在重写该方法时就只能选择 public,这是因为 protected、private 和 default(默认权限)都比 public 的访问权限更加严格。

(3) 重写方法不能声明抛出比被重写方法范围更大的异常;异常处理在 7.2 节中专门介绍。

(4) 重写发生在子、父类之间,同一个类中的方法只能被重载,不能被重写。

(5) 在方法重写时,需要在被重写的方法前书写@Override(注解),引导编译器工作。@Override 是 Java 的基本注解之一,在 5.6.1 节中会详细介绍。

【例 3-21】 成绩的计算,成绩=成绩×学分。但是由于存在二分制和五分制,所以成绩需要折算后才能计算。所以,二分制和五分制各有自己的计算方式。

程序 Grade.java 如下。

```
public class Grade {
    private String sid;
    private String cname;
    private float credit;
    public float compute() {
        return 0;
    }
    ⋮
}
class FiveGrade extends Grade {
    private String fscore;
    public FiveGrade(String fscore) {
        this.fscore =fscore;
    }
```

```
    public float compute() {
        float result = 0;
        float temp = 0;
        if(fscore.equals("优秀")){
            temp = 95.0f;
        }else if(fscore.equals("良")){
            temp = 85.0f;
        }else if(fscore.equals("中")){
            temp = 75.0f;
        }else if(fscore.equals("及格")){
            temp = 65.0f;
        }else if(fscore.equals("不及格")){
            temp = 45.0f;
        }
        result = temp * this.getCredit();
        return result;
    }
}
public class TestGrade {
    public static void main(String[] args){
        FiveGrade grade=new FiveGrade("良");
        grade.setCredit(6);
        System.out.println(grade.compute());
    }
}
```

FiveGrade 是 Grade 的子类,它可以从 Grade 类中继承 compute()方法直接使用。【例 3-21】中的 FiveGrade 子类对父类的 compute()方法进行重新实现,也就是对方法进行重写。在 FiveGrade 对象 grade 中调用 compute()方法访问的是 FiveGrade 中的定义。

3.5 多 态

多态性是面向对象编程的又一个重要特征。一个引用类型变量可以引用(指向)多种不同类型的对象,既可以引用(指向)其声明类型的对象,也可以引用(指向)声明类型的子类型对象,由此通过引用类型变量调用相同的方法呈现不同的状态(结果),称为多态。

3.5.1 多态概述

Java 中存在类的继承关系,使得子类具有父类的方法和属性,这表示父类可以使用的方法,子类也可以去调用,发给父类的消息也可以发给子类,因此子类对象也就是父类对象,也就是说,Java 中子类的对象可以替代父类的对象使用。父类的引用变量就可以指向自己的类型对象,也可以指向子类的对象。这样通过父类引用变量调用的方法,可以是在父类中定义的方法,也可以是在子类中重写的方法。究竟执行的是哪个方法,可以在运行时刻根据该变量指向的具体对象类型确定。下面举例说明。

【例 3-22】 定义 3 个类 Animal、Bird、Fish，其中 Animal 是 Bird 和 Fish 的父类。

程序 AnimalTest.java 如下。

```
public class AnimalTest {
    public static void main(String[] args) {
        Animal a =new Animal();
        a.move();
        a =new Bird();
        a.move();
        a =new Fish();
        a.move();
        //a.eat();                                        //不合法,此时 a 的类型为 Animal
    }
}
class Animal{
    private String name;
    private int legs;
    public void move(){
        System.out.println("Animal is moving!");
    }
}
class Bird extends Animal{
    public void move(){
        System.out.println("Bird is flying!");
    }
    public void eat(){
        System.out.println("Bird is eating!");
    }
}
class Fish extends Animal{
    public void move(){
        System.out.println("Fish is swimmingx`!");
    }
}
```

程序运行结果如下。

```
Animal is moving!
Bird is flying!
Fish is swimming!
```

【例 3-22】体现了实现多态的 3 个条件：存在继承关系、存在方法的重写和父类引用指向子类对象。从运行结果可以看出，通过变量 a 三次调用 move()方法都执行了不同的代码。需要注意，指向子类的父类引用只能访问父类中定义的方法和属性，不能访问子类中相对于父类新添加的属性和方法。

3.5.2 instanceof 运算符

Java 允许父类引用变量指向子类对象,但不能通过这个引用变量访问子类中特有的方法和属性。只有将父类引用变量转换为具体的子类类型时,才能通过这个引用变量访问子类的特有方法和属性。

instanceof 运算符是在运行时指出引用变量所指向的对象是否是特定类型的一个实例。instanceof 运算符的运算结果返回一个布尔值,指出一个引用变量所指向的对象是否是指定类型或它的子类型的一个实例,也可以说指定类型名是否是这个引用变量所指向对象的所属类型或所属类型的父类型。

使用形式如下。

```
引用变量 instanceof 类型名
```

【例 3-23】 演示 instanceof 运算符的使用。

程序 InstanceofTest.java 如下。

```
public class InstanceofTest {
    public static void main(String[] args) {
        Animal animal1 =new Animal();
        System.out.println("animal1 instanceof Animal:"+(animal1 instanceof
        Animal));
        System.out.println(" animal1 instanceof Bird:" + (animal1 instanceof
        Bird));
        Animal animal2 =new Bird();
        System.out.println(" animal2 instanceof Animal:"+(animal2 instanceof
        Animal));
        System.out.println(" animal2 instanceof Bird:" + (animal2 instanceof
        Bird));
        Bird bird =new Bird();
        System.out.println(" bird instanceof Animal:" + ( bird instanceof
        Animal));
        System.out.println("bird instanceof Bird:"+(bird instanceof Bird));
    }
}
```

程序运行结果如下。

```
animal1 instanceof Animal:true
animal1 instanceof Bird:false
animal2 instanceof Animal:true
animal2 instanceof Bird:true
bird instanceof Animal:true
bird instanceof Bird:true
```

通过运行结果可以看出,instanceof 运算符左侧是实例对象,右侧操作数是一个类名,instanceof 用于判断在运行时刻左侧的对象是否是右侧的类,或者其子类的实例,如果是,返回 true,否则返回 false。

3.5.3 引用类型转换

引用变量之间的类型转换只能在具有继承关系的两个类型之间进行。引用类型变量的转换又称为对象塑型或对象造型,对象造型分为上塑造型和下塑造型。上塑造型是指将子类类型变量转换成父类类型变量,上塑造型是隐式进行的;下塑造型是指将父类类型变量转换成子类类型,下塑造型是显式进行的。进行下塑造型的强制类型转换之前,必须要使用 instanceof 来判断父类类型变量运行时的类型是子类类型,以保证代码更加健壮。

【例 3-24】 通过强制类型转换实现子类特有方法的调用。

程序 AnimalTest.java 如下。

```
public class AnimalTest {
    public static void main(String[] args) {
        Animal animal =new Bird();
        //animal.eat();未进行类型转换,Animal 无法调用 eat()方法
        //通过下塑造型再实现 eat()的调用
        if(animal instanceof Bird) {
            Bird bird = (Bird) animal;
            bird.eat();
        }
    }
}
```

强制转换成功的前提条件是被转换的引用变量所指向的对象类型一定要是转换以后类型的自身或是它的子类型。

3.6 访问控制

Java 中使用访问修饰符对类、变量、方法和构造方法进行访问控制,以便隐藏对象的成员变量和实现细节,更好地实现面向对象封装的特性。

3.6.1 包

进行大型软件开发时,往往有很多程序员参与,他们在定义类时可能会出现命名冲突。Java API 也给出了很多类,开发自己的类时也可能和它们冲突。为了解决类命名冲突的问题,Java 引入了包(package)概念。Java 中包的机制和目录机制极其类似,可以通过文件夹来组织管理文件,不同文件夹下可以存在相同名字的文件。Java 的包相当于给类名加了一个限定名(前缀)。

为了防止命名冲突,Java API 的类、接口也采用包进行管理。Java API 中部分包的结构如图 3-7 所示。

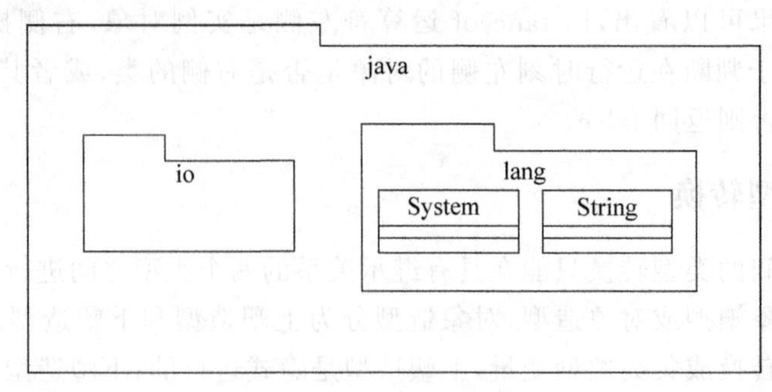

图 3-7　Java 包图

包的使用包括包的定义和包的引入。

1. 包的定义(package 语句)

包定义语句为 package packageName。

packageName：指包名。是一个符合标识符命名规则的标识符，如 yaoming。包名也可以使用"."分隔符定义多级包名。如 edu.imut.se09.yaoming，这是一个 4 级包名。为了避免各个公司开发类时出现冲突，包的命名一般采用公司域名的倒序。

【例 3-25】 将类 FiveGrade.java 放在 ch03.model.inherit 包下。

```
package chapter03.model.inherit;                                  //定义包名
public class FiveGrade extends Grade {
    …
}
```

说明如下。

① 对包进行定义，实际上就是指定了所定义类的前缀。编译 FiveGrade 类后，会在当前路径下生成三级目录路径"..\chapter03\model\inherit"。

② 包语句必须是文件中的第一条语句。即在 package 语句之前，除了空白和注释之外不能有任何语句。

③ 如果不加 package 语句，则指定为默认包或无名包。

2. 包的引入(import 语句)

Java 中同一个包中的类可以直接相互访问，但是一个类如果要访问其他包中的类，必须要使用 import 语句导入包。Java 中导入包的语法格式如下。

```
import 包名或类的全名;
```

【例 3-26】 在不同包的程序中使用类。

程序 ConsoleUI.java 如下。

```
package chapter03.model;                                          //定义包
import java.io.IOException;                                       //引入类
```

```
import java.util.Date;                                          //引入类
import chapter03.model.inherit.Grade;                           //引入类
public class ConsoleUI{
    public static void main(String[] args){
        Grade grade =new FiveGrade("及格");
        System.out.println(grade.compute());
        grade =new BinaryGrade("及格");
        System.out.println(grade.compute());
    }
}
```

由于ConsoleUI类和Grade类不在同一个包下，所以需要对Grade类引入import chapter03.model.inherit.Grade。在main()方法中才能直接使用Grade。如果没有引入类，也可以在main()方法中使用Grade类的全名实现。如用chapter03.model.inherit.Grade替换程序中的Grade。

也可以通过import语句引入包，即直接访问包下的全部类。语句为import java.io.*，其中"*"为通配符，表示全部类。这虽然对初学者很方便，但是给程序的运行性能带来负面影响。如耗费内存资源，影响系统性能。在远程加载时延时。

3. Java API中的常用包

Java API包中包含两种前缀，一种是java，表示Java的核心包；另一种是javax，表示Java的扩展包。

① java.lang：包含Java语言的一些基本类与核心类，如String、Math、Integer、System和Runtime，提供常用的功能，这个包中的所有类是被默认导入的。

② java.awt、java.awt.event、javax.swing：包含一些用于编写图形用户界面(GUI)应用程序的类。

③ java.util：包含一些实用工具类和数据结构类。

④ java.io：包含一些用作输入输出(I/O)处理的类。

⑤ java.net：包含用于建立网络连接的类，与java.io同时使用，完成与网络有关的读写操作。

3.6.2 访问控制修饰符

Java提供了两个层次的访问控制：顶层控制(即包控制类的访问)和成员控制。

1. 类的访问权限

类的访问控制包括两种：public和default(默认)。如果一个类被定义为public，则它可以被任何包的类访问。如果类前没有定义访问修饰符，则使用了默认权限(即包权限)，就是指该类只能被本包中的类访问。

2. 类成员的访问权限

成员的访问权限修饰符包括public、protected、private和default(默认)。此类增加了两个权限。private 权限修饰符指明成员只能被自己类进行访问;protected 权限修饰符则能被相同包中的类和其他包中本类的子类所访问。成员的访问如表 3-1 所示。

表 3-1 成员访问权限表

成员修饰符	类自己	相同包	不同包的子类	任意类
public	Y	Y	Y	Y
protected	Y	Y	Y	N
private	Y	N	N	N
default(默认)	Y	Y	N	N

访问控制修饰符对程序开发产生两个影响:一是使用其他第三方资源时,原有类及其类成员的访问权限决定了定义的类对这些成员的访问;二是定义自己的类时,需要决定类及其成员的被访问权限。

(1) public。当一个类中的属性和方法被声明为 public 时,则表示是公开的,在任何位置都可以访问(即所有类可见)。

(2) protected。用保护访问控制符 protected 修饰的类成员可以被 3 种类所访问:该类自身、与它在同一个包中的其他类以及在其他包中的该类的子类。使用 protected 修饰符允许其他包中它的子类来访问父类的特定属性和方法,否则可以使用默认访问控制符。

(3) private。用 private 修饰的类成员,只能被该类自身的方法访问和修改,而不能被任何其他类(包括该类的子类)访问和引用。因此,private 修饰符具有最高的保护级别。一般把那些保护的成员变量和方法声明为 private。

(4) default(默认)。如果类内的成员如果没有访问控制符,说明它具有默认的访问控制特性。该类只能被同一个包中的类访问和引用,而不能被其他包中的类使用,即使其他包中有该类的子类。

【例 3-27】 访问控制符的使用。

程序 A.java 如下。

```
package chapter03.p1;
public class A {
        public int a =10;
        protected int b =100;
        int c =1000;
        private int d =10000;
        public static void main(String[] args) {
            A obj =new A();
            System.out.println(obj.a);
            System.out.println(obj.b);
            System.out.println(obj.c);
            System.out.println(obj.d);
```

```
        }
    }
class B{
    public void print(){
        A obj =new A();
        System.out.println(obj.a);
        System.out.println(obj.b);
        System.out.println(obj.c);
        //private 修饰的变量在同包下的不同类中不能被访问
        //System.out.println(cc.d);                    //private
    }
}
```

程序 Test.java 如下。

```
package chapter03.p1;
public class Test {
    public static void main(String[] args) {
        //A 为 public 修饰的类,任何地方都可以访问
        A obj =new A();
        //a 为 public 修饰的变量,任何地方都可以访问
        System.out.println(obj.a);
        //b 为 protected 修饰的变量,同一包中其他类可以访问
        System.out.println(obj.b);
        //c 为无访问修饰词修饰的变量,同一包中其他类可以访问
        System.out.println(obj.c);
        //d 为 private 修饰的变量,类外不能被访问
        // System.out.println(obj.d);                  //private
        //B 为同包下缺省访问控制类,可以访问
        B b =new B();
    }
}
```

【例 3-27】中类 A、B、Test 都在同一包 chapter03.p1 下,在 Test 中对 A、B 类及其不同访问修饰符修饰的成员访问情况如代码中所述。如果将 Test 类放在 chapter03.p2 包下,和 A、B 类不在同一个包中,那么在 Test 中对 A、B 类及其不同访问修饰符修饰的成员访问情况如程序 Test.java 所示。

```
package chapter03.p2;
import chapter03.p1.A;
//无法导入不同包中的缺省访问控制类
//import chapter03.p1.B;
public class Test {
    public static void main(String[] args) {
        //A 为 public 修饰的类,任何地方都可以访问
```

```
        A obj =new A();
        //a 为 public 修饰的变量,任何地方都可以访问
        System.out.println(obj.a);
        //b 为 protected 修饰的变量,不同一包中其他类不可以访问
        //System.out.println(obj.b);
        //c 为无访问修饰词修饰的变量,不同一包中其他类不可以访问
        //System.out.println(obj.c);
        //d 为 private 修饰的变量,类外不能被访问
        //System.out.println(obj.d);
        //B 为不同包下缺省访问控制类,不能访问
        //B b =new B();
    }
}
```

如果修改 Test 类,使其继承 A 类,且和 A、B 类不在同一个包中,那么在 Test 中对 A、B 类及其不同访问修饰符修饰的成员访问情况如程序 Test.java 所示。

```
package chapter03.p2;
import chapter03.p1.A;
public class Test extends A {
    public static void main(String[] args) {
        Test obj =new Test();
        //a 为 public 修饰的变量,任何地方都可以访问
        System.out.println(obj.a);
        //b 为 protected 修饰的变量,不同一包中子类可以通过继承来进行访问
        System.out.println(obj.b);
        //c 为无访问修饰符的变量,在不同包类中不能被访问
        //System.out.println(obj.c);
        //d 为 private 修饰的变量,类外不能被访问
        //System.out.println(obj.d);
    }
}
```

3.7 非访问控制修饰符

3.7.1 static 修饰符

static 可以修饰属性、方法、内部类和代码块。前面介绍了 static 修饰属性和方法,由 static 修饰的属性和方法表示属性和方法是类的属性和方法。下面将详细讨论。

1. 静态属性

使用 static 修饰类中的成员和方法后,该属性或方法就成为了类的属性和方法。它们的访问语法为:类名.属性或者方法。static 修饰类的属性或方法也称为类成员(类变

量、静态成员)或类方法(静态方法)。

静态属性由整个类(包括该类的所有实例)共享,不需要依赖某个具体的对象而存在,实际就是一个共享的变量。

【例 3-28】 设计程序,统计系统中共实例化了指定类型的对象个数。

程序 TotalObject.java 如下。

```
public class TotalObject {
    private static int total =0;
    public TotalObject(){
        total++;
    }
    public static void main(String[] args){
        TotalObject obj;
        obj =new TotalObject();
        System.out.println("对象数: "+TotalObject.total);
        new TotalObject();
        new TotalObject();
        new TotalObject();
        System.out.println("对象数: "+TotalObject.total);
    }
}
```

程序执行结果为“对象数:1”和“对象数:4”。

2. 静态方法

编写程序时,常常需要定义一些工具方法,可以直接由类来调用,而不需要实例化对象进行调用,这就是静态方法。静态方法中只能访问静态变量和局部变量,不能访问类的属性(或成员变量)。

静态方法不能被覆盖,如果子类中有和父类重名的静态方法,虽然编译通过,但它并不能实现多态,所以不能称作覆盖。

前面定义的键盘输入类(InputByBoard),类中定义的方法全部为静态方法。目的是方便使用,即不需要实例化即可使用。

3. 静态块

类定义中使用静态块对静态属性进行初始化。静态初始块的语法为:static{…}。

【例 3-29】 把静态变量集中在一起初始化。

程序 TotalObject.java 如下。

```
public class TotalObject {
    private static int total ;
    private static int my ;
    static{
```

```
        total =0;
        my =0;
    }
}
```

静态块可以有多个,可以同时分布在类的任意位置。当 Java 运行时,第一次装载本类时,把所有静态块收集在一起进行一次执行,用来初始化其中的 static 变量。

对应静态块,还有一种非静态块。它的语法格式与静态块相似,只是没有前面的 static 关键字。语法为{…}。

【例 3-30】 静态块与非静态块的应用。

程序 TotalObject.java 如下。

```
public class TotalObject {
    private static int total ;
    private static int my ;
    private int fmy;
    static{//静态块
        total =0;
        my =0;
    }
    {//非静态块
        fmy =0;
    }
}
```

非静态块被用在构造方法中有相同的初始化代码,不需要在每个构造方法中都重复书写,而只需将它们放在非静态块中。当 Java 编译器编译时,会将它们自动加入每个构造方法中。

4. 初始化顺序

类属性的初始化可以通过类的静态块、构造方法等实现。特别是在类继承后,属性的初始化顺序更加复杂。理解属性的初始化顺序,对于深入理解 Java 语言的细节有一定帮助。

【例 3-31】 演示类的静态块、构造方法创建子类对象时的执行顺序。

程序 Parent.java 如下。

```
public class Parent {
    public static int total;                              //静态属性
    public final static int base;                         //符号常量
    static{
        total =0;
        base =100;
    }
    public Parent(){
```

```
        System.out.println("父类执行!");
        total++;
    }
}
```

程序 Child.java 如下。

```
public class Child extends Parent {
    private int sid;
    public Child() {
        sid =Parent.base +Parent.total;
        System.out.println("子类编号: "+sid);
    }
}
```

程序 TestInit.java 如下。

```
public class TestInit {
    public static void main(String[] args) {
        System.out.println("系统中有 Parent 型对象: "+Parent.total+"个");
        System.out.println("Parent 型对象初始编号: "+Parent.base);
        Child child =new Child();
        new Child();
        new Child();
        System.out.println("系统中有 Parent 型对象: "+Parent.total+"个");
        System.out.println("Parent 型对象初始编号: "+Parent.base);
    }
}
```

上面程序的执行结果如下。

```
static 块执行!
系统中有 Parent 型对象: 0 个
Parent 型对象初始编号: 100
父类执行!
子类编号: 101
父类执行!
子类编号: 102
父类执行!
子类编号: 103
系统中有 Parent 型对象: 3 个
执行 Parent 型对象初始编号: 100
```

从 TestInit 的执行结果可以看出,首先执行静态块或静态属性的初始化,然后执行实例化对象。在实例化对象时,首先执行父类的构造方法,再执行子类的构造方法。

3.7.2 final 修饰符

定义 Java 类、属性、方法时,可以使用 final 来修饰,使其具有最终的特性。Final 关键字的特性如下。

① final 修饰的类不能被继承,使得其中的方法也不能被继承覆盖,保证了方法为最终属性,String、Integer 等 Java API 中的很多类都是 final 类。

② final 修饰的方法不能被子类覆盖。

③ final 修饰的变量使其成为了符号常量,只能赋值 1 次;并且只能在声明的同时或在构造方法中显式赋值,才能使用。

④ final 不允许修饰构造方法、抽象类及抽象方法。

【例 3-32】 演示 final 关键字的使用。

程序 FinalTest.java 如下。

```
package chapter03;
final class XXX{
    public void test(){
        //------
    }
}
//XXX 为 final 类,不能被继承
/* class YYY extends XXX{
    public void test(){
        //------
    }
}*/
class AA {
    public final void test(){
        //------
    }
}
/* class BB extends AA {
    //test 为 final 方法,不能被重写
    public void test(){
        //------
    }
}*/
public class FinalTest{
    public static int totalNumber;
    public final int id;                                        //构造方法中显示赋值

    public FinalTest(){
        //this.id =++totalNumber;合法
        this.id=0;                                              //合法
    }
    public static void main(String[] args){
        FinalTest ft =new FinalTest();
```

```
        System.out.println(ft.id);
        //error,final 属性只能被赋值一次
        ft.id=2;
        FinalTest ft1=new FinalTest();
        System.out.println(ft1.id);
        final int B=10;
        System.out.println(B);
        //error,B 为符号常量,只能被赋值一次
        //B=20;
    }
}
```

3.8 常 用 类

3.8.1 Object 类

Java 中每一个类都有一个父类。有的是使用 extends 关键字显式地实现,有的虽然没有显式地实现,但都继承了一个 Object 类。它是所有 Java 类(包括数组)的父类。Java 语言中的类体系结构如图 3-8 所示。

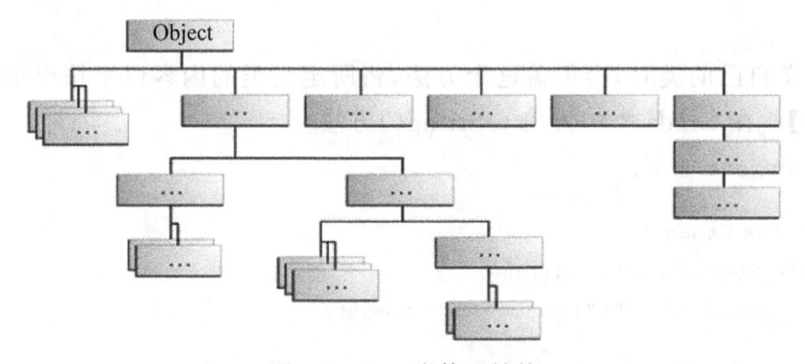

图 3-8 Java 类体系结构

Object 类是所有类的父类。Object 类中的方法如表 3-2 所示。

表 3-2 Object 类方法摘要表

方 法	说 明
protected Object clone()	创建并返回此对象的一个副本
public boolean equals(Object obj)	指示其他某个对象是否与此对象"相等"
protected void finalize()	当垃圾回收器确定不存在对该对象的更多引用时,由对象的垃圾回收器调用此方法
public finalClass<? > getClass()	返回此 Object 的运行时类
public int hashCode()	返回该对象的哈希码值
public void notify()	唤醒在此对象监视器上等待的单个线程

续表

方　　法	说　　明
public void notifyAll()	唤醒在此对象监视器上等待的所有线程
public String toString()	返回该对象的字符串表示
public void wait()	在其他线程调用此对象的 notify()方法或 notifyAll()方法前,导致当前线程等待
public void wait(long timeout)	在其他线程调用此对象的 notify()方法或 notifyAll()方法,或者超过指定的时间量前,导致当前线程等待
public void wait(long timeout, int nanos)	在其他线程调用此对象的 notify()方法或 notifyAll()方法,或者其他某个线程中断当前线程,或者已超过某个实际时间量前,导致当前线程等待

实际上,定义类时,常常会自觉地重写 Object 类的两个方法:toString()和 equals()方法。

1. toString()方法

使用经过实例化的对象时,常常需要以字符串的形式得到对象的内容,而不是每次逐个使用 getXxx()方法得到。Object 类提供了 toString()方法,以字符串形式返回类的内容。

所以,定义自己的类时,会覆盖这个方法,将所定义类的内容以字符串形式返回。

【例 3-33】 在 Grade 类中覆盖 toString()方法。

程序 Grade.java 如下。

```
public class Grade {
    public String toString() {
          return sid+":"+cname+":"+credit;
    }
    public static void main(String[] args){
        Grade grade =new Grade("01","高数",6);
        System.out.println(grade);
    }
}
```

输出时,直接输出的参数是对象,grade 实际等价于 grade.toString()。如果类没有覆盖 toString()方法,则使用 Object 的 toString()方法输出。输出的内容为 Object 类的 toString 方法的内容,Object 类 toString 的方法体为(getClass().getName() + '@' + Integer.toHexString(hashCode()))。

2. equals()方法

设计程序时,常常会判断两个对象是否相等,我们马上会想到关系运算符"=="。

【例 3-34】 在对象间使用"=="运算符,判断彼此的关系。

程序 FiveGrade.java 如下。

```
public class FiveGrade extends Grade {
    private String fscore;
    public static void main(String[] args){
        FiveGrade fgrade1 =new FiveGrade("及格");
        FiveGrade fgrade2 =new FiveGrade("及格");
        boolean flag =fgrade1 ==fgrade2;
        System.out.println(flag);
        fgrade2 =fgrade1;
        flag =fgrade1 ==fgrade2;
        System.out.println(flag);
    }
}
```

程序的输出结果为 false 和 true。这与判断的结果出现了差别。原因是对象变量中存储的是引用,而不是真正对象的内容。所以,使用==号进行比较时,也只能比较对象的引用了。因此,出现上面的结果也就不足为奇了。

为了比较两个对象的内容是否相等,或根据用户自定义的相等标准进行相等判断,Java 在 Object 类中提供了 equals()方法,目的是比较两个对象是否相等(一般是比较对象的各属性值是否相等)。

实际上,在 Object 类中定义的比较规则仍然和==相同;所以定义类时要对 equals()方法进行覆盖。基本类型存储的就是内容,所以没有 equals()方法,复合类型才有该方法。

【例 3-35】 判断对象内容是否相等。

程序 FiveGrade.java 如下。

```
public class FiveGrade extends Grade {
    private String fscore;
    public boolean equals(Object obj) {
        boolean result =false;
        if(obj ==null){
            result =false;
        }else{
            if(obj instanceof FiveGrade){
                FiveGrade temp = (FiveGrade)obj;
                if(fscore.equals(temp.getFscore())){
                    result =true;
                }else{
                    result =false;
                }
            }else{
                result =false;
            }
```

```
        }
        return result;
    }
    public static void main(String[] args){
        FiveGrade fgrade1 =new FiveGrade("及格");
        FiveGrade fgrade2 =new FiveGrade("及格");
        boolean flag =fgrade1.equals(fgrade2);
        System.out.println(flag);
    }
}
```

程序运行结果为 true。equals()方法满足了对象间是否相等的判断。书写 equals 时,需要注意以下几点:

(1) equals()方法是覆盖了 Object 类的方法,所以头部要保持一致。

(2) 书写 equals()方法时,要进行参数是否为空的判断,增加代码的健壮性。

(3) 对于参数 obj,在从 Object 类向指定类转换前,需要进行类型判断。

对于具体类型中的属性进行相等判断时,如果属性是复合类型,仍然需要使用 equals()方法进行相等判断,如果属性是基本类型,就可以直接使用==进行判断。

3.8.2 字符串类

字符串就是若干个字符的序列,Java 将字符串作为对象来处理。Java API 中提供了 String、StringBuffer 和 StringBuilder 等类来封装字符串,并提供了一系列方法来处理字符串。

1. String 类

Java 把 String 定义为一个特殊类,是 final 类型,不能被继承的类。String 创建的字符串是不可变的,而且 String 对象也是不可变的,对 String 类的任何改变,都是返回一个新的 String 类对象。

String 类有 11 种构造方法,它们提供不同的参数来初始化字符串。JVM 通过两种不同的方式实现对于 String 对象的创建。

①常规办法。利用 new 关键字创建 String 对象。如 String name = new String("姚明");name 对象和其他任何对象一样,在堆(Heap)中创建。所以,它的销毁也是由垃圾回收机完成的。

② 特殊办法。是使用赋值运算符直接赋值字符串常量。如 String name = "姚明";name 对象则是在 JVM 专门定义的字符串池(String Pool)中创建。字符串池用来存放运行时产生的各种字符串,并且池中的字符串内容不重复。即当使用上面的语句产生 name 对象时,首先会从字符串池中查找是否包含“姚明”字符串,如果包含,就直接将该串的地址赋值给 name,否则,则在字符串池中新建该字符串。这种办法让 String 对象的使用与基本类型的使用相一致,特别是在方法的参数传递中,不会出现修改 String 类型值的情况。

【例 3-36】 创建 String 对象的方法比较。

程序 TestString.java 如下。

```
public class TestString {
    public static void main(String[] args) {
        String str1=new String("abc");
        String str2=new String("abc");
        String str3="abc";
        String str4="abc";
        System.out.println("str1==str2:"+(str1==str2));
        System.out.println("str1.equals(str2):"+(str1.equals(str2)));
        System.out.println("str1==str3:"+(str1==str3));
        System.out.println("str3==str4:"+(str3==str4));
        System.out.println("str3.equals(str4):"+(str3.equals(str4)));
    }
}
```

程序运行结果如下。

```
str1==str2: false
str1.equals(str2): true
str1==str3: false
str3==str4: true
str3.equals(str4): true
```

JVM 中有一个字符串池,专门用来存储字符串。使用直接赋值的方式进行字符串对象的创建,遇到 String str3="abc"时,系统在字符串池中寻找是否有"abc",此时若字符串池中没有"abc",系统将此字符串存到字符串池中,然后将"abc"在字符串池中的地址返回给 str3。如果系统再遇到 String str4="abc",此时在字符串池中可以找到"abc"字符串,并将其地址返回给 b,则此时 str3==str4 为 true。

使用构造方法(String str1=new String("abc");)则会开辟堆内存空间存放字符串"abc",再次使用构造方法创建含有相同内容的字符串对象时(String str2=new String("abc");),会再次在堆内存开辟对应的存储空间来存放"abc",这样会让 str1 和 str2 对应不同的内存空间,使得 str1==str2 为 false。

String 类中已经重写了父类 Object 类的 equals()方法,重写后的方法实现了只要两个字符串引用所指向的对象含有一样的字符串,就返回 true。在【例 3-36】中,str1、str2、str3、str4 指向的字符串内容都是"abc",所以指向 equals 的结果都为 true。

String 类是 Java 中很常用的类,其中定义了很多有用的方法,其在实际开发中都是非常有用的,如比较字符串、搜索字符串、获取子串、查找单个字符、基本数据类型、封装类型相互进行类型转换等方法。读者可以查阅 Java API 文档,来了解该类中相关的方法功能及使用。下面通过【例 3-37】演示 String 类的常用方法。

【例 3-37】 演示 String 类的常用方法。

程序 StringTest 如下。

```
package chapter03;
public class StringTest {
    public static void main(String[] args) {
        //创建字符串对象
        String s = "core Java";
        //length():返回字符串的长度,其实也就是字符个数
        System.out.println(s.length());
        System.out.println("--------");
        //int indexOf(String str): 返回 str 在字符串对象中第一次出现的索引
        System.out.println(s.indexOf("j"));
        System.out.println(s.indexOf("or"));
        System.out.println(s.indexOf("ak"));
                                            //返回小于 0 的数,表示未找到匹配字符串
        System.out.println("--------");
        //char charAt(int index): 返回指定索引处的字符,返回字符
        System.out.println(s.charAt(0));
        System.out.println(s.charAt(1));
        System.out.println("--------");
        //String substring(int start): 从 start 开始截取字符串
        System.out.println(s.substring(0));
        System.out.println(s.substring(5));
        System.out.println("--------");
        //String substring(int start,int end): 从 start 开始,到 end 结束截取字符串
        System.out.println(s.substring(0, s.length()));
        System.out.println(s.substring(3, 8));
        //char[] toCharArray(): 把字符串转换为字符数组
        char[] chs = s.toCharArray();
        for (int x = 0; x < chs.length; x++) {
            System.out.println(chs[x]);
        }
        System.out.println("-----------");
        //String toLowerCase():把字符串转换为小写字符串
        System.out.println(s.toLowerCase());
        System.out.println("after:"+s);                        //原串内容不改变
        //String toUpperCase():把字符串转换为大写字符串
        System.out.println(s.toUpperCase());
        System.out.println("-----------");
        //String trim():去除字符串两端空格
        //s = "core Java";
        System.out.println("---" +s +"---");
        System.out.println("---" +s.trim() +"---");
        s=" "+s+" ";
        System.out.println("---" +s +"---");
        System.out.println("---" +s.trim() +"---");
```

```
        System.out.println("------------");
        //String[] split(String str)
        String s1 ="aa,bb,cc";
        String[] strArray =s1.split(",");
        for (int x =0; x <strArray.length; x++) {
            System.out.println(strArray[x]);
        }
    }
}
```

程序运行结果如下。

```
s.length():9
s.indexOf("j"):-1
s.indexOf("or"):1
s.indexOf("ak"):-1
s.charAt(1):o
s.substring(5):Java
s.substring(3, 8): e Jav
字符串转换为字符数组输出
c o r e   J a v a
小写: core java  大写: CORE JAVA
---core Java   ---
---core Java---
aa
bb
cc
```

从程序运行结果来看,String 类方法中涉及索引位置的都是从 0 开始的,在调用各方法后,原串的内容是不发生变化的。

2. StringBuffer 类和 StringBuilder 类

StringBuffer 是可变字符序列,任何对它所指代的字符串的改变都不会产生新的对象。StringBuffer 类是线程安全的,即底层实现了多线程。StringBuilder 和 StringBuffer 类似,区别在于线程不安全,但性能较高。在实际应用中,经常会出现对字符串内容做出修改的需求,此时用 String 类来实现是受限制的,必须使用 StringBuffer 类完成字符串的动态添加、插入和修改等操作。

【例 3-38】 StringBuffer 常用方法的应用。

程序 StringBufferTest.java 如下。

```
public class StringBufferTest {
    public static void main(String[] args) {
        //定义一个空的字符串缓冲区,含有 16 个字符的容量
        StringBuffer buffer1 =new StringBuffer();
```

```
        //定义一个含有 10 个字符容量的字符串缓冲区
        StringBuffer buffer2 =new StringBuffer(10);
        //定义一个含有(16+5)的字符串缓冲区,"hello"为 5 个字符
        StringBuffer buffer3 =new StringBuffer("hello");
        //capacity()方法返回字符串的容量大小
        System.out.println(buffer1.capacity());
        System.out.println(buffer2.capacity());
        System.out.println(buffer3.capacity());
        String str ="World!";
        //append()方法用于向原有当前对象中追加参数字符串
        buffer3.append(str);
        //substring()取字符串从指定索引值开始直至字符串缓冲区结束的所有字符
        System.out.println(buffer3.substring(0));
        //setCharAt()修改对象中指定索引值位置的字符为新的字符
        buffer3.setCharAt(1,'E');
        System.out.println(buffer3);
        //reverse()实现字符串的反转
        buffer3.reverse();
        System.out.println(buffer3);
        //deleteCharAt()方法的作用是删除指定位置的字符,然后将剩余的内容形成一
        //个新的字符串
        buffer3.deleteCharAt(2);
        System.out.println(buffer3);
        //delete()方法用于移除序列中子字符串的字符
        buffer3.delete(2,5);
        System.out.println(buffer3);
    }
}
```

程序运行结果如下。

```
16
10
21
helloWorld!
hElloWorld!
!dlroWollEh
!droWollEh
!dollEh
```

【例 3-38】使用了 StringBuffer 类常用的一些方法,如果将程序中的 StringBuffer 替换为 StringBuilder,程序可以正常运行,其运行结果与【例 3-38】完全一样,说明 StringBuilder 和 StringBuffer 的方法功能都是一致的。

3.8.3 封装类

封装类——Wrapper class,也称为包装类,就是用来封装基本数据类型的类。Java

API 有 8 种基本数据类型,分别提供了对应的 8 种封装类,目的就是为了能够将基本数据类型的数据视为对象来处理。Java 是完全面向对象编程语言,封装类使得 Java 程序处理的数据都是对象。封装类处于 java.lang 包下,基本数据类型和封装类的对应关系如表 3-3 所示。

表 3-3 基本数据类型和对应的封装类

基本数据类型	封 装 类	基本数据类型	封 装 类
boolean	Boolean	float	Float
byte	Byte	int	Integer
char	Chartacter	long	Long
double	Double	short	Short

封装类中定义了很多有用的方法和常量。如数值型封装类中的 MIN_VALUE 和 MAX_VALUE 表示该类型的最小值和最大值;有从封装类中提取数据的 xxxValue()方法,xxx 表示提取基本数据的类型;有实现字符串和数值之间转换的 valueOf()方法,还有一组静态方法 parseXXX(String s),用于将字符串分析转换为对应的数值数据。

Java 的封装类可以方便地将基本数据类型的数据转换为对应的封装类对象,方便涉及对象的操作,更好地实现 Java 面向对象的编程。封装类提供了以相应的基本数据类型的数据作为参数的构造方法,如 Integer i1 = new Integer(5);实现将基本数据类型的数据包装成为对象,具有对象的特性。JDK 5.0 提供了自动装箱的功能,即 Java 自动将原始类型值转换成对应的对象,自动装箱时编译器调用 valueOf 将原始类型值转换成对象。与自动装箱对应的是自动拆箱,即将对象转换成基本数据类型值,在自动拆箱时,编译器通过调用类似 intValue()、doubleValue()这类的方法将对象转换成原始类型值。

【例 3-39】 以 Integer 为例简单说明封装类的属性和主要方法。

程序 IntegerTest.java 如下。

```
public class IntegerTest {
    public static void main(String[] args) {
        //Integer 的几个属性
        System.out.println("Integer.MAX_VALUE="+Integer.MAX_VALUE);
        System.out.println("Integer.MIN_VALUE="+Integer.MIN_VALUE);
        System.out.println("Integer.SIZE="+Integer.SIZE);
        System.out.println("Integer.TYPE="+Integer.TYPE);
        //int --->Integer,包装成对象
        Integer i1 =new Integer(5);
        Integer i2 =Integer.valueOf(10);
        //int --->Integer,自动装箱
        Integer i3 =5;
        //String --->Integer
        Integer i4 =new Integer("123");
        Integer i5 =Integer.valueOf("123");
```

```
        //Integer -->int,提取数据
        int a =i1.intValue();
        //Integer -->int,自动拆箱
        int b =i2;
        //String --->int
        int c =Integer.parseInt("123");
        //int --->String Integer--->String
        String s1 =Integer.toString(i1);
        String s2 =i1.toString();
        //对象比较,只要是通过使用 new 关键构建的对象
        Integer ii1 =new Integer(523);
        Integer ii2 =new Integer(523);
        System.out.println(ii1==ii2);
        System.out.println(ii1.equals(ii2));
    }
}
```

程序运行结果如下。

```
Integer.MAX_VALUE=2147483647
Integer.MIN_VALUE=-2147483648
Integer.SIZE=32
Integer.TYPE=int
false
true
```

3.8.4 Java 8 新增日期和时间类

Java 1.0 提供了 java.util.Date 类来处理日期、时间,包括创建日期、时间对象,获取系统当前日期、时间等操作。但 Date 中的年份是从 1900 开始的,月份和小时都是从 0 开始的,日又是从 1 开始,因此做日期计算时烦琐且不直观。另外,Date 是非线程安全的,所有的日期类都是可变的,这是 Java 日期类最大的问题之一。日期类也不提供国际化功能,没有时区支持,因此 Java 又引入了 java.util.Calendar 和 java.util.TimeZone 类,但它们同样存在上述所有问题。Java 8 引入了新的日期和时间 API 来解决以上问题,这些类都包含在 java.time 包中,涉及处理日期、时间、日期/时间、时区、时刻与时钟(clock)等相关操作。java.time 中的一些关键类如下。

① LocalDate——表示确切的日期,不包含具体时间,如 2018-03-28。

② LocalTime——表示具体的时间,不包含日期的时间,如 10:15:30。

③ LocalDateTime——包含了日期及时间,不过还是没有偏移信息或时区,如 2018-03-28。

④ Instant——代表的是在时间线上的瞬间点。

⑤ Duration——表示时间段,如 34.5 秒。

⑥ Period——表示日期段,如“2 年 3 个月 4 天”。

⑦ ZonedDateTime——表示一个包含时区的完整的日期时间，偏移量是以 UTC/格林威治时间为基准的。

⑧ DateTimeFormatter——用于在 Java 中进行日期的格式化与解析。

1. 创建实例

要构造这些时间、日期、时区等新类的实例，有两种方法，第一种是使用 now()方法创建当前时间的实例；第二种是使用 of 方法传入要构造的参数。

日期实例的创建方法如下。

```
LocalDate today=LocalDate.now();
LocalDate birthday =LocalDate.of(1994, Month.JANUARY, 18);
```

时间实例的创建方法如下。

```
LocalTime time =LocalTime.now();
LocalTime oneTime =LocalTime.of(10,10,10);
```

日期时间实例的创建方法如下。

```
LocalDateTime dateTime =LocalDateTime.now();
LocalDateTime oneTime =LocalDateTime.of(2019,10,14,10,12,12);
```

时区实例的创建方法如下。

```
ZoneId zoneId =ZoneId.of("Asia/Shanghai");
ZonedDateTime zonedDateTime =ZonedDateTime.of(LocalDateTime.now(), zoneId);
```

2. 获取相关信息

Java 8 新的日期时间类库中的类还提供了一系列 getter 方法，使用这些方法可以获取日期的年、月、日，日期是月份的第几天、周的第几天，月份的天数，是否为闰年，时间的时、分、秒等内容。编程实现非常方便，而且月、日、小时都是从 1 开始计数表示，符合生活实际，实用简单。

```
LocalDate today =LocalDate.now();
int year =today.getYear();                          //当前日期的年份
int month =today.getMonthValue();                   //当前日期的月份
int day =today.getDayOfMonth();                     //当前日期的日子
int dayOfMonth =today.getDayOfMonth();              //月份中的第几天
DayOfWeek dayOfWeek =today.getDayOfWeek();          //一周的第几天
int length =today.lengthOfMonth();                  //月份的天数
boolean leapYear =today.isLeapYear();               //是否为闰年
```

3. 日期时间的修改与计算

因为新日期时间 API 中的所有核心类都是不可变的，修改这些对象会返回一个对应类型的新对象,调用这些类的 with 方法来返回新对象,而不是使用 setter。with 方法需要 TemporalAdjusters 类型的对象,TemporalAdjusters 方法可以返回当前月的第一天、下一个月的第一天、今年的最后一天等。新日期时间 API 中也有基于不同字段的计算方法,plusXXX 和 minusXXX 方法可以计算一段时间之前/之后的日期和时间。日期时间的修改与计算方法使用示例如下。

```
LocalDate taday=LocalDate.now();
LocalDate dateAfter10Days =taday.plusDays(10);          //返回十天以后的日期
LocalDate dateBefore1Month =taday.minusMonths(1);        //返回一个月前的日期
LocalDate dateAfter1Year=taday.plusYears(1);            //返回一年前的日期
LocalDate lastDayOfMonth =taday.with(TemporalAdjusters.lastDayOfMonth());
                                                        //这个月的最后一天
LocalDate firstDayOfYear =taday.with(TemporalAdjusters.firstDayOfYear()));
                                                        //今年第一天
localDate updateYear=taday.withYear(2020);              //修改为 2020 年
localDate =taday.with(ChronoField.YEAR, 2022);          //修改为 2022 年
```

4. 日期时间的格式化

DateTimeFormatter 类是 Java 8 日期时间对象格式的类。DateTimeFormatter 默认提供了多种格式化方式,如果默认提供的不能满足要求,可以通过 DateTimeFormatter 的 ofPattern 方法创建自定义格式化方式,用 ofPattern 方法传入自定义格式,返回一个使用该格式的格式化器 DateTimeFormatter 对象,然后用这个格式化器对象传入日期、时间等对象的 format 方法来进行格式化。符合日期时间格式的字符串也可以解析为日期类对象,同样需要的是格式化器 DateTimeFormatter,调用格式化器的 parse 方法传入字符串序列,如果格式匹配,就会返回相应的日期对象,否则会抛出异常。

【例 3-40】 日期时间类使用示例。

程序 DataTimeTest.java 如下。

```
import java.time.LocalDate;
import java.time.LocalTime;
import java.time.LocalDateTime;
import java.time.Month;
import java.time.ZoneId;
import java.time.ZonedDateTime;
import java.time.format.DateTimeFormatter;
import java.time.temporal.TemporalAdjusters;
public class DataTimeTest {
    public static void main(String args[]) {
        //创建日期时间类对象,获得系统当前日期时间
        LocalDateTime currentTime =LocalDateTime.now();
        System.out.println("当前时间: " +currentTime);
        //获得日期对象
```

```
        LocalDate date1 =currentTime.toLocalDate();
        System.out.println("date1: " +date1);
        Month month =currentTime.getMonth();
        int day =currentTime.getDayOfMonth();
        int seconds =currentTime.getSecond();
        System.out.println("月: " +month +", 日: " +day +", 秒: " +seconds);
        //这个月的最后一天
        LocalDate lastDayOfMonth =date1.with(TemporalAdjusters.lastDayOfMonth());
        System.out.println("lastDayOfMonth:"+lastDayOfMonth);
        //这一年的第一天
        LocalDate firstDayOfMonth =date1.with(TemporalAdjusters.firstDayOfYear());
        System.out.println("firstDayOfMonth:"+firstDayOfMonth);
        //修改月为10月,年为2020年
        LocalDateTime date2 =currentTime.withDayOfMonth(10).withYear(2020);
        System.out.println("date2: " +date2);
        //22小时15分钟
        LocalTime date4 =LocalTime.of(22, 15);
        System.out.println("date4: " +date4);
        //格式化
        String s1 =date2.format(DateTimeFormatter.BASIC_ISO_DATE);
        System.out.println("DateTimeFormatter.BASIC_ISO_DATE:"+s1);
        String s2 =date2.format(DateTimeFormatter.ISO_LOCAL_DATE);
        System.out.println("DateTimeFormatter.ISO_LOCAL_DATE:"+s2);
        //自定义格式化
        DateTimeFormatter  dateTimeFormatter  =  DateTimeFormatter. ofPattern
        ("dd/MM/yyyy");
        String s3 =date2.format(dateTimeFormatter);
        System.out.println("dd/MM/yyyy:"+s3);
        //解析字符串
        LocalTime date5 =LocalTime.parse("20:15:30");
        System.out.println("date5: " +date5);
        //获取时区信息
        ZoneId id =ZoneId.of("Europe/Paris");
        System.out.println("ZoneId: " +id);
        ZoneId currentZone =ZoneId.systemDefault();
        System.out.println("时区: " +currentZone);
        ZonedDateTime zonedDateTime =
                        ZonedDateTime.of(LocalDateTime.now(), currentZone);
        System.out.println("zonedDateTime:"+zonedDateTime);
    }
}
```

程序运行结果如下。

```
当前时间: 2021-01-27T20:17:00.587
```

```
date1: 2021-01-27
月: JANUARY, 日: 27, 秒: 0
lastDayOfMonth:2021-01-31
firstDayOfMonth:2021-01-01
date2: 2020-01-10T20:17:00.587
date4: 22:15
DateTimeFormatter.BASIC_ISO_DATE:20200110
DateTimeFormatter.ISO_LOCAL_DATE:2020-01-10
dd/MM/yyyy:10/01/2020
date5: 20:15:30
ZoneId: Europe/Paris
当期时区: Asia/Shanghai
zonedDateTime:2021-01-27T20:17:00.600+08:00[Asia/Shanghai]
```

3.9 案　　例

本章案例实现管理员添加学生的功能。添加学生的过程需要定义学生类,并使用学生类来创建学生对象,再将创建的对象添加在系统中。案例使用了类的定义(封装)、继承和正则表达式。定义类的过程就是一个封装的过程。封装的原则是类的属性一般定义为private(私有的),这样可以防止程序直接访问对象的属性,增加了数据的安全性。为了让外界可以访问属性,类中提供统一的公共访问接口,即 public 修饰的 getter 和 setter 方法。但并不是类中所有的属性都必须定义为 private,这要根据实际需要来确定。

3.9.1 案例设计

本章案例中定义父类为 User(用户类,定义了用户 ID 和用户密码属性),子类为 Student(学生用户类)。定义 StudentManager 类,其中定义了学生添加、删除、修改、查询的方法,添加学生时对输入的学生用户信息进行格式验证,并将输入信息保存到学生对象中返回,最后打印刚保存的学生对象。Student 和 StudentManager 类设计如图 3-9 所示。

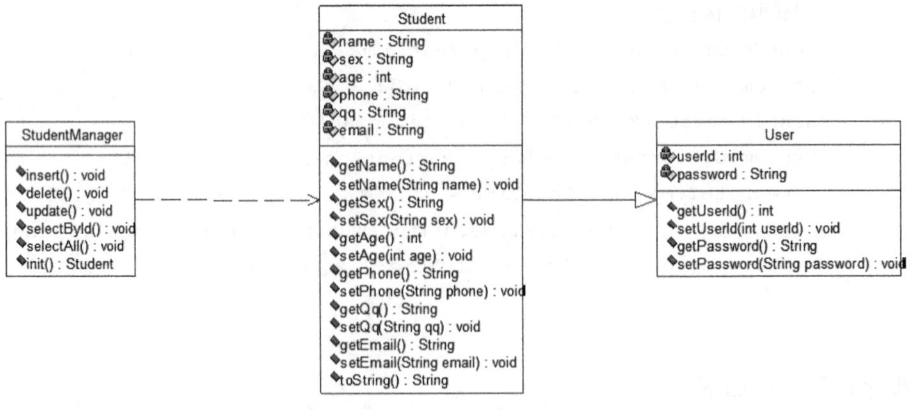

图 3-9　用户类图

3.9.2 案例演示

添加学生功能为管理员对应的功能，按照第2章的案例，已经进入到管理员菜单，在管理员菜单中选择2(学生管理)后显示学生管理对应的功能，如图3-10所示，继续选择2(学生添加)就可以进入学生添加的功能页面，如图3-11所示。按照界面提示输入各项信息，如果输入正确即通过格式验证，则注册成功。若没有按照格式要求输入信息，程序将给出出错提示。

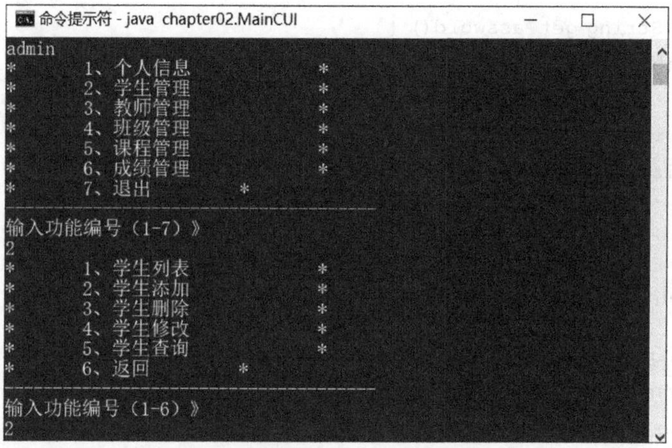

```
命令提示符 - java chapter02.MainCUI
admin
*       1、个人信息           *
*       2、学生管理           *
*       3、教师管理           *
*       4、班级管理           *
*       5、课程管理           *
*       6、成绩管理           *
*       7、退出          *
-----------------------------------
输入功能编号（1-7）》
2
*       1、学生列表           *
*       2、学生添加           *
*       3、学生删除           *
*       4、学生修改           *
*       5、学生查询           *
*       6、返回          *
-----------------------------------
输入功能编号（1-6）》
2
```

图3-10 管理员的学生管理功能

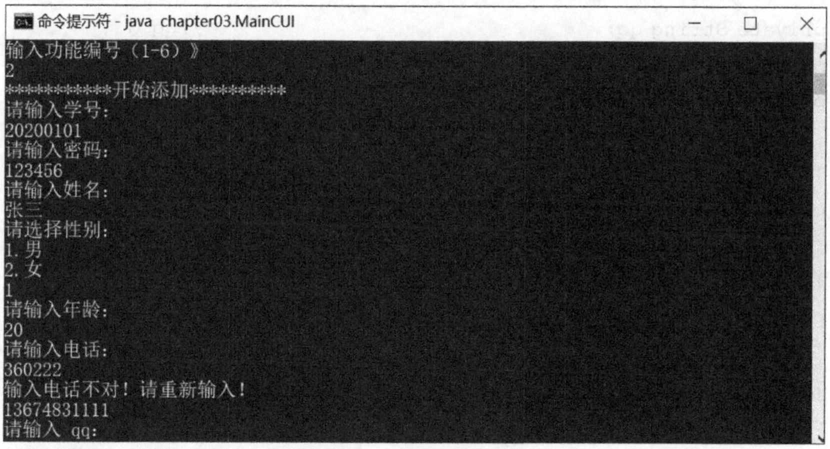

```
命令提示符 - java chapter03.MainCUI
输入功能编号（1-6）》
2
***********开始添加**********
请输入学号:
20200101
请输入密码:
123456
请输入姓名:
张三
请选择性别:
1.男
2.女
1
请输入年龄:
20
请输入电话:
360222
输入电话不对！请重新输入！
13674831111
请输入 qq:
```

图3-11 学生添加功能

3.9.3 代码实现

程序User.java如下。

```
package chapter03;
```

```
public class User {
    private String userId;
    private String password;
    public String getUserId() {
        return userId;
    }
    public void setUserId(String userId) {
        this.userId =userId;
    }
    public String getPassword() {
        return password;
    }
    public void setPassword(String password) {
        this.password =password;
    }
}
```

程序 Student.java 如下。

```
package chapter03;
public class Student extends User {
    private String name;                                    //姓名
    private String sex;                                     //性别
    private int age;                                        //年龄
    private String phone;                                   //电话
    private String qq;                                      //qq号
    private String email;                                   //电子邮箱
    public String getName() {
        return name;
    }
    public void setName(String name) {
        this.name =name;
    }
    public String getSex() {
        return sex;
    }
    public void setSex(String sex) {
        this.sex =sex;
    }
    public int getAge() {
        return age;
    }
    public void setAge(int age) {
        this.age =age;
    }
```

```
    public String getPhone() {
        return phone;
    }
    public void setPhone(String phone) {
        this.phone =phone;
    }
    public String getQq() {
        return qq;
    }
    public void setQq(String qq) {
        this.qq =qq;
    }
    public String getEmail() {
        return email;
    }

    public void setEmail(String email) {
        this.email =email;
    }
    @Override
    public String toString() {
        return "Student [name=" +name +", sex=" +sex +", age=" +age +", phone=" +
                phone +", qq=" +qq+", email=" +email +", UserId=" +getUserId() +",
                Password=" +getPassword() +"]";
    }
}
```

程序 StudentManager.java 如下。

```
package chapter03;
import java.util.Scanner;
import java.util.regex.Pattern;
public class StudentManager {
    //添加学生信息
    public void insert() {
        Student student =init();
        System.out.println("添加成功!");
        System.out.println(student.toString());
    }
    //添加学生的修改、删除、查询等方法。方法省略……
    //删除学生信息
    public void delete() {
    }
    //修改学生信息
    public void update() {
```

```
}
//按学号查询
public void selectById() {
}
//查询所有学生信息
public void selectAll() {
}
//输入学生信息并进行有效性验证
public Student init() {
    String userId =null;
    String password =null;
    String name =null;
    String sex =null;
    String age =null;
    String phone =null;
    String qq =null;
    String email =null;
    Scanner in =new Scanner(System.in);
    Student student =new Student();
    String useridPattern ="[0-9]{8}";
    String agePattern ="[0-9]{1,2}";
    String phonePattern ="^1([38][0-9]|4[579]|5[^4]|6[6]|7[0135678]|9[89])
    \\d{8}$";
    String qqPattern ="[0-9]{6,10}";
    String emailPattern ="[a-zA-Z0-9]{1,20}@[a-zA-Z0-9.]{1,20}";
    //输入用户名
    System.out.println("请输入学号: ");
    userId =in.nextLine();
    while (!Pattern.matches(useridPattern, userId)) {
        System.out.println("输入学号不对!请重新输入!");
        userId =in.nextLine();
    }
    //输入密码
    System.out.println("请输入密码: ");
    password =in.nextLine();
    //输入姓名
    System.out.println("请输入姓名: ");
    name =in.nextLine();
    //选择性别
    System.out.println("请选择性别: ");
    System.out.println("1.男");
    System.out.println("2.女");
    sex =in.nextLine();
    while (!sex.equals("1") && !sex.equals("2")) {
```

```
        System.out.println("请重新选择!" +sex);
        sex =in.nextLine();
    }
    if (sex.equals("1")) {
        sex ="男";
    } else {
        sex ="女";
    }
    //输入年龄并检查 age 是否是两位整数。不符合,则重新输入
    System.out.println("请输入年龄: ");
    age =in.nextLine();
    while (!Pattern.matches(agePattern, age)) {
        System.out.println("输入年龄不对!请重新输入!");
        age =in.nextLine();
    }
    //输入 phone 并检查 phone 是否是 11 位整数。不符合,则重新输入
    System.out.println("请输入电话: ");
    phone =in.nextLine();
    while (!Pattern.matches(phonePattern, phone)) {
        System.out.println("输入电话不对!请重新输入!");
        phone =in.nextLine();
    }
    //输入 qq 号并检查 qq 是否是 6~10 位整数。不符合,则重新输入
    System.out.println("请输入 qq: ");
    qq =in.nextLine();
    while (!Pattern.matches(qqPattern, qq)) {
        System.out.println("输入 qq 格式不对!请重新输入!");
        qq =in.nextLine();
    }
    //输入 email 并检查 email 是否符合要求。不符合,则重新输入
    System.out.println("请输入 email: ");
    email =in.nextLine();
    while (!Pattern.matches(emailPattern, email)) {
        System.out.println("输入 email 格式不对!请重新输入!");
        email =in.nextLine();
    }
    student.setUserId(Integer.parseInt(userId));
    student.setPassword(password);
    student.setName(name);
    student.setSex(sex);
    student.setAge(Integer.parseInt(age));
    student.setPhone(phone);
    student.setQq(qq);
    student.setEmail(email);
```

```
        return student;
    }
}
```

修改第 2 章案例 AdminCUI.java 中对学生添加的功能,将 case ADMIN_STUDENT 子句内容修改为如下代码。

```
case ADMIN_STUDENT:
    StudentManager stuManager =new StudentManager();
    while (nobackflag) {
          menu_Admin2();
          sechoice =Integer.parseInt(scanner.nextLine());
          switch (sechoice) {
              case THIRD_STUDENT_INSERT:
                  stuManager.insert();
                  break;
              case THIRD_STUDENT_SELECT:
                  //调用 stuImp 对象中对应的方法
                  break;
              case THIRD_STUDENT_RETURN:
                  nobackflag =false;
              break;
          }
    }
break;
```

3.10 习 题

1. 选择题

(1) ( )操作符可以使其修饰的变量只能对同包中的类或子类有效。

A. private　　B. public　　C. protected　　D. default

(2) 在 Java 中,负责对不再使用的对象自动回收的是( )。

A. 垃圾回收器　　B. 虚拟机　　C. 编译器　　D. 多线程机制

(3) 以下说法错误的是( )。

A. 静态方法可以直接访问本类的静态变量和静态方法

B. 静态方法可以直接访问本类的非静态变量和非静态方法

C. 非静态方法可以直接访问本类的静态变量和静态方法

D. 非静态方法可以直接访问本类的非静态变量和非静态方法

(4) 下列代码的执行结果是( )。

```
public class Test1{
    public static void main(String args[]){
```

```
        int a=2,b=8,c=6;
        String s="abc";
        System.out.println(a+b+s+c);
        System.out.println();
    }
}
```

A. ababcc　　B. 282866　　C. 28abc6　　D. 10abc6

(5) 在 Java 中,由 Java 编译器自动导入,而无需在程序中用 import 导入的包是(　　)。

A. java.applet　　B. java.awt　　C. java.util　　D. java.lang

(6) 关于下列程序段的输出结果,说法正确的是(　　)。

```
public class Test2{
    static int i;
    public static void main(String argv[]){
        System.out.println(i);
    }
}
```

A. 有错误,变量 i 没有初始化。　　B. null

C. 1　　D. 0

(7) 在 Java 中,一个类可同时定义许多同名的方法,这些方法的形式参数的个数、类型或顺序各不相同,传回的值也可以不相同,这种面向对象的程序特性称为(　　)。

A. 隐藏　　B. 覆盖

C. 重载　　D. Java 不支持此特性

(8) (　　)修饰符修饰的变量是所有同一个类生成的对象共享的。

A. public　　B. private　　C. static　　D. final

(9) 对于构造方法,下列叙述不正确的是(　　)。

A. 构造方法是类的一种特殊方法,它的方法名必须与类名相同

B. 构造方法的返回类型只能是 void 型,即在方法名前加 void

C. 构造方法的主要作用是完成对类的对象的初始化工作

D. 一般在创建新对象时,系统会自动调用构造方法

(10) 对于下列代码,(　　)表达式返回值为 true。

```
public class Test3{
    long length;
    public Test3 (long l){
        length =l;
    }
    public static void main(String arg[]){
        Test3 s1, s2, s3;
        s1 =new Test3 (21L);
```

```
        s2 =new Test3 (21L);
        s3 =s2;
        long m =21L;
    }
}
```

A. s1= =s2　　B. s1= =s3　　C. s2= =s3　　D. m.equals(s1)

(11) 在 Java 中,类 Worker 是类 Person 的子类,Worker 的构造方法中有一句“super()”,该语句(　　)。

A. 调用类 Worker 中定义的 super()方法

B. 调用类 Person 中定义的 super()方法

C. 调用类 Person 的构造函数

D. 语法错误

(12) 使用(　　)修改下列代码,使成员变量 m 能被方法 fun()直接访问。

```
class Test {
    private int m;
    public static void fun() {
        ⋮
    }
}
```

A. 将 private int m 改为 protected int m

B. 将 private int m 改为 public int m

C. 将 private int m 改为 static int m

D. 将 private int m 改为 int m

2. 填空题

(1) 创建一个名为 mypackage 包的语句是________。

(2) 被关键字________修饰的方法是不能被当前类的子类重新定义的方法。

(3) Java 中的所有类都是________类的子类。

(4) 在 Java 源文件中,class、import 和 package 语句的顺序是________。

(5) 阅读下面的程序段,回答问题。

```
public class Test{
    public static void main(String args[]) {
        String s1 =new String ("abc");
        String s2 ="abc";
        if (s1 ==s2)
            if (s1.equals(s2))
                System.out.println("a");
            else
                System.out.println("b");
```

```
        else
            if (s1.equals(s2))
                System.out.println("c");
            else
                System.out.println("d");
    }
}
```

运行结果是________________。

3. **解答题**

(1) 理解对象和类概念。

(2) 方法重载的条件是什么？

(3) 理解基本数据类型和复合数据类型(引用类型)的区别。

(4) 画出对象实例化的内存分配情况。

(5) 理解 Java 中 package 的概念和机制。

4. **程序设计题**

(1) 下面是一个 Employee 类，覆盖 equals 方法，要求所有属性值都相等，返回 true。

```
public class Employee {
    private int id;
    private String name;
    private double salary;
    ⋮
}
```

(2) 按下列要求编写程序：

① 创建 Teacher 类。

要求：Teacher 类要描述姓名、年龄、薪水，类型分别为 String、int、double。

② 创建 TeacherTest 类。

要求：在 TeacherTest 类中创建 Teacher 的对象；为该对象的属性(姓名、性别、年龄)赋值；将该对象的属性(姓名、性别、年龄)输出。

③ 为 Teacher 类添加一个方法，用于在教师原有薪水的基础上增加 5000。

④ 修改 TeacherTest 类，增加对教师增加薪水方法的调用，并将增加后的薪水值输出。

(3) 定义一个 Person 类。

① 包含以下属性：String name; int age; boolean gender; Person partner。

② 定义 marry(Person p)方法，代表当前对象和 p 结婚，如若可以结婚，则输出恭贺

信息,否则输出不能结婚原因。下列情况不能结婚:结婚年龄为男<24,女<22;或某一方已婚。

③ 定义测试类,来测试以上程序。

(4) 定义一个 Animal 类,该类有两个私有属性,name(代表动物的名字)和 legs(代表动物的腿的条数)。

① 有两个构造方法,一个是无参,默认将 name 赋值为 AAA,将 legs 赋值为 4;另一个需要两个参数,分别用这两个参数给私有属性赋值。

② 有两个重载的 move()方法,其中一个是无参,在屏幕上输出一行文字:××× Moving!!(×××为该动物的名字);另一个需要一个 int 参数 n,在屏幕上输出 n 次×××Moving!!

(5) 定义一个 Fish 类,继承自 Animal 类。

① 提供一个构造方法,该构造方法需要一个参数 name,并给 legs 赋默认值 0。

② 覆盖 Animal 类中的无参 move()方法,要求输出×××Swimming!!

(6) 写一个类 Zoo,要求分别生成若干个 Animal、Fish 和 Bird。并调用它们的属性和方法。

(7) 某公司的雇员分为以下若干类。

① Employee:这是所有员工总的父类,属性为员工的姓名、员工的生日月份。方法 getSalary(int month) 根据参数月份来确定工资,如果该月员工过生日,则公司额外奖励 100 元。

② SalariedEmployee:Employee 的子类,拿固定工资的员工。属性为月薪。

③ HourlyEmployee:Employee 的子类,按小时拿工资的员工,每月工作超出 160 小时的部分按照 1.5 倍工资发放。属性为每小时的工资、每月工作的小时数。

④ SalesEmployee:Employee 的子类,销售人员,工资由月销售额和提成率决定。属性为月销售额、提成率。

⑤ BasedPlusSalesEmployee:SalesEmployee 的子类,有固定底薪的销售人员,工资由底薪加上销售提成部分。属性为底薪。

写一个程序,把若干各种类型的员工放在一个 Employee 数组里,写一个函数,打印出某月每个员工的工资数额。注意:要求把每个类都做成完全封装类,不允许有非私有化属性。

5. 实训题

(1) 实训题目。

班级成绩管理系统实体类设计。

(2) 实训内容。

在第 2 章实训的基础上设计实体类:班级类、学生类、课程类和成绩类,如图 3-12 所示;设计输入类,完成从键盘输入各类数据;设计输出类,输出指定信息。

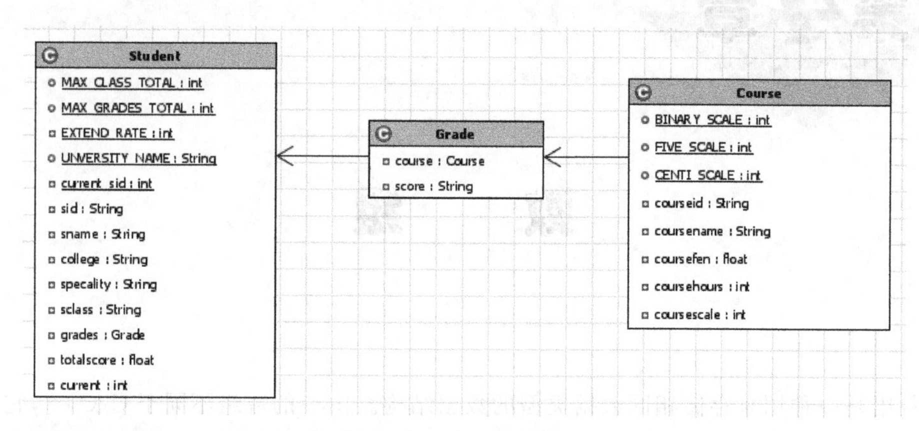

图 3-12 实体类图

(3) 实训要求。

实现班级基本信息的输入;设计完成一个学生一门课程的成绩输入、修改、删除和查询等功能。

数 组

数组是一种用来存储相同数据类型的数据结构。Java 的数组不同于 C/C++，它与对象一样，是一种复合数据类型。本章将讲解数组的声明、构建和使用的基本技术，重点讲解在 System 和 Arrays 类中使用数组的方法。最后，在案例中应用数组，实现班级学生的存储管理。

4.1 基本概念

数组是程序设计语言中重要的数据组织方式，用于实现批量数据的处理。前面设计的学生类中包含了一个成绩属性，该属性只能存储一门功课的成绩。实际上，学生每学期会有若干门功课，要定义存储多门课程成绩的属性，就是使用数组。

数组(Array)是一个固定长度并且只包含同一种数据类型数据的对象。实际上，开始学习第一个 Java 程序时就见过数组。main 方法的参数就是一个数组。下面给出一个数组的示例图，对数组进行详细说明，如图 4-1 所示。

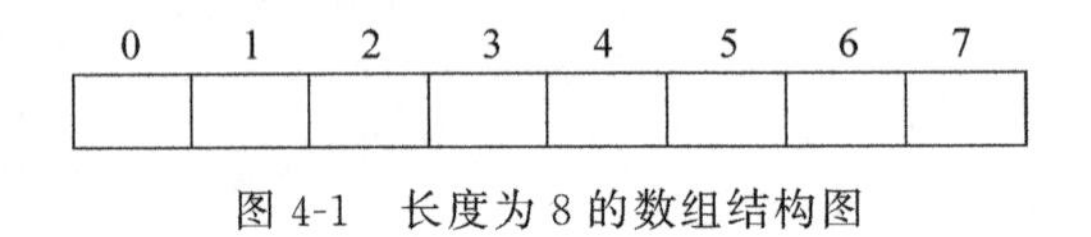

图 4-1　长度为 8 的数组结构图

图中每一个单元称为数组的元素(Element)，数组元素可以是基本类型，也可以是类或接口等复合数据类型。访问每一个元素使用索引，索引从 0 开始，最大索引值是数组的大小减 1，正如图中 0 号索引对应第 1 个元素，7 号索引是最大的索引值，对应数组第 8 个元素。

数组分为一维数组和多维数组，数组的使用包括数组的声明、构建、初始化和访问。

4.2 一维数组

一维数组是指具有相同类型的一组对象或基本类型数据集合，每一个对象或数据是数组的元素，各元素按顺序存放。

1. 声明

Java 中的数组声明与 C/C++ 不同,声明中不能指定数组的长度。数组声明的两种语法格式如下。

```
类型[] 数组名;
类型 数组名[];
```

类型指数组中元素的类型,它可以是基本数据类型,也可以引用类型。数组名就是一个合法的标识符,[]表示数组的维数,一对中括号就表示一维数组。

【例 4-1】 数组声明的示例。

```
//声明整型数组
int[] anArrayOfInts;                    //或 int anArrayOfInts[];
//声明字节型数组
byte[] anArrayOfBytes;                  //或 byte anArrayOfBytes[];
//声明短整型数组
short[] anArrayOfShorts;                //或 short anArrayOfShorts[];
//声明长整型数组
long[] anArrayOfLongs;                  //或 long anArrayOfLongs[];
//声明浮点型数组
float[] anArrayOfFloats;                //或 float anArrayOfFloats[];
//声明双精度数组
double[] anArrayOfDoubles;              //或 double anArrayOfDoubles[];
//声明布尔型数组
boolean[] anArrayOfBooleans;            //或 boolean anArrayOfBooleans[];
//声明字符型数组(字符串)
char[] anArrayOfChars;                  //或 char anArrayOfChars[];
//声明字符串数组
String[] anArrayOfStrings;              //或 String anArrayOfStrings[];
//声明自定义成绩型数组
Grade[] grades;
```

2. 构建与初始化

数组在声明后,实际上只是给了一个存储引用的空间,实际数据的存储空间还没有在堆中开辟,需要构建,并对构建后的数组赋初始值(初始化)。构建和初始化可以分别进行,也可以合并完成。构建有两种方法:一种是通过 new 方法实现,并在构建时指定数组长度,再由系统自动为元素赋值,叫作动态初始化。另一种则是构建数组时进行数组元素的赋值,实现初始化,叫作静态初始化。

【例 4-2】 数组的动态初始化。

```
anArrayOfInt =new int[10];              //构建含 10 个元素的整型数组
grades =new Grade[10];                  //构建含 10 个 Grade 类型元素的数组
```

使用 new 构建数组,在创建存储空间时,将按元素类型进行空间分配,同时系统会按照数组元素类型默认初始值给各元素赋值。各种类型数据默认初始值情况如下:数值类型为 0,布尔类型为 false,字符类型为'\u0000',引用类型则为 null。数组 anArrayOfInt 类型为 int 类型,元素默认初始值为 0,其内存分配情况如图 4-2 所示。数组 grades 类型为 Grade,是引用类型,创建数组时,所有元素的系统赋值为 null,数组创建过程中的内存分配情况如图 4-3 所示。

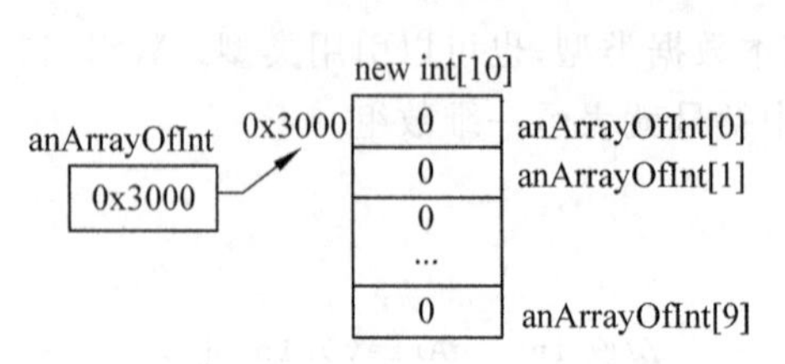

图 4-2 基本类型数组的内存分配

new Grade[10]
grades
0x4000
0x4000
null
null
⋮
null
grades[0]
grades[1]
grades[9]

图 4-3 引用类型数组的内存分配

动态初始化后可以为每一个元素单独指定值,如:

```
//初始化 anArrayOfInt 数组的第二元素,将其值设为 10
anArrayOfInt[1] =10;
//初始化 grades 数组的元素
grades[0] =new Grade("0906001","高数",67.5f);
grades[1] =new Grade();
```

单独指定值后,内存存储情况如图 4-4 和图 4-5 所示。对于数组 anArrayOfInt,指定了索引为 1 的元素值为 10,因此在内存中对应存储区域存放了整数 10,其他元素值仍然为 0。对于数组 grades,调用构造方法创建了一个 Grade 类型对象,并赋值给 grades[0] 数组元素,创建 Grade 类型对象时,在堆区中分配对象的存储空间,并按照构造方法中的参数值来指定对象的属性值。

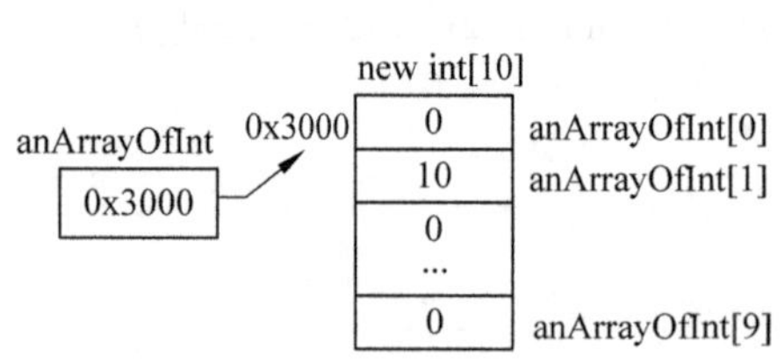

图 4-4 值设置后 anArrayOfInt 数组的存储空间情况

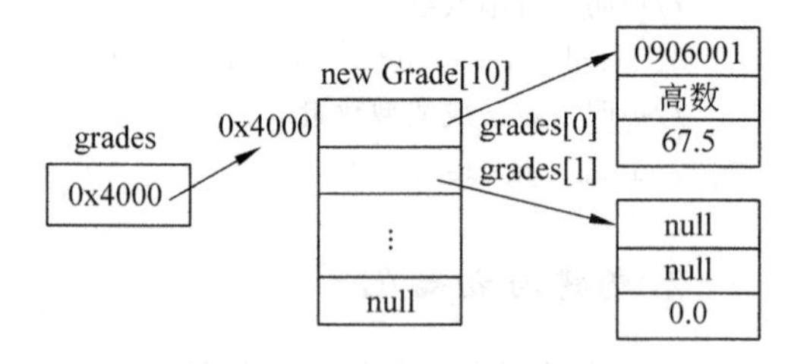

图 4-5 grades 数组的存储空间情况

【例 4-3】 数组的静态初始化。

```
//构建并初始化数组
int anArrayOfInt[] ={0,10,20,0,0,0,0,0};  //构建整型数组,元素个数为 8 个
```

静态初始化的方式中没有采用 new,而是直接使用{ }来初始化元素的值,将{ }中的值依次赋值给数组元素。{ }中元素的个数就是数组元素的个数。

3. 访问

数组的访问采用索引方式实现。索引也称为下标。数组访问的格式如下。

数组名[索引]。

【例 4-4】 数组的访问。

```
//访问 anArrayOfInt 的第一个元素
System.out.println("第 1 个元素是"+anArrayOfInt[0]);
//访问 anArrayOfInt 的每一个元素
for(int i =0 ; i <anArrayOfInt.length; i++){
    System.out.println("第"+i+"个元素是"+anArrayOfInt[i]);
}
```

数组的属性 length 可以获得数组的元素个数,也就是数组的大小。通常用循环的方式实现对数组元素的处理,索引随循环控制变量而变化,索引范围是 0 到 length−1,循环控制变量的值必须在索引范围内。

【例 4-5】 一维数组的排序。

程序 ArraySort.java 如下。

```
public class ArraySort {
    public static void main(String[] args) {
        int arr[] ={78,60,65,87,90,100,56,67,62,20,40};    //静态初始化数组
        int temp=0;
        //输出排序前数组元素
        System.out.println("排序前: ");
        for(int i =0 ;i<arr.length;i++) {
            System.out.print(arr[i]+" ");
        }
        System.out.println();
        //数组元素升序排列
        for(int i =0 ;i<arr.length-1;i++) {
            for(int j =i+1 ;j<arr.length;j++) {
                if(arr[i]>arr[j]) {
                    temp =arr[i];
                    arr[i] =arr[j];
                    arr[j] =temp;
                }
            }
        }
        //输出排序后数组元素
        System.out.println("排序后: ");
        for(int i =0 ;i<arr.length;i++) {
            System.out.print(arr[i]+" ");
```

```
            }
        }
    }
```

程序运行结果如下。

```
排序前成绩:
78  60  65  87  90  100  56  67  62  20  40
排序后成绩:
20  40  56  60  62  65  67  78  87  90  100
```

4.3 多维数组

在学习和工作中,经常会遇到一组由行和列组成的数据,可以使用二维数组(或矩阵)来存储。例如某学期某小组 4 名学生 5 门课程的考试成绩如表 4-1 所示。

表 4-1 成绩单

	考试成绩/分				
	高等数学	外　语	计算机导论	静态网站设计	体　育
第 1 名学生	87.5	69	86	78	65
第 2 名学生	49	58	98	88	90
第 3 名学生	78	96	66	68	85
第 4 名学生	63	69	78	76	85

Java 中的多维数组实际上是数组的数组。二维数组构建在一维数组的基础上,对每一个元素再次进行了一维数组的定义。三维数组是在二维数组的基础上进行了一维数组的定义。N 维数组是 $n-1$ 维数组的数组。

1. 声明

多维维数组的声明与一维数组一致,实际上就是分配了一个用来存储“引用”的变量空间。多维数组声明要用多对[ ]表示数组的维数,一般 n 维数组就要用 n 对[ ]。多维数组声明的语法格式如下。

```
数据类型[][][][][]…[] 多维数组变量名;
数组类型 多维数组变量名[][][][][]…[];
```

【例 4-6】 二维数组声明的示例。

```
float[][] marks;                    //浮点型二维数组,可以应用于表 4-1 的班级成绩单
String[][] dict;                    //字符串二维数组,可用于词典
```

2. 构建和初始化

声明完多维数组后,需要对其进行多次构建,才能使其具有存储数据的能力。

下面是二维数组的构建过程。

(1) 单独构建,逐个初始化。

【例 4-7】 数组构建与初始化过程。

```
marks =new int[4][5];                   //4 表示实际数据的行数,5 表示实际数据的列数
marks[0][0] =87.5;                      //给指定元素初始化
dict =new String[24][1024];             //24 行,即 24 个字母为首字符,每行存 1024 个单词
dict[0][0] ="an";
dict[0][1] ="at";
```

(2) 声明、构建和初始化同时完成。

【例 4-8】 声明、构建和初始化同时完成示例。

```
int[][] aInts={{1,2},{4,5},{7,8}};  //3 行,2 列,并初始化
```

(3) 构建不规则数组。

按照上面的定义,每个数组的行数和列数是一致的,如果数组某些行中的空间没有全部使用,就会导致数据存储空间的浪费。例如 dict 数组,由于词典中每个字母开头的单词个数是不一样的,所以每行的存储空间也不一样。由于 Java 的多维数组是在引用类型基础上构建的,所以能够很好地解决这一问题。构建数组时,只在第一个[ ]中定义数组的个数,然后利用一维数组分配内存的方式对每个一维数组单独分配内存空间。

【例 4-9】 构建不规则数组。

```
dict =new String[24][];                 //定义了 24 行空间
//根据需要定义每一行的空间
dict[0] =new String[100];
dict[1] =new String [300];
dict[2] =new String [200];
```

dict 的存储空间如图 4-6 所示。

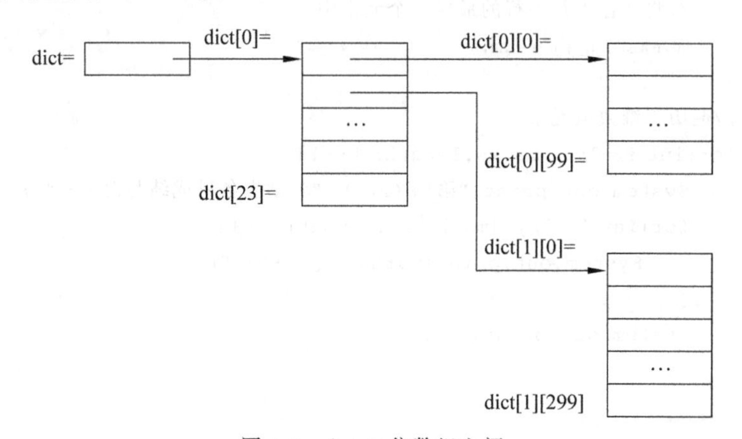

图 4-6 dict 二位数组空间

3. 访问

多维数组的访问仍然使用索引值(下标)。语法格式如下。

```
数组变量名[索引][索引];            //二维数组的访问
```

【例 4-10】 根据表 4-1 的成绩单数据计算每个学生的成绩,并输出数组内容。程序 TestArrays.java 如下。

```
import java.util.Scanner;
public class TestArrays {
    final static int MAX_ROW =4;
    final static int MAX_COLL =6;
    public static void main(String[] args) {
        float[][] marks ;
        Scanner stdin =new Scanner(System.in);   //从标准设备输入
        //构建 4 行 6 列的二维数组,用于存放表 4-1 的数据及计算的总分
        marks =new float[MAX_ROW][MAX_COLL];
        //双重循环实现二维数组初始化
        for(int i =0;i <marks.length; i++) {
            float sum =0;
            int j;
            System.out.println("输入第"+(i+1) +"个学生的成绩!");
            //输入每一行数据,并计算求和
            for(j =0; j<(marks[i].length) -1;j++) {
                System.out.println("输入第"+(j+1) +"门成绩: ");
                marks[i][j] =stdin.nextFloat();
                sum +=marks[i][j];
            }
            //将和存入每一行的最后一个元素中
            marks[i][j] =sum;
        }
        //遍历二维数组元素
        for(int i =0;i <marks.length; i++) {
            System.out.print("第"+(i+1) +"名学生各科成绩与总分: ");
            for(int j =0;j<(marks[i].length);j++) {
                System.out.print(marks[i][j]+"\t");
            }
            System.out.println();
        }
    }
}
```

程序运行结果如图 4-7 所示,图中显示了第 4 个学生的成绩输入过程,也就是二维数组中第 4 行数据的输入过程。程序采用双重循环方式,外层循环实现对二维数组中行遍

历的控制，内层循环实现对二维数组中每一行中每个元素的遍历，将遍历到的数据输出，得到图中的显示结果。

```
输入第4个学生的成绩！
输入第1门成绩：
63
输入第2门成绩：
69
输入第3门成绩：
78
输入第4门成绩：
76
输入第5门成绩：
85
第1名学生各科成绩与总分：87.5	69.0	86.0	78.0	65.0	385.5
第2名学生各科成绩与总分：49.0	58.0	98.0	88.0	90.0	383.0
第3名学生各科成绩与总分：78.0	96.0	66.0	68.0	85.0	393.0
第4名学生各科成绩与总分：63.0	69.0	78.0	76.0	85.0	371.0
```

图 4-7 【例 4-10】的运行结果

4.4 数组 API 的使用

Java API 提供了一个数组类 Arrays，提供了一系列静态方法，该类在 java.util 包中。使用这些方法可以方便地操作数组。

1. 数组的排序

使用数组时，常常需要对数组中的数据进行排序。Java 的 Arrays 类中提供了一个排序的静态方法 sort()，它使用改进的快速排序算法实现。使用 sort()方法可以根据元素的自然顺序，对指定的对象数组进行升序排列。sort()方法是一个重载的方法，方法的头部定义：

```
void sort(数据类型[] 数组名)                                    //将数组的全部元素进行排序
void sort(数据类型[] 数组名,int fromIndex,int toIndex )  //指定范围的数据排序
```

其中，数组类型可以是基本类型，也可以是复合类型，对于复合类型，必须实现 Comparable 接口（接口将在第 5 章介绍）；Java 类库中的包装类、String 及 Data 等类都实现了 Comparable 接口，实现了 Comparable 接口中的抽象方法。sort()排序的结果将修改数组中原来数据的位置，按照升序排序后进行存储。

【例 4-11】 定义一维数组，存储某门课程的全班成绩，按升序对成绩进行排序。

程序 ArraysSortTest.java 如下。

```
import java.util.Arrays;
public class ArraysSortTest {
    public static void main(String[] args) {
        int[] score={78,60,65,87,90,100,56,67,62,20,40};
        System.out.println("排序前成绩:");
        for(int i:score)
```

```
                System.out.print(i+" ");
            System.out.println();
            //调用 sort()方法对数组 sort 进行升序排序
            Arrays.sort(score);
            System.out.println("排序后成绩:");
            for(int i:score)
                System.out.print(i+"  ");
    }
}
```

程序中使用了增强 for 循环对数组元素进行迭代处理,增强 for 循环是在 JDK 5.0 中引入的,语法格式如下。

```
for(类型 标识符:数组名/集合名) 语句;
```

其中,括号中"类型 标识符"指定了一种类型的标识符,该标识符的类型应与冒号后的数组或集合的元素类型兼容。

程序中使用 Arrays.sort(score)实现对数组元素升序排序的功能。

2. 数组的查找

Arrays 类中定义了一个二分查找的重载方法 binarySearch(),从指定的数组范围中查找指定的值,返回其索引位置。如果返回值小于 0,说明数组中没有此值。方法头部的定义如下。

```
int binarySearch(数据类型[] 数组名,数据类型 key);   //在数组中找 key
int binarySearch(数据类型[] 数组名,int fromIndex,int toIndex,数据类型 key);
                                                //在指定的数组范围中找 key
```

使用二分查找的前提是指定的数组必须有序。如果无序,则必须先进行排序,然后再进行查找。

【例 4-12】 在成绩数组中查找指定成绩。

程序 ArraysBinarySearchTest.java 如下。

```
import java.util.Arrays;
import java.util.Scanner;
public class ArraysBinarySearchTest {
    public static void main(String[] args) {
        int[] score ={ 78, 60, 65, 87, 90, 100, 56, 67, 62, 20, 40 };
        System.out.println("排序前成绩:");
        for (int i : score)
            System.out.print(i +" ");
        System.out.println();
        //调用 sort()方法对数组 sort 进行升序排序
        Arrays.sort(score);
        System.out.println("排序后成绩:");
```

```
        for (int i : score)
            System.out.print(i +" ");
        System.out.println();
        System.out.println("输入要查找的成绩: ");
        //控制台输入要查找是成绩
        int key =new Scanner(System.in).nextInt();
        //在 score 中查找输入的成绩
        int result =Arrays.binarySearch(score, key);
        if (result >0) {
            System.out.println("查到该数据,在" +result +"位");
        } else {
            System.out.println("没有要找的数据!");
        }
        int result1 =Arrays.binarySearch(score, 80);
        int result2 =Arrays.binarySearch(score, 60);
        System.out.println("Arrays.binarySearch(score, 80)="+result1);
        System.out.println("Arrays.binarySearch(score, 60)="+result2);
    }
}
```

程序运行结果如下。

```
排序前成绩:
78  60  65  87  90  100  56  67  62  20  40
排序后成绩:
20  40  56  60  62  65  67  78  87  90  100
输入要查找的成绩: 40
查到该数据,在 2 位
Arrays.binarySearch(score, 80)=-9
Arrays.binarySearch(score, 60)=3
```

在【例 4-12】中,使用方法 Arrays.binarySearch 分别在数组 score 中查找 80 和 60,结果分别返回－9 和 3。返回负数－9 表示数组 score 中没有元素 80,返回 3 是正数,说明数组 score 中有元素 60,3 同时也说明了元素 60 在数组中的索引位置,按照数组索引位置从 0 开始依次计数的规定,索引 3 表示的是第 4 个元素,也就是说 60 在数组的第 4 个位置上。

3. **数组的复制**

Arrays 类中定义了对数组进行复制的方法 copyOf(),该方法同样是重载的方法,有以下两种形式。

```
数组类型[] copyOf(数组类型[] 数组名,int newLength);
                                        //复制指定长度的元素到结果数组中
数组类型[] copyOf(数组类型[] 数组名,int fromIndex,int toIndex);
                     //从数组的 fromIndex 至 toIndex 区间的元素复制到结果数组中
```

在 copyOf(数组类型[] 数组名,int newLength)方法中,如果 newLength 值大于源数组的长度,则新数组按默认的值给其他元素进行初始化。

【例 4-13】 复制成绩数组。

程序 ArraysCopyOfTest.java 如下。

```
import java.util.Arrays;
public class ArraysCopyOfTest {
    public static void main(String[] args) {
        int[] score ={ 78, 60, 65, 87, 90, 100, 56, 67, 62, 20, 40 };
        int[] dest1 =Arrays.copyOf(score, 6);
        int[] dest2 =Arrays.copyOf(score, 12);
        System.out.println("dest1 数组元素: ");
        for(int i:dest1)
            System.out.print(i+" ");
        System.out.println("\n"+"dest2 数组元素: ");
        for(int i:dest2)
            System.out.print(i+" ");
    }
}
```

程序运行结果如下。

```
dest1 数组元素:
78   60   65   87   90   100
dest2 数组元素:
78   60   65   87   90   100   56   67   62   20   40   0
```

程序运行结果显示,dest1 数组是复制 score 前 6 个元素返回的结果数组,dest2 调用 copyOf 方法是给定的长度 12 大于源数组 score 的长度 11,对于 dest2 数组的前 11 个元素,依次复制 score 的元素,第 12 个元素的值按照 int 类型对应的系统默认值 0 进行赋值。

4.5 案　　例

本章案例使用数组实现多个学生信息的存储,对于添加学生信息、修改学生信息、删除学生信息和查找学生信息的实现,都通过对存储学生信息的数组进行元素的添加、修改、删除及查询来实现。

4.5.1 案例设计

为了实现用数组存储多个学生的信息,完成学生管理功能,设计单独的学生管理服务类 StudentServiceImp 类,使用数组来存放学生对象,通过定义 addStudent(Student student)、deleteStudent(int userId)、Student updateStudent(int userid,String password,String name,String sex,int age,String phone,String qq,String email)、findStudent(int userId）和 findAll()方法实现添加学生信息、删除学生信息、修改学生信息和查找学生信息的功能。同时修改 StudentManager 类，引入 StudentServiceImp 成员，完成对学生增、删、改、查的业务方法调用，类图如图 4-8 所示。

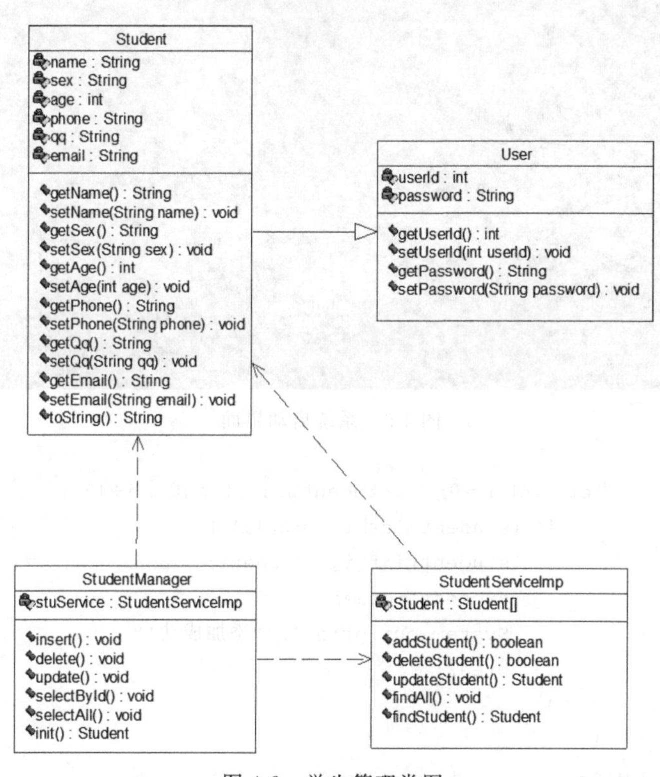

图 4-8 学生管理类图

4.5.2 案例演示

进入管理员对学生管理的界面后，可以选择学生信息列表的显示，学生信息的添加、删除、修改、查询等功能，添加 2 个学生后再选择学生列表的显示，运行结果如图 4-9 所示。

4.5.3 代码实现

程序 StudentServiceImp.java 如下。

```
package chapter04;
public class StudentServiceImp {
        //用 Student 数组存储学生信息
        private Student[] studentList =new Student[50];
        //添加学生信息
        public boolean addStudent(Student student) {
            boolean success =false;
            if (findStudent(student.getUserId()) ==null) {
```

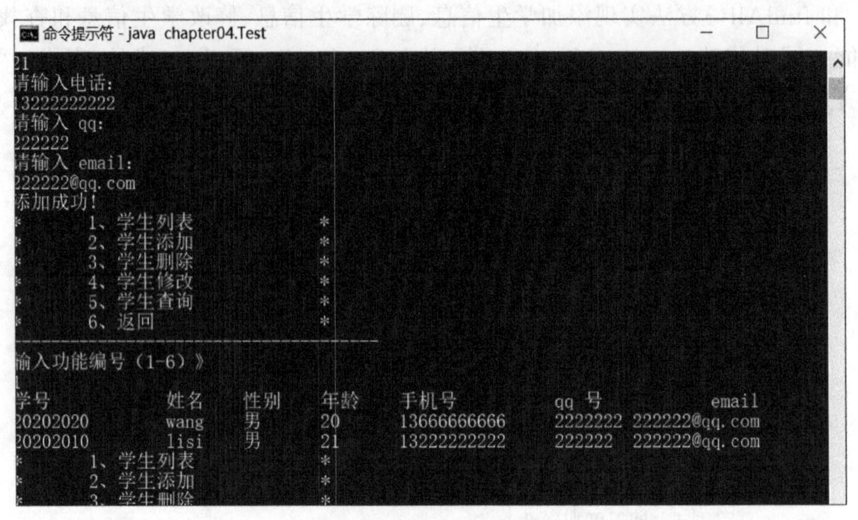

图 4-9 系统启动界面

```
            for (int i =0; i <studentList.length; i++) {
                if (studentList[i] ==null) {
                    studentList[i] =student;
                    success =true;
                    System.out.println("添加成功!");
                    break;
                }
            }
        } else
            System.out.println("已存在该学生,添加失败!");
        return success;
    }
    //删除学生信息
    public boolean deleteStudent(int userId) {
        boolean success =false;
        int index =0;
        for (int i =0; i <studentList.length; i++) {
            //首先检查 student[i]是否为空,
            //否则执行下面语句会出现运行时异常
            if (studentList[i] !=null) {
                //如果该学生的学号与要删除的学号一致,就将 student[i] =null
                if (studentList[i].getUserId() ==userId) {
                    index =i;
                    success =true;
                    break;
                }
            }
        }
```

```
    if (!success) {
        System.out.println("删除失败,不存在该学号对应的学生!");
    } else {
        int i =index;
        for (; i <studentList.length -1; i++) {
            if (studentList[i +1] !=null) {
                studentList[i] =studentList[i +1];
            } else
                break;
        }
        studentList[i] =null;
        System.out.println("删除成功!");
    }
    return success;
}
//修改学生信息
public Student updateStudent(int userid, String password, String name,
                                String sex, int age, String phone, String
                                qq,String email) {
int flag =0;
Student s1 =null;
for (int i =0; i <studentList.length; i++) {
    //首先检查 student[i]是否为空
    if (studentList[i] !=null) {
        //如果该学生的学号与要修改的学号一致,
        //说明该 student[i]就是要修改的学生信息
        if (studentList[i].getUserId() ==userid) {
            studentList[i].setName(name);
            studentList[i].setSex(sex);
            studentList[i].setAge(age);
            studentList[i].setPhone(phone);
            studentList[i].setQq(qq);
            studentList[i].setEmail(email);
            System.out.println("修改后" +studentList[i]);
            flag =1;
            s1 =studentList[i];
            System.out.println("修改成功!");
            break;
        }
    }
}
if (flag ==0) {
    System.out.println("修改失败,不存在该学号对应的学生!");
}
```

```
        return s1;
    }
    //按学号查询
    public Student findStudent(int userId) {
        Student s1 =null;
        for (Student s : studentList) {
            if (s !=null) {
                if (s.getUserId() ==userId) {
                    s1 =s;
                    break;
                }
            }
        }
        return s1;
    }
    //查询所有学生信息
    public void findAll() {
        System.out.println("学号\t\t" +"姓名\t" +"性别\t" +"年龄\t" +"手机号\t\
                    t"+"qq 号\t\t" +"email\t");
      for (Student s : studentList) {
          if (s !=null) {
              System.out.print(s.getUserId() +"\t");
              System.out.print(s.getName() +"\t");
              System.out.print(s.getSex() +"\t");
              System.out.print(s.getAge() +"\t");
              System.out.print(s.getPhone() +"\t");
              System.out.print(s.getQq() +"\t");
              System.out.println(s.getEmail() +"\t");
          }
      }
  }
}
```

修改程序 StudentManager.java 如下。

```
package chapter04;
import java.util.Scanner;
import java.util.regex.Pattern;
public class StudentManager {
    private StudentServiceImp stuService =new StudentServiceImp();
    //添加学生信息
    public void insert() {
        Student student =init();
        stuService.addStudent(student);
    }
```

```
//删除学生信息
public void delete() {
    System.out.println("请输入要删除学生的学号：");
    Scanner in =new Scanner(System.in);
    int userId;
    userId =in.nextInt();
    stuService.deleteStudent(userId);
}
//修改学生信息
public void update() {
    System.out.println("请输入要修改学生的学号和相关信息：");
    int userId;
    String password;
    String name =null;
    String sex =null;
    int age =0;
    String phone =null;
    String qq =null;
    String email =null;
    Student student =init();
    userId =student.getUserId();
    password =student.getPassword();
    name =student.getName();
    sex =student.getSex();
    age =student.getAge();
    phone =student.getPhone();
    qq =student.getQq();
    email =student.getEmail();
    stuService.updateStudent(userId, password, name, sex, age, phone, qq,
    email);
}
//按学号查询
public void selectById() {
    System.out.println("请输入要查询学生的学号：");
    Scanner in =new Scanner(System.in);
    int userId;
    userId =in.nextInt();
    Student student =stuService.findStudent(userId);
    if (student ==null) {
        System.out.println("不存在该学生");
    } else {
        System.out.println(student);
    }
}
```

```
    //查询所有学生信息
    public void selectAll() {
        stuService.findAll();
    }
    public Student init() {
        //同第 3 章,省略
        //...
    }
}
```

程序 Test.java 模拟管理员对学生信息进行管理的界面内容,实现的测试类程序如下。

```
package chapter04;
import java.util.Scanner;
import java.util.regex.Pattern;
public class Test {
    private StudentManager studentM =new StudentManager();
    public void execute() {
        Scanner in =new Scanner(System.in);
        int sechoice;
        boolean nobackflag =true;
        while (nobackflag) {
            menu_Admin2();
            sechoice =Integer.parseInt(in.nextLine());
            switch (sechoice) {
            case 1:
                studentM.selectAll();
            break;
            case 2:
                studentM.insert();
            break;
            case 3:
                studentM.delete();
            break;
            case 4:
                studentM.update();
                break;
            case 5:
                studentM.selectById();
                break;
            case 6:
                nobackflag =false;
                break;
            }
```

```
        }
    }
    private static void menu_Admin2() {
        System.out.println("* \t1、学生列表\t\t* ");
        System.out.println("* \t2、学生添加\t\t* ");
        System.out.println("* \t3、学生删除\t\t* ");
        System.out.println("* \t4、学生修改\t\t* ");
        System.out.println("* \t5、学生查询\t\t* ");
        System.out.println("* \t6、返回\t\t* ");
        System.out.println("--------------------------------------");
        System.out.println("输入功能编号(1-6)》");
    }
    public static void main(String[] args) {
        new Test().execute();
    }
}
```

4.6 习 题

1. 选择题

(1) 下列数组的定义及赋值,错误的是(　　)。

A. int intArray[];
intArray=new int[3];
intArray[1]=1;
intArray[2]=2;
intArray[3]=3;

B. int a[]={1,2,3,4,5};

C. int a[][]=new int[2][];
a[0]=new int[3];
a[1]=new int[3];

D. int[] a={1,2,3,4,5};

(2) (　　)不是创建数组的正确语句。

A. float f[][]=new float[6][6];　　B. float f[]=new float[6];

C. float f[][]=new float[][6];　　D. float [][]f=new float[6][];

(3) 下列代码的执行结果是(　　)。

```
public class Test4_1{
    public static void main(String args[]){
        int s =0 ;
        int myArray[] ={10,20,30,40,50,60,70,80,90,100};
        for ( int i =0 ; i <myArray.length ; i ++)
        if ( i %2 ==1 ){
            s +=myArray[i] ;
```

```
        }
        System.out.println( s );
    }
}
```

A. 200　　B. 250　　C. 300　　D. 350

(4) 针对下面给出的代码,(　　)是对的。

```
public class Test4_2{
    int arr[] =new int[10];
    public static void main(String a[]) {
        System.out.println(arr[1]);
    }
}
```

A. 编译时出错　　B. 编译时正确而运行时出错

C. 输出 0　　D. 输出 null

(5) 有整型数组:int[]　x={12,35,8,7,2};则调用方法 Arrays.sort(x)后,数组 x 中的元素值依次是(　　)。

A. 2　7　8　12　35　　B. 12　35　8　7　2

C. 35　12　8　7　2　　D. 8　7　12　35　2

2. 填空题

(1) 阅读下面的程序,给出输出结果。

```
public class Test4_3{
    public static void main(String args[]) {
        int sum=0;
        int arr[][]={{1,1,1},{2,2,2},{3,3,3}};
        for(int n=0;n<3;n++)
            for(int m=0;m<=n;m++)
                sum+=arr[n][m];
        System.out.println("sum="+sum);
    }
}
```

运行结果是________________。

(2) 阅读下面的程序段,回答问题。

```
public class Test4_4{
    public static void main(String args[ ])
    {  int i, s =0 ;
       int a[ ] ={ 10 , 20 , 30 , 40 , 50 , 60 , 70 , 80 , 90 };
       for ( i =0 ; i <a.length ; i ++)
            if ( a[i]%3 ==0 ) s +=a[i] ;
```

```
        System.out.println("s="+s);
    }
}
```

运行结果是 ________________。

(3) 请用Java实现对一个整型数组进行从大到小排序的代码段。

```
public void sort(int[] arr) {
    int temp;
    for (int i =0; i <arr.length -1; i++) {
        for (int j =i +1; j <arr.length; j++) {
            if (_______) {
                temp =arr[j];
                ________;
                ________;
            }
        }
    }
}
```

3. 程序设计题

(1) 写一个类,在其中定义一些方法,实现数组元素的遍历、排序、插入、删除、查找。

(2) 将一个数组中的元素倒排过来,不能新开一个数组的临时存储空间,只能在原数组上改。

(3) 写一个类,用来模拟栈这种数据结构,要求底层使用数组存储数据,并给出相应的进栈和出栈的方法。

(4) 实现在一个数组指定位置添加元素和删除元素的功能。

提示:解答该题需要考虑如下问题。

① 添加元素后,超过数组容量时数组的扩展容量问题。

② 添加元素前后数组中元素的变化。

③ 删除元素前后数组中元素的变化。

4. 实训题

(1) 题目。

班级成绩管理系统。

(2) 实现功能。

① 以班级为单位,进行成绩录入。

② 个人成绩审核。

③ 修改个人成绩。

④ 班级成绩上报。

第5章 高级类特性

抽象类和接口是面向对象程序设计的两种重要机制，与类相比较是更高层次的抽象，两者本质上具有相似之处。Java 中引入内部类使得程序更加简洁，便于以类的组织来划分程序的层次结构和类的命名，内部类的功能完全可以使用普通类来替代实现。Lambda 表达式是 Java 8 中重要的新特性，支持将代码作为方法参数，可以使用更加简洁的代码来创建只有一个抽象方法的接口实例。反射是 Java 语言特有的一种机制，即通过它可以了解任意类具有的属性、构造方法和普通方法。

本章主要介绍 Java 中的抽象类、接口、内部类、Lambda 表达式和反射机制。

5.1 抽 象 类

在面向对象程序设计中，所有对象都是通过类来描述的，但不是所有类都是用来描述对象的。如果一个类中没有包含足够的信息来描述一个具体的对象，这样的类就是抽象类。抽象类往往用来表征问题领域中分析、设计得出的抽象概念，是对一系列看上去不同，但是本质上相同的具体概念的抽象。假如要开发一个动物管理软件，设计动物类时发现无法具体描述它们的行为。动物类包括人类、兽类、鸟类和鱼类等，它们并不相同但又都属于动物。人类、兽类、鸟类和鱼类都具有各自的寿命和吃食物、运动的行为，但是它们吃食物、运动的方式方法(实现细节)并不相同。此时只能去定义比类更抽象的抽象类来描述动物类，动物类中只定义动物具有的行为方法，不提供方法的具体实现。

【例 5-1】 动物类定义。

程序 Animal.java 如下。

```
public abstract class Animal{
    public int age;
    public abstract void eat();
    public abstract void move();
}
```

程序 Animal.java 中定义的动物类 Animal 就是一个抽象类，通过该例先来了解一个抽象类的定义，下面详细介绍抽象类。

Java 中关于抽象类的使用规则如下。

(1) abstract 修饰符可以修饰类和方法,用 abstract 修饰的类称为抽象类,用 abstract 修饰的方法称为抽象方法,抽象方法属于一种不完整的方法,只含有一个声明,没有方法体(具体实现细节)。抽象方法必须使用 abstract 修饰符修饰。例如,动物类 Animal 中的"public abstract void eat();"方法,它和"public void eat(){}"方法具有本质的区别,"public void eat(){}"是一个普通方法,具有方法体,只不过具体实现细节为空实现而已。

(2) 抽象类不能实例化对象,只能声明引用变量。抽象类没有包含足够的信息来描述一个具体的对象,所以不能实例化对象,但是抽象类可以声明引用。

```
Animal animal;                          //合法
new Animal();                           //非法
Animal animal =new Animal();            //非法
```

(3) 含有抽象方法的类必须声明为抽象类,抽象类可以不含有抽象方法。修改【例 5-1】如下。

```
public class Animal{
    public int age;
    public abstract void eat();
    public abstract void move();
}
```

上述代码编译时出错,Animal 类中含有抽象方法 eat()和 move(),声明 Animal 类时必须用 abstract 修饰。

修改【例 5-1】如下。

```
public abstract class Animal{
    public int age;
    public void eat(){
        System.out.println("Animal eating!");
    }
    public void move(){
        System.out.println("Animal moving! ");
    }
}
```

从 Java 语法角度来讲,上述代码是正确的。在 Java GUI 应用程序开发中,事件处理的适配器类都是抽象类,但这些抽象类中其实并不存在抽象方法。之所以定义为抽象类,就是要避免开发者使用适配器类实例化对象。

(4) 定义抽象类的主要目的是在定义新类时继承该抽象类。通过继承,由其子类来发挥作用,抽象类实现了代码的重用和规划作用。当子类继承抽象类时,必须实现抽象类中的所有抽象方法,否则子类也要声明为抽象类。

【例 5-2】 定义 Bird 类继承 Animal 类(【例 5-1】),在 Bird 类中实现类 Animal 两个抽象方法 eat()和 move()。

程序 Bird.java 如下。

```
public class Bird extends Animal {
    public void eat() {
        System.out.println("Bird is eating insect!");
    }
    public void move() {
        System.out.println("Bird is flying!");
    }
}
```

【例 5-3】 定义 Fish 类继承 Animal 类,在 Fish 类中实现类 Animal 的两个抽象方法 eat()和 move()。

程序 Fish.java 如下。

```
public class Fish extends Animal {
    public void eat() {
        System.out.println("Big Fish is Small Fish!");
    }
    public void move() {
        System.out.println("Fish is swimming!");
    }
}
```

【例 5-2】和【例 5-3】定义了 Bird 类和 Fish 类来继承 Animal 类,分别根据鸟类 Bird 和鱼类 Fish 的吃食物和行动的行为特征给出具体的行为实现细节。

【例 5-4】 定义 Person 类继承 Animal 类。

程序 Person.java 如下。

```
public abstract class Person extends Animal {
    public abstract void eat();
    public void move() {
        System.out.println("Person is running!");
    }
}
```

在【例 5-4】中,在 Person 类中实现类 Animal 中的两个抽象方法 eat()和 move()中的 move()方法,eat()方法并没有实现,那么 Person 类必须使用 abstract 修饰符声明为抽象的,否则编译出错。

(5) 抽象类及抽象方法不能被 final 修饰符修饰。抽象类和抽象方法利用 final 来修饰意味着抽象类不能被继承,抽象方法不能被重写(覆盖),那么抽象类和抽象方法就失去了存在的意义。

【例 5-5】 定义 Person1 类继承 Animal 类,并声明为 final。

程序 Person1.java 如下。

```
public final abstract class Person1 extends Animal {
    public final abstract void eat();
```

```
    public void move() {
        System.out.println("Person is running!");
    }
}
```

【例 5-5】的程序 Person1.java 编译出错。

(6) 抽象类的使用方式为：利用抽象父类声明引用变量，并让其指向子类的对象(产生多态)。

【例 5-6】 定义类 AnimalTest 使用 Animal、Bird 和 Fish 类来演示多态的使用。

程序 AnimalTest.java 如下。

```
public class AnimalTest {
    public static void main(String[] args) {
        Animal a1 =new Bird();      //父类 Animal 的引用指向子类 Bird 的对象
        Animal a2 =new Fish();      //父类 Animal 的引用指向子类 Fish 的对象
        a1.age=3;
        a2.age=2;
        a1.eat();
        a2.move();
    }
}
```

程序运行结果如下。

```
Bird is eating insect!
Fish is swimming!
```

5.2 接 口

在 Java 中，除了类和数组之外，接口也是引用类型之一。Java 中的接口和抽象类在本质上是相似的，只是接口比抽象类更抽象。

5.2.1 接口概念

学习 Java 接口之前，应先了解计算机接口的概念。计算机接口是一套规范，满足这个规范的设备就可以组装到一起，从而实现该设备的功能。如计算机主板上的显卡接口。在计算机软件中，同一计算机不同功能层之间的通信规则称为接口，也可以说是对规则进行定义的引用类型。在 Java 语言中，接口同样是一种规范和标准，用于约束类的行为。如在 Java 中的一个类实现 java.lang.Comparable 接口，就必须实现该接口中的抽象方法 CompareTo()，以此来规定类中必须要实现的方法。

这里举一个例子，以便更好地理解接口的概念。Java 数据库连接技术即 JDBC(Java DataBase Connection)，使得 Java 可以操作 Oracle、DB2、MySQL 等各种不同类型的数据库，但需要各数据库厂商提供数据库驱动程序。在 Java 语言访问不同数据库的实现过程中,接口发挥了巨大作用。其实现过程是:首先甲骨文(Oracle)公司制定数据库访问的接口(即一系列相关规范),各个数据库厂商实现该接口(即数据库驱动程序)。程序在操作不同厂商的数据库时,只要加载对应数据库的驱动程序,其他的操作代码都一样。后面的接口应用中,DriverTest 实例模拟这个实现过程。

Java 中接口的定义包括两个方面:一是 Java 语言中存在的结构,有特定的语法和结构;二是一个类所具有的方法特征集合,是一种逻辑上的抽象。Java 中的接口是一系列方法的声明,是一些方法特征的集合。一个接口只有方法的特征,没有方法的实现,因此这些方法可以在不同的地方被不同的类实现,而这些实现可以具有不同的行为。

5.2.2 接口定义

Java 中接口定义语法规则如下。

```
[访问修饰符] interface 接口名 [extends 父接口列表]{
    [public][static][final] 常量名;
   [public][abstract]<方法返回类型>方法名(参数列表);
    ...//default 方法和 static 方法
}
```

从接口的定义语法规则中可以看出:定义接口使用关键字 interface,接口是抽象方法和常量值定义的集合。从本质上讲,接口是一种特殊的抽象类,包含常量和抽象方法的定义。

【例 5-7】 定义接口 Runner。

程序 Runner.java 如下。

```
public interface Runner{
    public static final int id=1;
    public abstract void start();
    public abstract void run();
    public abstract void stop();
}
```

定义接口的主要目的是让不同的类来实现,使接口起到桥梁的作用,那么接口的成员都是公有的。结合上述接口定义语法规则可以得出:接口中定义的属性必须是 public static final 的,方法必须是 public abstract 的,因此这些修饰符可以部分或全部省略。接口 Runner 也可以做如下修改。

```
public interface Runner{
    int id=1;
    void start();
    void run();
    void stop();
}
```

上述修改后的接口 Runner 定义和例 5-7 中的 Runner 接口定义相比是完全等价的。

5.2.3 接口的默认方法和静态方法

在 Java 8 以前,接口中只能有抽象方法(public abstract,修饰的方法)和全局静态常量(public static final,常量)。但是在 Java 8 中,允许接口中包含具有具体实现的方法,称为“默认方法”,默认方法使用 default 关键字修饰。Java 8 中,接口还允许添加静态方法,静态方法就是类方法,需要在方法前使用 static 关键字修饰。

Java 8 之前的接口可以很好地实现面向抽象而不是面向具体编程,但当需要修改接口时,则需要修改全部实现该接口的类。在 Java 8 接口中,增加默认方法和静态方法的目的是扩展接口的功能,让接口在发布后仍能继续演化,而不影响所有实现接口类的使用。

【例 5-8】 接口中定义默认方法和静态方法。

程序 Runner.java 如下。

```
public interface Runner {
    int id=1;
    void start();
    void run();
    void stop();
    default void print() {
        System.out.println("我是一个 runner");
    }
    static String msg() {
        return "接口中的静态方法";
    }
}
```

【例 5-8】中的 print()方法为默认方法,使用 default 修饰,方法有方法体。默认方法不能通过接口直接访问,必须通过接口实现类的实例访问。【例 5-8】中的 msg()方法为静态方法,使用 static 修饰,静态方法具有类共享的特性,可以直接通过接口名访问,也可以通过接口实现类的实例访问。

5.2.4 接口的多继承

和 Java 中类的继承关系一样,接口之间也可以继承,即定义接口时可以继承已有的接口,添加新的常量和抽象方法定义,在父接口的基础上进行下一步扩展。当然,最终发挥作用的还是接口的实现类,只不过接口之间的继承支持多重继承,即一个接口可以同时继承一个或多个已有的接口。

【例 5-9】 演示接口的多继承使用。

程序 D.java 如下。

```
interface A{
    public void ma();
}
```

```
interface B{
    public void mb(int i);
}
interface C extends A,B{              //接口 C 同时继承接口 A 和 B
    public void mc();
}
public class D implements C{
    public void ma(){
        System.out.println("Implements methos ma");
    }
    public void mb(int i){
        System.out.println(2000+i);
    }
    public void mc(){
        System.out.println("Hello!");
    }
    public static void main(String[] args){
        D d=new D();
        d.ma();
        d.mb(100);
        d.mc();
    }
}
```

运行结果如下。

```
Implements methos ma
2100
Hello!
```

5.2.5 接口实现

接口和抽象类本质上是相似的,都是抽象的概念,只是接口比抽象类更抽象,无法去具体描述一个对象,所以接口和抽象类一样不能实例化对象,只能声明引用变量。

```
Runner r;                          //合法
new Runner();                      //非法
Runner r =new Runner();            //非法
```

接口定义的是一套行为规范,定义接口的主要目的是让不同的类来实现。一个类实现某个接口就要遵守接口中定义的规范,也就是要实现接口中定义的所有抽象方法。类实现接口(类的定义)的语法规则如下。

```
[访问修饰符][非访问修饰符] class 类名 [extends 超类名称] [implements interface1,
interface2,…,interfacen]{
        属性声明;
```

```
        构造方法声明;
        方法声明及方法体;
}
```

实现接口时要注意以下规则。

(1) 类实现接口使用关键字 implements 来声明。

(2) 一个类可以同时实现多个接口,接口间使用逗号进行间隔。

(3) 一个类在实现一个或多个接口时,必须实现这些接口中所有的抽象方法,否则该类须声明为抽象类。

【例 5-10】 定义一个 Person 类,使其实现 Runner 接口。

程序 Person.java 如下。

```
public class Person implements Runner {
    //实现抽象方法 start()
    public void start() {
        System.out.println(id);
        System.out.println("Person is Start Running!");
    }
    //实现抽象方法 run()
    public void run() {
        System.out.println("Person is Running!");
    }
    //实现抽象方法 stop()
    public void stop() {
        System.out.println("Person is Stop Running!");
    }
    //可以重写接口中的默认方法
    public void print() {
        System.out.println("我是一个 Person");
    }
    //定义一个实现类自己的方法
    public void work() {
        System.out.println("Person 需要工作");
    }
}
```

Person 类就是 Runner 接口的实现类,它实现了接口 Runner 中的所有抽象方法,并重写了接口中的默认方法,但是默认方法不是必须要重写的。

修改【例 5-10】,代码如下。

```
public abstract class Person implements Runner {
    public void start() {
        System.out.println(id);
        System.out.println("Person is Start Running!");
    }
}
```

修改后的 Person 类只实现了 Runner 接口中的抽象方法 start(),没有实现接口 Runner 中的其他抽象方法,因而 Person 类必须用 abstract 修饰,否则编译出错。

由此得出结论:一个类实现一个接口,必须实现接口中所有的抽象方法,否则该类必须声明为抽象类。

定义类去实现接口和继承已有的类本质是相似的,可以“继承”接口中常量和抽象方法。接口虽然只能声明接口引用,不能实例化对象,但是接口引用可以指向实现类的对象,这一点和父类引用指向子类对象情况一样。

【例 5-11】 演示接口的使用。

程序 RunnerTest.java 如下。

```
public class RunnerTest {
    public static void main(String[] args) {
        Runner r=new Person();      //接口 Runner 的引用 r 指向实现类 Person 的对象
        //通过接口实现类对象调用抽象方法
        r.start();
        r.run();
        r.stop();
        //通过接口实现类对象调用默认方法
        r.print();
        //接口中静态方法的调用
        Runner.msg();
        //r.work(); 编译错误
    }
}
```

Runner 是一个接口,没有办法实例化对象,在上述代码中,用 Runner 接口的实现类 Person 类来实例化对象,并将对象返回给 Runner 类型的引用变量 *r*,通过 *r* 来调用实现类中实现的抽象方法以及重写的默认方法。对于接口的静态方法,通过接口名进行直接访问。和继承中父类引用不能调用子类中独有的方法一样,接口引用也不能调用实现类中独有的方法,因此 r.work()会出现编译错误。

程序运行结果如下。

```
1
Person is Start Running!
Person is Running!
Person is Stop Running!
我是一个 Person
```

5.2.6 接口的多重实现

Java 只支持类的单继承,不支持多继承,即定义类时只能继承一个已有类,不能同时继承多个已有类。Java 中的类实现接口和类继承不同,在定义一个类时可以同时实现一个或多个接口。

【例 5-12】 演示接口的多重实现使用。

程序 Test.java 如下。

```
interface Swimmer {
    public abstract void swim();
}
interface Runner{
    void run();
}
abstract class Animal{
    public abstract void eat();
}
class Person extends Animal implements Runner,Swimmer{
//类 Person 继承 Animal 类的同时实现了接口 Runner 和 Swimmer
    public void eat() {
        System.out.println("I am eatting!");
    }
    public void run() {
        System.out.println("I am Running!");
    }
    public void swim() {
        System.out.println("I am Swimming!");
    }
}
public class Test{
    public static void main(String[] args) {
        Test t=new Test();
        Person p=new Person();
        t.m1(p);
        t.m2(p);
        t.m3(p);
    }
    public void m1(Runner r) {
        r.run();
    }
    public void m2(Swimmer s) {
        s.swim();
    }
    public void m3(Animal a) {
        a.eat();
    }
}
```

上述程序 Test.java 代码中的 Test 类也可以改为下述代码,道理是完全一样的。

```
public class Test{
    public static void main(String[] args){
        Swimmer s=new Person();   //接口 Swimmer 的引用 s 指向实现类 Person 的对象
        Runner r=new Person();    //接口 Runner 的引用 r 指向实现类 Person 的对象
        Animal a=new Person();    //父类 Animal 的引用 a 指向子类 Person 的对象
        s.swim();
        r.run();
        a.eat();
    }
}
```

程序运行结果如下。

```
I am Running!
I am Swimming!
I am eatting!
```

通过【例 5-12】可以看出,接口的引用可以指向不同的实现类对象,从而发生多态。

5.3 内　部　类

顾名思义,内部类(InnerClass)就是指定义在一个类的内部的类。内部类可以让逻辑上相关的一组类组织起来,并由外部类(OuterClass)来控制内部类的可见性。事实上,内部类的功能完全可以使用普通类来替代实现,但随着学习的深入,会发现内部类在某些方面还具有很重要的应用。Java 中引入内部类,使得编写的程序更加简洁优雅,便于类的组织,划分程序的层次结构和类的命名。尤其是在 Java GUI 编程的事件处理中,使用内部类作为监听器类是非常常见和有效的处理手段,还有内部类和接口结合使用可以实现 Java 类的"多继承"。

5.3.1　内部类概念

Java 语言支持类的嵌套定义,即可以将一个类定义在其他类的内部。定义在一个类的内部的类称为内部类。讲解内部类之前,先来看一个程序。

【例 5-13】 通过内部类的定义形式直观认识内部类。

程序 Outer.java 如下。

```
public class Outer {
    private class A{               //A 为内部类—实例内部类
        //此处可以像普通类一样添加属性、方法定义
        public void m1(){
          class C{                 //C 为内部类—局部内部类
              //此处可以像普通类一样添加属性、方法定义
          }
          if(true){
```

```
                class D{            //D为内部类—局部内部类
                    //此处可以像普通类一样添加属性、方法定义
                }
            }
            new XX(){  //new XX()之后一对大括号之间的部分也是一个内部类,只是该类没有
                       //名字,为匿名内部类
                public void print() {
                    System.out.println("print method is called!");
                }
            };
        }
    }
    public static class B{          //B为内部类—静态内部类
        //此处可以像普通类一样添加属性、方法定义
    }
}
interface XX{
    void print();
}
```

【例5-13】中比较容易看出类A、B、C、D嵌套在Outer中,这些类就是内部类。事实上,new XX()之后一对大括号之间的部分也是一个内部类,只是这段代码表示的内部类没有名字而已。

内部类和类的属性、方法一样,都属于类的成员,所以内部类可以声明为static和非static,并且可以使用访问控制修饰符(private、default、protected和public),这一点和普通类不同。此外,和普通类的方法一样,在内部类中可以访问外部类的一切成员,包括private的成员。

根据内部类定义的位置以及内部类修饰符的不同,内部类可以分为实例内部类、静态内部类、局部内部类和匿名内部类。

实例内部类:定义在类的内部,方法或代码块外部,没有static修饰的类,例如类A。

静态内部类:定义在类的内部,方法或代码块外部,利用static修饰的类,例如类B。

局部内部类:定义在方法或代码块内部的类,例如类C和D。

匿名内部类:和局部内部类一样,定义在方法或代码块内部,但是该类没有名字,只能在其所在之处使用一次。

5.3.2 实例内部类

实例内部类就是定义在类的内部、方法或代码块外部,没有static修饰的类。它作为外部类的一个成员存在,和其外部类的属性、方法并列。实例内部类必须依附外部类的实例而存在,即要获得内部类的实例,必须先获得外部类的实例。实例内部类能访问外部类的一切成员,包括private修饰的成员,但不能有静态属性。

【例5-14】 演示实例内部类的使用。

程序 InstanceInnerClass.java 如下。

```
class OuterB{
    private int s=10;
    public class InnerB{                          //内部类 InnerB 为实例内部类
        int s=100;
        //static int a=100;                       //非法,编译出错
        public void print(int s){
            System.out.println(s);                //访问同名局部变量
            System.out.println(this.s);           //访问同名实例变量
            System.out.println(OuterB.this.s);    //访问同名外部类实例变量
        }
    }
    //该方法返回内部类实例
    public InnerB getInnerB(){
        return new InnerB();
    }
}
public class InstanceInnerClass{
    public static void main(String[] args){
        //外部类的外部直接使用实例内部类
        OuterB.InnerB inner=(new OuterB()).new InnerB();
        inner.print(1000);
        //通过外部类的方法返回内部类实例
        OuterB outer=new OuterB();
        outer.getInnerB().print(1000);
    }
}
```

程序运行结果如下。

```
1000
100
10
1000
100
10
```

通过【例 5-14】可以看出:在内部类中访问与局部变量命名冲突的实例变量,使用 this.属性,这和普通类相同。在内部类访问外部类中与内部类命名冲突的成员,使用外部类名.this.属性。在外部类的外部访问内部类,使用外部类名.内部类名。在外部类以外的地方构建实例内部类实例,使用外部类名实例(对象).new 内部类名()。

5.3.3 静态内部类

静态内部类就是定义在类的内部、方法或代码块外部,利用 static 修饰的类。静态内

部类只能访问外部类的静态成员。静态内部类实例化对象不需要构建外部类实例，就可直接构建静态内部类的实例，这是静态内部类和实例内部类的区别。静态内部类的对象可以直接生成，而不需要通过生成外部类对象来生成。这样实际上使静态内部类成为了一个顶级类。静态内部类不能使用 private 来修饰。

【例 5-15】 演示静态内部类的使用。

程序 StaticInnerClass.java 如下。

```
class OuterA{
    private String name;
    private static int count=10;
    static class InnerA{                                    //内部类 InnerA 为静态内部类
        int count=100;
        public void print(int count){
            //System.out.println(name);                     //非法，编译出错
            System.out.println(count);
            System.out.println(this.count);
            System.out.println(OuterA.count);
        }
    }
}
public class StaticInnerClass{
    public static void main(String[] args){
        OuterA.InnerA inner=new OuterA.InnerA();
        inner.print(1000);
    }
}
```

程序运行结果如下。

```
1000
100
10
```

静态内部类不依赖外部类的实例，只是定义在一个类的内部而已，也可以说是隐藏在一个类的内部。使用起来和普通类一样，通过外部类名.内部类名即可。

5.3.4 局部内部类

局部内部类是定义在方法体内或代码块内的类。局部内部类与局部变量类似，不能使用访问控制修饰符 public、protected、private 和 static，其范围为定义它的代码块。局部内部类可以访问外部类的一切成员，包括 private 修饰的成员，还可以访问局部内部类所在的方法或代码块中由 final 修饰的局部变量（即常量）。局部内部类的可见范围在其所在方法或代码块的内部，在类外不可直接访问局部内部类（局部内部类对外是不可见的），只有其所在方法或代码块的内部才能调用其局部内部类。

【例 5-16】 演示局部内部类的使用。

程序 LocalInnerClass.java 如下。

```
interface Animal{
    void eat();
    void sleep();
}
class OuterC{
    private int count;
    public Animal getAnimal(){
        final int count=1000;
        class Person implements Animal{
        //类 Animal 定义在方法 getAnimal()体内,为局部内部类
            public void eat(){
                System.out.println(count);
                System.out.println(OuterC.this.count);
                System.out.println("person eat");
            }
            public void sleep(){
                System.out.println("person sleep");
            }
        }
        return new Person();
    }
}
public class LocalInnerClass{
    public static void main(String[] args){
        OuterC outer=new OuterC();
        Animal a=outer.getAnimal();
        a.eat();
        a.sleep();
    }
}
```

程序运行结果如下。

```
1000
0
person eat
person sleep
```

局部内部类最大的优点就是类名和成员名只是局部可见,最大限度地降低了命名冲突的风险。但是缺点同样突出,局部内部类不能被重用。局部内部类在实际开发中很少使用。

5.3.5 匿名内部类

匿名内部类和局部内部类一样，定义在方法或代码块内部，但是该类没有名字，只能在其所在之处使用一次。一个匿名内部类一定是在 new 的后面隐含着继承一个抽象父类或实现一个接口，没有类名，根据多态特征使用其抽象父类名或所实现接口的名字。利用抽象父类或所实现接口的名字代替 new 后面的名字来创建对象，声明方法如下。

```
抽象父类名|所实现接口名 引用名 =new 抽象父类名|所实现接口名(){…};
```

“{…}”是对抽象父类或所实现接口中抽象方法的实现代码。new 是一个完整的语句，注意一定要在大括号后加分号。

【例 5-17】 演示匿名内部类的使用。

程序 AnonymousInnerClass.java 如下。

```
abstract class Animal{
    public abstract void eat();
    public abstract void sleep();
}
class Zoo{
    public Animal getAnimal(){
        return new Animal(){                        //匿名内部类，该类继承了抽象类 Animal
            public void eat(){
                System.out.println("Animal eat");
            }
            public void sleep(){
                System.out.println("Animal sleep");
            }
        };
    }
}
public class AnonymousInnerClass{
    public static void main(String[] args){
        Zoo z=new Zoo();
        Animal a=z.getAnimal();
        a.eat();
        a.sleep();
    }
}
```

程序运行结果如下。

```
Animal eat
Animal sleep
```

【例 5-17】程序 AnonymousInnerClass.java 中的抽象类 Animal 改为接口 Animal，代

码如下所示,匿名内部类使用方法和程序的运行结果都是一样的。如果将抽象类 Animal 改为接口 Animal,那么匿名内部类则实现 Animal 接口。

```
interface Animal{
    void eat();
    void sleep();
}
```

匿名内部类作为内部类的一种特殊形式,是局部内部类的一种简化。匿名内部类在定义时只能实现一个接口或继承一个抽象父类,不能实现多个接口或继承抽象父类。匿名内部类继承的抽象父类或所实现的接口中抽象方法实现应比较简单,这样的代码比较简洁,层次比较清晰。如果继承的抽象父类或所实现的接口中的抽象方法实现代码比较复杂,那么匿名内部类就比较混乱,此时应使用普通类来替代。

5.3.6 内部类应用

当类与接口或接口与接口发生方法命名冲突时,使用内部类来实现是一种比较好的解决方案。另外,某些情况仅仅使用接口并不能完全地实现多继承,用接口配合内部类才能实现真正的多继承。

【例 5-18】 演示接口和内部类综合应用。

程序 RobotTest.java 如下。

```
interface Machine{
    void run();
}
class Person{
    public void run(){
        System.out.println("person run!");
    }
}
class Robot extends Person{
    private class MachineHeart implements Machine{
        public void run(){
            System.out.println("machine run!");
        }
    }
    public Machine getMachine(){
        return new MachineHeart();
    }
}
public class RobotTest{
    public static void main(String[] args){
        Robot r=new Robot();
        Machine m=r.getMachine();
```

```
        m.run();
        r.run();
    }
}
```

程序运行结果如下。

```
machine run!
person run!
```

通过【例 5-18】可以看出：机器人 Robot 既具有人 Person 类的特性，也具有机器 Machine 接口的特性。按照通常做法，定义类 Robot 时直接继承 Person 类，同时实现 Machine 接口即可，但是 Person 类和 Machine 接口中具有相同的方法 run()，产生了命名冲突，此时利用内部类可以很好地解决了这一问题。

另外，内部类的一个重要应用就是在第 10 章 GUI 编程中用来实现监听器。

5.4 Lambda 表达式

5.4.1 Lambda 表达式概述

Lambda 表达式是 Java 8 的一大亮点，它可以理解为是一个匿名方法。简单来说，它就是一种没有声明的方法，即没有访问修饰符，返回值声明和名称。但它可以像匿名类一样，作为参数传递给一个方法。使用 Lambda 表达式设计的代码会更加简洁，在仅使用一次方法的地方特别有用，因为方法定义很短。

Lambda 表达式通常由参数列表、箭头和方法体三部分组成，其语法格式如下。

```
(参数列表) ->{方法体}
```

其中：

① 参数列表：参数用小括号括起来，用逗号分隔。参数就是匿名方法中的形参，可以有 0 个、1 个或多个，可以显式地声明参数的类型，也可以由编译器自动从上下文推断参数的类型。

② 箭头->：Lambda 运算符，将参数列表与方法体分开，由英文的连字符‘－’和大于号‘＞’两部分组成。

③ 方法体：单一的表达式或多条语句组成的语句块都可以作为方法体。如果 Lambda 表达式的正文只有一条语句，则大括号可以不用写，且表达式的返回值类型要与匿名函数的返回类型相同。如果 Lambda 表达式的正文有一条以上的语句，则必须包含在大括号(代码块)中，且表达式的返回值类型要与匿名函数的返回类型相同。

【例 5-19】 Lambda 表达式示例。

```
① (int a,int b) ->{return a * b;}
```

这是一个组合两个参数的 Lambda 表达式，并返回一个 int 类型的值。

```
② (a,b) ->a*b
```

这个 Lambda 表达式省略了参数类型,同时省略了{}和 return 关键字。a * b 是一个表达式,不是一个语句,因此可以省略{}和分号。

```
③ a ->{
      System.out.println(a);
      return a++;
  }
```

如果参数列表中只有一个参数,并且可以推断其类型,则可以省略()和参数类型,简化后的 Lambda 表达式的形式为:参数名 -> {方法体}。

```
④ a ->++a
```

这个 Lambda 表达式省略了()、{}和 return 关键字,只有一个参数和一条语句,形式总结为:参数名 ->表达式。

```
⑤ ( ) ->{
        System.out.println("无参 Lambda");
        return 5;
        }
```

如果参数列表中没有参数,则保留小括号,方法体部分可以是多条语句,也可以是表达式。

5.4.2 函数式接口

Lambda 表达式无法单独出现,因此 Java 8 引入了函数式接口(Functional Interface)的概念来支持 Lambda 表达式。函数式接口就是一个有且仅有一个抽象方法,但是可以有多个非抽象方法的接口。函数式接口可以被隐式地转换为 Lambda 表达式。为了避免开发中开发人员在函数式接口中添加抽象方法,导致接口转换为 Lambda 表达式失败,Java 8 增加了一个注解@FunctionalInterface 来定义函数式接口(详见 5.5 节说明),语法格式如下。

```
@FunctionalInterface
public interface 接口名 {
    //有且只有一个抽象方法
    //可以有多个默认方法和静态方法
}
```

@FunctionalInterface 注解的功能就是修饰后面声明的接口必须是函数式接口,该接口中只能有一个抽象方法,如果声明多个抽象方法则会报错。但在接口中可以定义多个默认方法和静态方法。

【例 5-20】 演示函数式接口的定义。

程序 Adder.java 如下。

```
@FunctionalInterface
public interface Adder {
    int add(int a,int b);
    //float add(float a,float b);
}
```

程序中用@FunctionalInterface注解对接口Adder进行修饰,用于指定Adder接口是函数式接口,接口中只有一个add(int a,int b)方法。如果在接口中添加第二个抽象方法,则系统会报错 Invalid '@FunctionalInterface' annotation; Adder is not a functional interface。

5.4.3 Lambda表达式应用

Lambda表达式可以实现函数式接口的抽象方法,并把整个表达式作为函数式接口的实例。也就是说,Lambda表达式可以是函数式接口的一个具体实现实例。对于一个接受函数式接口作为参数的方法,也可以用Lambda表达式作为这个方法的参数。

【例5-21】 演示Lambda表达式实现函数式接口的应用。

程序AdderTest.java如下。

```
public class AdderTest {
    public static void main(String[] args) {
        //匿名内部类方式实现函数式接口中的抽象方法
        Adder adder =new Adder() {
            public int add(int a,int b) {
                return a+b;
            }
        };
        //调用 add()方法
        int sum =adder.add(10, 20);
        System.out.println("sum="+sum);
        //Lambda 表达式的方式实现函数式接口的抽象方法
        Adder adder1 = (a,b) ->a+b;
        //调用 add()方法
        sum =adder1.add(10, 20);
        System.out.println("sum="+sum);
    }
}
```

以上代码分别用匿名内部类和Lambda表达式实现了函数式接口Adder。从代码上看,用Lambda表达式的实现代码变得非常简洁。

Lambda表达式没有方法名,应用时需根据上下文的类型联想到方法名,通过代码Adder adder1 = (a,b)－> a+b;可以看出赋值运算符左边声明的是接口引用,右边需要的类型就是接口的实现类对象,因此赋值运算符右边就要给出Adder接口中方法add的实现,(a,b)－> a+b实现的就是add方法,同时自动创建一个实现类接口对象,并赋值给引用变量 adder。使用 Lambda 表达式时需要注意表达式的类型一定要和目标类型兼容。上面例题中表达式(a,b)－＞ a＋b 的目标类型是 int,和目标类型也就是 add 方法返回值类型 int 类型是匹配的,参数列表和方法 add 的参数列表也是匹配的,所以这样的赋值才得以正确运行。

【例 5-22】 演示使用 Lambda 表达式作为方法参数传递的使用。

程序 Test.java 如下。

```
public class Test {
    public static void m1(Adder adder) {
        int a =10,b =20;
        int sum =adder.add(a, b);
        System.out.println("sum =" +sum);

    }
    public static void main(String[] args) {
        //使用 Lambda 表达式作为方法参数传递
        m1((x,y)->x+y);
    }
}
```

【例 5-22】中方法 m1 的参数是一个函数式接口类型。调用该方法时,需要提供一个接口实现类对象,在程序中通过 Lambda 表达式实现抽象方法,并将返回的实现类对象作为 m1 方法的实参进行传递。

以上演示了 Lambda 表达式的应用方法。在编程中,实现循环输出集合中的内容、集合元素排序、GUI 事件处理中监听器的创建、Runnable 接口等场景,都经常使用 Lambda 表达式,可以大大地简化代码。

5.4.4 方法引用

方法引用是 Java 8 的新特性之一,可以直接引用已有 Java 类或对象的方法或构造器。它提供了一种引用而不执行方法的方式,需要由兼容的函数式接口构成的目标类型上下文。程序中的方法引用会创建函数式接口的一个实例。当 Lambda 表达式只是执行一个方法调用时,不用 Lambda 表达式,直接通过方法引用的形式可读性更高一些。方法引用本质上就是一种更简洁易懂的 Lambda 表达式。因而方法引用与 Lambda 表达式结合使用,可以进一步简化代码。双冒号"::"表示方法引用,其格式如下。

```
容器::方法名
```

其中容器可以是类名或实例名,操作符::右侧的是引用的方法名,注意方法名后没有小括号。

方法引用有 4 种具体形式。

① 静态方法引用:ClassName :: staticMethodName。

② 构造方法引用：ClassName :: new。

③ 类的任意对象的实例方法引用：ClassName :: instanceMethodName。

④ 特定对象的实例方法引用：object :: instanceMethodName。

【例 5-23】 演示方法引用的使用。

程序 Student.java 如下。

```
public class Student{
    private String name;
    private Integer score;
    public void setStudent(String name, Integer score){
        this.name =name;
        this.score =score;
        System.out.println("Student "+name +"'s score is " +score);
    }
    public Student(){
        System.out.println("Student() is called!");
    }

    public static void main(String[] args){
        /* Lambda 表达式的用法:
        TestInterface1 testInterface =
                (student, name, score) - > student. setStudent (name,
                score);
         */
        //类的任意对象的实例方法引用的用法:
        TestInterface1 testInterface1 =Student::setStudent;
          //构造方法引用的用法:
        TestInterface2 testInterface2 =Student::new;
        testInterface1.set(testInterface2.newInstance(), "John", 100);
    }
    @FunctionalInterface
    interface TestInterface1{
        public void set(Student d, String name, Integer score);
    }
    @FunctionalInterface
    interface TestInterface2{
        public Student newInstance();
    }
}
```

Lambda 表达式可用方法引用代替的场景可以简要概括为：Lambda 表达式的主体仅包含一个表达式，且该表达式仅调用了一个已经存在的方法。方法引用所使用方法的参数和返回值与 Lambda 表达式实现的函数式接口的参数和返回值一致。

5.5 反　射

5.5.1 反射概念

Java 程序运行时可以动态加载、解析和使用一些在编译阶段并不确定的类型，这一机制称为反射(reflection)或内省(introspection)。

Java 反射机制指的是动态获取信息以及动态调用对象方法的功能。是在运行状态中，对于任意一个类，都能够知道这个类的所有属性和方法；对于任意一个对象，都能够调用它的任意一个方法。前面的知识是无法做到这一点的。

反射包括以下 3 方面的功能。

(1) 加载运行时才能确定的类型。

(2) 解析类的结构，获取类的内部信息。

(3) 操作该类型或其实例；具体包括访问其属性、调用方法、创建实例。

5.5.2 Class

Class 称为类的类型，用于描述 Java 类的抽象类型，和普通的 Java 类一样继承 Object 类。Class 的实例表示运行时的 Java 数据类型，包括类、接口、数组、枚举、注解、Java 基本类型和 void。在类加载时，Java 虚拟机将自动创建相应的 Class 对象来描述加载类的类型信息，即 Java 的成分信息。Object 类有一个方法 getClass()，就是返回当前对象所属类型的 Class 实例。Class 实例的获得是反射编程中重要的一步。

Class 处于 java.lang 包下，Class 中一些重要的方法如表 5-1 所示。

表 5-1　Class 中的主要方法

方　法	说　明
public static Class<? > forName(String className)	返回与带有给定字符串名的类或接口相关联的 Class 实例，即类型，或者说加载一个类，因为加载一个类时，Java 虚拟机将自动创建相应的 Class 对象来描述加载类的类型信息。参数 className 必须是类的全名，即包名+类名
public T newInstance()	创建此 Class 对象所表示的类的一个新实例。如同用一个带有一个空参数列表的 new 表达式实例化该类。如果该类尚未初始化，则初始化这个类
public boolean isInterface()	判定指定的 Class 对象是否表示一个接口类型
public boolean isPrimitive()	判定指定的 Class 对象是否表示一个基本类型
public boolean isArray()	判定此 Class 对象是否表示一个数组类
public boolean isAnnotation()	如果此 Class 对象表示一个注释类型，则返回 true

续表

方　法	说　明
public String getName()	以 String 的形式返回此 Class 对象所表示的实体(类、接口、数组、基本数据类型、枚举或 void)名称
public Class <? super T > getSuperclass()	返回表示此 Class 所表示的类型(类、接口、基本类型或 void)的超类的 Class
public Package getPackage()	获取此类的所在包的信息
public Class<? >[] getInterfaces()	确定此对象所表示的类或接口实现或继承的接口
public int getModifiers()	返回此类或接口 Java 语言修饰符的整数表示。在 java.lang.reflect.Modifier 类中定义一系列整型常量来表示 Java 中的修饰符,该方法返回值即为所有修饰符对应的整型常量之和
public Field[] getFields()	返回一个包含某些 Field 对象的数组,这些对象反映此 Class 对象表示的类或接口的所有可访问公共字段
public Method[] getMethods()	返回一个包含某些 Method 对象的数组,这些对象反映此 Class 对象表示的类或接口(包括那些由该类或接口声明的以及从超类和超接口继承的那些的类或接口)的公共成员方法
public Constructor <? > [ ] getConstructors()	返回一个包含某些 Constructor 对象的数组,这些对象反映此 Class 对象所表示的类的所有公共构造方法
public Field getField(String name)	返回一个 Field 对象,它反映此 Class 对象所表示的类或接口的指定公共成员字段
public Field[] getDeclaredFields()	返回 Field 对象的一个数组,这些对象反映此 Class 对象所表示的类或接口所声明的所有字段。包括公共、保护、默认(包)访问和私有字段,但不包括继承的字段
public Method [ ] getDeclaredMethods()	返回 Method 对象的一个数组,这些对象反映此 Class 对象表示的类或接口声明的所有方法,包括公共、保护、默认(包)访问和私有方法,但不包括继承的方法
public Constructor <? > [ ] getDeclaredConstructors()	返回 Constructor 对象的一个数组,这些对象反映此 Class 对象表示的类声明的所有构造方法。它们是公共、保护、默认(包)访问和私有构造方法
public Field getDeclaredField (String name)	返回一个 Field 对象,该对象反映此 Class 对象所表示的类或接口的指定已声明字段
public Method getDeclaredMethod (String name, Class <? > pTypes)	返回一个 Method 对象,该对象反映此 Class 对象所表示的类或接口的指定已声明方法
public Constructor < T > getDeclaredConstructor(Class<? >... pTs)	返回一个 Constructor 对象,该对象反映此 Class 对象所表示的类或接口的指定构造方法

5.5.3 其他反射相关 API

除了 Class 处于 java.lang 包下,其余反射 API 均处于 java.lang.reflect 包下。java.lang.reflect.Field 表示类型属性,Field 类中的主要方法如表 5-2 所示。

表 5-2　Field 类中的主要方法

方　法	说　明
public Object get(Object obj)	返回指定对象上此 Field 表示的字段的值。如果该值是一个基本类型值，则自动将其包装在一个对象中
public int getModifiers()	以整数形式返回由此 Field 对象表示的字段的 Java 语言修饰符。应该使用 Modifier 类对这些修饰符进行解码
public String getName()	返回此 Field 对象表示的字段的名称
public Class＜? ＞ getType()	返回一个 Class 对象，它标识了此 Field 对象所表示字段的声明类型

java.lang.reflect.Method 表示类型的方法，Method 类中的主要方法如表 5-3 所示。

表 5-3　Method 类中的主要方法

方　法	说　明
public int getModifiers()	以整数形式返回此 Method 对象所表示方法的 Java 语言修饰符。应该使用 Modifier 类对修饰符进行解码
public String getName()	以 String 形式返回此 Method 对象表示的方法名称
public TypeVariable＜Method＞[] getTypeParameters()	返回 TypeVariable 对象的数组，这些对象描述了由 GenericDeclaration 对象表示的按声明顺序来声明的类型变量
public Class＜? ＞ getReturnType()	返回一个 Class 对象，该对象描述了此 Method 对象所表示的方法的正式返回类型
public Object invoke(Object obj, Object... args)	对带有指定参数的指定对象调用由此 Method 对象表示的底层方法

java.lang.reflect.Constructor 表示类的构造方法，Constructor 类中的主要方法如表 5-4 所示。

表 5-4　Constructor 类中的主要方法

方　法	说　明
public T newInstance(Object... initargs)	使用此 Constructor 对象表示的构造方法来创建该构造方法的声明类的新实例，并用指定的初始化参数初始化该实例
public int getModifiers()	以整数形式返回此 Constructor 对象所表示构造方法的 Java 语言修饰符
public String getName()	以字符串形式返回此构造方法的名称
public Class＜? ＞[] getParameterTypes()	按照声明顺序返回一组 Class 对象，这些对象表示此 Constructor 对象所表示构造方法的形参类型

java.lang.reflect.Modifier 表示 Java 中的修饰符，Modifier 中的重要常量如表 5-5 所示。

表 5-5 Java Modifier 常量

修饰符	名称	对应值
public static final int	ABSTRACT	1024
	FINAL	16
	INTERFACE	512
	NATIVE	256
	PRIVATE	2
	PROTECTED	4
	PUBLIC	1
	STATIC	8
	STRICT	2048
	SYNCHRONIZED	32
	TRANSIENT	128
	VOLATILE	64

5.5.4 反射编程基本步骤

1. 获得 Class 对象

获得 Class 对象分引用类型、基本数据类型及 void 两种情景。

(1) 引用类型。

① 利用 Class.forName("ClassName");ClassName 指的是类的全名：包名+类名。

例如：

```
Class C=Class.forName("com.briup.ch01.Student");
```

② 利用 Object 类提供的 getClass()方法。

例如：

```
Person p=new Person();Class c=p.getClass();
```

③ 利用类名.class 表达式。

例如：

```
Class c=String.class;
```

或者

```
Class c=com.briup.ch03.Person.class;          //这里的类名必须是全名
```

(2) 基本数据类型及 void。

① 使用.class 表达式。

```
Class c=int.class;
```

```
Class c=void.class;
```

② 使用对应的封装类的 TYPE 属性。

```
Class c=Integer.TYPE;  //这里获得的 Class 对象是 int 的,而不是 Integer 的
                       //(Integer.class),两者是有区别的
Class c=void.TYPE;
```

2. 利用 Class 对象的方法获得类型的相关信息

这里主要使用上述介绍的 java.lang.Class 方法。

3. 访问/操作类型成员

这里主要使用上述介绍的 java.lang.reflect.Field、java.lang.reflect.Method、java.lang.reflect.Constructor 中的方法。

【例 5-24】 解析任意一个 Java 类的结构,演示反射编程。

程序 ReflectTest1.java 如下。

```
public class ReflectTest1 {
    public static void main(String[] args) throws Exception {
        //1.获得 Class 实例
        Class c=Class.forName("book.ch06.reflection.Person");
        //2.获取类型信息
        Field[] fs=c.getDeclaredFields();
        System.out.println("========属性信息=============");
        for(Field f: fs){
            System.out.println("属性: "+f);
            System.out.println("属性修饰符: "+
                  Modifier.toString(f.getModifiers()));
            System.out.println("属性类型: "+f.getType());
            System.out.println("属性名字: "+f.getName());
            System.out.println("------------------------");
        }
        System.out.println("==========构造方法信息================");
        Constructor[] cs=c.getDeclaredConstructors();
        for(int i=0;i<cs.length;i++){
            System.out.println("构造方法: "+cs[i]);
            System.out.println("修饰符: "+
                Modifier.toString(cs[i].getModifiers()));
            System.out.println("方法名: "+cs[i].getName());
            Class[] ps=cs[i].getParameterTypes();
            System.out.print("参数列表(");
            for(int j=0;j<ps.length;j++){
                if(j!=0){
                    System.out.print(",");
```

```
                }
                System.out.print(ps[j].getName());
            }
            System.out.println(")");
            System.out.println("---------------------");
        }
        System.out.println("===========方法信息=============");
        Method[] ms=c.getDeclaredMethods();
        for(int i=0;i<ms.length;i++){
            System.out.println("方法: "+ms[i]);
            System.out.println("方法修饰符: "+
                Modifier.toString(ms[i].getModifiers()));
            System.out.println("返回类型: "+ms[i].getReturnType());
            System.out.println("方法名: "+ms[i].getName());
            Class[] ps=ms[i].getParameterTypes();
            System.out.print("参数列表(");
            for(int j=0;j<ps.length;j++){
                if(j!=0){
                    System.out.print(",");
                }
                System.out.print(ps[j].getName());
            }
            System.out.print(")");
            System.out.println("--------------------");
        }
        System.out.println("=========父类信息============");
        Class superClass=c.getSuperclass();
        System.out.println("父类为: "+superClass.getName());
        System.out.println("===========实现接口信息=============");
        Class[] ins=c.getInterfaces();
        System.out.print("实现接口: ");
        for(Class in: ins){
            System.out.print(in.getName());
        }
        System.out.println();
        System.out.println("=========所在包信息============");
        Package p=c.getPackage();
        System.out.println("所在包为: "+p.getName());
    }
}
```

程序运行结果如下。

```
========属性信息============
属性: private java.lang.String book.ch06.reflection.Person.name
```

```
属性修饰符: private
属性类型: class java.lang.String
属性名字: name
-------------------------
属性: private int book.ch06.reflection.Person.age
属性修饰符: private
属性类型: int
属性名字: age
-------------------------
属性: private static int book.ch06.reflection.Person.total
属性修饰符: private static
属性类型: int
属性名字: total
-------------------------
==========构造方法信息================
构造方法: public book.ch06.reflection.Person(java.lang.String,int)
修饰符: public
方法名: book.ch06.reflection.Person
参数列表(java.lang.String,int)
----------------------
构造方法: public book.ch06.reflection.Person()
修饰符: public
方法名: book.ch06.reflection.Person
参数列表()
----------------------
===========方法信息=============
方法: public int book.ch06.reflection.Person.getAge()
方法修饰符: public
返回类型: int
方法名: getAge
参数列表()--------------------
方法: public void book.ch06.reflection.Person.setAge(int)
方法修饰符: public
返回类型: void
方法名: setAge
参数列表(int)--------------------
方法: public static void book.ch06.reflection.Person.setTotal(int)
方法修饰符: public static
返回类型: void
方法名: setTotal
参数列表(int)--------------------
方法: public java.lang.String book.ch06.reflection.Person.toString()
方法修饰符: public
返回类型: class java.lang.String
```

```
方法名: toString
参数列表()---------------------
方法: public java.lang.String book.ch06.reflection.Person.getName()
方法修饰符: public
返回类型: class java.lang.String
方法名: getName
参数列表()---------------------
方法: public void book.ch06.reflection.Person.setName(java.lang.String)
方法修饰符: public
返回类型: void
方法名: setName
参数列表(java.lang.String)---------------------
方法: public static int book.ch06.reflection.Person.getTotal()
方法修饰符: public static
返回类型: int
方法名: getTotal
参数列表()---------------------
=========父类信息============
父类为: java.lang.Object
===========实现接口信息=============
实现接口: java.io.Serializable
=========所在包信息============
所在包为: book.ch06.reflection
```

通过【例 5-24】可以看出：利用 Java 反射机制来解析任意一个 Java 类的结构，首先通过 Class 提供的 API 获得 Java 类的 Class 实例，然后通过 Class 实例获得类型所具有的属性数组、方法数组等，最后分别通过属性 Filed API、方法 Method API 获得相关属性和方法信息。

【例 5-25】 演示动态访问类的属性、操作对象方法。

程序 ReflectTest2.java 如下。

```
public class ReflectTest2 {
    public static void main(String[] argss) throws Exception {
        ReflectTest2 rt=new ReflectTest2();
        System.out.println("=====访问实例变量=========");
        User user=new User("张三",50);
        System.out.println(user);
        rt.f1(user, "name", "李四");
        rt.f1(user, "age", 70);
        System.out.println(user);
        System.out.println("=======访问静态变量=====");
        System.out.println("方法访问前,total="+User.total);
        rt.f2("book.ch06.reflection.User", "total", 45);
        System.out.println("方法访问后,total="+User.total);
```

```
        System.out.println("=======调用实例方法=====");
        System.out.println("方法调用前: "+user);
        String methodName="setAll";
        Class[] pTypes={java.lang.String.class,int.class};
        Object[] args={"李四",30};
        rt.f3(user, methodName, pTypes, args);
        System.out.println("方法调用后: "+user);
        System.out.println("=======调用静态方法=====");
        rt.f4("book.ch06.reflection.User", "showTotal",
              null, null);
    }
    //操作实例变量
    public void f1(Object obj,String fieldName,Object newValue)
        throws Exception{
        //1 获得 Class 实例
        Class c=obj.getClass();
        Field f=c.getDeclaredField(fieldName);
        System.out.println("修改前属性"+fieldName+
              "值为: "+f.get(obj));
        f.set(obj, newValue);
        System.out.println("修改后属性"+fieldName+
              "值为: "+f.get(obj));
    }
    //操作静态变量
    public void f2(String className,String fieldName
            ,Object newValue) throws Exception{
        Class c=Class.forName(className);
        Field f=c.getDeclaredField(fieldName);
        System.out.println("修改前属性"+fieldName
              +"的值为: "+f.get(null));
        f.set(null, newValue);
        System.out.println("修改后属性"+fieldName
              +"的值为: "+f.get(null));
    }
    //调用实例方法
    public void f3(Object obj,String methodName,
            Class[] pTypes,Object[] args) throws Exception{
        Class c=obj.getClass();
        Method m=c.getDeclaredMethod(methodName, pTypes);
        m.invoke(obj, args);
    }
    //调用静态方法
    public void f4(String className,String methodName,
            Class[] pTypes,Object[] args) throws Exception{
```

```
        Class c=Class.forName(className);
        Method m=c.getDeclaredMethod(methodName, pTypes);
        m.invoke(null, args);
    }
}
```

程序运行结果如下。

```
=====访问实例变量=========
Name: 张三  Age: 50
修改前属性 name 值为: 张三
修改后属性 name 值为: 李四
修改前属性 age 值为: 50
修改后属性 age 值为: 70
Name: 李四  Age: 70
=======访问静态变量=====
方法访问前,total=101
修改前属性 total 值为: 101
修改后属性 total 值为: 45
方法访问后,total=45
=======调用实例方法=====
方法调用前: Name: 李四  Age: 70
方法调用后: Name: 李四  Age: 30
=======调用静态方法=====
int static method showTotal,total =45
```

通过【例 5-25】可以看出：利用 Java 反射机制动态访问类的属性、操作对象方法，首先通过 Class 提供的 API 或者 Object 类提供的 getClass()方法获得 Java 类的 Class 实例，然后利用 Class API，通过 Class 实例获得所要操作的属性、方法等，最后通过调用属性 Filed API、方法 Method API 中的 set(Object obj, Object newValue)或 invoke(Object obj, Object[] args)方法来访问相关属性和调用相关方法。

【例 5-26】 演示动态调用构造方法实例化对象。

程序 ReflectTest3.java 如下。

```
public class ReflectTest3 {
    public static void main(String[] args) throws Exception {
        String className="book.ch06.reflection.User";
        Class c=Class.forName(className);
        Class[] pTypes={java.lang.String.class,int.class};
        Constructor con1=c.getDeclaredConstructor(pTypes);
        Object[] objs={"赵六",32};
        Object obj1=con1.newInstance(objs);
        System.out.println(obj1);
        System.out.println("===========");
        Constructor con2=c.getDeclaredConstructor(null);
```

```
        Object obj2=con2.newInstance(null);
        System.out.println(obj2);
        System.out.println("================");
        Object obj3=c.newInstance();
        System.out.println(obj3);
    }
}
```

程序运行结果如下。

```
Name: 赵六  Age: 32
============
Name: zhangsan  Age: 23
================
Name: zhangsan  Age: 23
```

通过【例 5-26】可以看出：利用 Java 反射机制来动态调用构造方法实例化对象，首先通过 Class 提供的 API 或 Object 类提供的 getClass()方法获得 Java 类的 Class 实例，然后通过 Class 实例，利用 Class API 的 getDeclaredConstructor(Class[] pTypes)方法获得所要调用的构造方法，最后通过调用构造方法实例，利用 Constructor API 的 newInstance(Object[] objs)方法来实例化对象。如果调用无参构造方法，也可以直接通过 Class 实例调用方法 newInstance()来实例化对象。

5.6 注　　解

JDK 5.0 引入了注解(Annotation)，又称为标注，在程序中可以对类、方法、变量、参数和包等任意 Java 元素进行标注，这些标注可以在编译、类加载、运行时被读取，并根据标注内容对数据信息作相应处理。使用注解时，在注释类型前面使用@符号，注解的使用不直接影响代码执行。根据注解所起的作用，可以分为以下两类。

(1) 编译检查。

编译器对 Java 代码编译的过程中会检测到某个元素被注解修饰，这时编译器就会对于这些注解进行相应处理。典型的就是注解 @Override 检查是否正确重写方法，一旦编译器检测到某个方法被修饰了@Override 注解，就会检查当前方法是否正确重写了父类的某个方法。

(2) 代码处理。

运行时利用反射获取 Annotation 并执行相应的操作。在 Class 类中，一些方法用于反射注解，可以获取在类、方法、构造方法、属性等元素上的注解，对代码进行分析。

5.6.1 基本注解

Java 8 提供了 5 个基本注解，分别是限定父类重写方法@Override、标示已过时@Deprecated、抑制编译器警告@SuppressWarnings、“堆污染”警告@SafeVarargs 和函数式接口@FunctionalInterface。这些注解都是用于编译检查的。

1. @Override

@Override 用来修饰方法，强制保证@Override 所修饰的方法正确地重写了父类中同名的方法。

在子类中重写父类方法时，@Override 不是必须加上的，此时编译并不受影响。但是如果没有@Override，编译器也不会发现子类是否正确重写父类的方法，因此使用@Override 可以避免一些低级错误。

【例 5-27】 演示@Override 的使用。

程序 OverrideTest.java 如下。

```
package chapter05;
public class OverrideTest {
    public static void main(String[] args) {
        Father father =new Son();
        father.method1();
    }
}
class Father{
    public void method1() {
        System.out.println("Father's method!");
    }
}
class Son extends Father{
    //添加@Override 注解
    @Override
    public void method1() {
        //TODO Auto-generated method stub
        System.out.println("Son's method!");
    }
}
```

程序运行结果如下。

```
Son's method!
```

程序 OverrideTest.java 中有无注解“@Override”，都不影响程序的运行及结果。修改程序中类 Son 的方法 method1()为 method()，如果保留@Override 注解，编译器就会报错，如果删除@Override 注解，编译正确，但是程序的运行结果将是 Father's method! 因此此时父类 Father 和子类 Son 中的两个方法就没有关联了。

2. @Deprecated

@Deprecated 用于标准已经过时的方法、类、和属性。当使用@Deprecated 修饰一个类时,表示不建议使用它。在父类里存在一个使用@Deprecated 修饰的方法时,在子类里面重写该方法,会有一个警告。

3. @SuppressWarnings

@SuppressWarnings 表示抑制警告的发布,也就是不让编译器出现警告信息,可以同时限制多个警告。@SuppressWarnings 可以修饰类、方法、属性、参数以及局部变量,使用时需要参数说明限制的警告类型。如@SuprressWarnings({"serial","deprecation"})将限制类缺少 serialVersionUID 的警告和使用已过时类、方法的警告。常用的参数值如表 5-6 所示。

表 5-6 @SuppressWarnings 常用参数

参数名称	参数作用
all	抑制所有情况的警告
boxing	抑制装箱、拆箱操作时候的警告
deprecation	抑制使用了过时的类或方法时的警告
fallthrough	抑制当 switch 程序块没有 break 时的警告
path	抑制源文件路径等中有不存在的路径时的警告
serial	抑制在可序列化的类上缺少 serialVersionUID 定义时的警告
finally	抑制任何 finally 子句不能正常完成时的警告
rawtypes	抑制因使用泛型时没有指定相应的类型的警告
unchecked	抑制未检查的转换时的警告

4. @SafeVarargs

@SafeVarargs 在 JDK 7 中引入,它只能用在参数长度可变的方法或构造方法上,且方法必须声明为 static 或 final,否则会出现编译错误。它用来抑制“堆污染”警告。所谓“堆污染”,是指当一个可变泛型参数指向一个无泛型参数时,堆污染(Heap Pollution)就有可能发生。举例如下。

```
List list =new ArrayList();
list.add("sdfdg");
List<Integer>list1 =list;                    //发生"堆污染"异常
Integer i =list1.get(0);                     //运行产生 ClassCastException 异常
```

上述代码中的变量 list1 使用了泛型,且类型约束为 Integer,将 list 赋值给 list1 时就产生了“堆污染”。为什么允许这样的赋值呢?主要是为了保护不支持泛型 Java SE 版本向后兼容。泛型的内容将在第 6 章详细说明。

可变参数更容易引发堆污染异常,因为 Java 不允许创建泛型数组,而可变参数恰恰是数组，因而对于形参类型为泛型的可变参数来说，只能将可变参数当成集合来处理，从而导致堆污染。

【例 5-28】 演示@SafeVarargs 的使用。

程序 SafeVarargsTest.java 如下。

```
package chapter05;
public class SafeVarargsTest {
    public static void main(String[] args) {
        display("10", 20, 30);
    }
    @SafeVarargs
    public static <T>void display(T... array) {
        for (T arg : array) {
            System.out.println(arg.getClass().getName() +": " +arg);
        }
    }
}
```

在 SafeVarargsTest.java 中，方法 display()是一个具有可变参数的方法。方法的形参相当于一个数组，类型是泛型。调用 display 方法时传递的参数因类型不一致，不能构成一个泛型集合，在没有@SafeVarargs 注解对 display(T... array) 的修饰时，方法调用会产生警告，添加了 @SafeVarargs 注解后，方法调用的警告被抑制。当然，上述警告也可以使用@SuppressWarnings("unchecked") 注解进行抑制。

5. @FunctionalInterface

函数式接口是 Java 8 的新增内容，Java 8 也提供了@FunctionalInterface 注解，用于表明某个接口是一个函数接口。从概念上讲，函数接口只有一个抽象方法。@FunctionalInterface 注解不是必需的，如果一个接口符合"函数式接口"定义，那么加不加该注解都没有影响。加上该注解能够更好地让编译器进行检查。如果编写的不是函数式接口，但是加上了@FunctionInterface，编译器就会报错。关于@FunctionalInterface 的使用，可以参看【例 5-20】。

5.6.2 自定义注解

Java 不仅仅提供了内置注解，也支持自定义注解。在 Java 中注解的定义，与类、接口、枚举类似，因此其声明语法基本一致，只是所使用的关键字有所不同。自定义注解使用@interface 来声明，在底层实现上，所有定义的注解都会自动继承 java.lang.annotation.Annotation 接口。在自定义注解中，其实现部分只包含注解元素(annotation type element)。

自定义注解的语法格式如下。

```
[访问符] @interface 注解名称{
```

```
    注解元素
}
```

其中注解名称必须是合法的标识符,注解元素的定义语法如下。

```
Type 注解元素名() [default value];            //使用 default 后跟默认值
```

其中,Type 为注解元素的类型,包括基本数据类型、String 类型、枚举类型、Class 类型以及它们的一维数组。注解元素一定要有值,可以在定义注解元素时通过 default 后的值来指定元素的默认值,也可以在使用注解时来指定注解元素的值。如果注解只有一个元素,建议将注解元素名称设置为 value,这样可以在使用注解时直接给出元素值,而不需要给出元素名称。

【例 5-29】 定义注解并利用反射提取注解信息。

程序 MyAnnotationTest.java 如下。

```
package chapter05;
import java.lang.annotation.Retention;
import java.lang.annotation.RetentionPolicy;
import java.lang.reflect.Field;
import java.lang.reflect.Method;
public class MyAnnotationTest {
    public static void main(String[] args) {
        Method[] methods =MyClass.class.getDeclaredMethods();
        Field[] declaredFields =MyClass.class.getDeclaredFields();
        System.out.println("methods 个数: " +methods.length);
        System.out.println("Fields 个数: " +declaredFields.length);
        //遍历循环所有方法信息
        for (Method method : methods) {
            //判断 method 是否含有指定元素的注解
            if (method.isAnnotationPresent(MyAnnotation1.class)) {
                //返回当前方法上的注解对象
                  MyAnnotation1 myanno1 = method.getAnnotation(MyAnnotation1.
                  class);
                //获得注解的值
                System.out.println("方法注解信息 desc : " +myanno1.desc()
                                                 +" type" +myanno1.type());
            }
        }
        //获得类里面所有属性的注解信息
        for (Field declaredField : declaredFields) {
            if (declaredField.isAnnotationPresent(MyAnnotation1.class)) {
                MyAnnotation1 myanno1 =declaredField.getAnnotation
                        (MyAnnotation1.class);
                System.out.println("属性注解值 desc : " +myanno1.desc() +
                        " type" +myanno1.type());
```

```
            }
            if (declaredField.isAnnotationPresent(MyAnnotation2.class)) {
                MyAnnotation2 myanno2 =
                    declaredField.getAnnotation(MyAnnotation2.class);
                System.out.println("属性注解值 value: " +myanno2.value());
            }
        }
    }
}
@Retention(RetentionPolicy.RUNTIME)
@interface MyAnnotation1 {
    //定义了两个注解元素的注解
    String desc();
    int type() default 1;            //使用 default 指定初始值
}
@Retention(RetentionPolicy.RUNTIME)
@interface MyAnnotation2 {
    int value();
}
@MyAnnotation1(desc ="类")
class MyClass {
    @MyAnnotation1(desc ="属性", type =2)
    @MyAnnotation2(20202020)            //等价于@MyAnnotation2(value="20202020")
    String id;
    @MyAnnotation1(desc ="方法", type =3)
    public void m1() {
    }
}
```

程序运行结果如下。

```
methods 个数: 1
Fields 个数: 1
方法注解信息 desc : 方法 type3
属性注解值 desc : 属性 type2
属性注解值 value: 20202020
```

【例 5-29】中定义了两个注解，分别是@MyAnnotation1 和@MyAnnotation2，@MyAnnotation1 包含两个注解元素 desc 和 type，type 使用 default 设置了默认值 1。@MyAnnotation2 中只有一个注解元素，将名字指定为 value。这两个注解分别修饰了类 MyClass 及 MyClass 中的属性和方法。使用注解时必须指定注解元素的值，以"元素名称=值"的方式设置，如果不指定就采用定义注解时的默认值，如在类 MyClass 使用@MyAnnotation1 时就没有指定 type 的值，那么它的值就等于默认值 1。@MyAnnotation2

只有一个注解元素,使用时可以直接给出元素值,默认元素名称。

注解主要是在程序中提供运行信息或决策依据,而注解的信息则需要通过反射机制来获取。java.lang.reflect 包中定义了 AnnotatedElement 接口,用来实现在反射过程中获取注解信息。AnnotatedElement 接口的主要方法如表 5-7 所示。

表 5-7 AnnotatedElement 接口的主要方法

方 法	功能描述
Annotation getAnnotation(Class annotationClass)	返回此元素上指定类型的注解,若不存在,则返回 null
Annotation[] getAnnotations()	返回此元素上存在的所有注解
Annotation[] getDeclaredAnnotations()	返回直接存在于此元素上的注释(不含继承注解)
Annotation getDeclaredAnnotation(Class annotationClass)	返回直接存在于此元素上指定类型的注解,若不存在,则返回 null
Annotation [] getAnnotationsByType(Class annotationClass)	返回与此元素相关联的所有注解
Annotation []getDeclaredAnnotationsByType(Class annotationClass)	如果此类注解直接存在,则返回该元素的注释(指定类型)
boolean isAnnotationPresent(Class annotationClass)	如果此元素上存在指定类型的注释,则返回 true,否则返回 false

在 MyAnnotationTest.java 中,main()方法通过反射方式获得程序中使用注解的信息。

5.6.3 元注解

元注解是描述注解的注解。在 JDK 提供的内置注解中,除了 5 个基本注解外,还有 5 个元注解,其中@Repeatable 是 Java 8 中新增的注解。它们分别是@Retention、@Target、@Documented、@Inherited 和@Repeatable。

1. @Retention

@Retention 用于指定注解的保留范围,也就是描述注解的声明周期。它的取值由枚举类型 java.lang.annotation.RetentionPolicy 指定,RetentionPolicy 中的三个范围如下。

SOURCE:注解只在源代码中保留。

CLASS:是@Retention 默认值,注解在程序编译期间存在 class 文档中。

RUNTIME:注解信息将在运行期也保留,可以通过反射机制读取注解的信息。

一个自定义的注解要想起作用,需要依赖反射机制,通过反射可以取得声明的注解的全部内容。因此,在定义注解时,必须将注解的保留策略设置为 RetentionPolicy.RUNTIME。

2. @Target

使用@Target 可以限制注解的使用范围,也就是指注解可以用于修饰哪些 Java 元素。它的取值由枚举类 java.lang.annotaion.ElementType 指定。ElementType 的枚举值如下。

TYPE：表示该注解可以修饰类、接口、枚举类。

FIELD：表示该注解可以修饰成员变量(包括枚举常量)。

METHOD：表示该注解可以修饰成员方法。

PARAMETER：表示该注解可以修饰方法参数。

CONSTRUCTOR：表示该注解可以修饰构造方法。

LOCAL_VARIABLE：表示该注解可以修饰局部变量。

ANNOTATION_TYPE：表示该注解可以修饰注解类。

PACKAGE：表示该注解可以修饰包。

TYPE_PARAMETER：表示该注解可以修饰类型参数，为 JDK 1.8 新增。

TYPE_USE：表示该注解可以修饰使用类型的任何地方，为 JDK 1.8 新增。

3. @Documented

使用@Documented 的注解，会在生成文档时将注解内容也写入 API 文档中。

4. @Inherited

@Inherited 表示一个注解能否被使用到该注解类的子类中，并继续继承下去。

【例 5-30】 元注解使用示例。

程序 MetaAnnotationTest.java 如下。

```
package chapter05;
import java.lang.annotation.Documented;
import java.lang.annotation.ElementType;
import java.lang.annotation.Inherited;
import java.lang.annotation.Retention;
import java.lang.annotation.RetentionPolicy;
import java.lang.annotation.Target;
public class MetaAnnotationTest {
    public static void main(String[] args) {
        Base_sub.m1();
    }
}
@Target(ElementType.TYPE)
@Retention(RetentionPolicy.RUNTIME)
@Documented
@Inherited
@interface MyAnnotation {
    String comment();
}
@MyAnnotation(comment = "继承注解")
```

```
class Base {
}
class Base_sub extends Base {
    public static void m1() {
        MyAnnotation myanno = Base _ sub. class. getAnnotation (MyAnnotation.
        class);
        System.out.println("MyAnnotation 注解信息: "+myanno.comment());
        System.out.println("MyAnnotation 是否在类 Base_sub: "+Base_sub.class.
                        isAnnotationPresent(MyAnnotation.class));
    }
}
```

在【例 5-30】中,注解@MyAnnotation 使用元注解进行修饰,使用@Target(ElementType.TYPE)修饰指定该注解可以修饰类、接口、注解及枚举类型;使用@Retention(RetentionPolicy.RUNTIME)修饰表示该注解可以在运行时获取其信息;使用@Documented 修饰表示该注解信息会添加在所修饰的元素的 API 文档中;使用@Inherited 进行修饰表示某个类使用该注解时,这个类的子类将自动被该注解进行修饰。上述代码中的类 Base 使用注解@MyAnnotation 进行修饰,类 Base_sub 继承了 Base 类,虽未直接使用@MyAnnotation 进行修饰,但按照@MyAnnotation 注解的继承性,Base_su 会默认使用注解@MyAnnotation 来修饰,因此在子类 Base_sub 中可以获得@MyAnnotation 的注解信息,程序运行结果如下。

```
MyAnnotation 注解信息: 继承注解
MyAnnotation 是否在类 Base_sub: true
```

5. @Repeatable

@Repeatable 是 Java 8 中新增的注解,可以重复注解,即允许在同一申明类型(类、属性、或方法)前多次使用同一个类型注解。在 Java 8 之前,同一个地方使用相同的注解会报错,有了@Repeatable 就可以在同一个地方使用相同的注解。

使用@Repeatable 时,@Repeatable 修饰的注解是可重复的注解,多个重复的注解要通过注解容器来实现,注解容器将设置作为@Repeatable 注解的值。

【例 5-31】 演示@Repeatable 的使用。

程序 RepeatableAnnotationTest.java 如下。

```
package chapter05;
import java.lang.annotation.Annotation;
import java.lang.annotation.ElementType;
import java.lang.annotation.Repeatable;
import java.lang.annotation.Retention;
import java.lang.annotation.RetentionPolicy;
import java.lang.annotation.Target;
import java.lang.reflect.Method;
```

```
import java.util.Arrays;
public class RepeatableAnnoTest {
    public static void main(String[] args) {
        public static void main(String[] args) {
        Method[] methods =AnnotationTest.class.getMethods();
        for (Method method : methods) {
            if (method.getName().equals("test")) {
                Value[] values = method. getDeclaredAnnotationsByType (Value.
                class);
                for(Value value : values) {
                    System.out.println(value.value());
                }
            }
        }
    }
}
@Target(ElementType.METHOD)
@Retention(RetentionPolicy.RUNTIME)
@Repeatable(Values.class)
@interface Value {
    String value() default "value";
}
@Target(ElementType.METHOD)
@Retention(RetentionPolicy.RUNTIME)
@interface Values {
    Value[] value();
}
class AnnotationTest {
    @Value("hello")
    @Value("world")
    public void test(String var1, String var2) {
        System.out.println(var1 +" " +var2);
    }
}
```

程序运行结果如下。

```
hello
world
```

【例 5-31】定义了两个注解@Value 和@Values,@Value 使用@Repeatable 元注解进行修饰,可以重复使用注解。定义@Value 时,@Repeatable 的值是 Values.class,因此@Values 就是注解容器,永远接受多个@Value 注解。在类 AnnotationTest 中,重复使用@Value 对方法 test 进行修饰。在 RepeatableAnnoTest.java 的 main 方法中,通过反射机制获得 test()方法上的@Value 类型的注解信息,并将注解信息保存在数组中输出。

5.7 案　　例

使用接口设计服务类可以使调用者不必关心方法的实现细节,只需要知道方法的功能即可完成相应的功能,体现了多态的特点。本章案例添加接口 IStudentService,在接口中先规定了对学生对象进行操作的方法,再通过类 StudentServiceImp 实现接口 IStudentService。

5.7.1　案例设计

为了实现对学生信息的添加、删除、修改和查找等操作,在程序中需要设计相应的方法,在接口 IStudentService.java 中定义添加、删除、修改和查找等操作的抽象方法。StudentServiceImp 实现接口定义的抽象方法,对本章不使用的方法,给出方法的空实现即可。学生业务方法接口及实现类类图如图 5-1 所示。

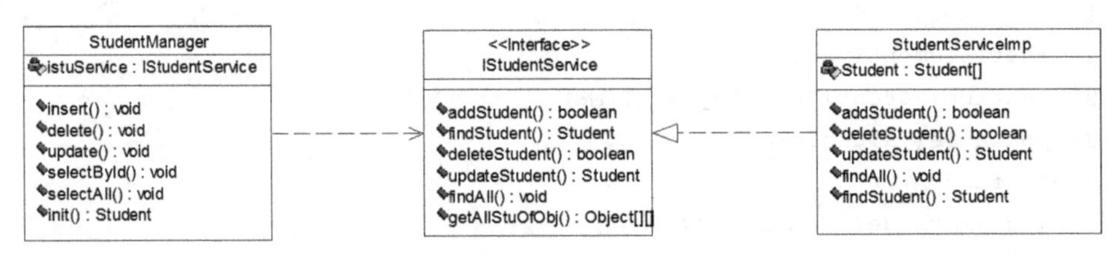

图 5-1　学生业务方法接口及实现类类图

5.7.2　案例演示

程序仍然运行案例中的 Test.java,进入系统操作菜单,可以选择输入 1～6 之间的数字,分别完成“学生列表”“学生添加”“学生删除”“学生修改”“学生查询”及“返回”操作。假设已完成 3 个学生的信息输入,接着选择 1,按照程序设置显示学生列表中所有学生的信息,如图 5-2 所示。选择 3,输入要删除学生的学号后,如该学号的学生存在,则完成删除操作;若不存在,系统提示学号输入有误,运行结果如图 5-3 所示。

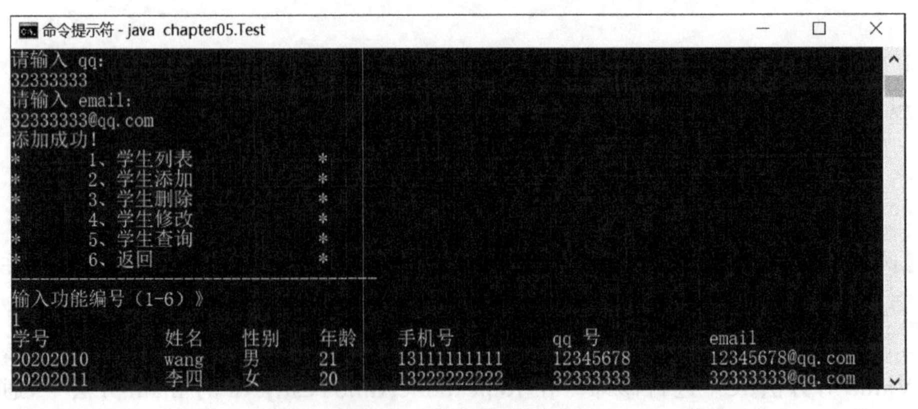

图 5-2　学生列表界面

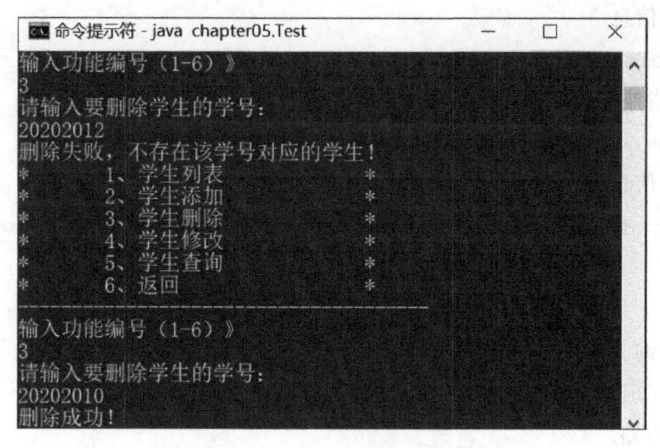

图 5-3 学生删除界面

读者也可以输入 2、4、5 来进行学生添加、修改或查询操作，只需要按照输入提示输入即可。

5.7.3 代码实现

程序 IStudentService .java 如下。

```
package chapter05;
public interface IStudentService {
    //添加学生
    boolean addStudent(Student student);
    //根据学号查询学生信息
    Student findStudent(int userid);
    //删除学生信息
    boolean deleteStudent(int userid);
    //修改学生信息
    Student updateStudent(int userid, String password, String name, String sex,
                          int age, String phone, String qq, String email);
    //查询所有学生信息
    void findAll();
    //查询所有学生信息,并存放于对象数组返回
    Object[][] getAllStuOfObj();
}
```

程序 StudentServiceImp.java 修改如下。

```
public class StudentServiceImp implements IStudentService {
    ...//省略
    //添加学生
    public boolean addStudent(Student student) {
        ...//省略
    }
```

```
    //删除学生信息
    public boolean deleteStudent(int userId) {
        ...//省略
    }
    //修改学生信息
    public Student updateStudent (int userid, String password, String name,
                                  String sex, int age, String phone, String
                                  qq, String email) {
    //按学号查询
    public Student findStudent(int userId) {
        ...//省略
    }
    //查询所有学生信息
    public void findAll() {
        ...//省略
    }
    @Override
    public Object[][] getAllStuOfObj() {
        //本章未使用该方法,暂时提供方法的空实现
        return null;
    }
}
```

5.8 习 题

1. 选择题

(1) 现有两个类 Son、Parent,以下描述中,表示 Son 继承自 Parent 的是(　　)。

A. class Son extends Parent　　　B. class Parent implements Son

C. class Son implements Parent　　D. class Parent extends Son

(2) 下面的程序定义了一个类,关于该类,说法正确的是(　　)。

```
abstract class abstractClass{
    …
}
```

A. 能调用 new abstractClass()实例化为一个对象

B. 不能被继承

C. 该类的方法都不能被重载

D. 以上说法都不对

(3) 用 abstract 修饰的类称为抽象类,它们(　　)。

A. 只能用以派生新类,不能用以创建对象

B. 只能用以创建对象,不能用以派生新类

C. 既可用以创建对象,也可用以派生新类

D. 既不能用以创建对象,也不可用以派生新类

(4) 类中的某个方法是用 final 修饰的,则该方法(　　)。

A. 是虚拟的,没有方法体　　B. 是最终的,不能被子类继承

C. 不能被子类同名方法覆盖　　D. 不能被子类其他方法调用

(5) 下面接口的描述,正确的是(　　)。

A. 接口中的变量必须用 private static final 三个修饰词修饰

B. 接口中的方法必须用 public abstract 两个修饰符修饰

C. 一个接口可以继承多个父接口

D. 接口的构造方法名必须为接口名

(6) 下面关于接口对象的描述中,正确的是(　　)。

A. 接口只能被类实现,不能用来声明对象

B. 接口可以用关键词 new 创建对象

C. 接口引用可以指向任何类的对象

D. 接口引用只能指向实现该接口的类的对象

(7) 接口 Intf 定义如下,下列(　　)类正确实现了 Intf 接口。

```
interface Intf {
    void method1(int i);
    void method2(int j);
}
```

A.
```
class IAImpl implements Intf{
        void method1() { }
        void method2() { }
    }
```

B.
```
class IApml{
        void method1(int i) { }
        void method2(int j) { }
    }
```

C.
```
class IAImpl implements Intf{
        void method1(int i) { }
        void method2(int j) { }
    }
```

D.
```
class IAImpl implements Intf {
        public void method1(int x) { }
        public void method2(int y) { }
    }
```

2. 填空题

(1) 在 Java 程序中,通过类的定义只能实现________重继承,但通过接口的定义可以实现________重继承关系。

(2) ________方法是一种仅有方法头,没有具体方法体和操作实现的方法,该方法必须在抽象类之中定义。________方法是不能被当前类的子类重新定义的方法。

(3) 请将下面的程序补充完整。

```
_______ class MyAb{
    abstract void callme();
    void metoo {
        System.out.println("类 MyAb 的 metoo()方法");
    }
}
class MyextAb _______ MyAb{
    void callme(){
        System.out.println("重载 MyAb 类的 callme()方法");
    }
}
public class Test {
    public static void main(String args[]){
    MyAb myab =_______ MyextAb();
    myab.callme();
    myab.metoo();
    }
}
```

(4) abstract 方法________(不能或能)与 final 并列修饰同一个类。

3. 程序设计题

(1) 建立一个动物的层次结构,以抽象类 Animal 为根,Cat、Spider 和 Fish 动物类实现接口 Pet。使用接口和抽象类技术完成。类结构如图 5-4 所示。

完成步骤如下。

① 创建 Animal 类,它是所有动物类的抽象父类。

② 创建 Spider 类,继承 Animal 类。

③ 创建 Pet 接口。

④ 创建 Cat 类,继承 Animal 类并实现 Pet 接口。

⑤ 创建 Fish 类,继承 Animal 类并实现 Pet 接口。

⑥ 使用 AnimalsTest 类测试代码。

(2) 设计类 Parent 和 Parent 的派生类 Son,要求如下。

① Parent 有两个数据成员 pa 和 pb(都为 int 型);Son 中继承了 Parent 中的 pa 和 pb,又定义了自己的数据成员 sc(int 型)。

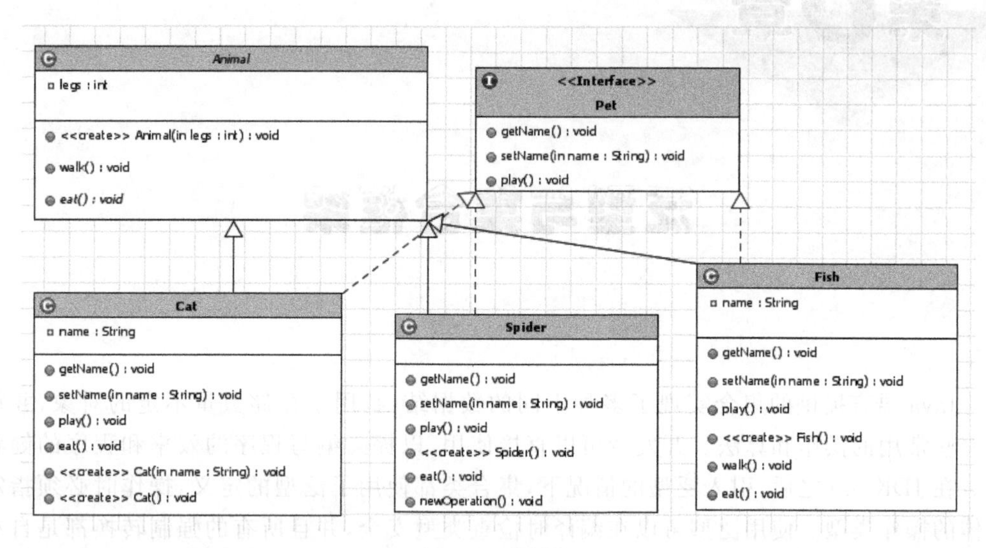

图 5-4　类结构

② Parent 含有两个参数的构造方法，对 pa 和 pb 初始化。

③ Son 含有一个参数的构造方法，对 sc 初始化。

④ 设计测试类，完成 main 方法，在 main 方法中用 Son son = new Son(5)创建对象，把 pa、pb、sc 分别初始化成 3、4、5，最后输出它们的和。

4. 实训题

(1) 题目。

用户管理子系统。

(2) 实现功能。

本系统存在 4 类角色：学生、班长、班主任和团委老师。

① 根据用户角色设计类体系结构。

② 为用户的服务功能设计服务接口。

③ 设计服务类，实现服务接口。

④ 测试所设计的类体系结构。

泛型与集合框架

Java 语言提供的集合实现了多种不同的数据结构,用于存储数量不定的对象,并提供一些常用的操作和算法。开发者可以直接使用,以提高编写程序的效率和程序的健壮性。在 JDK 5.0 之后,引入泛型的情况下,集合类都使用了泛型的定义,操作时必须指定具体的操作类型。使用泛型可以在编译时检查类型安全,并且所有的强制转换都是自动和隐式的,可以提高代码的重用率。

本章主要讲解泛型的概念、泛型的使用、集合概念、集合框架、集合分类以及集合的应用。

6.1 泛型简介

泛型(Generics)是自 JDK 5.0 开始引入的一种 Java 语言新特性,实质是将原本确定不变的数据类型参数化。作为对原有 Java 类型体系的扩充,使用泛型可以提高 Java 应用程序的类型安全、可维护性和可靠性。

在 JDK 5.0 之前,没有泛型的情况下,开发者通过对类型 Object 的引用来实现参数的"任意化","任意化"的缺点是需要开发者做显式的强制类型转换,而这种转换的前提是已知实际参数类型。对于强制类型转换错误的情况,编译器不提示错误,运行的时候才出现异常,这是一个安全隐患。泛型引入数据类型参数,定义时不指定参数的类型,使用时再来确定,可以提高程序的通用性,还可以在编译时进行类型的安全检查,捕捉类型不匹配的错误,以免引起异常;而且泛型不需要进行强制类型转换,数据类型都是自动转换的。

为了提供广泛的适用性,传统的集合会将所有加入其中的元素当作 Object 类型来处理。以 Vector 集合为例,从语法上讲,可以向其中添加任何类型的元素(基本类型数据会被自动封装为相应的封装类对象),在 JDK 1.4 以前,Vector 添加元素的方法 add()/addElement()的形参以及访问元素的方法 get()/elementAt()的返回值均定义为 Object 类型,就是基于此原因。在实际使用时,必须将从集合中读取出的元素值再强制转换为所期望的类型,然后才能完全正常使用,如下述代码所示(假定事先已存在相应的 Person 类定义)。

```
Vector v =new Vector();
v.addElement(new Person("Tom",18));
Person p =(Person)v.elementAt(0);
p.showInfo();
```

在实际开发中,向某个集合加入的元素通常都是同一种类型的数据,而不会五花八门,很难想象会有人将多种不同性质和用途的信息(如学生信息、考试题目、考试成绩、图书信息)保存到同一个集合中,这样检索和处理起来会很困难。在这种情况下,每次取用集合元素时的例行造型操作只是增加开发者的编码负担,且无法杜绝取用元素时可能出现类型转换的异常问题,因为集合本身不会对添加到其中的元素类型进行限制。比如,当向保存人员信息(Person 对象)的集合中误加入一个其他类型的元素(如 String 对象)时,编译阶段是发现不了此问题的,程序运行取用集合元素则会出错。

一种理想的情况是,消除取用集合元素时代码中的强制类型转换,比如事先规定好一个集合中允许加入的具体元素类型,然后在编译环节实现集合中添加元素的类型检查,以防止有人将非预期类型的元素保存到集合中,这就是泛型所做的工作。

泛型允许编译器实施由开发者设定的附加类型约束,将类型检查从运行时挪到编译时进行,这样,类型错误就可以在编译时暴露出来,而不是在运行时才发作(抛出 ClassCastException 运行异常)。这非常有助于早期错误排查,并提高程序的可靠性。至于减少强制类型转换操作,只能算作是泛型的一个附带好处。

6.2 泛型类和泛型方法

6.2.1 泛型类

与普通类的定义相比,泛型类的定义就是在类名后增加一对由尖括号标识的类型参数,通常用大写的 T、U、E 等符号表示。定义泛型类的语法格式如下。

```
访问修饰符 class 泛型类名<类型参数>{
        类体
}
```

泛型类定义中的类型参数可以由多个参数构成,参数直接使用“,”隔开。这些类型参数只是占位符,当声明泛型类变量或调用构造方法创建泛型类的对象时,应该明确指定类型参数的值,指定的具体类型称为实际类型参数。实际类型参数的类型必须是引用类型。定义泛型类对象的语法格式如下。

```
泛型类<实际类型>对象名=new 泛型类<实际类型>([构造方法参数列表])
```

Java 7 提出了“菱形”语法,能够实现泛型推断。在定义泛型类对象时,构造方法前不需要带完整的泛型信息,只要给出一对尖括号<>即可,Java 可以推断出尖括号里面应该是什么类型。具体格式如下。

```
泛型类<实际类型>对象名=new 泛型类<>([构造方法参数列表])
```

【例 6-1】 泛型类的定义与使用示例。

程序 GenericTest.java 如下。

```
public class Generic<T>{
```

```
    private T object;
    public Generic() {
    }
    public Generic(T object) {
        this.object = object;
    }
    public T getObject() {
        return object;
    }
    public void setObject(T object) {
        this.object = object;
    }
    public void showInfo() {
        System.out.println("对象类型是" + object.getClass().getName());
    }
}
public class GenericTest {
    public static void main(String[] args) {
        //使用泛型类定义泛型类对象,Integer 作为实际类型参数
        Generic<Integer> intObj = new Generic<Integer>();
        intObj.setObject(123);
        intObj.showInfo();
        Integer i = intObj.getObject();
        System.out.println("The object is "+" 值为: "+i);
        System.out.println("========================");
        //使用泛型类定义泛型类对象,String 作为实际类型参数
        Generic<String> strObj = new Generic<>();
        strObj.setObject("泛型");
        strObj.showInfo();
        String str = strObj.getObject();
        System.out.println("The object is "+" 值为: "+str);
        System.out.println("========================");
        //使用泛型类定义泛型类对象,自定义类 Student 作为实际类型参数
        Generic<Student> stuObj = new Generic<>(new Student("zhangsan",23));
        stuObj.showInfo();
        Student stu = stuObj.getObject();
        System.out.println("The object is "+" 值为: "+stu);
    }
}
class Student{
    private String name;
    private int age;
    public Student(String name, int age) {
        super();
```

```
            this.name =name;
            this.age =age;
        }
        public String getName() {
            return name;
        }
        public void setName(String name) {
            this.name =name;
        }
        public int getAge() {
            return age;
        }
        public void setAge(int age) {
            this.age =age;
        }
        @Override
        public String toString() {
            return "name=" +name +", age=" +age ;
        }
    }
```

程序运行结果如下。

```
对象类型是 java.lang.Integer
The object is 值为: 123
========================
对象类型是 java.lang.String
The object is 值为: 泛型
========================
对象类型是 chapter06.Student
The object is 值为: name=zhangsan, age=23
```

【例 6-1】中定义了一个泛型类 Generic,私有属性 object 的类型进行了泛化处理,没有指定具体类型,可以在使用时再指定,带参数的构造方法参数类型也采用了泛型的方式。在类 GenericTest 中使用泛型类 Generic,分别实例化了以 Integer、String 和 Student 三种不同实际类型参数的对象。通过运行结果可以看出每个 Generic 类的对象中所对应的私有属性类型都是创建对象时指定的实际类型参数确定的。

在 Java 编码惯例中,推荐使用单个的大写字母作为类型参数名称,并建议只使用少量的类型参数名称。对于常见的泛型模式,推荐的使用名称如下。

K:键,比如映射的键。

V:值,比如 List 和 Set 的内容,或者 Map 中的值。

E:元素,比如 Vector<E>。

T:泛型。

6.2.2 类型通配符

引入泛型机制后,Java 类型结构变得复杂起来,同一个泛型类搭配不同的类型参数复合而成的类型(如 Generic＜String＞和 Generic＜Student＞)属于同一个类,但却是不同的类型,这是一种新情况。泛型类可以理解为具有广泛适用性、尚未最终定型的类型,这与前面的抽象类有所不同——泛型类中“未确定”的是其要处理的数据类型,而抽象类中“未确定”的则是其规划功能(抽象方法)的具体实现细节。使用泛型类时,指定具体类型参数的“定型”过程类似于抽象类中的抽象方法在子类中被实现的过程,都是由抽象变为具体、由不确定变为确定的过程。

需要强调的是,同一个泛型类与不同的类型参数复合而成的类型间并不存在继承关系,即使是类型参数间存在继承关系时也是如此。例如,Vector＜String＞不是 Vector＜Object＞的子类型。这样规定是有道理的,否则,如果界定 Vector＜String＞是 Vector＜Object＞的子类型,按照 Java 语言多态性就可能出现如下的尴尬局面。

【例 6-2】 演示泛型“继承”。

程序 Test.java 如下。

```
public class Test{
    public static void main(String[] args){
        Generic<String>gs =new Generic<String>();
        Generic<Object>go =gs;
        go.setObject(new Integer(300));
    }
}
```

【例 6-2】Test.java 中绕过类型参数限制,向 Generic＜String＞集合对象中加入了非 String 类型的元素,这破坏了类型安全性限制,使用泛型也就没有意义了。

程序 Test.java 中的代码当然是通不过编译的,其报错信息如下。

```
Test.java:6: 错误: 不兼容的类型: Generic<String>无法转换为 Generic<Object>
                    Generic<Object>vo =vs;
```

下面讨论一个新的问题:既然一个泛型类可以“定型”为多种不同的具体类型,相互间又没有继承关系,那么对于这些“出自同门”又“形同陌路”的类型,在处理上是否存在可能的共通之处呢?现在假设定义的一个方法的参数需要使用泛型,但类型参数是不确定的,以下面的程序为例进行分析。

【例 6-3】 演示方法参数为泛型,但类型参数不确定的处理方式。

程序 Test1.java 如下。

```
public class Test1 {
    public static void main(String[] args) {
        Generic<Integer>intObj =new Generic<Integer>(10);
        //m1(intObj); 编译错误
        Generic<String>strObj =new Generic<>("123");
```

```
        //m1(strObj); 编译错误
    }
    public static void m1(Generic<Object>g) {
        g.showInfo();
    }
}
```

【例 6-3】定义了 m1()方法，该方法的目的是处理泛型类 Generic 和任意类型搭配创建的对象，但使用 Generic<Object>类型的形参是不具通用性的，因为 Generic<Object>并非 Generic<String>、Generic<Integer>等的父类。所以【例 6-3】会产生编译错误，导致程序无法运行。如何解决该问题呢？定义 m1(Generic<String> g)、m1(Generic<Integer> g)等方法以分别访问 Generic<String>、Generic<Integer>类型中的方法，这显然过于烦琐，引入泛型机制后，代码的通用性似乎不如从前了。为解决类似问题，Java 泛型机制中引入了类型通配符"?"。

【例 6-4】 演示类型通配符的使用。

程序 Test2.java 如下。

```
public class Test1 {
    public static void main(String[] args) {
        Generic<Integer>intObj =new Generic<Integer>();
        m1(intObj);
        Generic<String>strObj =new Generic<>();
        m1(strObj);
    }
    public static void m1(Generic<?>g) {
        g.showInfo();
    }
}
```

【例 6-4】中定义 m1()方法时，使用了 Generic<?>通配符作为类型参数，通配符"?"表示不确定的类型，在运行可以和实参中的类型参数进行匹配，以实现处理各种类型参数的情况，使程序具有通用性。使用类型通配符的好处有两点，仍以 Generic<?>为例进行说明。

① Generic<?>是任何泛型 Generic 的父类型，因此可以将 Generic<String>、Generic<Integer>、Generic<Object>等作为实参传给 m1(Generic<?> g)方法进行处理。

② Generic<?>类型的变量在调用方法时是受到限制的——凡是必须知道具体类型参数才能进行的操作均被禁止。

对于 Generic 类中的 setObject(T object)，就禁止通过 Generic<?>对象来调用。因为编译器在不知道具体类型参数的情况下允许调用该方法，会给 object 属性设置不属于它的类型的值，这显然是不妥的，只好采取这一保守的做法。例如下面的代码。

```
Generic<String>strObj =new Generic<>();
```

```
m1(strObj);
Generic<?>g =strObj;
g.setObject(123);                    //非法
```

上述代码限制 Generic<? > g 调用 setObject()。因为如果没有限制，就可以设置任意类型对象给 object 属性，而 strObj 对象本身的 object 属性类型为 String，所以这里必须有所限制，而对于不需要编译器确定类型参数的方法 Generic<? > g 是可以调用的。

6.2.3 泛型方法

在 Java 泛型中，类型参数还可以出现在方法声明中，以定义泛型方法。泛型方法可以定义在泛型类中，也可以定义在非泛型类中。泛型方法声明的格式如下。

```
修饰符 <类型参数列表>方法类型 方法名([参数列表]) {
    方法体
}
```

【例 6-5】 演示泛型方法的使用。

程序 GenericMethod.java 如下。

```
public class GenericMethod {
    public static void main(String[] args) {
        GenericMethod t =new GenericMethod ();
        String valid =t.evaluate("tiger","tiger");
        Integer i =t.evaluate(new Integer(300),new Integer(350));
        System.out.println(valid);
        System.out.println(i);
    }

    public <T>T evaluate(T a,T b) {
        if(a.equals(b))
            return a;
        else
            return null;
    }
}
```

【例 6-5】中 GenericMethod.java 的运行输出结果如下。

```
tiger
null
```

在程序 GenericMethod .java 中，evaluate()方法的功能是判断两个参数所引用的对象是否等价。如等价，则返回第一个参数值，否则返回 null(此处未考虑可能出现的空指针异常)。其声明中的"<T>"用于标明这是一个泛型方法——类型 T 是可变的，不必显式地告知编译器 T 具体取何值，但出现了多处(两个形参、一个返回值类型)的这些值必须都是相同的。

代码 String valid = t.evaluate("tiger","tiger");之所以能够通过编译，是因为编译器进行了适当的推断——替代 T 的 String 或 Integer 等类型满足方法声明中被施加的类型约束。代码 String valid = t.evaluate("tiger",new Integer(200));将通不过编译，因为这不符合先前的类型约束，两个实参与返回值的类型不一致且不兼容。

方法 evaluate( ) 中的类型参数 T 也可以添加到其所在类的定义中，此时类 GenericMethod 就变成了泛型类，代码如下所示。

```
import java.util.Vector;
public class GenericMethodTest1 <T>{
    public static void main(String[] args){
        GenericMethodTest1 <String>ts =new GenericMethodTest1 <String>();
        String valid =ts.evaluate("tiger","tiger");
        System.out.println(valid);
        GenericMethodTest1 <Integer>ti =new GenericMethodTest1 <Integer>();
        Integer i =ti.evaluate(new Integer(300),new Integer(300));
        System.out.println(i);
    }
    public T evaluate(T a,T b){
        if(a.equals(b))
          return a;
        else
          return null;
    }
}
```

读者可能困惑的是，到底什么情况下选择使用泛型方法，而不是将整个类定义为泛型类(将类型 T 添加到类定义)呢？其原则如下。

① 当要施加的类型约束只作用于一个方法的多个参数之间、而不涉及类中的其他方法时，则应将之定义为泛型方法。因为泛型方法的类型参数是局部性的，就相当于方法中的局部变量，这样就可以简化其所在类型的声明和处理开销。

② 要施加类型约束的方法为静态方法时，只能将之定义为泛型方法，因为静态方法不能使用其所在类的类型参数。

JDK 5.0 中提供了变长参数(varargs)，也就是在方法定义中可以使用个数不确定的参数。对于同一方法，可以使用不同个数的参数调用，可变长参数的定义使用“...”表示可变长参数。下面看一个泛型方法和可变参数的例子。

【例 6-6】 具有可变参数的泛型方法的定义与使用。

程序 GenericMethodTest2.java 如下。

```
public class GenericMethodTest2 {
    public static void main(String[] args){
        System.out.println("调用不可变参数泛型方法的输出");
```

```
        m1("abc");
        m1(new Double(10.0));
        //泛型中类型参数只能是引用类型,这里实行了自动装箱,将 int 转换为 Integer
        //引用类型
        m1(123);
        //可变参数的泛型方法调用
        System.out.println("调用可变参数泛型方法的输出");
        m2("abc",new Double(10.0),123);
    }
    //泛型方法定义
    public static <T>void m1(T t){
        System.out.println("t="+t +" leixing:"+t.getClass().getName());
    }
    //可变参数的泛型方法定义
    public static <T>void m2(T...ts){
        for(int i=0 ;i<ts.length;i++)
            System.out.println("t ="+ ts[i] +" leixing:"+ ts[i]. getClass ().
            getName());
    }
}
```

程序运行结果如下。

调用不可变参数泛型方法的输出

```
t=abc leixing:java.lang.String
t=10.0 leixing:java.lang.Double
t=123 leixing:java.lang.Integer
```

调用可变参数泛型方法的输出

```
t=abc leixing: java.lang.String
t=10.0 leixing: java.lang.Double
t=123 leixing: java.lang.Integer
```

从运行结果看,使用可变参数的泛型方法调用输出和前一段代码相同,但代码更加简洁,可以看到泛型可以和可变参数非常完美地结合。

6.2.4 受限制的类型参数

泛型机制还允许开发者对类型参数指定附加的约束,以更好地切合实际需要,下面看一个具体例子再作分析。

【例 6-7】 演示使用受限制的类型参数。

程序 PointTest.java 如下。

```
import java.lang.Number;
class Point<T extends Number>{
    private T x;
    private T y;
```

```
    public Point(){
    }
    public Point(T x, T y){
        this.x =x;
        this.y =y;
    }
    public T getX(){
        return x;
    }
    public T getY(){
        return y;
    }
    public void setX(T x){
        this.x =x;
    }
    public void setY(T y){
        this.y =y;
    }
    public void showInfo(){
        System.out.println("x=" +x +",y=" +y);
    }
}
public class PointTest{
    public static void main(String[] args){
        Point<Integer>pi =new Point<Integer>(20,40);
        pi.setX(pi.getX() +100);
        pi.showInfo();
        Point<Double>pd =new Point<Double>();
        pd.setX(3.45);
        pd.setY(6.78);
        pd.showInfo();
        Point<String>ps =new Point<String>();                    //非法
    }
}
```

在【例 6-7】PointTest.java 中，Point 类用于描述平面直角坐标系中点的坐标，其封装的应为数值型信息(如 int、float、double 等)。考虑到类型参数不能为基本数据类型，而 java.lang.Number 是所有数值型封装类(如 Integer、Float、Double 等)的父类型，于是决定限制泛型类 Point 的类型参数必须为 Number 或其子类类型，并使用 extends 关键字来标明这种继承层次上的限制。接下来使用该泛型类的过程中，指定的类型参数就必须符合此继承层次限制，否则通不过编译检查，如在上例 Test.java 类的 main()方法中，最后一行代码编译时会出错，其报错信息如下。

```
PointTest.java: 38: 错误: 类型参数 String 不在类型变量 T 的范围内
                    Point<String>ps =new Point<String>();
PointTest.java: 38: 错误: 类型参数 String 不在类型变量 T 的范围内
```

```
Point<String>ps =new Point<String>();
```

类似地,也可以限制类型参数必须实现指定的接口,但也是使用 extends 关键字(注意,不是 implements)进行标识,代码如下。

```
public class MyGenerics<T extends MyInterface>{
    //---
}
interface MyInterface{
    //---
}
```

类型通配符“?”是一种特殊的类型参数,也可以对其进行一定程度的限制。

【例 6-8】 演示使用受限制的类型通配符。

程序 Test2 .java 如下。

```
public class Test2 {
    public static void main(String[] args) {
        Generic<Integer>intObj =new Generic<>(10);
        m1(intObj);
        Generic<Float>floatObj =new Generic<>(10.0f);
        m1(floatObj);
        Generic<String>strObj =new Generic<>("123");
        //m1(strObj);   非法
        Generic<? extends Number>ga ;
        ga =intObj;
        //ga =strObj; 非法
    }
    public static void m1(Generic<? extends Number>g) {
        g.showInfo();
    }
}
```

程序运行结果如下。

```
对象类型是 java.lang.Integer
对象类型是 java.lang.Float
```

在【例 6-8】的 Test2.java 中,局部变量 ga 和方法形参 g 均被定义为 Generic<? extends Number>类型,这意味它们将能够且只能接收任何以 Number 或其子类为类型参数的泛型 Generic。

6.3 集合概述

集合是指一个可以容纳多个对象的对象,该对象主要用来管理和维护一系列相同或相似的对象,集合中的每一个对象称为集合的元素。从本质上来讲,数组也是一种集合,只不过数组中存放元素的类型必须是相同的,可以存放基本数据类型和引用类型,而集合中只能存放引用类型，即集合中的每一个对象存放指向其他对象的引用。当数组中存放引用类型对象时，真正保存的是一个对象的引用，而不是真正的对象数据。那么数组可以替代集合吗？答案是否定的。数组的长度是固定的，当开发中无法确定需要保存的对象个数时，就不再适用了。当需要对集合元素频繁增删时，利用"下标索引"的方式检索元素的数组是十分复杂的。Java的集合类可以保存数量不确定的对象，并且提供相应的操作方法，高效地实现对集合元素的访问。

6.3.1 集合框架结构

框架就是一个类库的集合。集合框架就是一个用来表示和操作集合的统一架构(体系结构)，包含了实现集合的接口与类。Java中的集合三要素是若干接口、接口的实现类及算法。学习Java中的集合，就是学习集合框架中接口、接口的实现类以及类的主要操作方法。从JDK 5.0增加了泛型之后，Java中的集合就完全支持泛型，集合相关的接口和类均处于java.util包下。

集合框架中的接口代表集合的抽象数据类型，整个Java集合框架的基础是集合接口，如Collection、Map接口等，而不是类(接口的实现类)。使用接口可以将集合的定义和实现分开，也就是说，可以使用接口中定义的方法访问集合，而不用关心集合究竟是怎么实现的。所以，掌握集合框架中的接口是十分重要的。集合框架中定义的接口层次关系如图6-1所示。

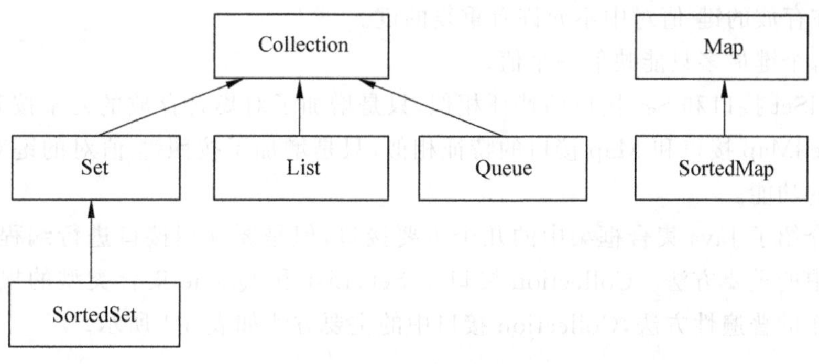

图6-1 集合接口层次图

从图6-1中可以看出，整个集合框架分为两部分：一部分的根接口为Collection(集合)，另一部分的根接口为Map(映射)。Set(集)、List(列表)和Queue(队列)继承Collection接口，为Collection接口的子接口，分别对Collection接口做了不同程度的扩展。SortedSet接口为Set的子接口，对Set接口做了进一步扩展，增加了对元素的排序功能。Map接口的子接口是SortedMap接口，对Map接口做了进一步扩展，增加了按照"键-值"(Key-Value)对的键对元素进行排序的功能。

从体系上讲，集合类型可以分为3类：Set(集)、List(列表)和Map(映射)。

1. Set(集)

Set模拟数学中集合的概念，是最简单一种集合。Set的特征如下。

(1) 集合中不允许出现重复的元素。

(2) 集合中不区分元素顺序。

在某些应用中,确实需要 Set 集合维护数据,比如某一大型商场要统计某一时间段内光顾本商场的顾客,以改进经营模式。很显然,某一时间段内有的顾客可能多次来该商场消费,利用 Set 集合存放数据会自动去掉重复的顾客,用其他集合或数组存放数据,一定要加入“顾客是否存放”的验证,增加编程的复杂度。

2. List(列表)

List 的基本特征是采用线性方式存放元素,具体表现为数组、向量、链表、栈和队列等。List 的特征如下。

(1) 集合区分元素的顺序,即按照元素的存入顺序存放元素。

(2) 允许存放重复的元素。

List 集合及其实现类在实际应用开发中十分常用。

3. Map(映射)

Map 与 Set 或者 List 区别较为明显,Set 和 List 中存放的是一个一个的对象,Map 中存放的是成对“键-值”信息,Map 中的每一个元素都必须包括起到标识作用的“键”和元素“值”两部分。Map 的特征如下。

(1) 在存放的键-值对中不允许有重复的键。

(2) 每个键最多只能映射一个值。

SortedSet 接口和 Set 接口的特征相似,只是增加了对集合存放的元素按升序排列的功能;SortedMap 接口和 Map 接口的特征相似,只是增加了按照键-值对的键对元素进行升序排列的功能。

上述介绍了 Java 集合框架中的几个主要接口,但是要利用接口进行编程,还应熟悉各个接口中的重要方法。Collection 接口是 Set、List 和 Queue 集合类型的根接口,定义了集合操作的普遍性方法,Collection 接口中的主要方法如表 6-1 所示。

表 6-1 Collection 接口中的主要方法

方　法	说　明
public boolean add(E e)	向集合中加入指定的元素,加入成功返回 true,否则返回 false。在子接口中,此方法就发生了改变。在 Set 接口中,此方法在添加元素前要进行是否重复的判断,如果是重复元素,添加被拒绝,返回 false,否则添加成功,返回 true。List 接口中此方法同 Collection 接口完全相同
public boolean addAll(Collection＜? extends E＞ c)	将指定 Collection 中的所有元素都添加到此 Collection 中。在子接口中,此方法就发生了改变,原理同 public boolean add(E o) 方法
public void clear()	移除此 Collection 中的所有元素
public boolean contains(Object o)	如果此 Collection 包含指定的元素,返回 true,否则返回 false

续表

方　　法	说　　明
public boolean containsAll (Collection＜? ＞ c)	如果此 Collection 包含指定 Collection 中的所有元素，则返回 true，否则返回 false
public boolean isEmpty()	如果此 Collection 不包含任何元素，则返回 true，否则返回 false
public Iterator＜E＞ iterator()	返回在此 Collection 的元素上进行迭代的迭代器
public boolean remove(Object o)	从此 Collection 中移除指定元素，成功返回 true，否则返回 false
public boolean removeAll (Collection c)	移除此 Collection 中那些也包含在指定 Collection 中的所有元素
public boolean retainAll (Collection＜? ＞ c)	仅保留此 Collection 中那些也包含在指定 Collection 的元素
public int size()	返回此 Collection 中的元素数
public Object[] toArray()	返回包含此 Collection 中所有元素的数组

Set 接口是 Collection 接口的子接口，Collection 接口中具有的方法 Set 接口都有，Set 接口描述的是一个不包含重复元素的集合，其中的方法和 Collection 完全相同。

List 接口是 Collection 接口的子接口，描述的是列表结构，Collection 接口中具有的方法 List 接口都有，List 接口允许使用者对插入列表的元素进行精确控制，并添加了根据元素索引位置来访问元素、搜索元素的功能，相对于 Collection 接口，List 接口新增的方法如表 6-2 所示。

表 6-2　List 接口相对于 Collection 接口新增的方法

方　　法	说　　明
public void add(int index,E element)	在列表的指定位置插入指定元素
public boolean addAll(int index,Collection＜? extends E＞ c)	将指定 Collection 中的所有元素插入列表中的指定位置
public E get(int index)	返回列表中指定位置的元素
public int indexOf(Object o)	返回此列表中第一次出现的指定元素的索引；如果此列表不包含该元素，则返回－1
public int lastIndexOf(Object o)	返回此列表中最后出现的指定元素的索引；如果列表不包含此元素，则返回－1
public ListIterator＜E＞ listIterator(int index)	从列表的指定位置开始返回列表中元素的列表迭代器
public E remove(int index)	移除列表中指定位置的元素
public E set(int index,E element)	用指定元素替换列表中指定位置的元素

Map 描述了映射结构，Map 中存放的是“键-值”对信息，Map 中不能存放键重复的键值对，每个键只能映射一个值。Map 允许通过键集、值集合或键值对映射关系的形式查看映射内容，Map 接口中的主要方法如表 6-3 所示。

表 6-3　Map 接口中的主要方法

方　　法	说　　明
public void clear()	从此映射中移除所有映射关系
public boolean containsKey (Object key)	如果此映射包含指定键的映射关系,则返回 true,否则返回 false
public boolean containsValue (Object value)	如果此映射将一个或多个键映射到指定值,则返回 true,否则返回 false
public Set＜Map.Entry＜K,V＞＞ entrySet()	返回此映射中包含的映射关系的 Set 集合。结果返回的 Set 中存放的是 Map.Entry 类型,Map.Entry 本质是一个接口,表示映射项即键-值对。遍历 Set,获得其中每一个 Map.Entry 元素,然后通过其中的 getKey()获得映射项对应的键,getValue()获得映射项对应的值,setValue(Object value)指定的值替换映射项对应的值
public V get(Object key)	返回指定键所映射的值,如果此映射不包含该键的映射关系,则返回 null
public boolean isEmpty()	如果此映射未包含键-值映射关系,则返回 true,否则返回 false
public Set＜K＞ keySet()	返回所有映射中包含的键的 Set 集合
public V put(K key,V value)	将指定的键-值对放入此映射中
public void putAll (Map ＜? extends K,? extends V＞)	从指定映射中将所有映射关系复制到此映射中
public V remove(Object key)	如果存在一个键的映射关系,则将其从此映射中移除
public int size()	返回此映射中的键-值映射关系数
public Collection values()	返回此映射中包含的值的 Collection 集合

6.3.3　集合实现类

接口不能实例化对象。利用集合编程,只有接口不行。针对集合接口,Java 集合框架为开发者提供相应的实现类。集合根接口 Collection 没有直接的实现类,其他主要接口的常用实现类如图 6-2 所示。

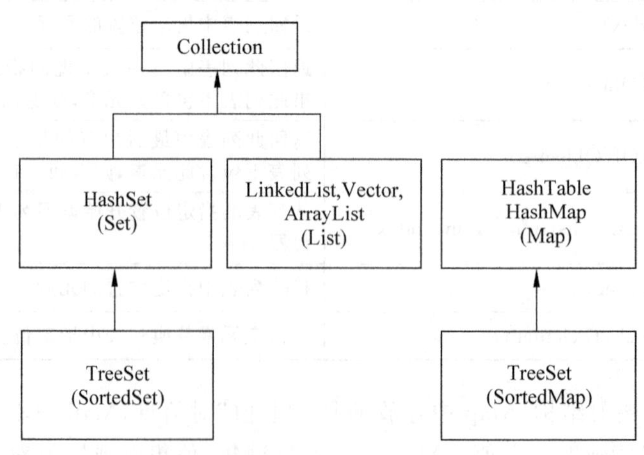

图 6-2　集合接口实现类层次图

集合实现类层次图和接口层次图类似。集合框架中接口的实现类有很多，图 6-2 中只列出了集合接口的常用实现类，后面通过实例详细介绍集合接口和对应实现类的使用。对于集合的算法要素，是指集合接口实现类的方法。

6.4 List 接口实现类

List 接口常用的实现类 LinkedList、ArrayList、Vector 的基本用法是一样的，只是底层的实现方式不同，导致各实现类适用的场合不同。下面以 ArrayList 类为例来演示 List 实现类的用法。

【例 6-9】 演示 ArrayList 使用示例。

程序 ArrayList.java 如下。

```
import java.util.ArrayList;
import java.util.Collection;
import java.util.Iterator;
import java.util.List;
public class ArrayListTest {
    public static void main(String[] args) {
        List<String>al=new ArrayList<>();
        al.add("1st");
        al.add("2nd");
        al.add("1st");
        //添加异常
        //al.add(new Integer(3));
        System.out.println("======直接打印集合对象=======");
        System.out.println(al);
        System.out.println("======根据索引位置遍历======");
        for(int i=0;i<al.size();i++){
            System.out.println(al.get(i));
        }
        System.out.println("======ForEach遍历==========");
        for(Object obj: al){
            System.out.println(obj);
        }
        System.out.println("======迭代器遍历==========");
        Iterator<String>iter=al.iterator();
        while(iter.hasNext()){
            Object obj=iter.next();
            System.out.println(obj);
        }
        //指定索引位置是 2 的元素为新的字符串
        al.set(2, "3rd");
        //获取并输出指定索引位置是 2 的元素
```

```
        System.out.println("al.get(2)返回元素: "+al.get(2));
        //插入"A"在 al 的第 2 个位置
        al.add(1, "A");
        //从列表 al 中移除数据
        al.remove(0);
        //al.remove("1st")
        System.out.println("======调用通用集合遍历方法===");
        print(al);
    }
    //通用集合遍历方法
    public static void print(Collection<?>c){
        Iterator<?>iter=c.iterator();
        while(iter.hasNext()){
            Object obj=iter.next();
            System.out.println(obj);
        }
    }
}
```

程序运行结果如下。

```
======直接打印集合对象=======
[1st, 2nd, 1st]
======根据索引位置遍历======
1st
2nd
1st
======ForEach 遍历==========
1st
2nd
1st
======迭代器遍历==========
1st
2nd
1st
al.get(2)返回元素: 3rd
======调用通用集合遍历方法===
A
2nd
3rd
```

【例 6-9】中 ArrayList.java 演示 ArrayList 的基本用法。实际上,LinkedList 和 Vector 的基本使用方法与 ArrayList 完全一样。把 List<String> al=new ArrayList<>();中的 ArrayList 改为 Vector 或 LinkedList,此时的程序运行结果完全一样。程序中的集合类使用了泛型,对添加到进行中的元素类型,通过泛型的类型参数指定为 String

类型。因此，添加 String 以外的其他类型元素时，编译器会报错。在程序中打印对象 al，显示[1st, 2nd, 3, 4.0, 1st, 3]，说明 ArrayList 重写了从 Object 类中继承来的 toString 方法。程序中向集合对象中加入了重复元素"1st"，在遍历集合元素时都打印出来，并且显示顺序和加入顺序相同，说明 List 集合可以存放重复元素，并且是有序的。同时，程序中还使用了 get(int index)、remove(int index)、set(int index,E element) 等方法，实现对集合 al 中元素的获取、移除和重新设置。

【例 6-9】的 ArrayList.java 中提供了几种遍历集合方法，其中有一种是使用迭代器遍历方法。Iterator(迭代器)是使用统一方式对各种集合元素进行遍历/迭代的工具。实际上，无论 Collection 的实际类型如何，都支持一个 iterator()的方法，所以程序中定义 print (Collection<? > c)是一个通用的集合元素遍历方法，iterator()方法返回一个迭代子，使用该迭代子即可逐一访问 Collection 中每一个元素。

迭代器典型的用法如下。

```
Iterator it =collection.iterator();                    //获得一个迭代子
while(it.hasNext()) {
    Object obj =it.next();                             //得到下一个元素
}
```

迭代器的工作原理如图 6-3 所示。

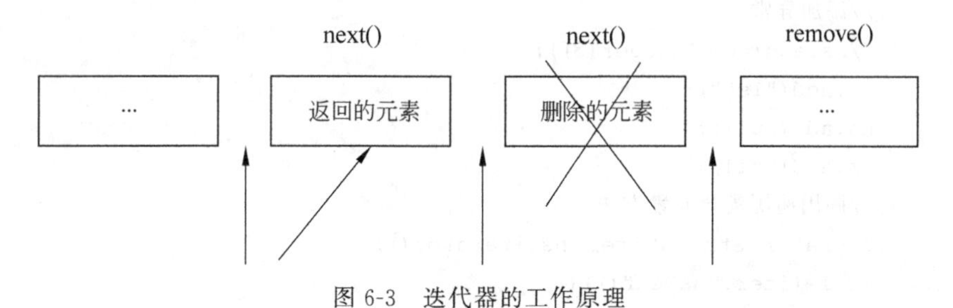

图 6-3　迭代器的工作原理

LinkedList、ArrayList 和 Vector 的基本用法一样，但它们在特定场合的使用是有区别的，介绍如下。

LinkedList：实现了 List 接口，以一般的双向链表(double-linked list)完成，其内每个对象除了数据本身外，还有两个引用，分别指向前一个元素和后一个元素；如果在 List 的开始处增加元素，或者在 List 中进行插入和删除操作，应该使用 LinkedList。

ArrayList 类：实现了 List 接口，用于表示长度可变的数组列表；在构造对象时，可以指定列表长度(所能容纳元素个数)，默认长度为 10，不指定长度但添加对象数目超过 10 时，系统将自动增加列表长度；ArrayList 是非同步的，适合在单线程环境下使用。

Vector 类：实现了 List 接口，表示一个可变的对象数组；Vector 是同步(线程安全)的，占用的资源多一些，相比 ArrayList 的运行效率低一些，主要用在多线程环境下。

6.5 Set 接口实现类

Set 接口继承自 Collection 接口,它没有声明其他方法,方法都是从 Collection 接口继承而来的。HashSet 和 TreeSet 是 Set 接口常用的实现类。

HashSet 不能存放重复的元素,其中的元素是无序的,HashSet 中可以存放 null。

【例 6-10】 演示 HashSet 的基本用法。

程序 HashSetTest.java 如下。

```
import java.util.Collection;
import java.util.HashSet;
import java.util.Iterator;
import java.util.Set;
public class HashSetTest {
    public static void main(String[] args) {
        Set<String>hs=new HashSet<>();
        //向集合添加元素
        hs.add("1st");
        hs.add("2nd");
        //添加异常
        //hs.add(new Integer(3));
        hs.add("1st");
        hs.add(null);
        hs.add(null);
        //调用遍历集合元素方法
        Iterator<String>iter=hs.iterator();
        while(iter.hasNext()){
            System.out.println(iter.next());
        }
    }
}
```

程序运行结果如下。

```
null
1st
2nd
```

【例 6-10】的 HashSetTest.java 中对于字符串对象"1st"和"null"对象分别添加两次,从输出结果可以看出第二次添加的"1st"和"null"是失败的,并且显示顺序和元素加入顺序不一致。印证了 HashSet 不能存放重复的元素,且其中的元素是无序的。

【例 6-10】的 HashSetTest.java 中向 HashSet 集合添加的元素类型通过泛型类型参数指定为 String 类型,Java API 中已经为 String 类型实现了相关方法,保证在 Set 集合中不能添加相同元素。Integer、Float 等封装类 Java API 也为开发者提供了相应的支撑。

【例 6-11】 演示向 HashSet 集合中添加自定义类型对象。

程序 HashSetTest1.java 如下。

```
import java.util.Collection;
import java.util.HashSet;
import java.util.Iterator;
import java.util.Set;
public class HashSetTest1 {
    public static void main(String[] args) {
        Set<Student>hs=new HashSet<>();
        hs.add(new Student(1001,"zhangsan",23));
        hs.add(new Student(1002,"lisi",24));
        hs.add(new Student(1003,"wangwu",21));
        hs.add(new Student(1004,"zhaoliu",22));
        hs.add(new Student(1001,"zhangsan",23));
        Iterator<Student>iter=hs.iterator();
        while(iter.hasNext()){
            System.out.println(iter.next());
        }
    }
}
class Student{
    int num;
    String name;
    int age;
    public Student(){
    }
    public Student(int num,String name,int age){
        this.num=num;
        this.name=name;
        this.age=age;
    }
    public String toString(){
        return "num="+num+"\tname="+name+"\tage="+age;
    }
}
```

程序运行结果如下。

```
num=1003   name=wangwu      age=21
num=1001   name=zhangsan    age=23
num=1001   name=zhangsan    age=23
num=1002   name=lisi        age=24
num=1004   name=zhaoliu     age=22
```

【例 6-11】的 HashSetTest1.java 中向 HashSet 集合中添加自定义学生类对象,添加的 5 个对象中有 2 个对象的学号、姓名和年龄完全一致。通常情况下,对于学号、姓名和年龄完全一致的学生,认为是相同的对象,即重复对象,但遍历集合时添加的 5 个对象全部输出。HashSet 集合中不能存放重复的元素,这意味着 HashSet 集合在目前的情况下并不认为学号、姓名和年龄完全一致的学生就是相同的或重复的对象。那么,HashSet 集合判断元素重复的标准是什么呢?

HashSet 底层采用哈希表实现。向 HashSet 添加对象元素时,会根据对象的哈希码计算对象的存储位置,对象的哈希码通过 Object 类提供的 hashCode()方法获得,hashCode()方法返回的值根据对象的内存地址得到哈希码。如【例 6-11】中两个学号、姓名和年龄完全一致的对象,通过 new 来构造的地址不一样,得到的哈希码就不一样,所以 HashSet 认为两者是不同的对象;hashCode 返回相同值的同时必须保证两个对象利用 equals 方法比较的结果为真,这样 HashSet 才认为两者为相同的对象。事实上,开发者只需要记住一点即可:如果用 HashSet 来存放自定义类型的对象,一定要重写 hashcode()和 equals()这两个方法,重写的原则是两个对象相同时保证两者的 hashcode()方法返回相同的整数,并且两者利用 equals()进行比较时返回 true。【例 6-10】中向 HashSet 集合中添加的是 String 类型,Java API 在定义 String 类型时已经重写了 hashcode()和 equals()这两个方法,所以对于添加的重复字符串对象和封装类型对象就都过滤掉了。

修改【例 6-11】中的 HashSetTest1.java,在学生类重写 hashcode()和 equals()这两个方法,使得学号、姓名和年龄完全一致的两个对象的 hashcode()返回值相等,并且两者利用 equals()比较时返回的值为和 true 即可。在学生类定义中添加如下代码。

```
public boolean equals(Object obj) {
    if(obj==null){
        return false;
    }
    if(obj==this){
        return true;
    }
    if(!(obj instanceof Student)) {
        return false;
    }
    Student s=(Student)obj;
    return (s.num==this.num && s.name.equals(this.name)
             && s.age==this.age);
}
public int hashCode() {
    return num * name.hashCode();
}
```

程序运行结果如下。

```
num=1004  name=zhaoliu      age=22
num=1002  name=lisi         age=24
```

```
num=1001   name=zhangsan      age=23
num=1003   name=wangwu        age=21
```

从修改之后【例 6-11】中的 HashSetTest1.java 运行结果可以看出，第二次添加的学号、姓名、年龄和原来添加的完全一致的对象就添加失败了。

TreeSet 类实现了 Set 接口的子接口 SortedSet，基本特征和用法与 HashSet 类一样，只是增加了排序功能的集合。在将对象元素添加到 TreeSet 中时，会按照一定排序规则将元素插入有序的对象序列中，保证 TreeSet 中的元素组成的对象序列时刻按照“升序”排列。不过有一点要注意，向 TreeSet 添加的对象元素的类型必须实现处于 java.lang 包下的 Comparable 接口，否则程序运行时出现 java.lang.ClassCastException 异常。API 中的 String 类、封装类都已实现该接口，对于自定义类型开发者，必须实现 Comparable 接口，也就是说，要实现接口中的抽象方法。Comparable＜T＞的接口只有一个抽象方法 public int compareTo(T obj)，用来实现排序规则，将当前对象与参数对象 obj 进行比较，在当前对象小于、等于或大于参数对象 obj 时，分别返回负数、零或整数。一个类实现了 Comparable 接口，就表示这个对象之间是可以相互比较的。自定义类型如果不实现 Comparable 接口，即不去定义排序规则，Java 运行时就不知道该如何去排序，所以出现 java.lang.ClassCastException 异常。

【例 6-12】 演示 TreeSet 的用法。

程序 TreeSetTest.java 如下。

```
import java.util.Iterator;
import java.util.Set;
import java.util.TreeSet;
public class TreeSetTest {
    public static void main(String[] args) {
        Set<Integer>ts=new TreeSet<>();
        ts.add(5);
        ts.add(30);
        ts.add(8);
        ts.add(1);
        ts.add(23);
        Iterator<Integer>iter=ts.iterator();
        while(iter.hasNext()){
            System.out.println(iter.next());
        }
    }
}
```

程序运行结果如下。

```
1
5
8
```

```
23
30
```

【例 6-12】中的 TreeSetTest.java 中的“s.add(5);”等价于“s.add(new Integer(5));”,这中间发生了自动装箱。Java API 中的封装类实现了 Comparable 接口,即实现了比较规则,所以输出结果对元素进行了升序排列。

【例 6-13】 演示向 TreeSet 集合添加自定义类型对象。

程序 TreeSetTest1.java 如下。

```
import java.util.Iterator;
import java.util.Set;
import java.util.TreeSet;
public class TreeSetTest1 {
    public static void main(String[] args) {
        Set<Student>ts=new TreeSet<>();
        ts.add(new Student(1004,"zhaoliu",22));
        ts.add(new Student(1001,"zhangsan",23));
        ts.add(new Student(1003,"wangwu",21));
        ts.add(new Student(1002,"lisi",24));
        ts.add(new Student(1001,"zhangsi",23));
        ts.add(new Student(1001,"zhangsan",23));
        Iterator<Student>iter=ts.iterator();
        while(iter.hasNext()){
            System.out.println(iter.next());
        }
    }
}
//自定义类 Student 实现 Comparable 接口
class Student implements Comparable<Student>{
    int num;
    String name;
    int age;
    public Student (){
    }
    public Student (int num,String name,int age){
        this.num=num;
        this.name=name;
        this.age=age;
    }
    public boolean equals(Object obj) {
        if(obj==null){
            return false;
        }
        if(obj==this){
```

```
            return true;
        }
        if(!(obj instanceof Student)) {
            return false;
        }
        Student s=(Student)obj;
        return (s.num==this.num && s.name.equals(this.name)
                && s.age==this.age);
    }
    public int hashCode() {
        return num*name.hashCode();
    }
    public String toString(){
        return "num="+num+"\tname="+name+"\tage="+age;
    }
    //compareTo 方法定义比较规则:先按学号排序,学号相同再按姓名排序
    public int compareTo(Student obj) {
        Student s=obj;
        int result=0;
        result=this.num>s.num?1: (this.num==s.num?0: -1);
        if(result==0){
            result=this.name.compareTo(s.name);
        }
        return result;
    }
}
```

程序运行结果如下。

```
num=1001  name=zhangsan    age=23
num=1001  name=zhangsi     age=23
num=1002  name=lisi        age=24
num=1003  name=wangwu      age=21
num=1004  name=zhaoliu     age=22
```

【例 6-13】中的 TreeSetTest1.java 在学生类的定义中重写了 hashcode()和 equals()这两个方法,所以添加两次“new Student (1001,"zhangsan",23)”对象,只有第一次成功。学生类实现了 Comparable 接口,实现抽象方法 compareTo(T obj)时定义的规则是:先按学号比较,学号相同的再按姓名比较,进行升序排列。Comparable 接口也是用泛型定义的,由于在实现 Comparable 接口时实现的是当前对象和 compareTo(T obj)方法中的参数对象的比较,比较的是同一类型对象,所以 Comparable 接口后的参数类型指定为当前类的类型 Student。

当向 TreeSet 集合添加自定义类型对象时,除了使用自定义类型实现 Comparable 接口来定义排序规则外,还可以使用定义比较器的方式实现定义排序规则。具体做法是:

定义比较器类去实现 java.util 包下的 Comparator＜T＞接口,重写其中的抽象方法 compare(T obj1,T obj2)来定义比较规则;然后在实例化 TreeSet 对象时调用 TreeSet 类的有参构造方法,在 new 对象时传递一个比较器对象即可。

【例 6-14】 演示比较器的使用。

程序 TreeSetTest2.java 如下。

```
import java.util.Comparator;
import java.util.Iterator;
import java.util.Set;
import java.util.TreeSet;
public class TreeSetTest2 {
    public static void main(String[] args) {
        //创建 TreeSet 对象时,传递 StudentComparator 对象作为比较器
        Set<Student>ts=new TreeSet<>(new StudentComparator());
        ts.add(new Student(1004,"zhaoliu",22));
        ts.add(new Student(1001,"zhangsan",23));
        ts.add(new Student(1003,"wangwu",21));
        ts.add(new Student(1002,"lisi",24));
        ts.add(new Student(1001,"zhangsi",23));
        ts.add(new Student(1001,"zhangsan",23));
        Iterator<Student>iter=ts.iterator();
        while(iter.hasNext()){
            System.out.println(iter.next());
        }
    }
}
class Student{
    int num;
    String name;
    int age;
    public Student(){
    }
    public Student(int num,String name,int age){
        this.num=num;
        this.name=name;
        this.age=age;
    }
    public boolean equals(Object obj) {
        if(obj==null){
            return false;
        }
        if(obj==this){
            return true;
        }
```

```
        if(!(obj instanceof Student)) {
            return false;
        }
        Student s=(Student)obj;
        return (s.num==this.num && s.name.equals(this.name)
                && s.age==this.age);
    }
    public int hashCode() {
        return num* name.hashCode();
    }
    public String toString(){
        return "num="+num+"\tname="+name+"\tage="+age;
    }
}
//实现比较器类
class StudentComparator implements Comparator<Student>{
    public int compare(Student arg0, Student arg1) {
        int result=0;
        result=arg0.num>arg1.num?1: (arg0.num==arg1.num?0: -1);
        if(result==0){
            result=arg0.name.compareTo(arg1.name);
        }
        return result;
    }
}
```

程序运行结果同【例 6-13】。

【例 6-14】中的 TreeSetTest2.java 定义了类 StudentComparator，实现了接口 Comparator<T>，类 StudentComparator 就称为比较器。在类中实现了接口 Comparator 的抽象方法 public int compare(T arg0, T arg1)，定义了比较规则：先按学号比较，学号相同的再按姓名比较，进行升序排列。在实例化 TreeSet 对象给 Set 接口的引用时，利用了 TreeSet 的有参构造方法，即“new TreeSet(new StudentComparator());”，为构造方法传了一个 StudentComparator 比较器对象。其余的程序代码和【例 6-14】完全一致，由于定义比较规则相同，所以这两个程序的输出结果一样。

使用 TreeSet 集合存放自定义类型对象时，自定义类型实现 Comparable 接口和定义比较器类这两种定义比较规则的使用方式虽然不同，但效果是一样的。

6.6 Map 接口实现类

Map 集合没有基础 Collection 接口，是集合框架的另一分支。HashMap 类和 TreeMap 是 Map 接口的常用实现类。

HashMap 集合用于存放“键-值”对信息，不能存放键重复的“键-值”对。

【例 6-15】 演示 HashMap 集合的使用。

程序 HashMapTest.java 如下。

```
import java.util.Collection;
import java.util.HashMap;
import java.util.Map;
import java.util.Set;
public class HashMapTest {
    public static void main(String[] args) {
        Map<String,String>m=new HashMap<String,String>();
        m.put("zhangsan", "13212349876");
        m.put("zhangsan", "13212349876");
        m.put("lisi", "13212349876");
        m.put("zhaojun", "13212349876");
        m.put("wangwu", "13212349876");
        m.put("liuliu", "13212349876");
        Set<String>s=m.keySet();
        for(String key: s){
            System.out.println("key="+key+"\tvalue="+m.get(key));
        }
        System.out.println("===============");
        Set<Map.Entry<String, String>>entryset=m.entrySet();
        for(Map.Entry<String,String>obj: entryset){
            System.out.println("key="+obj.getKey()
                  +"\tvalue="+obj.getValue());
        }
        System.out.println("===============");
        Collection<String>c=m.values();
        for(String obj: c){
            System.out.println("value="+obj);
        }
    }
}
```

程序运行结果如下。

```
key=lisi        value=13212349876
key=zhangsan    value=13212349876
key=liuliu      value=13212349876
key=wangwu      value=13212349876
key=zhaojun     value=13212349876
===============
key=lisi        value=13212349876
key=zhangsan    value=13212349876
key=liuliu      value=13212349876
```

```
key=wangwu          value=13212349876
key=zhaojun         value=13212349876
===============
value=13212349876
value=13212349876
value=13212349876
value=13212349876
value=13212349876
```

【例 6-15】中的 HashMapTest.java 向 HashMap 添加 6 个“键值”对元素，去掉了 1 个键值重复的键值对“"zhangsan" "13212349876"”，在 HashMap 中判断键值是否重复的标准和在 Set 中判断添加元素的标准完全一致。因为 Java API 中 String 类型重写 hashcode()和 equals()这两个方法，所以对于字符串值相等的对象，Java 运行时系统会认为是重复的元素。如果向 HashMap 中添加的键值对的键值类型是自定义类型，那么自定义类型也必须重写 hashcode()和 equals()这两个方法。程序中使用了 3 种不同的方式遍历映射的元素，结合 Java API 来掌握其用法。

TreeMap 类实现了 Map 接口的子接口 SortedMap 接口，基本使用方法和 HashMap 类似，只是在 HashMap 接口原有功能的基础上增加了对添加的“键-值”对元素按照“键”进行升序排列的功能。向 TreeMap 添加的“键-值”对元素的键类型必须实现 Comparable 接口或定义比较器类，在构造 TreeMap 对象时给其构造方法传一个比较器对象，否则程序编译时会出现 java.lang.ClassCastException 异常，这一点和 TreeSet 用法相同。

【例 6-16】 演示 TreeMap 的使用。

程序 TreeMapTest.java 如下。

```
import java.util.Collection;
import java.util.Map;
import java.util.Set;
import java.util.TreeMap;
public class TreeMapTest {
    public static void main(String[] args) {
        Map<String,String>m=new TreeMap<>();
        m.put("zhangsan", "13212349876");
        m.put("zhangsan", "13212349876");
        m.put("lisi", "13212349876");
        m.put("zhaojun", "13212349876");
        m.put("wangwu", "13212349876");
        m.put("liuliu", "13212349876");
        Set<String>s=m.keySet();
        for(String key: s){
            System.out.println("key="+key+"\tvalue="+m.get(key));
        }
        System.out.println("===============");
        Set<Map.Entry<String, String>>entryset=m.entrySet();
```

```
        for(Map.Entry<String,String>obj: entryset){
            System.out.println("key="+obj.getKey()
                +"\tvalue="+obj.getValue());
        }
        System.out.println("================");
        Collection<String>c=m.values();
        for(String obj: c){
            System.out.println("value="+obj);
        }
    }
}
```

程序运行结果如下。

```
key=lisi        value=13212349876
key=liuliu      value=13212349876
key=wangwu      value=13212349876
key=zhangsan    value=13212349876
key=zhaojun     value=13212349876
================
key=lisi        value=13212349876
key=liuliu      value=13212349876
key=wangwu      value=13212349876
key=zhangsan    value=13212349876
key=zhaojun     value=13212349876
==========
value=13212349876
value=13212349876
value=13212349876
value=13212349876
value=13212349876
```

【例 6-16】中的 TreeMapTest.java 的输出结果按照键值进行了排序。Java API 定义的 String 类已实现 Comparable 接口,所以可以实现按键值进行升序排列。对于键类型为自定义类型的,开发者定义键类型必须实现 Comparable 接口或定义比较器类。

6.7 案　　例

使用数组实现元素的存储,进行元素的插入、删除时比较烦琐,且效率很低。本章案例将使用集合容器替代数组,实现学生信息的存储,学生信息的增加、删除、修改和查询功能。

6.7.1 案例设计

为了实现使用集合容器来存储学生信息的管理,本章修改 StudentServiceImp.java

程序，在类 StudentServiceImp 中声明定义 List 类型属性，并通过泛型类型参数将添加在 List 集合中的元素类型限定为 Student 类型。具体实现中使用集合 ArrayList 进行实例化对象，实现学生信息的存储，StudentServiceImp 实现了综合测评记录的增加、删除、修改和查询。类图如图 6-4 所示。

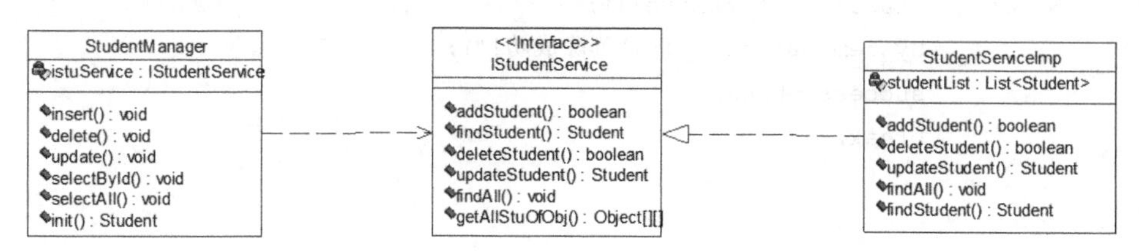

图 6-4　学生业务方法接口及实现类类图

6.7.2　案例演示

在使用集合进行学生信息处理的方法中，实现查询所有学生信息的方法 findAll()使用了方法引用的方式实现对集合的遍历，因此对学生信息的输出是输出的对象 student，也就是输出内容是调用 toString()方法返回的字符串。运行程序 Test.java，添加学生信息后选择“1、学生列表”，运行结果如图 6-5 所示。

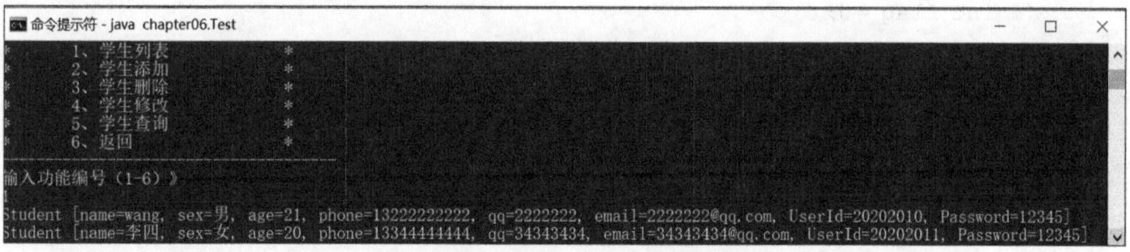

```
命令提示符 - java chapter06.Test
*        1、学生列表             *
*        2、学生添加             *
*        3、学生删除             *
*        4、学生修改             *
*        5、学生查询             *
*        6、返回                 *
------------------------------------
输入功能编号（1-6）》
1
Student [name=wang, sex=男, age=21, phone=13222222222, qq=2222222, email=2222222@qq.com, UserId=20202010, Password=12345]
Student [name=李四, sex=女, age=20, phone=13344444444, qq=34343434, email=34343434@qq.com, UserId=20202011, Password=12345]
```

图 6-5　使用集合显示学生信息界面

6.7.3　代码实现

案例中除了修改 StudentServiceImp 类定义外，其他类使用前面章节中的定义。

程序 StudentServiceImp.java 如下。

```
package chapter06;
import java.util.ArrayList;
import java.util.List;
public class StudentServiceImp implements IStudentService {
    //用集合存储学生信息
    List<Student> studentList = new ArrayList<Student>();
    //添加学生
    public boolean addStudent(Student student) {
        return studentList.add(student);
    }
    //删除学生信息
```

```
public boolean deleteStudent(int userId) {
    boolean success = false;
    for (int i = 0; i < studentList.size(); i++) {
      if (studentList.get(i).getUserId() == userId) {
          studentList.remove(i);
          System.out.println("删除成功!");
          success = true;
          break;
      }
    }
    if (!success) {
       System.out.println("删除失败,不存在该学号对应的学生!");
    }
    return success;
}
//修改学生信息
public Student updateStudent (int userid, String password, String name,
                              String sex, int age, String phone, String
                              qq,String email) {
    int flag = 0;
    Student s1 = null;
    for (int i = 0; i < studentList.size(); i++) {
       if (studentList.get(i) != null) {
           if (studentList.get(i).getUserId() == userid) {
               studentList.get(i).setName(name);
               studentList.get(i).setSex(sex);
               studentList.get(i).setAge(age);
               studentList.get(i).setPhone(phone);
               studentList.get(i).setQq(qq);
               studentList.get(i).setEmail(email);
               System.out.println("修改后" + studentList.get(i));
               flag = 1;
               s1 = studentList.get(i);
               System.out.println("修改成功!");
               break;
           }
       }
    }
    if (flag == 0) {
       System.out.println("修改失败,不存在该学号对应的学生!");
    }
    return s1;
}
```

```
    //按学号查询
    public Student findStudent(int userId) {
        Student s1 =null;
        for (Student s : studentList) {
            if (s !=null) {
                if (s.getUserId() ==userId) {
                    s1 =s;
                    break;
                }
            }
        }
        return s1;
    }
    //查询所有学生信息
    public void findAll() {
        //方法引用实现集合遍历
        studentList.forEach(System.out::println);
    }
    @Override
    public Object[][] getAllStuOfObj() {
        //TODO Auto-generated method stub
        return null;
    }
}
```

6.8 习　　题

1. 选择题

(1) ArrayList 的初始化内容如下,(　　)可以删除 list 中所有的“java”。

```
ArrayList<String> list =new ArrayList<>();
list.add("java");
list.add("aaa");
list.add("java");
list.add("java");
list.add("bbb");
```

A.
```
for (int i = list.size() - 1; i >= 0; i--){
    if ("java".equals(list.get(i))){
        list.remove(i);
    }
}
```

B.
```
for (int i = 0; i < list.size(); i++){
```

```
            if ("java".equals(list.get(i))){
                list.remove(i);
            }
        }
```

C. list.remove("java");

D. list.removeAll("java");

(2) 根据下面的代码,选择正确的是(　　)。

```
import java.util.*;
public class TestListSet{
    public static void main(String args[]){
        List<String>list =new ArrayList<String>();
        list.add("Hello");
        list.add("Learn");
        list.add("Hello");
        list.add("Welcome");
        Set set =new HashSet();
        set.addAll(list);
        System.out.println(set.size());
    }
}
```

A. 编译不通过　　B. 编译通过,运行时异常

C. 编译运行都正常,输出 3　　D. 编译运行都正常,输出 4

2. 填空题

(1) Vector 类的对象是通过 capacity 和 capacityIncrement 两个值来改变集合的容量,其中 capacity 表示集合最多能容纳的________,capacityIncrement 表示每次增加多少容量。

(2) Collection 接口的特点是元素是________;List 接口的特点是元素________(有|无)顺序,________(可以|不可以)重复;Set 接口的特点是元素________(有|无)顺序,________(可以|不可以)重复;Map 接口的特点是元素是________,其中________可以重复,________不可以重复。

(3) 关于下列 Map 接口中常见的方法:put 方法表示放入一个键值对,如果键已存在,则________,如果键不存在,则________。remove 方法接受________个参数,表示________。get 方法表示________,get 方法的参数表示________,返回值表示________。要想获得 Map 中所有的键,应该使用方法________,该方法返回值类型为________。要想获得 Map 中所有的值,应该使用方法________,该方法返回值类型为________。要想获得 Map 中所有的键值对的集合,应该使用方法________,该方法返回一个________类型所组成的 Set。

3. 程序设计题

(1) 写 MyStack 类，实现栈功能，要求在类中使用 ArrayList 保存数据。写 MyStackTest 类对栈功能进行测试。

(2) 写 MyQueue 类，实现队列功能，要求在类中使用 ArrayList 保存数据。写 MyQueueTest 类对队列功能进行测试。

(3) 编写一个泛型方法，能够返回一个 int 类型数组的最大值和最小值、String 类型数组的最大值和最小值(按字典排序)。

(4) 试编写一个 List 类型的对象，只能存储通信录(存储同学的姓名和联系方式)，并输出通信录的列表到控制台。

(5) 使用 TreeSet 和 Comparator 编写 TreeSetTest 2 类，要求对 TreeSet 中的元素 1～元素 10 进行排列，排序逻辑为奇数在前、偶数在后，奇数按照升序排列，偶数按照降序排列，类结构如图 6-6 所示。

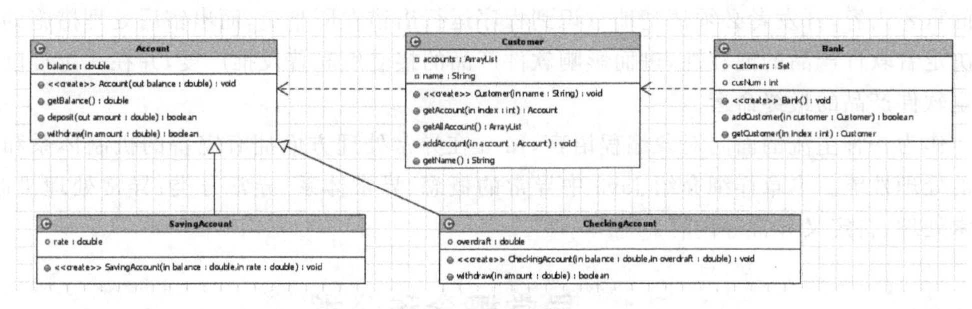

图 6-6 类图结构

① 以代码形式表示类结构，并对方法和构造器提供合理的实现。

② 使用 TestBanking 类对代码进行测试。

4. 实训题

(1) 题目。

班级成绩管理。

(2) 实现功能。

修改第 4 章班级成绩管理，采用集合框架实现。

第7章

异　常

编写程序不可能十全十美,有可能出现一些错误。这些错误分为两类:一是开发者编写的代码有问题,需要开发者改正错误;二是外部环境造成的,也就是由于"某些出乎意料的事件"造成的,这时应该合理有效地处理它,使程序能够正常运行。第二类错误就是本章要讲的 Java 异常处理,即要求程序出错时要有对应的处理措施。异常处理是软件开发的重要内容,开发者必须清楚地意识到程序运行出错在所难免,而出错后处理措施的优劣决定着软件产品的健壮性,进而影响软件产品的接受度和普及推广度,并在一定程度上决定软件产品的最终命运。

作为一种主流的面向对象编程语言,Java 在异常处理方面拥有完备的机制体系和良好的处理性能。本章详细介绍 Java 中异常的概念、异常体系、异常分类、异常处理机制、异常处理、自定义异常等内容。

7.1　异常概念和分类

7.1.1　异常概念

异常是在程序的运行过程中发生的意料之外的事件,它可以中断程序的正常执行流程。有些程序在编译阶段无法正常完成程序编译,如开发者编程中的语法错误就属于这种异常。异常分为错误(Error)和违例(Exception)两种,一是错误,指 JVM 错误、内存资源耗尽等严重情况,一旦发生错误是不可恢复的,只能终止程序。二是违例,指由于编程错误或偶然因素引发的事件导致的一般性问题,如网络连接中断、试图打开/读取不存在的文件、数组越界访问、空指针访问、对负数开平方等。程序发生违例,可以通过适当的手段使程序继续运行。本章 Java 异常处理就是针对违例进行处理。

为了对异常有比较直观的认识,首先来看几个异常的实例。

【例 7-1】 演示产生除数为零的异常。

程序 ZeroException.java 如下。

```
package chapter07;
public class ZeroException {
    public static void main(String[] args) {
        int a=10;
```

```
        int b=0;
        System.out.println("a 除以 b 的结果是: "+a/b);
        System.out.println("This is end!");
    }
}
```

程序运行结果如下。

```
Exception in thread "main" java.lang.ArithmeticException: / by zero
    at chapter07.ZeroException.main(ZeroException.java: 7)
```

【例 7-1】中的 ZeroException.java 没有语法错误,编译通过,但是运行过程中产生了 java.lang.ArithmeticException 类型异常,即算术异常,具体原因是“/by zero”即除数 b 为零。“at chapter07.ZeroException.main(ZeroException.java:7)”说明了产生异常代码位置在 main 方法,具体在 ZeroException.java 源文件的第 7 行。运行结果中并没有打印出“This is end!”,说明程序发生异常,使得程序运行终止。

【例 7-2】 演示空指针异常。

程序 NullException.java 如下。

```
package chapter07;
public class ZeroException {
    public static void main(String[] args) {
        Person p=null;
        System.out.println(p.name);
        System.out.println("This is end!");
    }
}
class Person{
    String name;
}
```

程序运行结果如下。

```
Exception in thread "main" java.lang.NullPointerException
    at chapter07.ZeroException.main(ZeroException.java: 5)
```

【例 7-2】中的 NullException.java 没有语法错误,编译通过,但是运行过程中产生了 java.lang.NullPointerException 类型异常,即空指针异常,具体原因是使用引用变量来调用一个对象的属性或方法,没有确保该引用确实指向了一个对象。“at chapter07. ZeroException.main(ZeroException.java:5)”说明了产生异常代码位置在 main 方法,具体在 NullException.java 源文件的第 5 行。运行结果中并没有打印出“This is end!”说明程序发生异常,使得程序运行终止。

【例 7-3】 演示数据格式转换异常。

程序 DataFormatException.java 如下。

```
package chapter07;
```

```
public class DataFormatException {
    public static void main(String[] args) {
        Integer i=Integer.parseInt("aaa");
        System.out.println(i);
        System.out.println("This is end!");
    }
}
```

程序运行结果如下。

```
Exception in thread "main" java.lang.NumberFormatException: For input string:
"aaa"
    at java.lang.NumberFormatException.forInputString(Unknown Source)
    at java.lang.Integer.parseInt(Unknown Source)
    at java.lang.Integer.parseInt(Unknown Source)
    at chapter07.DataFormatException.main(DataFormatException.java: 4)
```

【例 7-3】中的 DataFormatException.java 没有语法错误，编译通过，但是运行过程中产生了 java.lang.NumberFormatException 类型异常，即数据格式转换异常，具体原因是 For input string: "aaa"，即参数为字符串“aaa”，应该为数字。

“at chapter07.DataFormatException.main(DataFormatException.java:4)”说明了产生异常代码的位置在 main 方法，具体在 DataFormatException.java 源文件的第 4 行。运行结果中并没有打印出“This is end!”，说明程序发生异常，使得程序运行终止。

【例 7-4】 演示数组越界异常。

程序 ArrayOutOfBoundsException.java 如下。

```
public class ArrayOutOfBoundsException {
    public static void main(String[] args) {
        int[] a={4,2,7,9,0};
        for(int i=0;i<=a.length;i++){
            System.out.println(a[i]);
        }
        System.out.println("This is end!");
    }
}
```

程序运行结果如下。

```
4
2
7
9
0
Exception in thread "main" java.lang.ArrayIndexOutOfBoundsException: 5
    at chapter07.ArrayOutOfBoundsException.main(ArrayOutOfBoundsException.
    java: 6)
```

【例 7-4】中的 ArrayOutOfBoundsException.java 没有语法错误，编译通过，但是运行过程中产生了 java.lang.ArrayIndexOutOfBoundsException 类型异常，即数组越界异常，具体原因是数组共有 5 个元素，试图去访问它的第 6 个元素（数组下标索引从 0 开始，5 代表数组的第 6 个元素）。

"chapter07.ArrayOutOfBoundsException.main(ArrayOutOfBoundsException.java:6)"说明了产生异常代码的位置在 main 方法，具体在 ArrayOutOfBoundsException.java 源文件的第 6 行。运行结果中并没有打印出"This is end!"，说明程序发生异常，使得程序运行终止。

【例 7-5】 演示检查型异常。

程序 CheckedException.java 如下。

```
package chapter07;
import java.io.FileInputStream;
public class CheckedException {
    public static void main(String[] args) {
        FileInputStream fis=new FileInputStream("D: \\mytext1.txt");
        System.out.println("This is end!");
    }
}
```

程序运行结果如下。

```
Exception in thread "main" java.lang.Error: Unresolved compilation problem:
    Unhandled exception type FileNotFoundException
    at chapter07.CheckedException.main(CheckedException.java: 5)
```

【例 7-5】中的 ArrayOutOfBoundsException.java 具有语法错误，编译未通过，原因为"Unhandled exception type FileNotFoundException"，即没有处理"文件没有找到的异常"，FileNotFoundException 异常属于检查型异常，Java 编译器要求开发者必须进行捕获和处理，否则会编译报错，检查型异常在 7.1.2 节详细介绍。运行过程中产生了 java.lang.Error 类型异常，即错误，具体原因是"Unresolved compilation problem"，即没有解决编译错误。"at chapter07.CheckedException.main(CheckedException.java:5)"说明了产生异常代码的位置在 main 方法，具体在 CheckedException.java 源文件的第 5 行。运行结果中并没有打印出"This is end!"，说明程序发生异常，使得程序运行终止。

上述 5 个程序实例产生的异常是十分常见的异常。通过实例可以看出：异常的产生是有原因的，即异常产生是有条件的；Java 中的异常作为对象存在；异常发生时，如果没有相应的处理语句，程序将终止运行。

7.1.2 异常分类

Java 是面向对象编程语言。Java 中的"万物"皆对象，当然 Java 中的异常也是以对象的形式存在，只是异常是特殊的运行错误对象，属于面向对象规范的一部分。Java 异常是异常类的对象，Java API 中声明了很多异常类，每个异常类都代表了一种运行"错误"。

当Java程序运行过程中发生一个可识别的运行"错误"时，即该"错误"有一个异常类与之相对应时，系统都会产生一个相应的异常类对象，即产生一个异常。

Java API 中定义了很多异常类型，即 Java 异常类。它们的层次结构如图 7-1 所示。

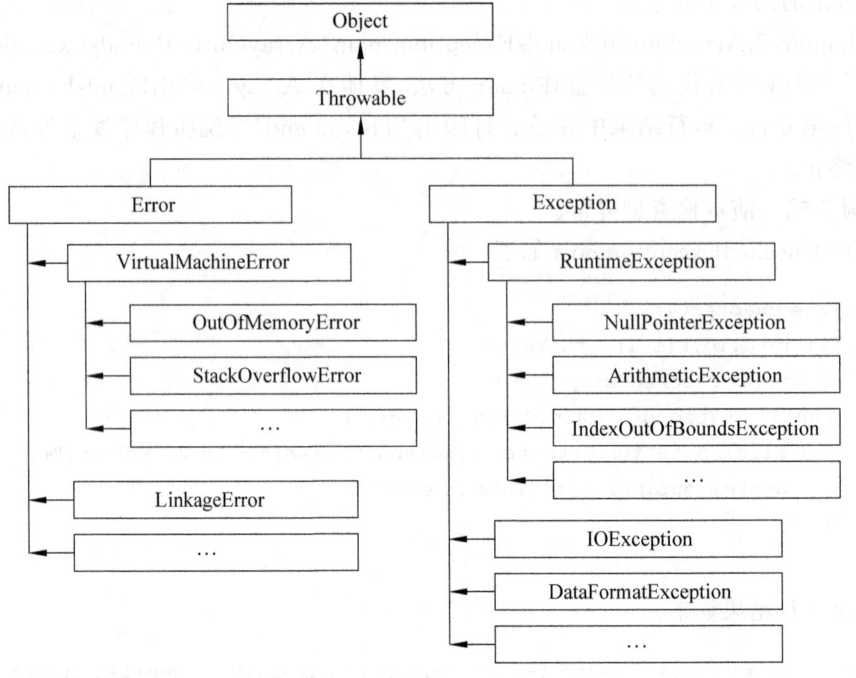

图 7-1 Java 异常类层次结构图

图 7-1 中并没有列出所有的异常类，从图中可以看出，Throwable 是 Java 中所有异常类的根类，它有两个子类：Error(错误)与 Exception(违例)，两者的概念在 7.1.1 节中已叙述，主要区别是严重程度不同。Java 的异常处理主要讲解 Exception 的处理。

Java 异常类分为两大类：一类是运行时异常，也称为未检查型异常(unchecked)，一类是非运行时异常，也称为检查型异常(checked)。下面结合 7.1.1 节中的 5 个实例讲解这两类异常。

在以上 5 个程序中，前 4 个是没有编译错误的，但运行时产生了算术异常、空指针异常、数据格式转换异常和数组越界访问异常，它们属于未检查型异常。对于这类异常，编译器不要求必须捕获，即在程序中不进行异常处理，编译时也不会报错。此时开发者编写程序时必须考虑到有可能发生异常的情况，确保异常不要发生。例如，当两个数做除法运算时，必须保证除数不能为零；当使用一个对象时，必须保证对象不是 null 等。

【例 7-5】编译出错，产生了错误，并指明原因为"Unresolved compilation problem: Unhandled exception type FileNotFoundException"。原因是在源程序中读取一个文件时有可能找不到文件，即产生 FileNotFoundException 异常，该异常属于检查型异常，编译器要求必须进行捕获、处理，否则编译出错。

7.1.3 常见异常

Java 中的异常种类很多,在实际的软件开发编程中,常见的 Java 异常如表 7-1 所示。

表 7-1 Java 常见异常

异 常	说 明
java.lang.OutOfMemoryError	内存不足错误。当可用内存不足以让 Java 虚拟机分配给一个对象时,抛出该错误
java.lang.StackOverflowError	堆栈溢出错误。当一个应用递归调用的层次太深而导致堆栈溢出时,抛出该错误
java.lang.RuntimeException	运行时异常。是所有 Java 虚拟机正常操作期间可以被抛出的异常的父类,即未检查型异常的父类
java.lang.ArithmeticException	算术条件异常。如整数除零等。该异常为未检查型异常
java.lang.ArrayIndexOutOfBoundsException	数组索引越界异常。当对数组的索引值为负数或大于或等于数组大小时抛出。该异常为未检查型异常
java.lang.NumberFormatException	数字格式异常。当试图将一个 String 转换为指定的数字类型,而该字符串却不满足数字类型要求的格式时,抛出该异常。该异常为未检查型异常
java.lang.NullPointerException	空指针异常。当试图在要求使用对象的地方使用了 null 时,抛出该异常。如调用 null 对象的实例方法、访问 null 对象的属性、计算 null 对象的长度、使用 throw 语句抛出 null 等。该异常为未检查型异常
java.lang.NoSuchMethodException	方法不存在异常。当访问某个类的不存在的方法时,抛出该异常。该异常为未检查型异常
java.lang.ClassCastException	类造型异常。假设有类 A 和 B(A 不是 B 的父类或子类),O 是 A 的实例,当强制将 O 构造为类 B 的实例时,抛出该异常。该异常经常被称为强制类型转换异常。该异常为未检查型异常
java.io.IOException	输入输出异常,此类是失败或中断的输入输出操作生成的异常的父类。该异常为检查型异常
java.io.FileNotFoundException	当不存在具有指定路径名的文件时,此异常将由 FileInputStream、FileOutputStream 和 RandomAccessFile 构造方法抛出。如果该文件存在,但是由于某些原因不可访问,比如试图打开一个只读文件写入,则此时这些构造方法仍然会抛出该异常。该异常为检查型异常
java.io.EOFException	文件已结束异常,当输入过程中意外到达文件或流的末尾时,抛出此异常。该异常为检查型异常
java.lang.ClassNotFoundException	找不到类异常。当试图根据字符串形式的类名构造类,而在遍历 CLASSPAH 之后找不到对应名称的 class 文件时,抛出该异常。该异常为检查型异常

7.2 异常处理

7.2.1 异常处理机制

如果 Java 程序在执行过程中出现异常,系统监测到并自动生成对应异常类的对象,然后将它交给运行时系统。运行时系统会寻找相应的代码处理该异常,如果找不到对应的异常处理代码,运行时系统将终止,相应的 Java 程序也不得不退出;如果找到对应的异常处理块,将执行异常处理块中的代码,然后程序继续运行。Java 异常处理机制如图 7-2 所示。

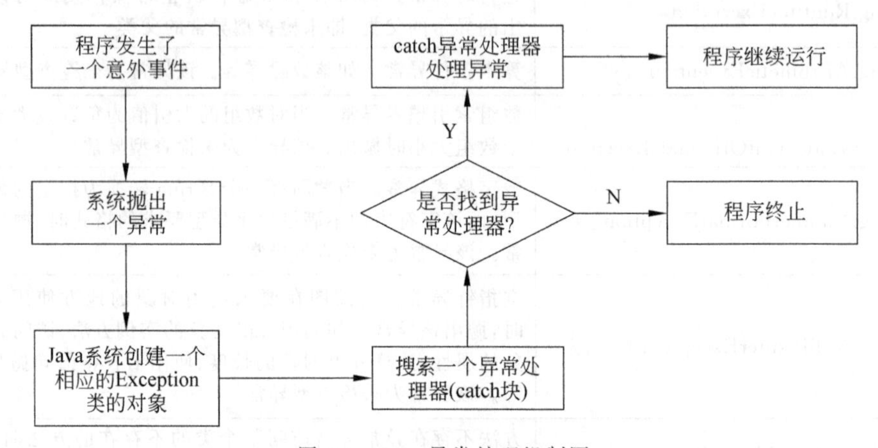

图 7-2　Java 异常处理机制图

生成异常对象并将其交给运行时系统的过程称为抛出(throw)异常。运行时系统在方法的调用栈中查找,即从生成异常的方法开始回溯,直到找到异常处理的代码为止,这一过程称为捕获(catch)异常。执行异常处理代码的过程称为处理异常。

进行异常处理的目的如下。

(1) 使得程序返回到一个安全、已知的状态。

(2) 能够让用户执行其他命令。

(3) 如果可能,保存所有的工作。

(4) 如果有必要可以退出,以避免进一步危害。

异常处理有两种方式:一是就地处理,即捕获异常并处理异常;另一个是向上抛出,即不进行捕获和处理异常,向上抛出给方法的调用者。

7.2.2 捕获-处理异常

捕获并处理异常是积极、常用的异常处理方式。捕获处理异常使用 try-catch-finally 代码块,语法如下:

```
try{
    ...//可能产生异常的代码
```

```
}catch(ExceptionName1 e1){
    ...//当产生 ExceptionName1 类型异常的处理代码
}catch(ExceptionName2 e2){
    ...//当产生 ExceptionName2 类型异常的处理代码
}[finally{
    ...//无条件执行的语句,一般用于资源的释放
}]
```

【例 7-6】 演示使用 try-catch-finally 代码块进行捕获并处理异常。

程序 ExceptionHandleTest.java 如下。

```
package chapter07;
import java.io.FileInputStream;
import java.io.FileNotFoundException;
public class ExceptionHandleTest {
    public static void main(String[] args){
        FileInputStream fis=null;
        try {
            fis=new FileInputStream("D: \\mytext1.txt");
            System.out.println("In try block!");
            //.........
        } catch (FileNotFoundException e) {
            System.out.println("读取的文件(mytext.txt)不存在!");
            System.out.println("产生异常原因: "+e.getCause());
            System.out.println("异常简短信息: "+e.getMessage());
            e.printStackTrace();
        }finally{
            System.out.println("In finally block!");
        }
        System.out.println("This is end!");
    }
}
```

程序运行结果如下。

```
读取的文件(mytext.txt)不存在!
java.io.FileNotFoundException: D: \mytext1.txt (系统找不到指定的文件。)
产生异常原因: null
异常简短信息: D: \mytext1.txt (系统找不到指定的文件。)
In finally block!
This is end!
    at java.io.FileInputStream.open0(Native Method)
    at java.io.FileInputStream.open(Unknown Source)
    at java.io.FileInputStream.<init>(Unknown Source)
    at java.io.FileInputStream.<init>(Unknown Source)
    at chapter07.ExceptionHandleTest.main(ExceptionHandleTest.java: 8)
```

【例 7-6】中的 ExceptionHandleTest.java 中的文件输入流 FileInputStream 读取文件"D:\mytext1.txt"不存在，从而使程序运行过程产生 FileNotFoundException 类型的异常，try 代码块中产生异常的语句，即"fis=new FileInputStream("D:\\mytext1.txt")；"之后的所有程序语句都将不再执行，所以程序运行结果中并没有打印出"In try block!"。一旦 try 代码块中有代码发生异常，将抛出给 Java 运行时系统，被对应的 catch 块捕获，接下来执行该 catch 块中的程序语句，进行异常处理。catch 块语句执行后，将无条件执行 finally 块中的语句，即无论 try 代码块中是否有代码发生异常，都将执行 finally 块中的语句。处理完 finally 块中的语句，程序继续运行。Exception 类的 getMessage()用来获得异常的简短信息。getCause()方法用来获取异常产生的原因。printStackTrace()方法用来打印异常的发生点以及所有的调用点，即打印异常栈轨迹。

【例 7-7】 对产生异常时打印的异常栈轨迹进行分析。

程序 ExceptionStackTraceTest.java 如下。

```
public class ExceptionStackTraceTest {
    public static void main(String[] args) {
        BB b=new BB();
        int[] arr={2,3,4,5,6};
        b.work(null, 3);
    }
}
class BB{
    //判断指定数组中是否包含指定的参数值
    public String contain(int[] arr,int dest){
        String str="no contain";
        try{
            for(int i=0;i<arr.length;i++){
                if(arr[i]==dest){
                    str="contain";
                    break;
                }
            }
        }catch(Exception e){
            System.out.println("Exception Message: "+e.getMessage());
            System.out.println("Exception Stack Trace: ");
            e.printStackTrace();
            str="Error";
        }
        return str;
    }
    //调用 contain 方法
    public void work(int[] arr,int dest){
        String str=contain(arr,dest);
        System.out.println("Result: "+str);
```

```
    }
}
```

程序运行结果如下。

```
Exception Message: null
Exception Stack Trace:
java.lang.NullPointerException
Result: Error
    at chapter07.BB.contain(ExceptionStackTraceTest.java: 15)
    at chapter07.BB.work(ExceptionStackTraceTest.java: 31)
    at chapter07.ExceptionStackTraceTest .main(ExceptionStackTraceTest .java: 7)
```

【例 7-7】ExceptionStackTraceTest .java 中的 main()方法调用“b.work(null, 3);”,为一个数组的引用传了值 null,然后去遍历数组,所以发生了 java.lang.NullPointerException。程序中方法的调用顺序为 main()方法→ work()方法→contain()方法,JVM 将运行轨迹存在栈中,栈的特征是先进后出,所以使用 printStackTrace()方法打印异常栈信息的顺序和方法调用是相反的。printStackTrace()方法显示的错误信息比其他异常方法详细,指明了出错种类、具体位置和运行栈轨迹。开发者可以在该信息中自上而下查找到第一行自己编写(不是调用 API)的代码,进而找到真正的出错位置,然后依据给出的方法间的调用关系进行追溯检查。

【例 7-8】 演示捕获处理检查型异常。

程序 CheckedException1.java 如下。

```
package chapter07;
import java.io.FileInputStream;
import java.io.FileNotFoundException;
import java.io.FileOutputStream;
import java.io.IOException;
public class CheckedException1 {
    public static void main(String[] args) {
        FileInputStream fis=null;
        FileOutputStream fos=null;
        try {
            fis=new FileInputStream("D: \\mytext1.txt");
            fos=new FileOutputStream("D: \\mytext2.txt");
            int b=fis.read();
            while(b!=-1){
                fos.write(b);
                b=fis.read();
            }
        } catch (FileNotFoundException e) {
            e.printStackTrace();
            System.out.println("File is missing!");
```

```
        } catch (IOException e) {
            e.printStackTrace();
        } finally{
            try {
                if(fis!=null)fis.close();
                if(fos!=null)fos.close();
            } catch (IOException e) {
                e.printStackTrace();
            }
        }
        System.out.println("This is end!");
    }
}
```

若指定文件路径下存在“D:\\mytext1.txt”文件,【例 7-8】中的 CheckedException1.java 实现了将“D:\\mytext1.txt”文件内容复制到“D:\\mytext2.txt”文件。

如果指定的文件路径下不存在“D:\mytext1.txt”文件,程序运行结果如下。

```
java.io.FileNotFoundException: D: \mytext1.txt (系统找不到指定的文件)
    at java.io.FileInputStream.open0(Native Method)
    at java.io.FileInputStream.open(Unknown Source)
    at java.io.FileInputStream.<init>(Unknown Source)
    at java.io.FileInputStream.<init>(Unknown Source)
    at chapter07.CheckedException1.main(CheckedException1.java: 11)
File is missing!
This is end!
```

通过【例 7-8】中的 CheckedException1.java 可以看出,一般情况下,try 语句后必须要跟一个或多个 catch 语句块,finally 语句块可选。当 try/catch 语句块中有多个 catch 语句块时,其捕获异常类对象应从特殊到一般,即异常类型范围从窄到宽。【例 7-8】中能够捕获处理异常对象为是 FileNotFoundException 类型和 IOException 类型,FileNotFoundException 类型是 IOException 类型的子类型,符合从特殊到一般的原则,如果将两者的捕获顺序颠倒,程序将出现编译错误。

7.2.3 声明抛出异常

除了使用 try-catch-finally 代码块进行异常捕获处理外,声明抛出异常是另一种异常处理方式,这是一种消极的异常处理方式,声明抛出异常即向上抛出,就是不进行捕获和处理异常,向上抛出给方法的调用者。抛出异常使用 throws 关键字,使用规则如下。

```
[<modifiers>] <return_type><method_name>([<argument_list>])
[throws <exception>[,<exception>]*] {
        [<block>]
}
```

【例 7-9】 演示声明抛出异常的使用。

程序 CheckedException2.java 如下。

```
package chapter07;
import java.io.FileInputStream;
import java.io.FileOutputStream;
import java.io.IOException;
public class CheckedException2 {
    public static void main(String[] args) {
        CheckedException2 ce=new CheckedException2();
        try {
            ce.readFile();
        } catch (IOException e) {
            e.printStackTrace();
        }
    }
    public void readFile() throws IOException{
        FileInputStream fis=null;
        FileOutputStream fos=null;
        fis=new FileInputStream("D: \\mytext1.txt");
        fos=new FileOutputStream("D: \\mytext2.txt");
        int b=fis.read();
        while(b!=-1){
            fos.write(b);
            b=fis.read();
        }
        if(fis!=null)fis.close();
        if(fos!=null)fos.close();
        System.out.println("This is end!");
    }
}
```

【例 7-9】中的 CheckedException2.java 代码的运行情况和结果与【例 7-8】中的 CheckedException1.java 一样。在 readFile()方法内没有进行异常处理,而是使用 throws 关键字抛出 IOException 类型异常。一旦声明抛出异常,即解除了自身异常处理的责任,方法体内不必再使用 try-catch-finally 代码块,对异常进行捕获和处理。当程序运行时,如果出现所抛出类型异常时,将由方法的调用者捕获并处理异常,【例 7-9】中的 CheckedException2.java 将由 main()方法处理异常。同理,对于可能产生的异常,main()方法也可以采用"消极"的处理方式,不进行异常处理,继续向上抛出异常。main()方法的调用者是 JVM,程序运行过程一旦发生异常,运行时系统找不到异常处理代码,程序将因发生异常终止运行而退出。所以,除非事先约定,否则开发者在程序中不要采用声明抛出异常的"消极"处理方式。

在子类重写父类方法时,声明抛出异常将受到一定限制。子类中的重写方法要么与父类中被重写方法抛出相同的异常,要么抛出异常的子类,但不能抛出更大范围类型的异常。

【例 7-10】 演示子类中重写方法抛出异常。

程序 B.java 如下。

```
package chapter07;
import java.io.FileNotFoundException;
import java.io.IOException;
public class B{
    public void b() throws IOException{
    }
}
class C extends B{
    public void b() throws FileNotFoundException,IOException{//合法
    }
}
class D extends B{
    public void b() throws Exception{//非法
    }
}
```

【例 7-10】的 B.java 中,类 B 中定义方法 b()并声明抛出 IOException 类型异常。定义子类 C 继承类 B,并重写 B 中方法 b(),声明抛出的异常类型为 FileNotFoundException 和 IOException,为 B 类中方法 b()抛出异常类型 IOException 的子类型或本身类型,没有扩大所抛出异常类型的范围,程序正确,编译通过。定义子类 D 继承类 B 并重写 B 中方法 b(),声明抛出的异常类型为 Exception,为 B 类中方法 b()抛出异常类型 IOException 的父类型,扩大所抛出异常类型的范围,程序编译出错。

7.2.4 人工抛出异常

除了程序运行出错时由系统自动生成并抛出异常对象外,还可以人工创建异常对象并抛出。人工抛出异常使用关键字 throw,代码如下。

```
IOException e=new IOException();
throw e;
```

或者

```
throw new Exception();
```

人工抛出异常时一定要注意,人工抛出的对象必须是 Throwable 及其子类的对象,否则编译时将产生语法错误。

【例 7-11】 演示人工抛出异常的使用。

程序 ZeroException.java 如下。

```
package chapter07;
```

```
public class ZeroException1 {
    public int division(int a, int b) {
        if(b==0) {
            throw new ArithmeticException();
        }
        return a/b;
    }
    public static void main(String[] args) {
        int a=10;
        int b=5;
        ZeroException1 ze=new ZeroException1();
        int result;
        try{
            result=ze.division(a, b);
            System.out.println("a 除以 b 的结果是: "+result);
        }catch(ArithmeticException e) {
            System.out.println("除数不能为零!");
        }
    }
}
```

在【例 7-11】的 ZeroException1.java 中，当 division(int a,int b)方法的参数 b 为 0，将执行人工抛出异常语句“throw new ArithmeticException()”，程序运行结果如下。

除数不能为零!

在【例 7-11】的 ZeroException1.java 中，当 division(int a,int b)方法的参数 b 不为 0，假如为 5，程序运行结果如下。

```
a 除以 b 的结果是: 2
```

7.3 自定义异常

在 Java 语言中，除了使用 Java API 中定义的异常类体系中的异常类之外，开发者还可以自定义异常类。该异常类不属于 Java 异常类体系，运行时系统无法自动识别和抛出，必须人工抛出，所以自定义异常类必须继承 Exception。

【例 7-12】 演示自定义异常类的使用。

程序 MyExceptionTest.java 如下。

```
package chapter07;
public class MyExceptionTest {
    public static void main(String[] args) {
        MyExceptionTest me=new MyExceptionTest();
        me.manager(-10);
    }
    public void manager(int num) {
        try {
          register(num);
```

```
        } catch (MyException e) {
          System.out.println(e.getMessage()
                  +"注册失败!错误类型为: "+e.getIdNumber());
        }
    }
    public void register(int num) throws MyException{
        if(num<0){
            throw new MyException("输入人数不合理!",3);
        }
        System.out.println("注册人数为"+num);
    }
}
class MyException extends Exception{
    private String message;                    //异常简短信息
    private int idNumber;                      //错误类型
    public MyException(String message,int idNumber){
        super(message);
        this.idNumber=idNumber;
    }
    public int getIdNumber(){
        return idNumber;
    }
}
```

程序运行结果如下。

```
输入人数不合理!注册失败!错误类型为: 3
```

在【例 7-12】的 MyExceptionTest.java 中,类 MyException 为自定义异常类,定义该类时继承了 Exception 类,这样 MyException 才具有了异常类的特点。在自定义异常类中定义了构造方法,在构造方法中调用了父类 Exception 的带有参数构造方法,同时定义了一个私有属性 idNumber,用来记载异常类型信息。在创建异常对象并在构造方法中初始化,即指明异常错误类型。

在 MyExceptionTest 类的 register(int num)方法中,对于可能发生的自定义异常,采用了人工抛出,并没有进行捕获和处理,而是在声明 register(int num)方法时抛出异常。这就使得 register(int num)方法的调用者要进行异常处理,上述程序是在 manager(int num)方法中对自定义异常进行了捕获和处理。

Java API 为开发者提供比较完备的异常类体系,即针对常见的各种错误事先定义了相应的异常类型。一般情况下,使用 Java 语言编程不需要人工抛出异常和自定义异常类型,除非有特别需要,才要自定义异常类。

7.4 案 例

本章案例实现系统的菜单驱动程序的异常处理,并将自定义异常类 StudentException 应用在学生信息处理业务中,当修改、删除或查询某个不存在的学生时,完成程序中的异常处理。

7.4.1 案例设计

本章案例定义了异常类StudentException。修改了前面的StudentSeviceImp类的方法,添加了自定义异常的抛出、捕获和处理,设计如图7-3所示。菜单驱动程序Test.java也实现了异常处理。

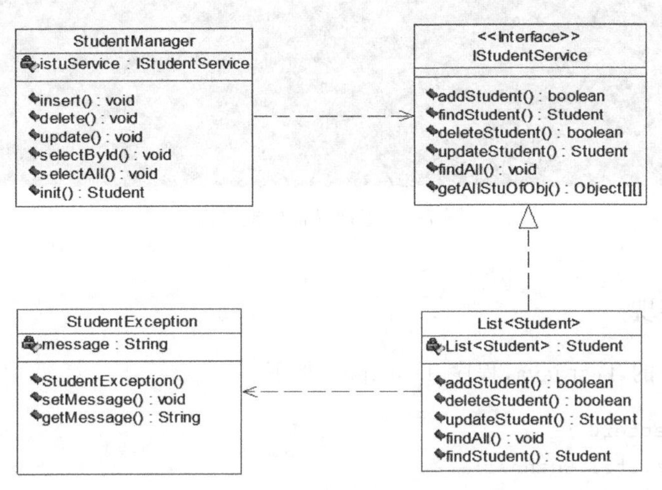

图7-3 自定义异常类图及相关类类图

7.4.2 案例演示

运行程序,进入学生信息管理界面,菜单选项为数字"1－6",程序中要获取数字作为后续操作的依据。如果输入数字通过语句"Integer.parseInt(in.nextLine());",就进行解析进而完成相应的操作,如果输入数字没有通过语句"Integer.parseInt(in.nextLine());",进行解析时就产生NumberFormatException格式解析错误。如果不作异常处理,会让程序异常中断,进行异常处理后的案例实现界面如图7-4所示。

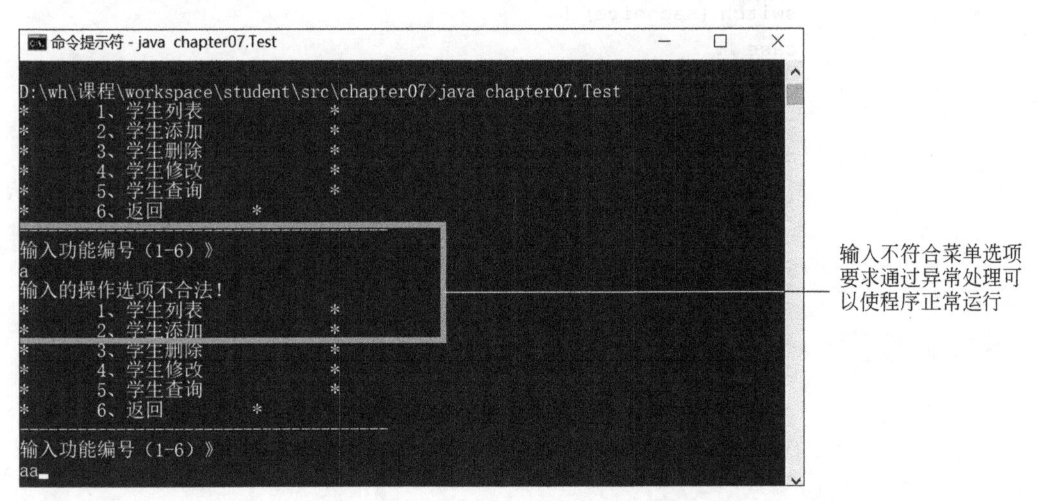

图7-4 菜单输入错误后的异常处理界面

当选择实现学生删除、修改和查询时，输入一个不存在的学号，程序会提示查询失败的信息，这是通过抛出自定义异常 StudentException 类对象实现的，如图 7-5 所示。

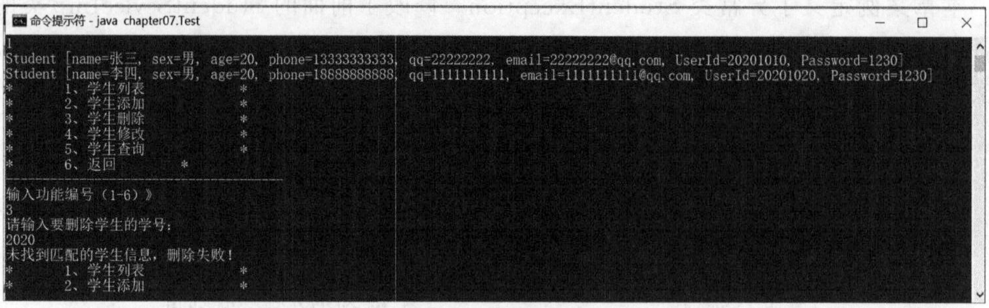

```
命令提示符 - java chapter07.Test
1
Student [name=张三, sex=男, age=20, phone=13333333333, qq=22222222, email=22222222@qq.com, UserId=20201010, Password=1230]
Student [name=李四, sex=男, age=20, phone=18888888888, qq=1111111111, email=1111111111@qq.com, UserId=20201020, Password=1230]
*       1、学生列表           *
*       2、学生添加           *
*       3、学生删除           *
*       4、学生修改           *
*       5、学生查询           *
*       6、返回          *
------------------------------------
输入功能编号（1-6）》
3
请输入要删除学生的学号：
2020
未找到匹配的学生信息，删除失败！
*       1、学生列表           *
*       2、学生添加           *
```

图 7-5 查询异常处理界面

7.4.3 代码实现

修改案例中的 Test.java，程序 Test .java 如下。

```
package chapter07;
import java.util.Scanner;
public class Test {
    private StudentManager studentM =new StudentManager();
    public void execute() {
        Scanner in =new Scanner(System.in);
        int sechoice;
        boolean nobackflag =true;
        while (nobackflag) {
            try {
            menu_Admin2();
            sechoice =Integer.parseInt(in.nextLine());
            switch (sechoice) {
            case 1:
                studentM.selectAll();
                break;
            case 2:
                studentM.insert();
                break;
            case 3:
                studentM.delete();
                break;
            case 4:
                studentM.update();
                break;
            case 5:
                studentM.selectById();
```

```
                break;
            case 6:
                nobackflag =false;
                break;
            }
        } catch (NumberFormatException e) {
            System.out.println("输入的操作选项不合法!");
        }
    }
}
private static void menu_Admin2() {
    System.out.println("* \t1、学生列表\t\t * ");
    System.out.println("* \t2、学生添加\t\t * ");
    System.out.println("* \t3、学生删除\t\t*");
    System.out.println("* \t4、学生修改\t\t * ");
    System.out.println("* \t5、学生查询\t\t * ");
    System.out.println("* \t6、返回\t\t * ");
    System.out.println("-------------------------------------");
    System.out.println("输入功能编号(1-6)》");
}
public static void main(String[] args) {
    new Test().execute();
}
}
```

程序 StudentException.java 如下。

```
package chapter07;
public class StudentException extends RuntimeException {
    String message;
    public StudentException(String message) {
        this.message =message;
    }
    public void setMessage(String message) {
        this.message =message;
    }
    @Override
    public String getMessage() {
        return message;
    }
}
```

修改案例中 StudentServiceImp 中的方法 findStudent()、updateStudent() 和 deleteStudent(),在方法中增加对自定义异常 StudentException 的抛出及处理语句。修改后的程序 StudentServiceImp.java 代码如下。

```
package chapter07;
import java.util.ArrayList;
import java.util.List;
public class StudentServiceImp implements IStudentService {
    //用集合存储学生信息
    List<Student>studentList =new ArrayList<Student>();
    //删除学生信息
    public boolean deleteStudent(int userId) {
        //.....省略
        try {
            if (!success) {
            throw new StudentException("未找到匹配的学生信息,删除失败!");
            }
        } catch (StudentException e) {
            System.out.println(e.getMessage());
        }
        return success;
    }
    //修改学生信息
    public Student updateStudent (int userid, String password, String name,
                                  String sex, int age, String phone, String
                                  qq,String email) {
        //.....省略
        try {
            if (flag ==0) {
            throw new StudentException("未找到匹配的学生信息,修改失败!");
            }
        } catch (StudentException e) {
            System.out.println(e.getMessage());
        }
        return s1;
    }
    //按学号查询
    public Student findStudent(int userId) {
        //.....省略
        try {
            if (s1 ==null) {
            throw new StudentException("未找到匹配的学生信息,查询失败!");
            }
        } catch (StudentException e) {
            System.out.println(e.getMessage());
        }
        return s1;
    }
```

```
    //其他方法省略
}
```

7.5 习　　题

1. 选择题

(1) 方法抛出异常时，应该使用(　　)，抛出自定义异常对象时，使用(　　)。

A. throw　　B. catch　　C. finally　　D. throws

(2) 对于已经被定义为抛出检查型异常的方法，编程时(　　)。

A. 必须使用 try/catch 语句处理异常，或用 throws 将其抛出

B. 如果程序错误，必须使用 try/catch 语句处理异常

C. 可以置之不理

D. 只能使用 try/catch 语句处理

(3) 以下(　　)不是处理异常时用到的关键字。

A. try　　B. final　　C. throws　　D. catch

(4) 对于 try 和 catch 子句的排列方式，下列(　　)是正确的。

A. 子类异常在前，父类异常其后

B. 父类异常在前，子类异常其后

C. 只能有子类异常

D. 父类异常和子类异常不能同时出现在一个 try 程序段内

(5) 一个 catch 语句段一定总和(　　)相联系。

A. try 语句段　　B. finally 语句段

C. throw　　D. throws

(6) 阅读下面的代码，正确的是(　　)。

```
public class TestTryAndTry {
    public static void main(String args[]){
        System.out.println(ma());
    }
    public static int ma(){
        try{
            return 100;
        }finally{
            try{
                return 200;
            }finally{
                return 500;
            }
        return 1000;
        }
```

```
    }
}
```

A. 编译错误　　B. 输出 100　　C. 输出 200
D. 输出 500　　E. 输出 1000

2. 填空题

(1) 异常处理是由________、________和 finally 块 3 个关键字所组成的程序块。

(2) 异常类的最上层为________类，此类有两个子类，分别是________和______________。

(3) 自定义异常类时，可以通过继承________类或者继承其子类实现。

(4) Java 语言中常用的异常类 ClassNotFoundException 是用来处理________类型的异常。

(5) 任何没有被程序捕获的异常将最终被______________处理。

3. 程序设计题

(1) 按要求完成下题。

① 编写 OwnException 类，要求继承 Exception 类。

② 编写 OwnExceptionSource 类，要求包含方法 a()，a()抛出 OwnException。

③ 编写 OwnExceptionHandler 类，要求包含 main()方法，在 main()方法中调用 OwnExceptionSource 类的 a()，并处理相关异常。

(2) 编写 DivisionByZero 类，包含如下内容。

① division()：要求执行 10/0 操作，并使用异常处理机制处理产生的异常。

② main()：调用 division()。

③ 修改 division()：执行 10/0 不变，但不在方法中处理产生的异常，而将异常抛出。

④ 修改 main()：调用 division()并处理其抛出的异常。

(3) 程序 TestException.java 的代码如下。

```
public class TestException{
    public static void main(String[] args){
        System.out.println(args[0]);
        System.out.println(args[1]);
        System.out.println(args[2]);
    }
}
```

按照要求修改程序 TestException.java，要求：在命令行输入参数不能满足输出要求时，会抛出相应异常，使用异常处理机制处理抛出的异常。

第8章 流

前面程序中的数据处理都是在内存中进行的，这些数据没有保存，程序结束时数据也随之消失。本章要学习的流越出了JVM的边界，与外界进行数据交换，也就是可以从外界获取数据，也可以向外界发送数据。从本质上讲，计算机程序的运行过程，实际就是用给定的处理逻辑处理数据的过程，它包括数据获取、数据处理和数据输出。数据的处理逻辑体现在程序代码中：获取数据的方式有多种，可以从程序中直接给出，也可以通过键盘输入，也可以从文件中读取，后面还要讲解从数据库读取数据以及通过网络连接读取数据等。同样，数据的输出亦是如此。流章节相关内容就是使程序和外界进行数据读写（交换）。

本章主要介绍流的基本概念、流的分类、Java中流的体系结构、常用流类的使用以及文件操作即File类的使用。

8.1 流的基本概念

所谓I/O(Input/Output)，即输入与输出，跨越了JVM边界，与外界进行数据交换。程序可以从外界读取数据，也可以向外界输出数据。能为程序提供数据输入的地方，称为数据源。数据源即数据的来源，指一切可以提供数据的地方，如磁盘上的文件、键盘、网络连接等。能接收程序数据输出的目的地被称为数据宿，即一切可以接收数据的地方，如磁盘上的文件、显示器、打印机。目前，业内很多人将数据源和数据宿均称为数据源。

Java把不同数据源和程序间的数据传输抽象地描述成“流”(Stream)，计算机中处理的数据形式为“0”或“1”这样的二进制位，所以流也称为数据流。Java语言是纯面向对象语言，将输入和输出都抽象为流对象，Java API定义了很多流类，存放在java.io包下。流是一组有序的数据序列，是字节的源与目的，流内放的就是数据序列，既可以从流中获得数据，也可以向其中写数据。输入是指数据流入程序，输出是指数据从程序流出。I/O流即输入流和输出流，判断输入流和输出流的最有效办法就是以当前程序作为参照，如果是读数据（获取数据），就要用输入流，如果是写数据，就用输出流。

为了从数据源获取信息，输入流和数据源建立连接，并打开输入流，程序可从输入流读取信息，如图8-1所示。

当程序需要向数据源（目标位置）写信息时，输出流和数据源建立连接，并打开输出流，程序通过输出流向数据源（目标位置）写信息，如图8-2所示。

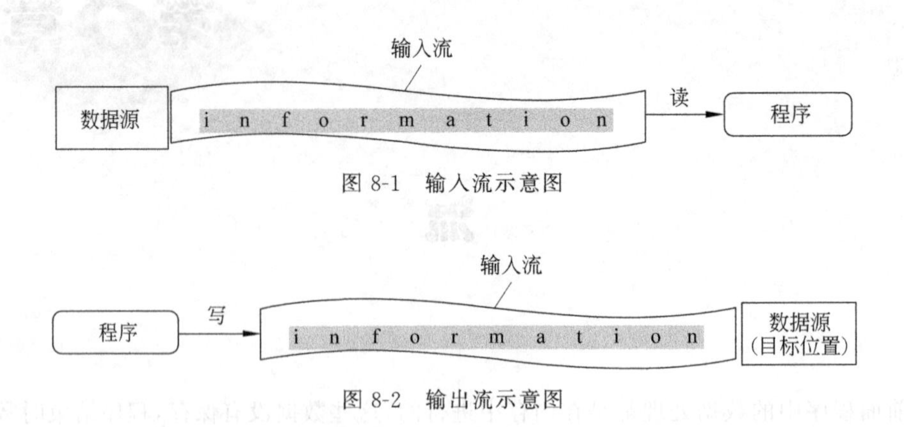

图 8-1 输入流示意图

图 8-2 输出流示意图

8.2 流的分类

数据流的分类方式有 3 种,如下所示。

(1) 按照数据流动的方向划分。

根据流的数据流向不同,流可以分为输入流(InputStream)和输出流(OutputStream)。通过 8.1 节可以知道,输入流只能从流中读数据,不能向其写数据;输出流只能向流中写数据,不能从流中读数据。流的输入输出都是从程序内存的角度划分的。Java 中的流一般都是成对出现的,一个是输入流,另一个是对应的输出流。java.io.RandomAccessFile 流类是个特例,该类既是输入流,又是输出流,即通过该流类既可以读数据,也可以写数据。

(2) 按照流的功能划分。

根据流的功能不同,流可以分为节点流和功能流(或过滤流、处理流)。节点流只能直接连接数据源,进行数据读/写操作;功能流只能对已经存在的节点流进行连接和封装,通过封装增强流的读/写功能和处理效率,功能流不能和数据源直接连接。

(3) 按照流操作的数据单位划分。

根据流操作的数据单位不同,流可以分为字节流和字符流。字节流以字节为单位进行数据的读/写,每次读写一个或者多个字节数据;字符流以字符为单位进行数据的读/写,每次读写一个或多个字符数据。Java 的命名惯例以 InputStream 或 OutputStream 结尾的流为字节流,以 Reader 或 Writer 结尾的流为字符流。通过流结尾单词即可区分字节流和字符流类型。

8.3 流的体系结构

Java API 在 java.io 包下定义了很多流类。开发者可以直接使用 Java API 提供的流类编写程序。在流类的体系结构中,Java API 提供了 4 个顶层流类,顶层流类均为抽象类,其中 InputStream 和 OutputStream 是字节流,Reader 和 Writer 是字符流,InputStream 和

Reader 是输入流，Writer 和 OutputStream 是输出流，均为相应流类型的抽象父类，如图 8-3 所示。

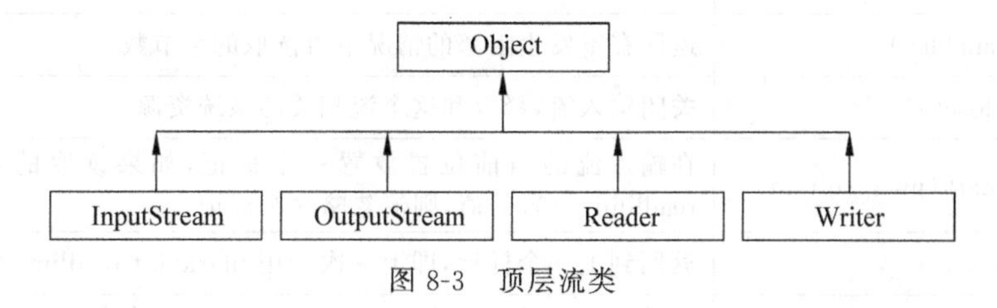

图 8-3　顶层流类

8.3.1　InputStream

抽象类 java.io.InputStream 是所有字节输入流的父类，该类定义了以字节为单位读取数据的基本方法，并在子类中进行了分化和实现，InputStream 类的层次结构如图 8-4 所示。

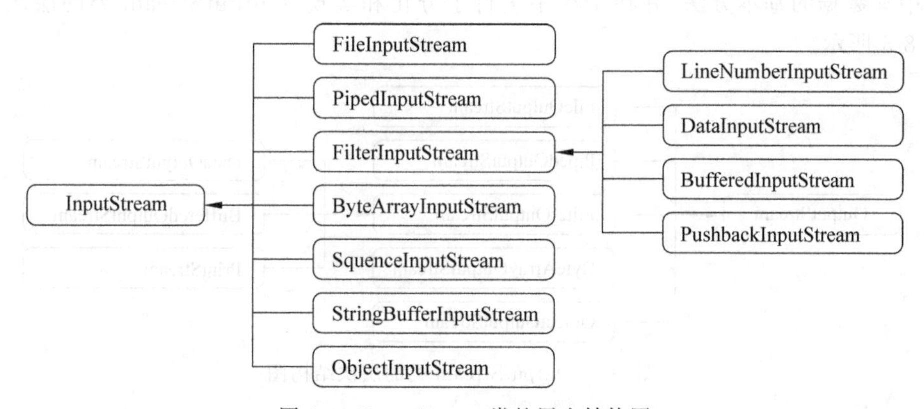

图 8-4　InputStream 类的层次结构图

InputStream 类中定义了字节输入流的常用基本方法，其中主要方法如表 8-1 所示。

表 8-1　InputStream 类中的主要方法

方　法	说　明
public abstract int read()	从输入流中读取下一个字节数据。将字节值转换为 0～255 之间的无符号整数返回，如果返回－1，表示读到了输入流的末尾
public int read(byte[] b)	从输入流中读取一定数目的字节数据，存放在一个缓冲字节数组，同时以一个整数形式返回实际读取的字节数。如果返回－1，表示读到了输入流的末尾
public int read(byte[] b, int off, int len)	从输入流中读取一定数目的字节数据，存放在一个缓冲字节数组，同时以一个整数形式返回实际读取的字节数。如果返回－1，表示读到了输入流的末尾。off 指定在数组 b 中存放数据的起始偏移位置；len 指定读取的最大字节数
public long skip(long n)	在输入流中跳过 n 个字节，并返回实际跳过的字节数

续表

方　　法	说　　明
public int available()	返回在不发生阻塞的情况下可读取的字节数
public void close()	关闭输入流,释放和这个流相关的系统资源
public void mark(int readlimit)	在输入流的当前位置放置一个标记,如果读取的字节数多于 readlimit 设置的值,则流忽略这个标记
public void reset()	返回到上一个标记,即上一次调用 mark(int readlimit)方法的位置
public boolean markSupported()	测试当前流是否支持 mark 和 reset 方法。如果支持,返回 true,否则返回 false

8.3.2　OutputStream

抽象类 java.io.OutputStream 是所有字节输出流的父类,该类定义了以字节为单位向流中写数据的基本方法,并在子类中进行了分化和实现,OutputStream 类的层次结构如图 8-5 所示。

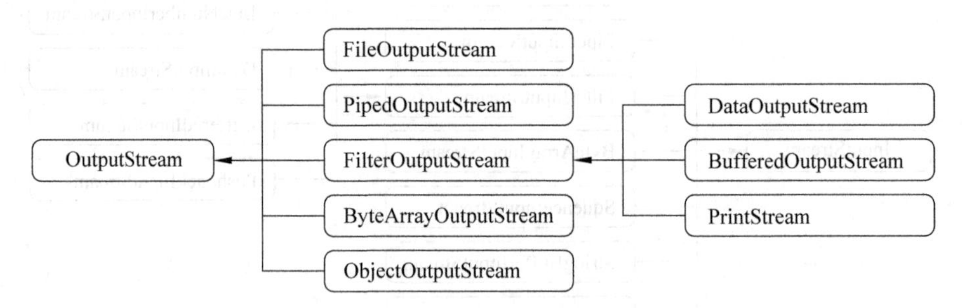

图 8-5　OutputStream 类的层次结构图

OutputStream 类中定义了字节输出流的基本方法,其中主要方法如表 8-2 所示。

表 8-2　OutputStream 类中的主要方法

方　　法	说　　明
public abstract void write(int b)	将方法整数参数的二进制最低 8 位(第一个字节)写入输出流中
public void write(byte[] b)	将字节数组 b 中的所有字节写入输出流中
public void write(byte[] b, int off, int len)	将字节数组 b 中从偏移量 off 开始的 len 个字节的数据写入输出流中
public void flush()	刷新输出流,强制缓冲区中的输出字节写入输出流中
public void close()	关闭输出流,释放和这个流相关的系统资源

8.3.3　Reader

抽象类 java.io.Reader 是所有字符输入流的父类,该类定义了以字符为单位读取数据的基本方法,并在子类中进行了分化和实现,Reader 类的层次结构如图 8-6 所示。

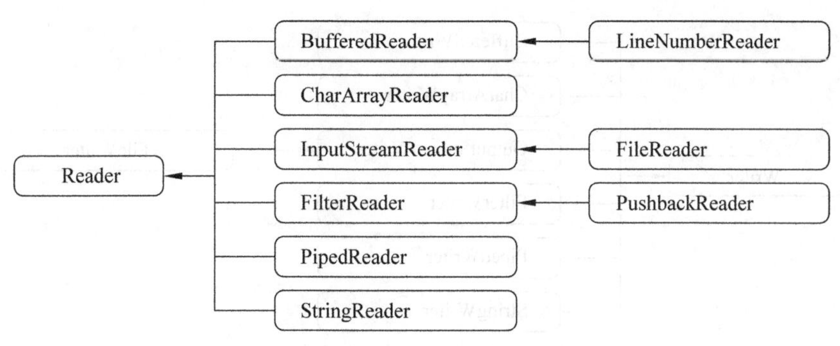

图 8-6 Reader 类的层次结构图

Reader 类中定义了字符输入流的基本方法，其中主要方法如表 8-3 所示。

表 8-3 Reader 类中的主要方法

方　法	说　明
public int read()	从输入流中读取下一个字符数据。将字符值转换为 0～65 535 (0x0000～0xffff)之间的无符号整数返回，如果返回 −1，表示读到了输入流的末尾
public int read(char[] cbuf)	从输入流中读取一定数目的字符数据，存放在一个缓冲字符数组，同时以一个整数形式返回实际读取的字符数。如果返回−1，表示读到了输入流的末尾
public abstract int read(char[] cbuf, int off, int len)	从输入流中读取一定数目的字符数据，存放在一个缓冲字符数组，同时以一个整数形式返回实际读取的字符数。如果返回−1，表示读到了输入流的末尾。off 指定在数组 b 中存放数据的起始偏移位置；len 指定读取的最大字符数
public boolean ready()	判断是否准备好，如果准备好，则可以进行读操作
public void reset()	返回到上一个标记，即上一次调用 mark(int readlimit)方法的位置
public long skip(long n)	在输入流中跳过 *n* 个字符，并返回实际跳过的字符数
public abstract void close()	关闭流，并释放与之关联的所有资源
public void mark(int readAheadLimit)	在输入流的当前位置放置一个标记，如果读取的字符数多于 readlimit 设置的值，则流忽略这个标记
public boolean markSupported()	测试当前流是否支持 mark 和 reset 方法。如果支持，返回 true，否则返回 false

8.3.4 Writer

抽象类 java.io.Writer 是所有字符输出流的父类，该类定义了以字符为单位写数据的基本方法，并在子类中进行了分化和实现，Writer 类的层次结构如图 8-7 所示。

Writer 类中定义了字符输出流的基本操作方法，其中主要方法如表 8-4 所示。

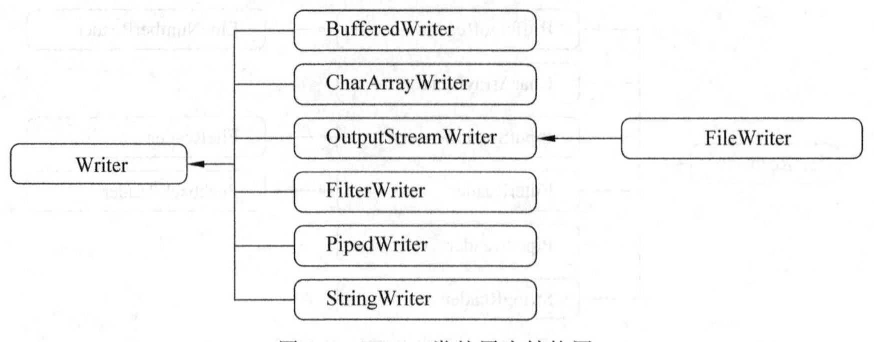

图 8-7 Writer 类的层次结构图

表 8-4 Writer 类中的主要方法

方法	说明
public void write(int c)	将方法整数参数的二进制最低 16 位(最后两个字节)写入输出流中
public void write(char[] cbuf)	将字符数组 cbuf 中的所有字符写入输出流中
public abstract void write(char[] cbuf,int off,int len)	将字符数组 cbuf 中从偏移量 off 开始的 len 个字符的数据写入输出流中
public void write(String str)	将字符串 str 中所有字符依次写入输出流中
public void write(String str,int off,int len)	将字符串 str 中从索引位置 off 开始的 len 个字符的数据写入输出流中
public abstract void close()	关闭流,并释放与之关联的所有资源
public abstract void flush()	刷新输出流,强制缓冲区中的输出字节写入输出流中

8.4 常用流的使用

介绍常用流的使用之前,先介绍流的操作步骤。

8.4.1 流的操作步骤

1. 实例化流

通过实例化流类获得流对象,获得流对象是进行流操作的前提。实例化流通过使用流类的构造方法实现。有关流类的构造方法,可以在使用具体流类时查阅 Java API 文档。

2. 包装流

第一步实例化流对象用到的流类为节点流,构造流对象时建立与数据源的连接。节点流处理效率较低,操作功能较弱,因此通过第一步获得的节点流对象使用功能流进行包装,以提高流的处理效率或增强流的功能。通过流对象的包装建立一个“流链”的过程如

图 8-8 所示。

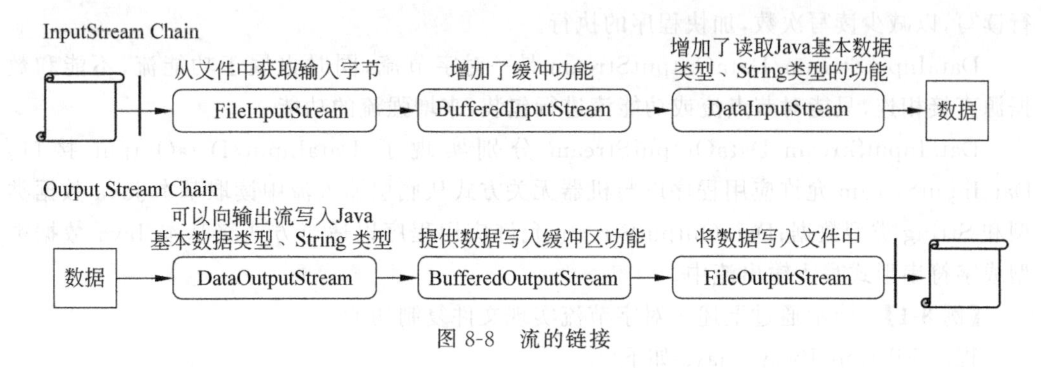

图 8-8 流的链接

3. 读写流

对第二步包装好的流对象进行读/写操作。对于输入流进行读取操作,输出流进行写入操作。从程序上看,读写操作的是流对象,本质上读写操作的是和流对象相连接的数据源。

4. 对于流类型为输出流的流对象,清除缓存

一般情况下,进行流操作时,包装流对象时要增加流对象的缓存功能,以提高流的操作效率。流对象进行读写操作时,经常和外部设备进行数据交互,CPU 和外部设备直接交互的效率很低,如果程序频繁地和外设交互,程序的效率就很低。CPU 和内存的交互效率很高,因此进行数据读写时,先将数据读写到缓存,当达到一定数量时,再与外设交互,以此提高程序效率。输出流类中的 flush()方法强制输出缓存的内容,不过该方法只有实现了该方法的流类对象才能使用该对象,在顶层输出流类中使用该方法只是空实现。

5. 关闭流

关闭流对象的同时释放与该对象相关联的系统资源,节省系统资源,减轻内存的压力。

8.4.2 字节流

FileInputStream/FileOutputStream 是一对常用的字节流,也属于节点流,可以与数据源直接相连,实现以字节为单位读写本地文件的数据。使用 FileInputStream 类构造方法构造输入流对象时,需要指定一个确实存在的本地文件路径,否则程序将出现 java.io.FileNotFoundException: XXXXXX(系统找不到指定的文件)的问题。使用 FileOutputStream 类构造方法构造输出流对象时,指定文件路径代表的本地文件存不存在均可。如果存在,写入数据时将覆盖原文件内容,如果不存在,系统将自动创建文件,并将内容写入其中。

BufferedInputStream/BufferedOutputStream 是一对字节流,也属于功能流,不能和数据源直接相连,只能对节点流进行包装,为字节输入流和字节输出流增加缓冲功能。这

种流把从节点流中读入的数据或要准备输出到节点流的数据积累成一个大数据块后再进行读写,以减少读写次数,加快程序的执行。

DataInputStream/DataOutputStream 是一对字节流,同时也属于功能流,不能和数据源直接相连,只能对节点流或功能流进行包装,来增强流的功能。

DataInputStream/DataOutputStream 分别实现了 DataInput/DataOutput 接口。DataInputStream 允许应用程序以与机器无关方式从底层输入流中读取基本 Java 数据类型和 String 类型数据;DataOutputStream 允许应用程序以适当方式将基本 Java 数据类型或字符串形式写入输出流中。

【例 8-1】 演示通过上述三对字节流实现文件复制功能。

程序 FileCopyByByte.java 如下。

```
public class FileCopyByByte {
    public static void main(String[] args) {
        try{
            //实例化字节输入流 FileInputStream 对象
             FileInputStream fis= new FileInputStream("D: \\ch08\\8-1_input.
             txt");
            BufferedInputStream bis=new BufferedInputStream(fis);
            //实例化字节输入流 FileOutputStream 对象
             FileOutputStream fos= new FileOutputStream("D: \\ch08\\8-1_outpu.
             txt");
            BufferedOutputStream bos=new BufferedOutputStream(fos);
            /*
              * 第一种读写方式
              */
            int read;
            while((read=bis.read())!=-1){
                bos.write(read);
            }
            int len;
            byte[] b=new byte[1024];
            /*
              * 第二种读写方式
              */
            while((len=bis.read(b))!=-1){
                bos.write(b,0,len);
            }
            /*
              * 第三种读写方式
              */
            while((len=bis.read(b,0,1024))!=-1){
                bos.write(b,0,len);
            }
```

```
                //关闭资源
                bis.close();
                bos.close();
            } catch (FileNotFoundException e) {
                e.printStackTrace();
            } catch (IOException e) {
                e.printStackTrace();
            }
        }
    }
```

【例 8-1】中的 FileCopyByByte.java 实现了文件复制功能。代码中首先实例化一对 FileInputStream/FileOutputStream 节点流，实现输入流、输出流与数据源的绑定。接着声明 BufferedInputStream/BufferedOutputStream，并对应到输入流 fis、输出流 fos 上。最后实现文件的复制，先将文件(D:\\ch08\\8-1_input.txt)中的内容读入缓冲输入流中，再将输入流中的数据通过缓冲输出流写入目标文件(D:\\ch08\\8-1_output.txt)中。程序给出了 3 种不同的数据读写方式，运行程序时一定要去掉其中的两种。程序运行要求 D:\\ch08\\8-1_input.txt 文件必须存在，如不存在，运行会报错，异常类型是 java.io.FileNotFoundException，原因是系统找不到指定的文件，如果 D:\\ch08\\8-1_output.txt 不存在，程序会先创建一个，再将内容写入，如果存在，则程序会先清空文件中的内容，再写入新的内容。程序运行后的结果如图 8-9 所示。

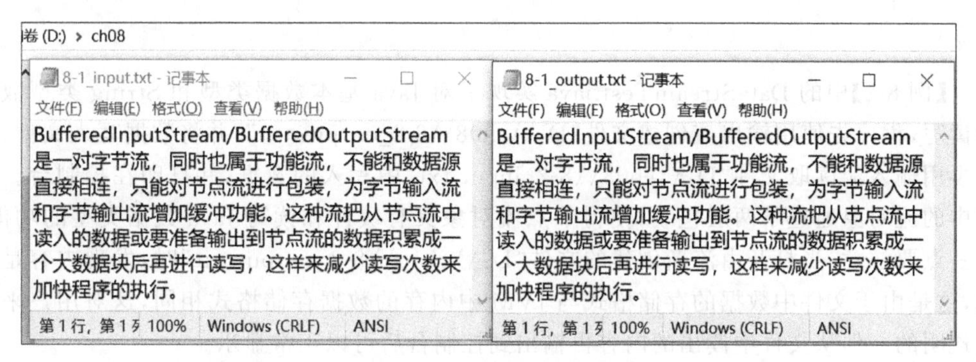

图 8-9 【例 8-1】的运行结果

【例 8-2】 演示通过 DataInputStream/DataOutputStream 流实现对 Java 基本数据类型和 String 类型数据的读写。

程序 DataStreamTest.java 如下。

```
public class DataStreamTest {
    public static void main(String[] args) {
        try {
            FileOutputStream fos=new FileOutputStream("D: \\ch08\\8-2_output.
            txt");
            BufferedOutputStream bos=new BufferedOutputStream(fos);
```

```
            DataOutputStream dos=new DataOutputStream(bos);
            dos.writeUTF("Java 软件开发技术是目前最主流的软件开发技术!");
            dos.writeChar('A');
            dos.writeInt(49);
            dos.writeDouble(3.14);
            dos.flush();
            dos.close();          //执行关闭流对象方法时默认执行刷新方法
            FileInputStream fis= new FileInputStream("D: \\ch08\\8-2_input.
            txt");
            BufferedInputStream bis=new BufferedInputStream(fis);
            DataInputStream dis=new DataInputStream(bis);
            System.out.println(dis.readUTF());
            System.out.println(dis.readChar());
            System.out.println(dis.readInt());
            System.out.println(dis.readDouble());
            dis.close();
        } catch (FileNotFoundException e) {
            e.printStackTrace();
        } catch (IOException e) {
            e.printStackTrace();
        }
    }
}
```

【例 8-2】中的 DataStreamTest.java 实现了对 Java 基本数据类型和 String 类型数据的读写,程序先使用输出流创建文件“D:\\ch08\\8-2_output.txt”,并将数据写入文件,然后再用输入流读取文件“D:\\ch08\\8-2_input.txt”中写入的数据,并打印在控制台。程序中的流对象通过了两层包装,使得节点流对象具有缓冲和读写 Java 数据类型的功能。有一点要注意,当打开由流新创建的文件“D:\\ch10\\8-2_output.txt”时,发现内容是乱码,这是由于文件中数据的存储格式与 JVM 中内存的数据存储格式相同,这对用户来讲是透明的。但从文件中读出的内容再输出到控制台后可以正常显示。

程序运行后控制台的输出内容如下。

```
Java 软件开发技术是目前最主流的软件开发技术!
A
49
3.14
```

8.4.3 字符流

FileReader/FileWriter 是一对常用的字符流,也属于节点流,可以与数据源直接相连,实现对以字符为单位读写本地文件的数据。

使用 FileReader 类构造方法构造输入流对象时,需要指定一个确实存在的本地文件路径，否则程序将出现 java.io.FileNotFoundException：XXXXXX（系统找不到指定的文件）。使用 FileWriter 类构造方法构造输出流对象时，指定文件路径代表的本地文件存不存在均可，如果存在，写入数据时将覆盖原文件内容，如果不存在，系统将自动创建文件，并将内容写入其中。

BufferedReader/BufferedWriter 是一对字符流，也属于功能流，不能和数据源直接相连，只能对节点流进行包装，为字符输入流和字符输出流增加缓冲功能。

【例 8-3】 演示通过字符流实现文件复制功能。

程序 FileCopyByChar.java 如下。

```
public class FileCopyByChar {
    public static void main(String[] args) {
        try {
            FileReader fr=new FileReader("D: \\ch08\\8-3_input.txt");
            BufferedReader br=new BufferedReader(fr);
            FileWriter fw=new FileWriter("D: \\ch08\\8-3_output.txt");
            BufferedWriter bw=new BufferedWriter(fw);
            /*
             * 第一种读写方式
             */
            int read;
            while((read=br.read())!=-1){
                bw.write(read);
            }

            int len;
            char[] c=new char[1024];
            /*
             * 第二种读写方式
             */
            while((len=br.read(c))!=-1){
                bw.write(c, 0, len);
            }
            /*
             * 第三种读写方式
             */
            while((len=br.read(c,0,1024))!=-1){
                bw.write(c, 0, len);
            }
            /*
             * 第四种读写方式
             */
            String str;
            while((str=br.readLine())!=null){
```

```
                bw.write(str);
            }
            //关闭资源
            br.close();
            bw.close();
        } catch (FileNotFoundException e) {
            e.printStackTrace();
        } catch (IOException e) {
            e.printStackTrace();
        }
    }
}
```

【例 8-3】中的 FileCopyByChar.java 和【例 8-1】中的 FileCopyByByte.java 功能相同,均实现了文件复制功能。只是两个程序使用不同类型的流类,【例 8-1】使用的为字节流,【例 8-3】使用的为字符流。程序中给出了 4 种不同的数据读写方式,运行程序时一定要去掉其中的 3 种。

8.4.4 字节字符转换流

InputStreamReader/OutputStreamWriter 是一对特殊的流类,通过流的名字可以看出,这一对流用来实现将字节流和字符流之间的相互转换。InputStreamReader 实现了字节流向字符流的转换,OutputStreamWriter 实现了字符流转换为字节流。

【例 8-4】 演示使用 InputStreamReader/OutputStreamWriter 实现文件复制功能。

程序 TransformStreamTest.java 如下。

```
public class TransformStreamTest {
    public static void main(String[] args) {
        try {
            FileInputStream fis= new FileInputStream("D:\\ch08\\8-4_input.
            txt");
            InputStreamReader isr=new InputStreamReader(fis);
            BufferedReader br=new BufferedReader(isr);
            FileOutputStream fos= new FileOutputStream("D:\\ch08\\8-4_output.
            txt");
            OutputStreamWriter osw=new OutputStreamWriter(fos);
            BufferedWriter bw=new BufferedWriter(osw);
            String str;
            while((str=br.readLine())!=null){
                bw.write(str);
                bw.newLine();
            }
            br.close();
            bw.close();
        } catch (FileNotFoundException e) {
```

```
            e.printStackTrace();
        } catch (IOException e) {
            e.printStackTrace();
        }
    }
}
```

【例 8-4】中的 TransformStreamTest.java 也实现了文件复制功能,在程序实现过程使用字节字符转换流,先将输入字节流 fis 转换为字符流,再将输出字符流转换为输出字节流 fos。

8.4.5 随机读取文件流

RandomAccessFile 类既是输入流,也是输出流。RandomAccessFile 是一个很有用的类,可以将字节流写入磁盘文件中,也可以从磁盘文件中读取字节流。RandomAccessFile 类同时实现了 DataInput 和 DataOutput 接口,提供了对文件随机存取的功能。利用该类可以在文件的任何位置读取或写入数据。RandomAccessFile 类提供了一个文件指针,用来标志要进行读写操作的下一数据的位置。

RandomAccessFile 类中定义的主要方法如表 8-5 所示。

表 8-5 RandomAccessFile 类中的主要方法

方　法	说　明
public RandomAccessFile(String name, String mode)	创建从中读取和向其中写入(可选)的随机访问文件流,name 为文件所指定的名称,mode 指定文件的访问模式,具体如下。 "r":以只读方式打开。调用文件对象的任何 write 方法都将导致抛出 IOException。 "rw":以读写方式打开。如果该文件尚不存在,则尝试创建该文件。 "rws":以读写方式打开。对于"rw",还要求对文件的内容或元数据的每个更新都同步写入底层存储设备。 "rwd":以读写方式打开,对于"rw",还要求对文件内容的每个更新都同步写入底层存储设备
public long getFilePointer()	返回此从文件开头到当前位置的偏移量,即文件指针的当前位置,在该位置发生下一个读取或写入操作
public long length()	返回此文件的长度
public void seek(long pos)	设置文件指针的当前位置,在该位置发生下一个读取或写入操作

此外,RandomAccessFile 类中还定义许多以字节为单位读写数据的方法、读写 Java 基本数据类型和 String 类型的方法,以及以行为单位读取数据的方法。这些常用的方法可以通过 Java API 文档查阅。

【例 8-5】 演示使用 RandomAccessFile 类实现文件随机读写。

程序 RandomAccessFileTest.java 如下。

```
public class RandomAccessFileTest {
```

```
    public static void main(String[] args) {
        try {
            RandomAccessFile raf=
            new RandomAccessFile("D: \\ch08\\student.txt","rw");
            Student s1=new Student(1001,"aaa",45);
            Student s2=new Student(1002,"aa",34);
            Student s3=new Student(1003,"a",35);
            Student s4=new Student(1004,"a",30);
            s1.writeStudent(raf);
            s2.writeStudent(raf);
            s3.writeStudent(raf);
            s4.writeStudent(raf);
            raf.seek(0);
            Student s=new Student();
            for(long i=0;i<raf.length();i=raf.getFilePointer()){
                s.readStudent(raf);
                System.out.println("num="+s.num+"\tname="+s.name
                      +"\tage="+s.age);
            }
            raf.close();
        } catch (FileNotFoundException e) {
            e.printStackTrace();
        } catch (IOException e) {
            e.printStackTrace();
        }
    }
}
class Student{
    int num;
    String name;
    int age;
    public Student() {
    }
    public Student(int num, String name, int age) {
        this.num =num;
        this.name =name;
        this.age =age;
    }
    public void writeStudent(RandomAccessFile raf)
        throws IOException{
        raf.writeInt(this.num);
        raf.writeUTF(this.name);
        raf.writeInt(this.age);
    }
```

```
    public void readStudent(RandomAccessFile raf)
        throws IOException{
        this.num=raf.readInt();
        this.name=raf.readUTF();
        this.age=raf.readInt();
    }
}
```

程序运行结果如下。

```
num=1001  name=aaa    age=45
num=1002  name=aa     age=34
num=1003  name=a      age=35
num=1004  name=a      age=30
```

【例 8-5】中的 RandomAccessFileTest.java 实现了对学生对象信息的随机读写。

8.4.6 PrintStream/PrintWriter

java.io.PrintStream 在 OutputStream 基础之上提供了增强功能，以方便地输出各种类型数据(不限于 byte 类型)的格式化形式。例如，使用其多次重载过的 print()、println()或 printf()方法输出任何类型的数据。

PrintStream 可以作为节点流使用，直接和数据源相连，也可以作为功能流包装其他字节输出流，以提供更强的流功能。

在【例 8-1】的 FileCopyByByte.java 中，可以使用 PrintStream 类完成写操作。使用 PrintStream 类对【例 8-1】的字节输出流对象 bos 进行包装，以增强输出流对象的功能，访问时可以使用 PrintStream 类的 println()方法，代码如下。

```
PrintStream ps=new PrintStream(bos);
int len;
byte[] b=new byte[1024];
while((len=bis.read(b,0,1024))!=-1){
    ps.println(new String(b,0,len));
}
```

java.io.PrintWriter 和 java.io.PrintStream 非常相似，也提供了 PrintStream 类提供的各种打印方法。两者的区别在于：作为功能流，PrintStream 只能包装 OutputStream 类型的字节输出流，而 PrintWriter 既可以包装 OutputStream 类型的字节输出节点流，也可以包装 Writer 类型的字符输出流。

将上述代码中的 PrintStream 改为 PrintWriter，其他代码不变，程序运行结果不变，代码如下。

```
PrintStream ps=new PrintStream(bos);
```

改为

```
PrintWriter ps=new PrintWriter (bos);
```

在【例 8-2】的 FileCopyByChar.java 中,可以使用 PrintWriter 类完成写操作,代码如下。

```
PrintWriter pw=new PrintWriter(bw);
String str;
while((str=br.readLine())!=null){
    pw.println(str);
}
```

8.4.7 标准 I/O

在程序运行过程中,通常需要与用户交互,控制台程序的主要交互方式如下:用户使用键盘作为标准输入设备,向程序中输入数据,程序利用计算机终端窗口作为标准输出设备,显示输出数据,这种操作被称为标准输入/输出(Standard Input/Output,Std I/O)或控制台输入/输出。

标准输入/输出是应用程序最基本、最常用的功能之一,java.lang.System 类的 3 个静态成员提供了标准输入/输出的操作功能。

(1) System.out:java.io.PrintStream 类型,提供向"标准输出"写出数据的能力。PrintStream 类的 write 方法本来是写到输出流中(或数据源中),对于 System.out,JVM 启动时将其重定向在计算机的终端窗口。

(2) System.in:java.io.InputStream 类型,提供从"标准输入"读入数据的能力。InputStream 类的 read 方法本来是从输入流中(或数据源中)读取数据,JVM 在启动时将其重定向在计算机的键盘,即从键盘获得输入。

(3) System.err:java.io.PrintStream 类型,提供向"标准错误输出"写出数据的能力。用于错误信息的输出,当程序错误时,系统通过 System.err.println()方法,自动将错误信息输出到计算机的终端窗口。实际很少使用。

【例 8-6】 演示标准输入/输出的使用。

程序 StandardIOTest.java 如下。

```
public class StandardIOTest{
    public static void main(String args[]){
        String s;
        InputStream input =System.in;
        InputStreamReader isr =new InputStreamReader(input);
        BufferedReader br =new BufferedReader(isr);
        try{
            s =br.readLine();
            while (!s.equals("")){
                System.out.println("Read: " +s);
                s =br.readLine();
            }
```

```
            br.close();
        }catch (IOException e){
            e.printStackTrace();
        }
    }
}
```

程序运行结果如下。

```
你好!
Read: 你好!
我是土豆
Read: 我是土豆
```

【例 8-6】的 StandardIOTest.java 运行后,输入“你好!”,单击 Enter 键,控制台输出“Read:你好!”;输入“我是土豆”,单击 Enter 键,控制台输出“Read:我是土豆”。当什么都没有输入,s.equals("")返回 true,单击 Enter 键,退出程序。

8.5 对象序列化

当两个进程进行远程通信时,彼此可以发送各种类型的数据。无论是何种类型的数据,都会以二进制序列的形式在网络上传送。发送方需要把这个 Java 对象转换为字节序列,才能在网络上传送;接收方则需要把字节序列再恢复为 Java 对象。把 Java 对象转换为字节序列保存起来的过程称为对象的序列化;把字节序列恢复为 Java 对象的过程称为对象的反序列化。对象的序列化主要有两种用途:一是把对象的字节序列永久地保存到硬盘上,通常存放在一个文件中,便于日后还原这个对象;二是在网络上传送对象的字节序列。

一个对象要想实现序列化,其所属类型必须实现 Serializable 接口或 Externalizable 接口。对象序列化使用 ObjectOutputStream/ObjectInputStream 这一对流类,它利用 ObjectOutputStream 中的 writeObject()方法;对象的反序列化利用 ObjectInputStream 中的 readObject()方法。

对象序列化的规则如下。

① 当一个对象被序列化时,只保存对象的没有 transient 修饰的非静态成员变量,不保存任何的成员方法和静态的成员变量。

② 如果一个对象的成员变量是一个对象,那么这个对象的数据成员也会被保存。

③ 利用对象的反序列化重新构建对象时,它并不会调用这个对象当中的任何构造方法,仅仅是根据先前保存对象的状态信息,在内存中重新还原这个对象。

④ 如果一个可序列化的对象包含对某个不可序列化的对象的引用,那么整个序列化操作将会失败,并且会抛出一个 NotSerializableException。将这个引用标记为 transient,那么对象仍然可以序列化。

【例 8-7】 演示对象的序列化。

程序 ObjectStreamTest.java 如下。

```
public class ObjectStreamTest {
    public static void main(String[] args) {
        try {
            FileOutputStream fos= new FileOutputStream("D: \\ch08\\employee.
            txt");
            BufferedOutputStream bos=new BufferedOutputStream(fos);
            ObjectOutputStream oos=new ObjectOutputStream(bos);
            Employee e1=new Employee("张三",34,1234.12);
            Employee e2=new Employee("lisi",23,6534.12);
            Employee e3=new Employee("王武",65,8765.12);
            oos.writeObject(e1);
            oos.writeObject(e2);
            oos.writeObject(e3);
            oos.close();
            FileInputStream fis= new FileInputStream("D: \\ch10\\employee.
            txt");
            BufferedInputStream bis=new BufferedInputStream(fis);
            ObjectInputStream ois=new ObjectInputStream(bis);
            Employee e;
            for(int i=0;i<3;i++){
                e=(Employee) ois.readObject();
                System.out.println("name="+e.name+"\tage="
                        +e.age+"\tsalary="+e.salary);
            }
            ois.close();
        } catch (FileNotFoundException e) {
            e.printStackTrace();
        } catch (IOException e) {
            e.printStackTrace();
        } catch (ClassNotFoundException e) {
            e.printStackTrace();
        }
    }
}
class Employee implements Serializable{
    String name;
    transient int age;
    double salary;
    transient Thread t=new Thread();
    public Employee(String name, int age, double salary) {
        this.name =name;
        this.age =age;
        this.salary =salary;
        System.out.println("=========");
    }
}
```

程序运行结果如下。

```
==========
==========
==========
name=张三    age=0  salary=1234.12
name=lisi   age=0  salary=6534.12
name=王武    age=0  salary=8765.12
```

在【例 8-7】的 ObjectStreamTest.java 中，首先通过 Employee 类的构造方法创建 3 个 Employee 对象，程序结果中的 3 条"=========="是构建对象调用构造方法时执行输出的。然后通过 ObjectOutputStream 对象的 writeObject( ) 方法创建 3 个 Employee 对象，以字节序列的形式写入文件"D:\\ch08\\employee.txt"。程序使用 ObjectInputStream 对象的 readObject()方法，将保存在文件"D:\\ch08\\employee.txt"中的字节序列进行对象的反序列化，并输出对象的属性值，从结果可以看出每个对象的 age 属性值均为 0，因为 Employee 类型定义时，age 属性为 transient 修饰，Employee 类型对象在序列化时，age 属性不能被序列化，所以 age 属性的输出值为 int 的默认值 0。同理，Employee 对象的属性 t 也由 transient 修饰，也不能被序列化。t 为 Thread 类型，Thread 类型对象是不可序列化的，如果 t 没有 transient 修饰，程序在运行过程中将产生 java.io.NotSerializableException 异常。

8.6 文件操作

java.io.File 类提供一个抽象的、与系统独立的路径表示。给它一个路径字符串，它会将其转换为与系统无关的抽象路径表示，这个路径可以指向一个文件、目录或 URI (Uniform Resource Identifier)。一个 File 类的对象表示了磁盘上的文件或目录，一般情况下，File 只表示文件，但在 Java 中，它不仅表示文件，还表示目录。File 类提供了与平台无关的方法，对磁盘上的文件或目录进行操作。开发者可以使用 File 类提供的各种方法对文件和目录进行创建、删除以及查看等操作。

java.io.File 类中定义的常量和主要方法如表 8-6 所示。

表 8-6 File 类中的常量和主要方法

常量和方法	说　明
public static String separator	File 类中提供重要的常用字符串常量，表示与系统有关的默认名称分隔符，为了方便被表示为一个字符串。例如，在 Windows 系列操作系统中，separator 的值为"\"，在 Unix/Linux 操作系统中，separator 的值为"/"
public File(String pathname)	将给定路径名字符串转换为抽象路径名，创建一个新 File 实例
public File(String parent, String child)	在父目录 parent 路径名下创建 child 指定的一个新 File 实例
public boolean canExecute()	判断文件是否是可执行的

续表

常量和方法	说　明
public boolean canRead()	判断文件是否是可读的
public boolean canWrite()	判断文件是否是可写的
public boolean createNewFile()	当具有此抽象路径名指定名称的文件不存在时,创建一个新的空文件
public boolean delete()	删除此抽象路径名表示的文件或目录
public void deleteOnExit()	程序运行正常结束后,删除此抽象路径名表示的文件或目录
public boolean exists()	判断抽象路径名表示的文件或目录是否存在
public String getName()	返回抽象路径名表示的文件或目录的名称
public String getParent()	返回抽象路径名父目录的路径名字符串;如果此路径名没有指定父目录,则返回 null
public boolean isDirectory()	判断抽象路径名表示的文件是否是一个目录
public boolean isFile()	判断抽象路径名表示的文件是否是一个标准文件
public boolean isHidden()	判断抽象路径名指定的文件是否是一个隐藏文件
public long lastModified()	返回抽象路径名表示的文件最后一次被修改的时间
public long length()	返回抽象路径名表示的文件长度
public String[] list()	返回一个字符串数组,这些字符串由抽象路径名表示的目录中的文件和目录的名字组成
public String[] list(FilenameFilter filter)	返回一个字符串数组,这些字符串由抽象路径名表示的目录中满足指定过滤器条件的文件和目录的名字组成
public boolean mkdir()	创建抽象路径名指定的目录
public boolean setReadOnly()	标记抽象路径名指定的文件或目录,只能对其进行读操作

【例 8-8】 演示 File 类读取给定文件相关属性的使用方法。

程序 FileTest.java 如下。

```
public class FileTest {
    public static void main(String[] args) throws IOException {
        File f =new File("D: //ch08//filetest.txt");
        if(!(f.exists()))
            f.createNewFile();
        System.out.println("文件名: "+f.getName());
        System.out.println("文件路径: "+f.getPath());
        System.out.println("父文件夹名: "+f.getParent());
        System.out.println("文件是否可读: "+f.canRead());
        System.out.println("文件是否可写: "+f.canWrite());
        System.out.println("文件大小: "+f.length());
        System.out.println("文件最后修改时间: "+new Date(f.lastModified()));
```

```
    }
}
```

程序运行结果如下。

```
文件名: filetest.txt
文件路径: D: \ch08\filetest.txt
父文件夹名: D: \ch08
文件是否可读: true
文件是否可写: true
文件大小: 0
文件最后修改时间: Wed Jan 20 11: 55: 14 CST 2021
```

【例 8-8】使用了 File 类对象获取文件相关属性的方法,显示了程序中指定的文件相关的信息。

【例 8-9】 演示 File 类实现目录、文件的创建、删除及复制。

程序 FileOperator.java 如下。

```
public class FileOperator{
    /**
     * 新建目录
     */
    public void newFolder(String folderPath){
        try{
            String filePath =folderPath;
            filePath =filePath.toString();
            File myFilePath =new File(filePath);
            if(!myFilePath.exists()){
                myFilePath.mkdir();
            }
        }catch(Exception e){
            System.out.println("新建目录操作出错");
            e.printStackTrace();
        }
    }
    /**
     * 新建文件
     */
    public void newFile(String filePathAndName, String fileContent){
        try{
            String filePath =filePathAndName;
            filePath =filePath.toString();
            File myFilePath =new File(filePath);
            if(!myFilePath.exists()) {
                myFilePath.createNewFile();
```

```
            }
            FileWriter resultFile =new FileWriter(myFilePath);
            PrintWriter myFile =new PrintWriter(resultFile);
            String strContent =fileContent;
            myFile.println(strContent);
            resultFile.close();
        }catch(Exception e) {
            System.out.println("新建文件操作出错");
            e.printStackTrace();
        }
    }
    /**
     * 删除文件
     */
    public void delFile(String filePathAndName){
        try{
            String filePath =filePathAndName;
            filePath =filePath.toString();
            File myDelFile =new File(filePath);
            myDelFile.delete();
        }catch(Exception e){
            System.out.println("删除文件操作出错");
            e.printStackTrace();
        }
    }
    /**
     * 删除文件夹
     */
    public void delFolder(String folderPath){
        try{
          delAllFile(folderPath);            //删除完里面所有内容
          String filePath =folderPath;
          filePath =filePath.toString();
          File myFilePath =new File(filePath);
          myFilePath.delete();               //删除空文件夹
        }catch(Exception e){
          System.out.println("删除文件夹操作出错");
          e.printStackTrace();
        }
    }
    /**
     * 删除文件夹里面的所有文件
     */
    public void delAllFile(String path){
```

```
        File file =new File(path);
        if(!file.exists()){
            return;
        }
        if(!file.isDirectory()){
            return;
        }
        String[] tempList =file.list();
        File temp =null;
        for(int i =0; i <tempList.length; i++){
            if(path.endsWith(File.separator)){
                temp =new File(path +tempList[i]);
              }else{
                temp =new File(path +File.separator +tempList[i]);
            }
            if(temp.isFile()){
                temp.delete();
            }
            if(temp.isDirectory()){
                delAllFile(path +"/" +tempList[i]);        //先删除文件夹里面的文件
                delFolder(path +"/" +tempList[i]);         //再删除空文件夹
            }
        }
    }
    /**
     * 读取文件夹下面所有的文件
     */
    public void readFile(String path){
        File file =new File(path);
        if(!file.isDirectory()){
            System.out.println("文件名: " +file.getName());
        }else if(file.isDirectory()){
            System.out.println("文件夹");
            String[] filelist =file.list();
            for(int i =0; i <filelist.length; i++){
                File readfile =new File(path +"//" +filelist[i]);
                if(!readfile.isDirectory()){
                    System.out.println("文件名: " +readfile.getName());
                }else if(readfile.isDirectory()){
                    readFile(path +"//" +filelist[i]);
                }
            }
        }
    }
```

```
/**
 * 复制单个文件
 */
public void copyFile(String oldPath, String newPath){
    try{
        int bytesum =0;
        int byteread =0;
        File oldfile =new File(oldPath);
        if(oldfile.exists()){                              //文件存在时
            InputStream inStream =new FileInputStream(oldPath);   //读入原文件
            FileOutputStream fs =new FileOutputStream(newPath);
            byte[] buffer =new byte[1444];
            int length;
            while((byteread =inStream.read(buffer))!=-1){
                bytesum +=byteread;                        //字节数文件大小
                System.out.println(bytesum);
                fs.write(buffer, 0, byteread);
            }
            inStream.close();
        }
    }catch(Exception e){
        System.out.println("复制单个文件操作出错");
        e.printStackTrace();
    }
}
/**
 * 复制整个文件夹内容
 */
public void copyFolder(String oldPath, String newPath){
    try{
        (new File(newPath)).mkdirs();              //如果文件夹不存在则建立新文件夹
        File a =new File(oldPath);
        String[] file =a.list();
        File temp =null;
        for(int i =0; i <file.length; i++){
            if(oldPath.endsWith(File.separator)){
                temp =new File(oldPath +file[i]);
            }else{
                temp=new File(oldPath+File.separator+file[i]);
            }
            if(temp.isFile()){
                FileInputStream input=new FileInputStream(temp);
                FileOutputStream output=
                new FileOutputStream (newPath +"/" + (temp. getName ()).
```

```java
                    toString());
                byte[] b =new byte[1024 * 5];
                int len;
                while((len =input.read(b))!=-1){
                    output.write(b, 0, len);
                }
                output.flush();
                output.close();
                input.close();
            }
            if(temp.isDirectory()){                    //如果是子文件夹
                copyFolder(oldPath +"/" +file[i], newPath +"/" +file[i]);
            }
        }
    } catch(Exception e){
        System.out.println("复制整个文件夹内容操作出错");
        e.printStackTrace();
    }
}
/**
 * 移动文件到指定目录
 */
public void moveFile(String oldPath, String newPath){
    copyFile(oldPath, newPath);
    delFile(oldPath);
}
/**
 * 移动文件到指定目录
 */
public void moveFolder(String oldPath, String newPath){
    copyFolder(oldPath, newPath);
    delFolder(oldPath);
}
public static void main(String[] args){
    FileOperator fileoperate =new FileOperator();
    //读者在此处自行编码测试上述方法
}
}
```

【例 8-9】的 FileOperator.java 中定义了常用的操作文件/目录的业务方法，请在 FileOperator.java 的 main 方法中使用 fileoperate 引用，提供需要操作的文件或文件夹的名称、路径，实现操作文件/目录业务方法，进行代码测试。

8.7 案　　例

前 7 章案例中的信息都存储在内存中,程序结束后运行数据丢失。程序再次运行需要重新添加学生信息,没有实现学生信息在存储介质上的存储。本章案例通过使用 I/O 流实现文件读取的功能。案例程序通过实现学生管理,将学生信息存储在 TXT 文件中,通过使用 I/O 流中的 ObjectInputStream 和 ObjectOutputStream 流类实现文件读写功能。

8.7.1　案例设计

实现文件对学生信息的存储功能中,需要在程序中指定存储学生信息的文件,并对学生对象进行整体存储,这时需要实现对象的序列化,则 User 及 Student 类需实现 Serializable 接口。同时,本章还需要修改 StudentServiceImp. java 程序,在类 StudentServiceImp 中存储数据的文件位置,并通过对文件内容的读写实现学生信息的添加、删除、修改等操作。修改后,泛型类型参数将添加在 List 集合中的元素类型限定为 Student 类型。本章案例相关类图设计如图 8-10 所示。

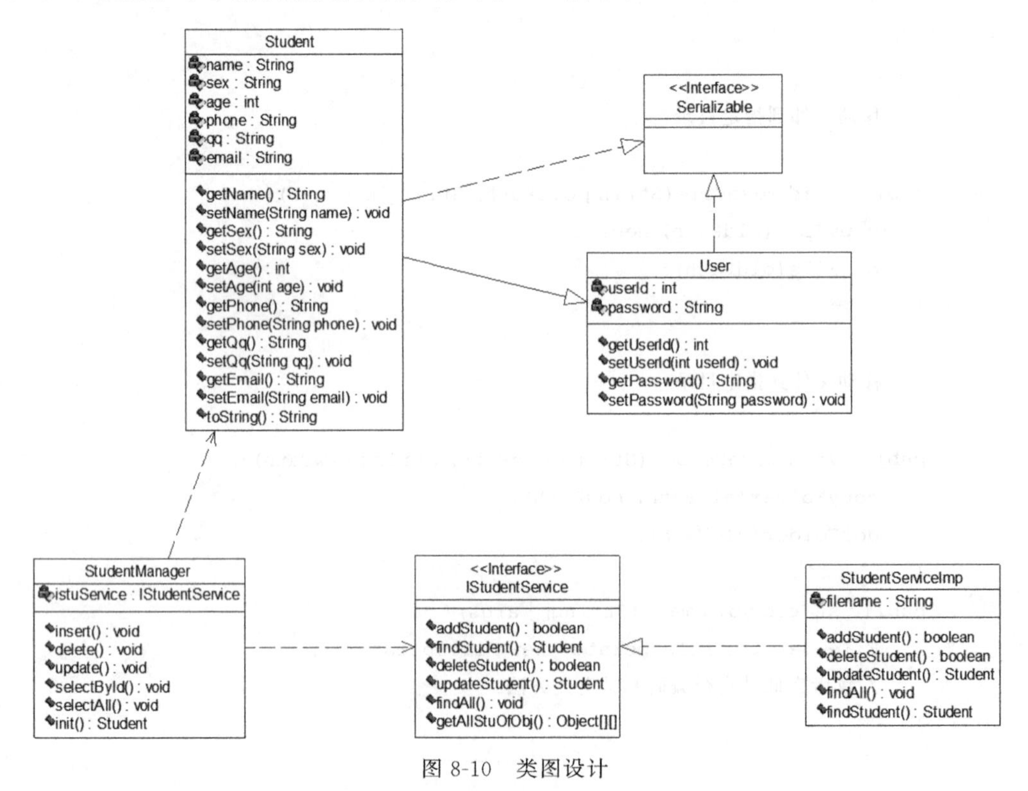

图 8-10　类图设计

8.7.2 案例演示

运行程序,根据菜单选项实现学生信息的添加、删除、修改等操作,所有的操作都会在对应的文件中同步。添加学生信息前后,程序运行结果如图 8-11 所示,删除学生信息前后,程序运行结果如图 8-12 所示。

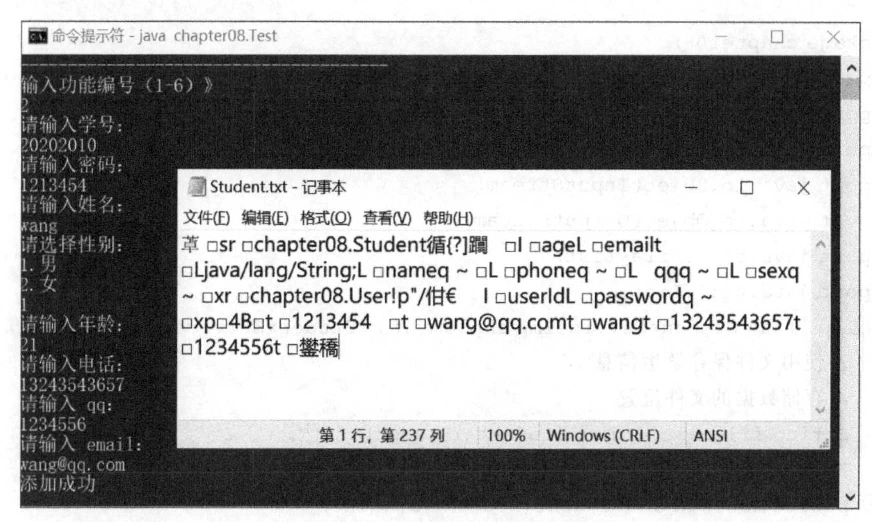

图 8-11 添加学生信息运行结果

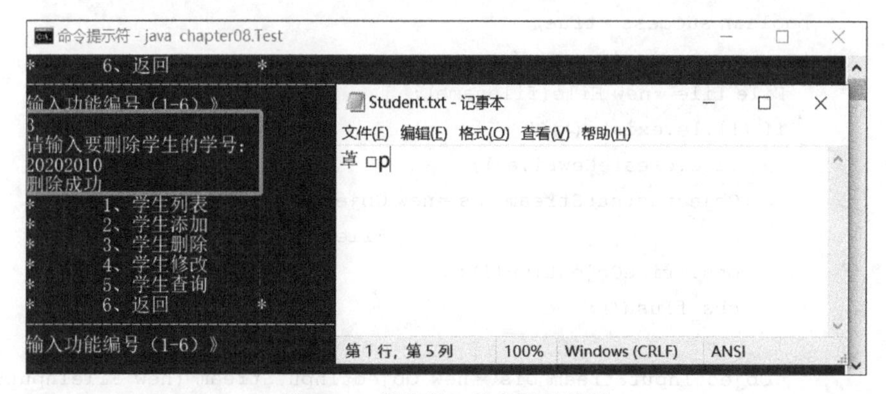

图 8-12 删除学生信息运行结果

8.7.3 代码实现

程序 User.java 如下。

```
public class User implements Serializable{
    ...//类体内容不变,省略
}
```

程序 Student.java 如下。

```
public class Student extends User implements Serializable{
    ...//类体内容不变,省略
}
```

案例中除修改 StudentServiceImp 类定义外,其他类使用前面章节中的定义。程序 StudentServiceImp.java 如下。

```
package chapter08;
import java.io.File;
import java.io.FileInputStream;
import java.io.FileOutputStream;
import java.io.ObjectInputStream;
import java.io.ObjectOutputStream;
import java.util.ArrayList;
import java.util.List;
public class StudentServiceImp implements IStudentService {
    //使用文件保存学生信息
    //存储数据的文件位置
    String filename ="d: \\student\\Student.txt";
    //添加学生
    public boolean addStudent(Student student) {
        List<Student>list =new ArrayList<Student>();
        Student s;
        boolean success =true;
        try {
          File file =new File(filename);
          if (!file.exists()) {
              file.createNewFile();
              ObjectOutputStream obs =new ObjectOutputStream(new
                                              FileOutputStream(filename));
              obs.writeObject(null);
              obs.flush();
          }
           ObjectInputStream ois = new ObjectInputStream (new FileInputStream
                                                          (filename));
          while ((s =(Student) ois.readObject()) !=null)
              list.add(s);
          if (list.size() !=0) {
              int i =0;
              for (; i <list.size(); i++) {
                  Student s1 =list.get(i);
                  if (s1.getUserId() ==student.getUserId()) {
                      success =false;
                      break;
                  }
```

```
            }
            if (i ==list.size())
                list.add(student);
        } else
            list.add(student);
        if (success) {
            ObjectOutputStream obs =new ObjectOutputStream(new
                                  FileOutputStream(filename));
            for (Student item : list) {
                obs.writeObject(item);
                obs.flush();
            }
            obs.writeObject(null);
            obs.flush();
            System.out.println("添加成功");
        } else {
            System.out.println("添加失败");
        }
    } catch (Exception e) {
        e.printStackTrace();
    }
    return success;
}
//查询所有学生信息
public void findAll() {
    Student s =null;
    List<Student>list =new ArrayList<Student>();
    File file =new File(filename);
    if (!file.exists()) {
        System.out.println("无学生信息");
    } else {
        try {
            ObjectInputStream ois =new ObjectInputStream (new FileInputStream
                                                  (filename));
            while ((s =(Student) ois.readObject()) !=null)
                list.add(s);
        } catch (Exception e) {
            e.printStackTrace();
        }
        list.forEach(System.out: : println);
    }
}
//删除学生信息
public boolean deleteStudent(int userId) {
```

```
        List<Student>list =new ArrayList<Student>();
        Student s;
        ObjectInputStream ois;
        boolean flag =false;
        File file =new File(filename);
        try {
          if (!file.exists()) {
              System.out.println("无学生信息");
              return false;
          } else {
              //从文件中读取存的对象
              ois =new ObjectInputStream(new FileInputStream(filename));
              while ((s =(Student) ois.readObject()) !=null)
                  list.add(s);
              if (list.size() !=0) {
                  for (int i =0; i <list.size(); i++) {
                      Student s1 =list.get(i);
                      if (s1.getUserId() ==userId) {
                          list.remove(i);
                          flag =true;
                          break;
                      }
                  }
              }
              if (flag) {
                      ObjectOutputStream obs = new ObjectOutputStream (new
                      FileOutputStream(filename));
                  for (Student item : list) {
                      obs.writeObject(item);
                  }
                  obs.writeObject(null);
                  obs.flush();
                  System.out.println("删除成功");
              } else
                  System.out.println("删除失败");
          }
        } catch (Exception e) {

            e.printStackTrace();
        }
        return flag;
    }
    //修改学生信息
    public Student updateStudent (int userid, String password, String name,
```

```
                                String sex, int age, String phone,
                                String qq,String email) {
    List<Student>list =new ArrayList<Student>();
    Student s =null;
    Student result =null;
    ObjectInputStream ois;
    boolean flag =false;
    File file =new File(filename);
    try {
        if (!file.exists()) {
            System.out.println("无学生信息");
            return null;
        } else {
            ois =new ObjectInputStream(new FileInputStream(filename));
            while ((s =(Student) ois.readObject()) !=null)
                list.add(s);
            if (list.size() !=0) {
                for (int i =0; i <list.size(); i++) {
                    Student s1 =list.get(i);
                    if (s1.getUserId() ==userid) {
                        s1.setAge(age);
                        s1.setEmail(email);
                        s1.setQq(qq);
                        s1.setName(name);
                        s1.setPassword(password);
                        s1.setPhone(phone);
                        s1.setSex(sex);
                        result =s1;
                        list.remove(i);
                        list.add(s1);
                        flag =true;
                        break;
                    }
                }
            }
          if (flag) {
                  ObjectOutputStream obs = new ObjectOutputStream (new
                                         FileOutputStream(filename));
              for (Student item : list) {
                  obs.writeObject(item);
              }
              obs.writeObject(null);
              obs.flush();
              System.out.println("修改成功");
```

```
            } else
                System.out.println("修改失败");
        }
    } catch (Exception e) {

        e.printStackTrace();
    }
    return result;
}
//按学号查询
public Student findStudent(int userId) {
    //从文件中读取存的对象
    List<Student>list =new ArrayList<Student>();
    Student s;
    Student result =null;
    //从文件中读取存的对象
    ObjectInputStream ois;
    File file =new File(filename);
    try {
        if (!file.exists()) {
            System.out.println("无学生信息");
            return null;
        } else {
            ois =new ObjectInputStream(new FileInputStream(filename));
            while ((s =(Student) ois.readObject()) !=null)
                list.add(s);
            ois.close();
            if (list.size() !=0) {
                for (int i =0; i <list.size(); i++) {
                    Student s1 =list.get(i);
                    if (s1.getUserId() ==userId) {
                        result =s1;
                        break;
                    }
                }
            }
        }
    } catch (Exception e) {
        e.printStackTrace();
        return null;
    }
    return result;
}
@Override
```

```
    public Object[][] getAllStuOfObj() {
        // TODO Auto-generated method stub
        return null;
    }
}
```

8.8 习　题

1. 选择题

(1) 凡是从中央处理器流向外部设备的数据流称为(　　)。

A. 文件流　　B. 字符流　　C. 输入流　　D. 输出流

(2) 程序读入字符文件时,能够以该文件作为直接参数的类是(　　)。

A. FileReader　　B. BufferedReader

C. FileInputStream　　D. ObjectInputStream

(3) java.io 包的 File 类是(　　)。

A. 字符流类　　B. 字节流类　　C. 对象流类　　D. 非流类

(4) 下列描述中,正确的是(　　)。

A. 在 Serializable 接口中定义了抽象方法

B. 在 Serializable 接口中定义了常量

C. 在 Serializable 接口中没有定义抽象方法,也没有定义常量

D. 在 Serializable 接口中定义了成员方法

(5) Java 中用于创建文件对象的类是(　　)。

A. File　　B. Object　　C. Thread　　D. Frame

(6) 从键盘上输入一个字符串创建文件对象,(　　)方法可以判断对象是为目录文件还是为数据文件。

A. getPath()　　B. getName()　　C. isFile()　　D. isAbsolute()

(7) (　　)类不能直接创建对象。

A. InputStream　　B. FileInputStream

C. BufferedInputStream　　D. DataInputStream

(8) 从键盘上输入多个字符,为了避免回车换行符的影响,需要使用(　　)流方法。

A. write()　　B. flush()　　C. close()　　D. skip()

(9) 以对象为单位把某个对象写入文件,需要使用(　　)方法。

A. writeInt()　　B. writeObject()

C. write()　　D. writUTF()

(10) (　　)类的方法能够直接把简单数据类型写入文件。

A. OutputStream　　B. BufferedWriter

C. ObjectOutputStream　　D. FileWriter

(11) 若一个类对象能被整体写入文件,则定义该类时必须实现(　　)接口。

A. Runnable　　B. ActionListener

C. WindowsAdapter　　D. Serializable

(12) (　　)类型的数据能以对象的形式写入文件。

A. String　　B. Frame　　C. Dialog　　D. Button

(13) 在 File 类的方法中,用于列举某目录下的子目录及文件的方法是(　　)。

A. long length()　　B. long lastModified()

C. String [] list()　　D. String getName()

(14) 能够以字符串为单位写入文件数据的流类是(　　)。

A. FileOutputStream　　B. FileWriter

C. BufferedWriter　　D. OutputStream

(15) 能够向文件输入逻辑型数据的类是(　　)。

A. FileOutputStream　　B. OutputStream

C. FileWriter　　D. DataOutputStream

(16) (　　)方法只对使用了缓冲的流类起作用。

A. read()　　B. write()　　C. skip()　　D. flush()

(17) 下面的程序段创建了 BufferedReader 类的对象 in,以便读取本机 C 盘 my 文件夹下的文件 1.txt。File 构造函数中正确的路径和文件名的表示是(　　)。

```
File f =new File(填代码处);
file =new FileReader(f);
in=new BufferedReader(file);
```

A. "./1.txt"　　B. "../my/1.txt"

C. "c:\\my\\1.txt"　　D. "c:\ my\1.txt"

2. 填空题

(1) Java 标准的输出对象有两个,分别是标准输出对象________和标准错误输出________。

(2) 按照流的方向来分,I/O 流包括________和________。

(3) Java 中的 I/O 流分为两种,一种是________,另一种是________。分别由 4 个抽象类来表示,分别是____________。它们通过重载________和________方法定义了 6 个读写操作方法。

(4) InputStreamReader 负责将________转换成 Reader,而 OutputStreamWriter 则将 OutputStream 转换成________。实际上是通过________和________来关联。

(5) 设 a.txt 为当前目录下的一个文本文件,则以字符方式向该文件写数据时,需要建立的输出流通道为________。

(6) System.out 作为 PrintStream 的实例来实现 stdout,它代表的是________。

(7) System.in 作为 InputStream 的实例来实现 stdin,它代表的是________。

(8) 目录是一个包含其他文件和路径列表的 File 类。当创建一个 File 对象且它是目录时，________方法返回 true。此时，可以调用该对象的________方法来提取该目录内部其他文件和目录的列表。

(9) 下列程序用于显示指定目录下的子目录及文件名，请填写所缺少的代码。

```
import java.io.*;
public class DirList{
    public static void main(String args[ ]){
                String fName,files[ ];
                try{
                InputStreamReader iin=new InputStreamReader(System.in);
                BufferedReader bin=new BufferedReader(iin);
                System.out.println("请输入一个文件名：");
                fName =__________              //读入文件名
                File f=new File(fName);
                    System.out.println(f.isDirectory());
                    if (___________) {          // 判断是否为目录
                      int n=(f.list()).length;
                    files =new String[n];
                    files =f.list();            //获取子目录及文件名
                    for(int i=0;i<files.length;i++)
                            System.out.println(files[i]);
                    }
              }catch(IOException e){
          }
      }
}
```

3. 程序设计题

(1) 编写程序，将键盘输入的内容保存到文件中。

(2) 编写 FileCopy 类，要求将 1 个文件的内容同时复制成多个文件。使用命令行完成文件名的输入。

4. 实训题

(1) 题目。

简单文件管理器。

(2) 实现功能。

① 构建图形界面。

② 完成文件夹与文件的显示。

③ 实现文件的复制与删除功能。

第9章 JDBC访问数据库

JDBC(Java Database Connectivity)是Java数据库连接的简称,JDBC API是一种用于执行SQL语句的Java API,可以为多种关系数据库提供统一访问。它由一组用Java语言编写的类和接口组成,编程人员只须一次编写即可访问各种数据库,处处运行。

本章首先介绍JDBC的相关概念,然后说明JDBC连接数据库的基本步骤,再介绍JDBC高级编程相关方法。

9.1 JDBC体系结构

Java平台扩展JDBC,可以使程序员方便地使用SQL语句操作数据库中的数据,也能够使用同样的语句访问不同的数据库。为了屏蔽各种数据库直接的异构性,JDBC开发人员应用了面向对象中接口的思想,保证Java程序的可移植性,构建了一个特殊的体系结构,如图9-1所示。

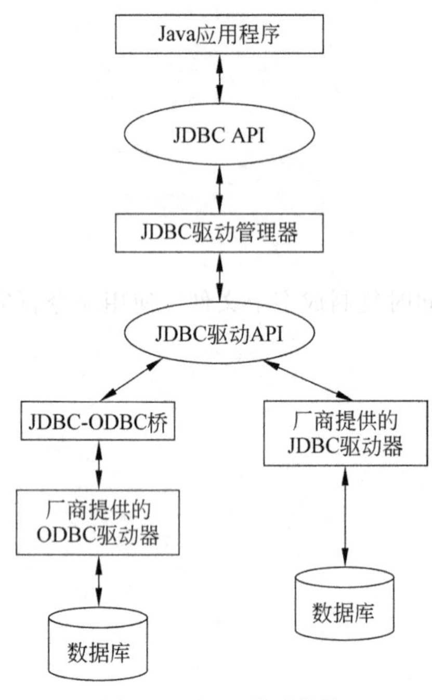

图9-1 JDBC体系结构

Java平台提供JDBC API和JDBC驱动API两部分接口和类。程序员使用JDBC API,将标准SQL语句通过JDBC驱动管理器传递给相应的JDBC驱动,并由该JDBC驱动传动给指定的数据库,这样就不必为访问不同的数据库而分别编写不同的接口程序。JDBC驱动是数据库厂商依据JDBC驱动API这一开发标准进行开发实现的驱动程序。JDBC程序访问不同的数据库时,需要数据库厂商提供相应的驱动程序,通过JDBC驱动程序的转换,使得相同的代码访问不同数据库时运行良好。

JDBC驱动程序分为4类。

(1) JDBC-ODBC桥。

这种类型的驱动程序由JDBC-ODBC桥和一个ODBC驱动程序组成。实际上是JDBC被翻译成ODBC,然后使用原有的ODBC驱动程序与数据库进行通信。使用这种方案需要在本地计算机上安装好ODBC驱动程序,需要调用底层 ODBC 驱动管理器,这样不利于产品的开发和实施。

(2) 本地 API 驱动。

该类驱动程序由部分 Java 程序和部分本地代码组成。这种类型的驱动程序把应用程序的 JDBC 调用转换为对应数据库的调用。需要将数据库驱动程序的部分代码安装到客户机上。本地 API 驱动也需要调用本地代码,因此和 JDBC-ODBC 桥驱动有相似的问题。

(3) 基于网络协议的纯 Java 驱动程序。

这种驱动程序将 JDBC 转换为与数据库无关的网络协议,并发送给一个网络服务器的数据库中间件,再由中间件服务器翻译成数据库访问协议。这种驱动不需要调用任何本地代码,完全用 Java 语言实现,所有使用这种驱动的 Java 程序是纯 Java 程序。

(4) 本地协议纯 Java 驱动程序。

本地协议纯 Java 驱动程序是纯 Java 编写的,可以直接连接到数据库。这类驱动程序 JDBC 调用直接转换为数据库所使用的网络协议,避开了本地代码,减少了应用开发的复杂性,是目前最流行的 JDBC 驱动。

9.2 JDBC 常用 API

JDBC API 提供了一组用于与数据库通信的接口和类,它们主要位于 java.sql 包中。JDBC API 提供了访问数据库时的基本功能如下。

(1) 连接数据库。

(2) 发送、执行 SQL 语句。

(3) 处理结果集。

JDBC API 常用的接口和类如表 9-1 所示。

表 9-1 JDBC API 常见的接口和类

接口和类	说明
java.sql. DriverManager	负责加载各种不同的数据库驱动程序,并根据不同的请求创建向调用者返回相应的数据库连接 Connection
java.sql.Driver	数据库驱动程序类必须实现的接口,会将自身加载到 DriverManager 中去,处理相应的请求并返回数据库连接
java.sql.Connection	实现类的对象,用于表示与指定数据库的连接
java.sql.Statement	用于执行静态 SQL 语句,并返回它所生成结果的对象
java.sql.PreparedStatement	表示预编译的 SQL 语句的对象。用于执行动态 SQL 语句
java.sql.CallableStatement	该接口用于调用 SQL 存储过程
java.sql.ResultSet	表示数据库结果集的数据表,通常通过执行查询数据库的语句生成

1. DriverManager 类

DriverManager 类是数据库驱动的管理类,提供管理一组 JDBC 驱动程序的基本服务,包括加载所有数据库驱动器,以及根据用户的连接请求驱动相应的数据库驱动,建立连接。DriverManager 类中定义了一些常用的静态方法,其中方法 getConnection(String url, String user, String password)用来获得数据库连接,3 个参数 url、user 和 password 分别用于标识要连接的数据库的 URL、用户名和密码,返回值的类型是 java.sql.Connection。

2. Connection 接口

Connection 接口用于表示与特定数据库的连接,只有获得该连接对象,才能通过连接执行 SQL 语句,并获得 SQL 语句的执行结果。Connection 对象中提供了创建 SQL 语句的方法,以完成基本的 SQL 操作。Connection 接口中常用的方法,有创建执行 SQL 的句柄方法:createStatement()创建一个 Statement 对象将 SQL 语句发送到数据库;prepareCall(String sql)创建一个 CallableStatement 对象调用数据库存储过程;prepareStatement(String sql)创建一个 PreparedStatement 对象将参数化的 SQL 语句发送到数据库;同时还提供了数据库事务处理的提交 commit()和回滚 rollback()方法。

3. Statement 接口

Statement 接口用来执行 SQL 语句,并返回结果,Statement 提交的 SQL 语句是静态的,不需要接收任何参数。Statement 接口包含了执行 SQL 语句的方法,对于 INSERT、UPDATE 和 DELETE 语句,调用 executeUpdate(String sql)方法;对于 SELECT 语句,调用 executeQuery(String sql)方法,并返回一个不为 null 的 ResultSet 对象。Statement 接口的常用方法如表 9-2 所示。

表 9-2 Statement 接口提供的常用方法

方　法	说　明
boolean execute(String sql)	执行给定的 SQL 语句,该语句可能返回多个结果
ResultSet executeQuery(String sql)	执行给定的 SQL 语句,该语句返回单个 ResultSet 对象
int executeUpdate(String sql)	执行给定的 SQL 语句,该语句可能为 INSERT、UPDATE 或 DELETE 语句,或者不返回任何内容的 SQL 语句(如 SQL DDL 语句)
void addBatch(String sql)	将给定的 SQL 命令添加到此 Statement 对象的当前命令列表中
int[] executeBatch()	将一批命令提交给数据库来执行,如果全部命令执行成功,则返回更新计数组成的数组
void clearBatch()	清空此 Statement 对象的当前 SQL 命令列表
void close()	立即释放此 Statement 对象的数据库和 JDBC 资源,而不是等待该对象自动关闭时发生此操作

4. PreparedStatement 接口

PreparedStatement 接口继承了 Statement 接口，该对象用来执行动态 SQL 语句，也就是在 SQL 语句中提供参数。通过 PreparedStatement 对象执行动态 SQL 语句时，将 SQL 语句进行预编译，并保存到 PreparedStatement 对象中，这样可以在需要时多次执行同一条 SQL 语句，提高程序的执行效率。动态 SQL 语句中使用"?"作为动态参数的占位符，执行动态 SQL 语句时需要设定参数的值。参数值的设置是使用 PreparedStatement 接口的 setXXX()方法。对于 SQL 中所有的类型，都有相应的 setXXX()方法。该方法的一般格式是 setXXX(int parameterIndex, XXX x)，作用是第一个参数指明设置参数在 SQL 语句中所有参数中的序号，第二个参数是表示设置的参数值。PreparedStatement 接口中除了一系列的 setXXX()方法外，其他常用方法如表 9-3 所示。

表 9-3 PreparedStatement 接口的常用方法

方 法	说 明
void addBatch()	将一组参数添加到此 PreparedStatement 对象的批处理命令中
void clearParameters()	立即清除当前参数值
boolean execute()	在此 PreparedStatement 对象中执行 SQL 语句，该语句可以是任何种类的 SQL 语句
ResultSet executeQuery()	在此 PreparedStatement 对象中执行 SQL 查询，并返回该查询生成的 ResultSet 对象
int executeUpdate()	在此 PreparedStatement 对象中执行 SQL 语句，该语句必须是一个 SQL 数据操作语言（Data Manipulation Language，DML）语句，比如 INSERT、UPDATE 或 DELETE 语句；或者是无返回内容的 SQL 语句，如 DDL 语句

5. CallableStatement 接口

CallableStatement 接口用于执行数据库中的存储过程，存储过程是数据库中一种特殊的预编译 SQL 语句。CallableStatement 接口继承了 PreparedStatement 接口，CallableStatement 接口使用实现存储过程的调用详见 9.5.4 节。

6. ResultSet 接口

ResultSet 接口用于封装结果集，一般在执行 SQL 查询语句时产生，它类似于一个数据表，可以表示检索结果集以及对应的数据表的相关信息，如列名、类型、值等。ResultSet 具有一个指向当前数据行的游标，并提供了相关的方法操作游标，常用方法如表 9-4 所示。

表 9-4 ResultSet 接口的常用方法

方 法	说 明
boolean absolute(int row)	将游标移动到此 ResultSet 对象的给定行编号
void afterLast()	将游标移动到此 ResultSet 对象的末尾，正好位于最后一行之后

续表

方　法	说　明
void beforeFirst()	将游标移动到此 ResultSet 对象的开头,正好位于第一行之前
boolean first()	将游标移动到此 ResultSet 对象的第一行
boolean last()	将游标移动到此 ResultSet 对象的最后一行
boolean next()	将游标从当前位置向前移一行
boolean previous()	将游标移动到此 ResultSet 对象的上一行
boolean relative(int rows)	按相对行数(或正或负)移动游标
boolean isAfterLast()	获取游标是否位于此 ResultSet 对象的最后一行之后
boolean isBeforeFirst()	获取游标是否位于此 ResultSet 对象的第一行之前
boolean isFirst()	获取游标是否位于此 ResultSet 对象的第一行
boolean isLast()	获取游标是否位于此 ResultSet 对象的最后一行

在 ResultSet 对象中通过游标控制记录的访问,最初游标位于第一行之前,通过上述表格中的一系列方法将游标移动到需要处理的数据行进行访问。ResultSet 接口中提供了一套 getXXX()方法,对结果集中的数据进行访问,对于各种数据类型的数据获取方法 getXXX(),JDBC 提供了两种模式,一种以列名为参数,格式是 getXXX(String colName);另一种 getXXX()方法的格式是以结果集中列的序号为参数,序号从 1 开始,格式是 getXXX(int clounmIndex)。对于不同 getXXX()方法获取列值时,数据库的字段数据类型要与 Java 的数据类型相匹配,例如,数据库中的字符类型字段"varchar"对应 Java 数据类型中的 String 类型,此时使用 getString()方法来读取该字段中的数据。

9.3 数据库连接

使用数据库连接(JDBC)开发访问数据库程序时,程序员编写的程序与开发普通 Java 程序没有太大区别。开发访问数据库程序,一般需要以下 6 步。

(1) 加载 JDBC 驱动程序。

(2) 建立数据库连接。

(3) 新建状态。

(4) 执行 SQL 命令。

(5) 处理结果集对象。

(6) 关闭资源。

9.3.1 注册驱动

对具体的数据库操作前,需要将对应数据库厂商或第三方提供的 Java 驱动程序进行注册。Java 提供了两种注册驱动程序的办法,一是通过 DriverManager 类注册驱动;二是使用反射机制进行驱动程序实例化。

1. 通过 DriverManager 类注册驱动

DriverManager 类位于 java.sql 包中，用于选择数据库程序和创建新的数据库连接。使用 DriverManager 类中的 registerDriver 方法进行驱动程序的注册，方法调用如下：DriverManager.registerDriver(new 数据库驱动类名())。

2. 使用反射机制注册驱动

反射机制进行注册驱动的方法是使用 Class 类的 forName 静态方法来加载数据库驱动，方法调用如下：Class.forName(数据库驱动类名)。该方法以字符串参数形式表示数据库驱动类名，避免在程序中使用固定类名，这样可以使代码有更好的适应性，因而这种方法是比较常用的驱动程序注册加载的方法。

不同的数据库对应的驱动类也是不一样的，如 Oracle 数据库驱动的类是 oracle.jdbc.driver.OracleDriver，MySQL 数据库驱动类是 com.mysql.jdbc.Driver。数据库厂商以一个 jar 文件提供数据库驱动，JDBC 应用程序开始时需要将 jar 文件包下载到本地，并引入应用项目中，以实现在注册驱动时可以找到对应的驱动程序类。

9.3.2 建立数据库连接

注册数据库驱动后，实现对数据库的操作访问，还需要对建立好的数据库(数据源)进行连接。连接过程中需要指定连接时的参数。具体连接时使用 JDBC URL 的形式进行。JDBC URL 的形式与普通 URL 形式一致。格式如下。

```
jdbc: 子协议: 其他参数
```

子协议指具体的数据库协议，如 Oracle 常用的子协议为“oracle: thin”，MySQL Server 的协议为“mysql”。其他参数包含所访问的数据库的名称，以及数据库服务端口号等内容。如 jdbc:oracle:thin:@address:1521:DBName;是一个 JDBC URL，thin 是驱动类型，jdbc:oracle:thin:@可以看作一个本地协议，address 代表数据库服务器的 IP 地址，1521 为 Oracle 数据库默认占用的端口号，DBName 为数据库的名字。

连接数据库使用 DriverManager 类进行连接，返回的是 Connection 对象。使用 DriverManager 的 getConnection 方法连接时，DriverManager 负责检查每个驱动程序，查看是否可以建立连接。

连接 MySQL 数据库的代码片段如下。

```
Class.forName("com.mysql.jdbc.Driver");
```

String url = " jdbc: mysql://127. 0. 0. 1: 3306/test? serverTimezone = Asia/Shanghai";//localhost 指定访问数据库在本地，3306 表示 MySQL 数据库默认的端口号，test 为数据库名称。

```
String user ="root";
```

```
String password ="123456";
conn =DriverManager.getConnection(url, user, password);
```

9.3.3 获得 Statement 对象

Statement 是描述 SQL 语句状态的接口。Statement 对象用于将 SQL 语句发送到数据库中执行。Statement 对象是由 Connection 对象提供的方法建立的。

JDBC 中有以下 3 种不同类型的 Statement。

(1) Statement。Statement 对象用于执行不带参数的简单 SQL 语句。

(2) PreparedStatement。PreparedStatement 对象用于执行带或不带输入参数的预编译 SQL 语句。

(3) CallableStatement。CallableStatement 对象用于执行对数据库已存储过程的调用,添加了参数处理。

下面主要介绍前两种方式,第 3 种方式将在 9.5.4 节讲解。

1. Statement

与数据库建立连接后,就可以创建 Statement 对象,调用 Connection 对象的 createStatement()方法实现。

【例 9-1】 创建 Statement 对象。

```
Statement st =conn.createStatement();          //conn 为前面创建的 Connection 对象
```

2. PreparedStatement

PreparedStatement 继承了 Statement 类,也是使用 Connection 对象建立的。使用 Connection 对象建立 PreparedStatement 对象时,必须给定要使用的具体 SQL 语句。构建 PreparedStatement 的原因有两个:一是为了提高执行速度,由于 PreparedStatement 进行预编译,速度比 Statement 快;二是 PreparedStatement 利用占位符,进行输入(IN)参数设置。

【例 9-2】 创建 PreparedStatement 对象。

```
String presql ="SELECT * FROM dxstudent WHERE sname =?";   //带有占位符 SQL 语句
PreparedStatement prest =conn.prepareStatement(presql);   //创建对象
pstmt.setString(1, member.getUserName());   //向 PreparedStatement 中填充占位符
```

PreparedStatement 在 SQL 语句中可以设置占位符“?”,如代码片段“SELECT * FROM dxstudent WHERE sname = ?”,其中的“?”号就是占位符。执行这个 SQL 语句前,必须为占位符赋初值。上面的 SQL 语句中使用了一个占位符,它的序号从“1”开始编写,以此类推。对占位符 1 设置参数值,使用 pstmt.setString(1, member.getUserName());。PreparedStatement 对象设置占位符初值时,必须保证对应类型一致,所以 PreparedStatement 类提供了对应数据类型的 setXXX( )方法。如 setString、setInt、setDate 等。

9.3.4 执行SQL语句

获得Statement对象后，就可以将各种SQL语句发送到数据库，让数据库执行SQL语句，并得到相应的返回结果。

Statement提供了3种执行方法executeQuery、executeUpdate和execute。如何选择执行方法由SQL语句决定。执行SELECT语句时，会返回一个结果集，需要使用executeQuery方法；执行INSERT、UPDATE、DELETE或SQL DDL(数据定义语言)并影响行数时，使用executeUpdate方法；执行结果有多个结果集或更新计数等时，需要使用execute方法。常用的是前两种方法，不建议使用execute方法，该方法只有在不知道执行SQL语句会产生什么结果的情况下才会使用。

Statement执行上面的方法时，需要使用SQL语句作为参数，而PreparedStatement执行上面的方法时，没有参数，因为建立PreparedStatement时已经设置了SQL语句。

9.3.5 处理结果集

如果执行的SQL语句是查询语句(SELECT)，执行结果将返回一个结果集(ResultSet)对象。处理结果集之前，首先要获得结果集对象，可以通过使用Statement对象或PreparedStatement对象进行查询来构建结果集对象。

【例9-3】 使用Statement对象构建结果集对象。

```
//程序片段
String sql ="SELECT * FROM Members where userName =\'Susan\'";
ResultSet rs =st.executeQuery(sql);              //其中 st 为已建立的 Statement 对象
```

【例9-4】 使用PreparedStatement状态构建结果集对象。

```
//程序片段
String presql ="SELECT * FROM Members where userName =?";
PreparedStatement prest =conn.prepareStatement(presql);
prest.setString(1,'Susan');
ResultSet rs =prest.executeQuery();
```

程序中的conn为已经和特殊数据库建立的连接对象。

ResultSet结果集对象中包含了满足SQL查询条件的所有行，通过游标指向结果集中的当前记录。因此，在对结果集进行处理时的基本步骤首先是移动游标，然后读取游标指针中存储的数据。

首次得到结果集时，游标指向第1行数据对象的前一个位置，要读取数据时，需要移动游标；读取完当前游标位置中数据对象的内容后，也需要将游标移动到下一组数据的位置。使用ResultSet类的next()方法可以移动游标到下一行。如果当前游标所指数据对象已经是结果集中的最后一行，则调用next()方法将返回false，否则返回true。

读取游标所指向当前数据的方法主要是getXXX(参数)。其中Xxx是指要返回值的对应类型；参数是指要读取的列，可以使用整型数值表示(要读取第几列，则这里的参数就是几。列号是从 1 开始的),也可以使用列名表示。

【例 9-5】 读取 Members 表中的数据。

```
//程序片段,读取结果集中的数据
while (rs!=null && rs.next()) {
    int id =rs.getInt(1);          //int id =rs.getInt("id");
    String username =rs.getString(2);
                                   //String username =rs.getString("userName");
    String password =rs.getString(3);
                                   //String password =rs.getString("password");
    int age=rs.getInt(4);          //int age =rs.getInt("age");
}
```

如果对应那列为空值,将返回 XXX 型的空值,如果 XXX 是数字类型,如 Float 等,则返回 0,如果是 boolean 则返回 false。使用 getString( )可以返回所有列的值,不过返回的都是字符串类型的值。XXX 可以代表的类型有:基本的数据类型,如整型(int),布尔型(Boolean),浮点型(Float、Double),比特型(byte)等,还包括一些特殊的类型,如日期类型(java.sql.Date)、时间类型(java. sql. Time)、时间戳类型(java. sql. Timestamp)、大数型(BigDecimal 和 BigInteger)等。

9.3.6 关闭资源

数据库连接资源有限,如果不能有效地关闭和释放资源,可能会导致连接资源耗尽。所以,在数据库所有操作都完成后,要显式地关闭和释放资源。特别在异常和错误的情况下,也能够保证连接资源的关闭和释放,使资源得到重复利用。

资源的关闭与打开的顺序相反,顺序是 ResultSet、Statement(PreparedStatement)和 Connection。为了保证在异常情况下也能关闭资源,需要在 try-catch-finally 的 finally 模块中进行关闭和释放资源。

下面给出一个 JDBC 应用程序的示例,其中操作的是 MySQL 数据库中的会员表(Members),该表定义如表 9-5 所示。该表初始状态下包含 3 条记录,数据库中的查询结果如图 9-2 所示。示例中执行查询表中的所有记录,并获取数据输出。

表 9-5 Members 表

序号	字 段	类 型	是否为空	约 束	说 明
1	id	int	否	主键,自增,1	内部编号
2	userName	varchar(30)	否		会员登录名
3	password	varchar(50)	否		登录密码
4	age	int	否		会员姓名

【例 9-6】 查询数据库的会员表 Members 的所有记录,并获取数据输出。

程序 JDBCTest.java 如下。

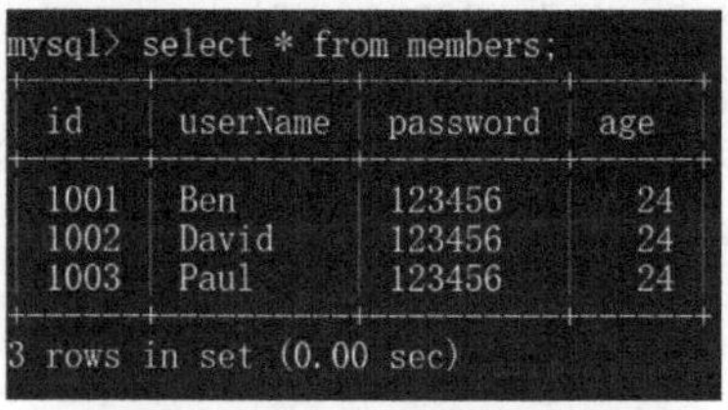

```
mysql> select * from members;
+------+----------+----------+-----+
| id   | userName | password | age |
+------+----------+----------+-----+
| 1001 | Ben      | 123456   |  24 |
| 1002 | David    | 123456   |  24 |
| 1003 | Paul     | 123456   |  24 |
+------+----------+----------+-----+
3 rows in set (0.00 sec)
```

图 9-2　Members 记录信息

```
import java.sql.Connection;
import java.sql.DriverManager;
import java.sql.ResultSet;
import java.sql.SQLException;
import java.sql.Statement;
public class JDBCTest {
    public static void main(String[] args) {
        //设置数据库连接的四大变量,drivername,url,username,password;
        String driverName ="com.mysql.jdbc.Driver";
        String url ="jdbc: mysql: //localhost: 3306/test?serverTimezone=Asia/
        Shanghai";
        String userName ="root";
        String password ="123456@";
        //1.注册驱动
        try {
            Class.forName(driverName);
            System.out.println("驱动注册完成");
            //2.建立数据库连接
            Connection conn =  DriverManager. getConnection ( url,  userName,
            password);
            System.out.println("连接建立成功");
            //3.获得 Statement 对象
            Statement st =conn.createStatement();
            //4.执行 SQL 语句
            String sql ="select * from Members ";
            ResultSet rs =st.executeQuery(sql);
            //5.处理结果集
            while(rs.next()) {
                System.out.println(" id: "+ rs.getInt (1) +"\tuserName: "+ rs.
                getString("userName")+"\tpassword: "+rs.getString(3)+"\tage:
                "+rs.getInt(4));
            }
            //6.关闭资源
            if(rs!=null)rs.close();
            if(st!=null)st.close();
            if(conn!=null)conn.close();
```

```
        } catch (ClassNotFoundException e) {
            e.printStackTrace();
        } catch (SQLException e) {
            e.printStackTrace();
        }finally {}
    }
}
```

程序运行结果如下。

```
驱动注册完成
连接建立成功
id: 1001  userName: Ben     password: 123456   age: 24
id: 1002  userName: David   password: 123456   age: 24
id: 1003  userName: Paul    password: 123456   age: 24
```

【例 9-6】中按照访问数据库的 6 个基本步骤完成编写。首先通过 Class.forName()方法加载 MySQL 驱动,需将数据库驱动类的全称作为 forName 方法的参数;然后调用 DriverManager.getConnection(url, userName, password)方法来建立与 MySQL 数据库的连接,获取连接时需要指明数据库连接的 URL、用户名、密码,以上两个步骤用到的数据库驱动名、URL、用户名、密码是进行数据库连接所必要的 4 个信息;接着通过 conn 的 createStatement()方法来获取 Statement 对象,使用 Statement 对象的 executeQuery()方法执行 SQL 语句,并返回结果集对象 ResultSet;再接下来调用 ResultSet 结果集对象的 next()方法实现游标的移动,再通过 getXXX()方法获取指定列中的数据,getInt(1)表示通过列索引号获得第 1 列的数据信息,getString("userName")是通过指定列名"userName"来获得该列对应的字符串内容。最后调用资源的 close()方法,实现资源关闭。

9.4 JDBC 的基本应用

JDBC 不仅可以执行查询操作,还可以执行数据的插入、删除和更新操作。使用 JDBC 访问数据库时,执行的步骤都是相同的,不同的是每次执行的 SQL 语句。因此,为了简化数据库访问操作,需要封闭访问数据库时的通用代码。

9.4.1 数据库的基本操作

在一般的应用程序中,对数据的操作主要包括数据的插入、删除、更新和查找,利用 JDBC API 中的 Statement 对象提供的成员方法,可以方便地实现这些操作。

1. 插入数据

插入数据时,使用 INSERT 语句向表中添加一条记录,调用 Statement 对象的 excuteUpdate()方法,执行插入语句。

【例 9-7】 通过 Statement 执行静态 INSERT 语句,向会员表 Members 中添加一条记录。

程序 JDBCInsertTest.java 如下。

```
import java.sql.Connection;
import java.sql.DriverManager;
import java.sql.SQLException;
import java.sql.Statement;
public class JDBCInsertTest {
    public static void main(String[] args) {
        //TODO Auto-generated method stub
        //定义数据库连接的四大变量
        String driverName ="com.mysql.cj.jdbc.Driver";
        String url ="jdbc: mysql: //127.0.0.1: 3306/test?serverTimezone=Asia/
        Shanghai";
        //所访问的数据库用户名和密码
        String userName ="root";
        String password ="123456@";
        Connection conn =null;
        Statement stm =null;
        try {
          //1.注册驱动
          Class.forName(driverName);
          //2.获取数据库连接
          conn =DriverManager.getConnection(url, userName, password);
            //3.获取 Statement 对象
          stm =conn.createStatement();
          //插入操作
          String sql ="insert into members values (1004,'John','123',30)";
          //4.执行 Insert 语句
          stm.executeUpdate(sql);
        } catch (ClassNotFoundException e) {

            e.printStackTrace();
        } catch (SQLException e) {

            e.printStackTrace();
        } finally {
            try {
                if (stm !=null)
                    stm.close();
                if (conn !=null)
                    conn.close();
            } catch (SQLException e) {
```

```
                e.printStackTrace();
            }
        }
    }
}
```

上述代码通过调用 Statement 对象的 excuteUpdate( )方法实现了向表 Members 中添加记录(1004,John,123,30),执行后查询数据库表得到的数据如图 9-3 所示。通过 Statement 对象的 excuteUpdate(String sql)方法执行 SQL 语句时,每插入一条记录,需要调一次方法,如果要添加多条记录,则需要多次调用该方法,比较烦琐。因此,当需要添加多条记录时,一般使用 PreparedStatement 执行动态 INSERT 语句,也就是在需要多次执行的 SQL 语句中提供参数,动态 SQL 语句使用"?"作为动态参数的占位符。使用 PreparedStatement 实现动态 SQL 的执行,可以提高程序的灵活性和执行效率。

```
mysql> select * from members;
+------+----------+----------+-----+
| id   | userName | password | age |
+------+----------+----------+-----+
| 1001 | Ben      | 123456   |  24 |
| 1002 | David    | 123456   |  24 |
| 1003 | Paul     | 123456   |  24 |
| 1004 | John     | 123      |  30 |
+------+----------+----------+-----+
4 rows in set (0.00 sec)
```

图 9-3 【例 9-7】执行后的数据库表数据

【例 9-8】 使用 PreparedStatement 执行动态 Insert 语句,向会员表 Members 中添加多条记录。

程序 JDBCInsertTest2.java 如下。

```
import java.sql.Connection;
import java.sql.DriverManager;
import java.sql.PreparedStatement;
import java.sql.SQLException;
public class JDBCInsertTest2 {
    public static void main(String[] args) {
        //TODO Auto-generated method stub
        //定义数据库连接的四大变量
        String driverName ="com.mysql.cj.jdbc.Driver";
        String url ="jdbc: mysql: //127.0.0.1: 3306/test?serverTimezone=Asia/
        Shanghai";
        //所访问的数据库用户名和密码
        String userName ="root";
        String password ="123456@";
        Connection conn =null;
        PreparedStatement pstam =null;
        try {
          //1.注册驱动
          Class.forName(driverName);
          //2.获取数据库连接
          conn =DriverManager.getConnection(url, userName, password);
          //插入操作
```

```
            String sql ="insert into members values (?,?,?,?)";
            //3.获取 PrepareStatement 对象
            pstam =conn.prepareStatement(sql);
            //创建要添加到表中的记录数据
            String[][] records ={{"1005","Mike","123","25"},
                                 {"1006","Lily","123","26"},
                                 {"1007","Jack","123","27"}};
            //4.为参数赋值,执行动态 SQL
            for(int i =0;i<records.length;i++) {
                pstam.setInt(1, Integer.valueOf(records[i][0]).intValue());
                pstam.setString(2, records[i][1]);
                pstam.setString(3, records[i][2]);
                pstam.setInt(4, Integer.valueOf(records[i][3]).intValue());
                  //4.调用 executeUpdate()方法,执行插入 SQL 语句
                pstam.executeUpdate();
            }
        } catch (ClassNotFoundException e) {
            e.printStackTrace();
        } catch (SQLException e) {
            e.printStackTrace();
        } finally {
            try {
                if (pstam !=null)
                    pstam.close();
                if (conn !=null)
                    conn.close();
            } catch (SQLException e) {
                e.printStackTrace();
            }
        }
    }
}
```

上述代码通过 PreparedStatement 执行动态 SQL,将 records 二维数组的内容添加到数据库中,执行后在数据库中查询的数据如图 9-4 所示。PreparedStatement 对象通过调用 Connection 对象的 prepareStatement(sql)方法获得。表示动态 SQL 时,必须使用"?"占位符表示参数,代码中插入记录的字段值作为输入参数,在定义 SQL 语句时是使用占位符来表示的,执行动态 SQL 语句前,必须对占位符参数进行赋值。PreparedStatement 接口中提供了一系列 setXXX()方法,通过占位符的索引完成对输入参数的赋值,根据参数的类型来选择对应的 setXXX( )方法。

```
mysql> select * from members;
+------+----------+----------+-----+
| id   | userName | password | age |
+------+----------+----------+-----+
| 1001 | Ben      | 123456   |  24 |
| 1002 | David    | 123456   |  24 |
| 1003 | Paul     | 123456   |  24 |
| 1004 | John     | 123      |  30 |
| 1005 | Mike     | 123      |  25 |
| 1006 | Lily     | 123      |  26 |
| 1007 | Jack     | 123      |  27 |
+------+----------+----------+-----+
7 rows in set (0.00 sec)
```

图 9-4 【例 9-8】执行后的数据库表数据

根据 Members 表中字段的类型,在循环的过程中使用 records 二维数组的内容,依次为插入记录的字段进行赋值。完成参数的赋值后,调用 executeUpdate( )方法执行动态 SQL,用 INSERT 语句实现将数据添加到数据库中。

2. *更新数据*

更新数据时,既可以使用 Statement 对象执行静态 SQL 语句实现,也可以使用 PreparedStatement 对象执行动态 SQL 语句实现,但无论使用哪种类型对象,实现数据更新调用的方法都是 executeUpdate 方法,方法返回 int 类型数表示更新的记录的条数。【例 9-9】演示了使用 PreparedStatement 对象实现数据的更新操作。

【例 9-9】 使用 JDBC 实现表 Members 中记录的更新。

程序 JDBCUpdateTest.java 如下。

```
import java.sql.Connection;
import java.sql.DriverManager;
import java.sql.PreparedStatement;
import java.sql.ResultSet;
import java.sql.SQLException;
import java.sql.Statement;
public class JDBCUpdateTest {
    public static void main(String[] args) {
        //TODO Auto-generated method stub
        //定义数据库连接的四大变量
        String driverName ="com.mysql.cj.jdbc.Driver";
        String url ="jdbc: mysql: //127.0.0.1: 3306/test?serverTimezone=Asia/
        Shanghai";
        //所访问的数据库用户名和密码
        String userName ="root";
        String password ="123456@";
        Connection conn =null;
        PreparedStatement pstam =null;
        ResultSet rs =null;
        try {
          //1.注册驱动
          Class.forName(driverName);
          //2.获取数据库连接
          conn =DriverManager.getConnection(url, userName, password);
          //3.获得执行 SQL 句柄,也就是 Statement 对象
          System.out.print("修改前 1007 的信息: ");
          findMemberById(1007,conn,pstam,rs);
          //4.更新操作
          String sql ="update members set password =? where id =?";
          pstam =conn.prepareStatement(sql);
          pstam.setString(1, "abc");
```

```
            pstam.setInt(2, 1007);
            pstam.executeUpdate();
            System.out.print("修改后 1007 的信息: ");
            findMemberById(1007,conn,pstam,rs);
        } catch (ClassNotFoundException e) {
            e.printStackTrace();
        } catch (SQLException e) {
            e.printStackTrace();
        } finally {
            try {
                if (pstam !=null)
                    pstam.close();
                if (conn !=null)
                    conn.close();
            } catch (SQLException e) {

                e.printStackTrace();
            }
        }
    }
    public static void findMemberById(int id,Connection conn,
            PreparedStatement pstm,ResultSet rs) {
        try {
            String sql ="select * from Members where id=?";
            pstm =conn.prepareStatement(sql);
            pstm.setInt(1, id);
            rs =pstm.executeQuery();
            while (rs.next()) {// rs.getInt(1)等价于 rs.getInt("id");
                System.out.println("id: " +rs.getInt(1) +"\tuserName: " +rs.
                getString("userName") +"\tpassword: "+rs.getString(3) +"\tage: " +
                rs.getInt(4));
            }
        } catch (SQLException e) {
            e.printStackTrace();
        }
    }
}
```

程序运行结果如下。

```
修改前 1007 的信息: id: 1007  userName: Jack  password: 123  age: 27
修改后 1007 的信息: id: 1007  userName: Jack  password: abc  age: 27
```

程序执行后 id 为 1007 的会员密码更新为“abc”。

3. 删除数据

同更新数据一样,删除数据时,既可以使用 Statement 对象执行静态 SQL 语句实现,也可以使用 PreparedStatement 对象执行动态 SQL 语句实现,【例 9-10】演示使用 PreparedStatement 对象实现数据的删除操作。

【例 9-10】 使用 JDBC 实现表 Members 中记录的删除。

程序 JDBCDeleteTest.java 如下。

```
package com.jdbc;
import java.sql.Connection;
import java.sql.DriverManager;
import java.sql.PreparedStatement;
import java.sql.SQLException;
public class JDBCDeleteTest{
    public static void main(String[] args) {
        //TODO Auto-generated method stub
        //定义数据库连接的四大变量
        String driverName ="com.mysql.cj.jdbc.Driver";
        String url ="jdbc: mysql: //127.0.0.1: 3306/test?serverTimezone=Asia/
        Shanghai";
        //所访问的数据库用户名和密码
        String userName ="root";
        String password ="123456@";
        Connection conn =null;
        PreparedStatement pstam =null;
        try {
            //1.注册驱动
            Class.forName(driverName);
            //2.获取数据库连接
            conn =DriverManager.getConnection(url, userName, password);
            //删除操作 SQL 语句
          String sql ="delete from members where id =?";;
          //3.获得执行 SQL 句柄
          pstam =conn.prepareStatement(sql);
          //设置动态 SQL 参数的值
          pstam.setInt(1, 1004);
          //4.调用 executeUpdate( )方法,执行删除 SQL 语句
          pstam.executeUpdate();
        }
      } catch (ClassNotFoundException e) {
          e.printStackTrace();
        } catch (SQLException e) {
```

```
                e.printStackTrace();
            } finally {
                try {
                    if (pstam !=null)
                        pstam.close();
                    if (conn !=null)
                        conn.close();
                } catch (SQLException e) {

                    e.printStackTrace();
                }
            }
        }
}
```

程序运行结果如图 9-5 所示。

```
删除前表数据:
id:1001 userName:Ben     password:123456 age:24
id:1002 userName:David   password:123456 age:24
id:1003 userName:Paul    password:123456 age:24
id:1004 userName:John    password:123    age:30
id:1005 userName:Mike    password:123    age:25
id:1006 userName:Lily    password:123    age:26
id:1007 userName:Jack    password:abc    age:27
删除后表数据:
id:1001 userName:Ben     password:123456 age:24
id:1002 userName:David   password:123456 age:24
id:1003 userName:Paul    password:123456 age:24
id:1005 userName:Mike    password:123    age:25
id:1006 userName:Lily    password:123    age:26
id:1007 userName:Jack    password:abc    age:27
```

图 9-5 【例 9-10】的运行结果

程序执行后 id 为 1004 的记录将从数据表中删除。

4. 查询数据

对于数据的查询操作,【例 9-10】已经使用了 Statement 对象执行静态 SQL 语句实现,并对结果集对象进行了访问,输出查询出的结果集记录。下面通过【例 9-11】演示使用 PreparedStatement 对象实现数据的删除操作。

【例 9-11】 使用 JDBC 实现表 Members 中查询 id 为 1007 的记录。

程序 JDBCCRUDTest2.java 如下。

```
package com.jdbc;
import java.sql.Connection;
import java.sql.DriverManager;
import java.sql.PreparedStatement;
```

```
import java.sql.ResultSet;
import java.sql.SQLException;
import java.sql.Statement;
public class JDBCCRUDTest2 {
    public static void main(String[] args) {
        //TODO Auto-generated method stub
        //定义数据库连接的四大变量
        String driverName ="com.mysql.cj.jdbc.Driver";
        String url ="jdbc: mysql: //127.0.0.1: 3306/test?serverTimezone=Asia/
        Shanghai";
        //所访问的数据库用户名和密码
        String userName ="root";
        String password ="123456@";
        Connection conn =null;
        PreparedStatement pstam =null;
        ResultSet rs =null;
        try {
            //1.注册驱动
            Class.forName(driverName);
            //2.获取数据库连接
            conn =DriverManager.getConnection(url, userName, password);
            //查询操作 SQL 语句
            String sql ="select * from members where id =? ";
            //3.获得执行 SQL 句柄
            pstam =conn.prepareStatement(sql);
            //设置动态 SQL 参数的值
            pstam.setInt(1, 1007);
            //4.调用 executeQuery()方法,执行删除 SQL 语句
            rs =pstam.executeQuery();
            while (rs.next()) {// rs.getInt(1)等价于 rs.getInt("id");
            System.out.println("查询结果: id: " +rs.getInt(1) +"\tuserName: " +
                                    rs.getString("userName") +"\tpassword: "+
                                    rs.getString(3) +"\tage: " +rs.getInt(4));
            }
        }
      } catch (ClassNotFoundException e) {
         e.printStackTrace();
      } catch (SQLException e) {
         e.printStackTrace();
      } finally {
         try {
            if (rs!=null)
                rs.close();
            if (pstam !=null)
```

```
                pstam.close();
            if (conn !=null)
                conn.close();
        } catch (SQLException e) {
            e.printStackTrace();
        }
    }
  }
}
```

程序运行结果如下。

```
查询结果: id: 1007  userName: Jack  password: abc  age: 27
```

9.4.2 JDBC的简单封装

通过前面的代码可以发现一个问题:访问数据库时,执行的步骤都是相同的,不同的是每次执行的SQL语句,这样代码会存在冗余问题。为了减少代码冗余,提高效率,可以将访问数据库时通用的注册驱动和获得连接代码以及关闭资源代码进行封装,编写数据库连接获取以及资源关闭的工具类。当要实现数据库访问,进行数据的查询、更新等操作时,都通过调用工具类来实现。下面通过【例9-12】和【例9-13】分别实现数据库连接获取的工具类ConnectionFactory和资源关闭的工具类ResourceClose。

【例9-12】 实现数据库连接获取的工具类ConnectionFactory。

程序ConnectionFactory.java如下。

```
import java.sql.Connection;
import java.sql.DriverManager;
import java.sql.SQLException;
public class ConnectionFactory {
    //定义数据库连接的四大变量
    static String driverName ="com.mysql.cj.jdbc.Driver";
    static String url ="jdbc: mysql: //127.0.0.1: 3306/test? serverTimezone=
   Asia/Shanghai";
    //所访问的数据库用户名和密码
    static String userName ="root";
    static String password ="123456@";
    public static Connection getConnection() {
        try {
            //1.注册驱动
            Class.forName(driverName);
            //2.获取数据库连接
            return DriverManager.getConnection(url, userName, password);
    } catch (ClassNotFoundException e) {
        e.printStackTrace();
```

```
            System.out.println("获取连接成功");
            return null;
        } catch (SQLException e) {
            e.printStackTrace();
            System.out.println("获取连接失败");
            return null;
        }
    }
}
```

ConnectionFactory 类中提供了 getConnection()方法，以实现数据库访问时获取数据库的连接。

【例 9-13】 实现资源关闭的工具类 ResourceClose。

程序 ResourceClose.java 如下。

```
import java.sql.Connection;
import java.sql.ResultSet;
import java.sql.SQLException;
import java.sql.Statement;
public class ResourceClose {
    public static void close(ResultSet rs, Statement st, Connection conn) {
            try {
                if(rs!=null) rs.close();
                if(st!=null) st.close();
                if(conn!=null) conn.close();
            } catch (SQLException e) {
                e.printStackTrace();
            }
    }
    public static void close(Statement st, Connection conn) {
        try {
            if(st!=null) st.close();
            if(conn!=null) conn.close();
        } catch (SQLException e) {
            e.printStackTrace();
        }
    }
}
```

ResourceClose 类中提供了两个重载的 close()方法，分别用于关闭 ResultSet、Statement(PreparedStatement)和 Connection，以及关闭 Statement(PreparedStatement)和 Connection。

在一般的应用程序中，对数据的操作主要包括数据的插入、删除、更新和查找，可以利用 ConnectionFactory 的 getConnection()的静态方法以及 ResourceClose 的 close()方法实现数据连接和数据库资源关闭的相同步骤功能，在应用程序中完成插入、删除、更新和查找不同的业务逻辑处理，以减少代码冗余量，使代码更加简洁清晰。

9.4.3 DAO 模式

在面向对象的程序开发中，如何实现实体对象的读写与数据库中表数据的增加、删除、修改和查找的功能关联起来？Java EE 开发人员使用了数据访问对象(Data Access Object DAO)的设计模式，目的是使低级别的数据访问逻辑与高级别的业务逻辑分离。使用 DAO 模式的基本原理如图 9-6 所示。

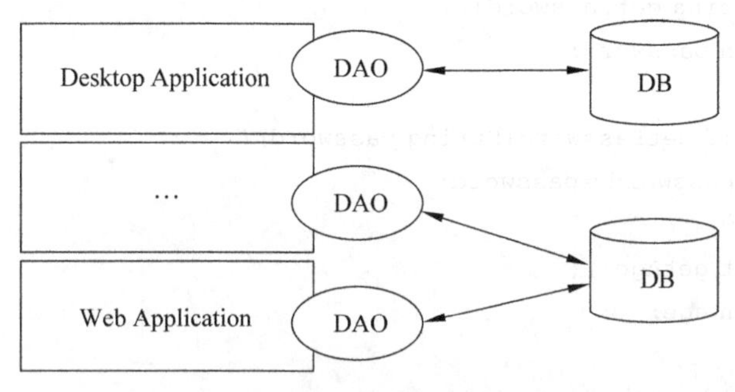

图 9-6 DAO 模式的基本原理

DAO 模式的组成由实体类、对象操作接口(DAO)和对象接口操作类(即 JDBC 操作数据库类)组成。下面分别介绍这一过程。

1. 构建实体类

前面介绍面向对象编程基础时，提到过实体类的构建。实体类就是用于存放与传输对象数据，可以把类的属性与类的业务分开。实体类包括属性、构造方法、get 和 set 操作。构建时，实体类需要和数据库表对应，使用 DAO 后可以将数据在实体对象(Java 对象)和数据库表记录之间转换。如前面操作的 Members 表，保存一条会员信息时，Java 肯定会使用一个会员对象来存储会员信息。

【例 9-14】 构建 Member 会员类。

程序 Member.java 如下。

```
public class Member{
    //属性
    private int id;
    private String userName;
    private String password;
    private int age;
    //get/set 方法
    public int getId(){
        return id;
    }
```

```
        public void setId(int id) {
            this.id =id;
        }
        public String getUserName() {
            return userName;
        }
        public void setUserName(String userName) {
            this.userName =userName;
        }
        public String getPassword() {
            return password;
        }
        public void setPassword(String password) {
            this.password =password;
        }
        public int getAge() {
            return age;
        }
        public void setAge(int age) {
            this.age=age;
        }
    }
```

Member.java 实现的会员类中的属性与数据表 Members 中的字段相对应,这样就可以使用 Member 实例对象来保存一条 Members 表中的记录了。

2. 定义 DAO 接口

DAO 接口把对数据库的所有操作定义成抽象方法,可以提供多种实现。DAO 接口命名规范,以和表对应的实体类为前缀命名,以 DAO 为后缀。

【例 9-15】 定义 MemberDAO 接口。

程序 MembersDAO.java 如下。

```
import java.util.List;
public interface MembersDAO {
    //1.会员添加
    public boolean addMember(Member user);
    //2.会员信息修改
    public boolean updateMember(Member user);
    //3.会员删除
    public boolean delMember(int id);
    //4.查询所有会员
    public List<Member> findAllMembers();
    //5.根据会员 ID 查询某一用户
    public Member findMemberById(int id);
```

```
    //6.会员登录
    public Member login(String userName,String password);
    //7.获得一个唯一的 ID 标识
    public int getNewMemberId();
}
```

MemberDAO 接口中定义了所有会员的操作,如添加、查询、删除等。

3. 实现 DAO 接口的实现类

DAO 接口实现类可以针对不同数据库给出 DAO 接口定义方法的具体实现。这样可以隔离不同的数据库实现和不同的访问数据库技术实现。

【例 9-16】 实现 MemberDaoImpl 类。

程序 MemberDAOImpl.java 如下。

```
import java.sql.Connection;
import java.sql.PreparedStatement;
import java.sql.ResultSet;
import java.sql.SQLException;
import java.sql.Statement;
import java.util.ArrayList;
import java.util.List;
public class MemberDAOImpl implements MemberDAO {
    @Override
    //1.会员信息添加
    public boolean addMember(Member member) {
        // TODO Auto-generated method stub
        Connection conn =null;
        PreparedStatement pst =null;
        int num =0;
        try {
            conn =ConnectionFactory.getConnection();
            String sql ="insert into Members values (?,?,?,?)";
            pst =conn.prepareStatement(sql);
            pst.setInt(1, member.getId());
            pst.setString(2, member.getUserName());
            pst.setString(3, member.getPassword());
            pst.setInt(4, member.getAge());
            num =pst.executeUpdate();
            if (num ==1)
                return true;
            else
                return false;
        } catch (SQLException e) {
```

```
                e.printStackTrace();
                return false;
            } finally {
                ResourceClose.close(pst, conn);
            }
        }
    @Override
    //2.会员信息修改
    public boolean updateMember(Member member) {
        // TODO Auto-generated method stub
        Connection conn =null;
        PreparedStatement pst =null;
        int num =0;
        try {
              conn =ConnectionFactory.getConnection();
              String sql="update Members set username =?, password=?, age=? where
              id=?";
              pst =conn.prepareStatement(sql);
              pst.setString(1, member.getUserName());
              pst.setString(2, member.getPassword());
              pst.setInt(3, member.getAge());
              pst.setInt(4, member.getId());
              num =pst.executeUpdate();
              if (num ==1)
                  return true;
              else
                  return false;
          } catch (SQLException e) {
              e.printStackTrace();
              return false;
          } finally {
              ResourceClose.close(pst, conn);
          }
    }
    @Override
    //3.删除会员记录
    public boolean delMember(int id) {
        Connection conn =null;
        PreparedStatement pst =null;
        int num =0;
        try {
            conn =ConnectionFactory.getConnection();
            String sql ="delete from Members where id=?";
            pst =conn.prepareStatement(sql);
```

```
        pst.setInt(1, id);
        num =pst.executeUpdate();
        if (num ==1) {
            System.out.println("删除 id =" +id +"的记录成功!");
            return true;
        } else
            System.out.println("没有该 id 的相关记录,删除失败!");
        return false;
    } catch (SQLException e) {
        e.printStackTrace();
        System.out.println("异常");
        return false;
    } finally {
        ResourceClose.close(pst, conn);
    }
}
@Override
//4.查询所有会员
public List<Member>findAllMembers() {
    Connection conn =null;
    Statement stm =null;
    ResultSet rs =null;
    List<Member>list =new ArrayList<Member>();
    Member member =null;
    try {
      conn =ConnectionFactory.getConnection();
      stm =conn.createStatement();
      String sql ="select * from Members";
      rs =stm.executeQuery(sql);
      while (rs.next()) {
          member =new Member();
          member.setId(rs.getInt(1));
          member.setUserName(rs.getString(2));
          member.setPassword(rs.getString(3));
          member.setAge(rs.getInt(4));
          list.add(member);
      }
    } catch (SQLException e) {
      e.printStackTrace();
    } finally {
      ResourceClose.close(rs, stm, conn);
    }
    return list;
}
```

```
@Override
//5.根据用户 ID查询某一用户
public Member findMemberById(int id) {
    Connection conn =null;
    PreparedStatement pstm =null;
    ResultSet rs =null;
    Member member =null;
    try {
      conn =ConnectionFactory.getConnection();
      String sql ="select * from Members where id=?";
      pstm =conn.prepareStatement(sql);
      pstm.setInt(1, id);
      rs =pstm.executeQuery();
      if (rs.next()) {
          member =new Member();
          member.setId(rs.getInt(1));
          member.setUserName(rs.getString(2));
          member.setPassword(rs.getString(3));
          member.setAge(rs.getInt(4));

      }
    } catch (SQLException e) {
      e.printStackTrace();
    } finally {
      ResourceClose.close(rs, pstm, conn);
    }
    return member;
}
@Override
//6.用户登录
public Member login(String userName, String password) {
    Connection conn =null;
    PreparedStatement pstm =null;
    ResultSet rs =null;
    Member member =null;
    try {
      conn =ConnectionFactory.getConnection();
      String sql ="select * from Members where userName=? and password=?";
      pstm =conn.prepareStatement(sql);
      pstm.setString(1, userName);
      pstm.setString(2, password);
      rs =pstm.executeQuery();
      if (rs.next()) {
          member =new Member();
```

```
            member.setId(rs.getInt(1));
            member.setUserName(rs.getString(2));
            member.setPassword(rs.getString(3));
            member.setAge(rs.getInt(4));
          }
        } catch (SQLException e) {
          e.printStackTrace();
        } finally {
          ResourceClose.close(rs, pstm, conn);
        }
        return member;
    }
    @Override
    //7.获得一个唯一的 ID 标识
    public int getNewMemberId() {
            Connection conn =null;
            Statement stm =null;
            ResultSet rs =null;
            int num =0;
            try {
              conn =ConnectionFactory.getConnection();
              stm =conn.createStatement();
              String sql ="select max(id) from Members";
              rs =stm.executeQuery(sql);
              if (rs.next()) {
                  num =rs.getInt(1);
              }
            } catch (Exception e) {
              e.printStackTrace();
            } finally {
              ResourceClose.close(rs, stm, conn);
            }
            return num +1;
        }
}
```

上述代码实现了 DAO 接口中的所有方法，通过数据库工具类实现了数据库的连接、访问，有效地隔离了数据访问代码和业务逻辑代码。借助数据库工具类可以实现不同的数据库和不同的访问数据库技术。

【例 9-17】 演示 DAO 模式使用。

程序 DAOTest.java 如下。

```
import java.util.List;
public class DAOTest {
```

```
    public static void main(String[] args) {
        MembersDAO ud =new MemberDAOImpl();
        System.out.println(ud.getNewMemberId());
        Member member =new Member();
        member.setId(ud.getNewMemberId());
        member.setUserName("wangwu");
        member.setPassword("111111");
        member.setAge(25);
        ud.addMember(member);
        member.setId(1005);
        member.setUserName("wang");
        member.setPassword("123456");
        member.setAge(25);
        ud.updateMember(member);
        List<Member>list =ud.findAllMembers();
        for(Member u : list) {
            System.out.println(u.getId()+"\t"+u.getUserName()+"\t"+u.
                                    getPassword()+"\t"+u.getAge());
        }
    }
}
```

程序运行结果如下。

```
1008
1001  Ben     123456  24
1002  David   123456  24
1003  Paul    123456  24
1005  wang    123456  25
1006  Lily    123     26
1007  Jack    abc     27
1008  wangwu  111111  25
```

上述测试类中对方法的调用是面向 MembersDAO 接口的,无须关心 DAO 的具体实现。DAO 模式通过对底层数据的封装,为业务层提供了一个面向对象的接口,使得业务逻辑开发员可以面向业务中的实体进行编码。通过引入 DAO 模式,业务逻辑更加清晰,且富于形象性和描述性,为日后的维护带来极大的便利。

9.5 JDBC 的高级特征使用

9.5.1 属性文件使用

为了方便后期维护,通常需要将数据库连接信息(URL、用户名/密码等)保存到专门的属性文件中,而不在程序中直接给出。在项目中添加一个属性文件 db.properties,其中以键值对的形式存储数据库的连接信息,然后通过 java.util.Properties 类的 getProperty(String key)方法来获取指定"键"值对应的"值",利用得到的信息实现数据库的连接。

【例 9-18】 通过使用保存数据库信息的属性文件获得数据库连接,改写 ConnectFactory 类,实现一个数据库工具类 DBUtil。

db.properties 内容信息如下。

```
driver =com.mysql.cj.jdbc.Driver
url =jdbc: mysql: //127.0.0.1: 3306/test?serverTimezone=Asia/Shanghai
user =root
password =123456@
```

程序 DBUtil.java 如下。

```
import java.io.FileInputStream;
import java.io.FileNotFoundException;
import java.io.IOException;
import java.sql.Connection;
import java.sql.DriverManager;
import java.sql.SQLException;
import java.util.Properties;
public class DBUtil {
    Connection conn =null;
    FileInputStream fis=null;
    public Connection getConnection() {
        Properties ps =new Properties();
        try {
            fis =new FileInputStream("db.properties");
            ps.load(fis);
            fis.close();
            //通过 ps 的 getProperty 方法获取属性文件中的数据库连接信息
            String driver =ps.getProperty("driver");
            String url =ps.getProperty("url");
            String userName =ps.getProperty("user");
            String password =ps.getProperty("password");
            Class.forName(driver);
            conn =DriverManager.getConnection(url, userName, password);
            System.out.println("获取连接成功");
            return conn;
        } catch (FileNotFoundException e1) {
            e1.printStackTrace();
            System.out.println("属性文件找不到");
            return null;
        }
        catch (ClassNotFoundException e) {
```

```
                e.printStackTrace();
                System.out.println("数据库驱动找不到");
                return null;
            } catch (SQLException e) {
                e.printStackTrace();
                System.out.println("获取连接失败");
                return null;
            } catch (IOException e) {
                e.printStackTrace();
                System.out.println("读取属性文件出错");
                return null;
            }
        }
        public static void main(String[] args) {
            DBUtil db =new DBUtil();
            Connection conn =db.getConnection();
        }
    }
```

在上述例题中,DBUtil 类中的数据库连接信息是通过 Properties 对象读取属性文件获取的,进而实现数据库的连接。如果项目进行中使用的数据库信息发生变化,则只需要修改属性文件,而不需要对 Java 源程序文件作修改。因此,将数据库连接信息保存到属性文件中,可以大大地减少项目后期维护的工作量。

9.5.2 数据库元数据

元数据指的是描述数据的数据,数据库元数据就是描述数据库的元数据,如数据库的名称、版本、数据库驱动名称等。

JDBC 提供了 DatabaseMetaData 和 ResultSetMetaData 两个常用的获取数据库元数据相关信息的接口,下面通过【例 9-19】说明这两个接口的常用方法。

【例 9-19】 演示 DatabaseMetaData 和 ResultSetMetaData 的常用方法。

程序 MetaDataTest.java 如下。

```
import java.sql.Connection;
import java.sql.DatabaseMetaData;
import java.sql.ResultSet;
import java.sql.ResultSetMetaData;
import java.sql.SQLException;
import java.sql.Statement;
public class MetaDataTest {
    public static void main(String[] args) {
        //TODO Auto-generated method stub
        Connection conn =null;
        Statement st =null;
```

```
        ResultSet rs =null;
        try {
            conn = (new DBUtil()).getConnection();
            // 获得了 DatabaseMetaData 元数据对象
            DatabaseMetaData dmd =conn.getMetaData();
            //输出数据库的一般信息
            System.out.println("数据库产品名: " +
                                    dmd.getDatabaseProductName());
            System.out.println("数据库 版本号: " +
                                dmd.getDatabaseProductVersion());
            System.out.println("驱动器名" +dmd.getDriverName());
            System.out.println("驱动器版本号: " +dmd.getDriverVersion());
            System.out.println("url: " +dmd.getURL());
            //输出数据库是否支持给定的特性或功能
            System.out.println("TYPE_FORWARD_ONLY: " +
            dmd.supportsResultSetType(ResultSet.TYPE_FORWARD_ONLY));
            System.out.println("TYPE_SCROLL_INSENSITIVE: " +
                dmd.supportsResultSetType(
                ResultSet.TYPE_SCROLL_INSENSITIVE));
            System.out.println("TYPE_SCROLL_SENSITIVE: " +dmd.supportsResultSetType
            (ResultSet.TYPE_SCROLL_SENSITIVE));
            System.out.println("CONCUR_READ_ONLY: "+
                dmd.supportsResultSetConcurrency(
                    ResultSet.TYPE_SCROLL_INSENSITIVE,
                    ResultSet.CONCUR_READ_ONLY));
            System.out.println("CONCUR_UPDATABLE: "+
                dmd.supportsResultSetConcurrency(
                    ResultSet.TYPE_SCROLL_INSENSITIVE,
                    ResultSet.CONCUR_UPDATABLE));
            String sql ="select * from Members";
            st =conn.createStatement();
            rs =st.executeQuery(sql);
            ResultSetMetaData rsmd =rs.getMetaData();
            System.out.println("结果集总列数: " +rsmd.getColumnCount());
            for (int i =1; i <=rsmd.getColumnCount(); i++) {
                System.out.println("第" +i +"列列名: " +rsmd.getColumnName(i) +
                                "\t 类型: " +rsmd.getColumnTypeName(i));
            }
        } catch (SQLException e) {
            e.printStackTrace();
        }
    }
}
```

程序运行结果如下。

```
获取连接成功
数据库产品名: MySQL
数据库 版本号: 8.0.19
驱动器名 MySQL Connector/J
驱动器版本号: mysql-connector-java-8.0.19 (Revision:
a0ca826f5cdf51a98356fdfb1bf251eb042f80bf)
url: jdbc: mysql: //127.0.0.1: 3306/test?serverTimezone=Asia/Shanghai
TYPE_FORWARD_ONLY: false
TYPE_SCROLL_INSENSITIVE: true
TYPE_SCROLL_SENSITIVE: false
CONCUR_READ_ONLY: true
CONCUR_UPDATABLE: true
结果集总列数: 4
第 1 列 列名: id            类型: INT
第 2 列 列名: userName      类型: VARCHAR
第 3 列 列名: password      类型: VARCHAR
第 4 列 列名: age           类型: INT
```

一个 DatabaseMetaData 对象由 Connection 对象调用 getmetadata()方法创建。一旦创建,就可以用来动态地获取底层数据库的信息。上面的代码中获取了数据库产品名、版本号、驱动名、驱动版本号,并进行了输出。除此之外,DatabaseMetaData 接口中还定义了一组方法,确定数据库是否支持一个特定的功能或功能集。DatabaseMetaData 接口中的 supportsResultSetType(int type)方法的返回结果为 boolean 型,返回 true 说明驱动程序支持的对应的结果类型。上述例子中的 dmd.supportsResultSetType(ResultSet.TYPE_SCROLL_INSENSITIVE)返回 true,说明当前数据库驱动支持的结果集类型是 TYPE_SCROLL_INSENSITIVE(可滚动,对数据变化不敏感),结果集类型将在 9.5.3 节详细说明。

ResultSetMetaData 对象由 ResultSet 对象调用 getMetaData()方法获得,利用 ResultSetMetaData 对象调用方法可以得到结果集中的基本信息:结果集中的列、列名、列的别名等。上述例子中使用 ResultSetMetaData 对象调用相应的方法,获得了查询 Members 表所有记录获得的结果集的总列数及每一列的列名、类型信息。ResultSetMetaData 说明了结果集的数据结构信息,可以作为程序设计的辅助工具来获取结果集中有用的内容信息。

9.5.3 可滚动结果集和可更新结果集

在早期制定的 JDBC 规范(JDBC 1.0)中,结果集 ResultSet 只能通过 next()方法向前单项遍历,并且只能是只读的;JDBC 2.0 规范对结果集进行了升级,增加了很多新特性:可滚动和可更新。可滚动是指显示的结果集的游标所在行既可以向前移又可以向后移,也可以移动到指定的特定行;可更新是指允许客户程序对结果集中的数据进行修改。

Conn.createStatement()：获得 statement 对象，该语句执行查询获得结果集 ResultSet，这种方式获得的 ResultSet 是所连接的数据库支持的默认的结果集类型，对于 Oracle 数据库来说，默认是不可滚动且是只读的结果集，对于 MySQL 数据库来说，默认的是可滚动的只读结果集。

程序中通过 createStatement (int resultSetType，int resultSetConcurrency)获得指定的结果集类型，参数 resultSetType 和 resultSetConcurrency 表示用户指定的 statement 执行查询获得的 ResultSet 的类型和并发模式。其中 resultSetType 有以下 3 种类型。

- ResultSet.TYPE_FORWARD_ONLY：不可滚动结果集。
- ResultSet.TYPE_SCROLL_INSENSITIVE：滚动不敏感结果集。
- ResultSet.TYPE_SCROLL_SENSITIVE：滚动敏感结果集。
- resultSetConcurrency 有以下 2 种类型。
- ResultSet.CONCUR_READ_ONLY：只读结果集。
- ResultSet.CONCUR_UPDATABLE：可更新结果集。

对上述结果集类型和并发模式来说，有些数据库支持，有些不支持，有时即使数据库支持，所用的驱动程序也不一定支持，所以使用这些结果集时，要使用 DatabaseMetaData 接口的 supportsResultSetType(结果集类型或并发模式)方法进行检测。【例 9-19】中已经检测到 MySQL 数据库支持可更新和可滚动结果集。

【例 9-20】 演示可滚动结果集使用。

程序 ScrollResultSetTest.java 如下。

```
import java.sql.Connection;
import java.sql.ResultSet;
import java.sql.SQLException;
import java.sql.Statement;
public class ScrollResultSetTest {
    public static void main(String[] args) {
        //TODO Auto-generated method stub
        Connection conn =null;
        Statement st =null;
        ResultSet rs =null;
        try {
          conn =(new DBUtil()).getConnection();
          st =conn.createStatement(ResultSet.TYPE_SCROLL_INSENSITIVE,
                                   ResultSet.CONCUR_READ_ONLY);
          rs =st.executeQuery("select * from Members");
          //使用可滚动结果集
          //游标指向结果集中最后一条记录
          rs.last();
          System.out.println("结果集中最后一条记录");
          showOne(rs);
          //游标指向结果集中第一条记录
```

```
        rs.first();
        System.out.println("结果集中第一条记录");
        showOne(rs);
        //使用绝对定位,游标指向结果集中第一条记录
        rs.absolute(1);
        System.out.println("结果集中第一条记录");
        showOne(rs);
        //使用相对定位,游标相对当前位置向后跳 2 条记录
        rs.relative(2);
        System.out.println("结果集中当前记录(第 1 条)的第 2 条记录");
        showOne(rs);
        //游标向前移动一条
        rs.previous();
        //showOne(rs);
        System.out.println("游标向前移动一条后,当前游标所指位置" +
                                                      rs.getRow());
      } catch (SQLException e) {

         e.printStackTrace();
      } finally {
         ResourceClose.close(rs, st, conn);
      }
   }
   public static void showOne(ResultSet rs) throws SQLException {
        System.out.println("id: " + rs.getInt(1) + "\tname: " + rs.getString
                                    ("username") +"\tpassword: " + rs.getString
                                    (3)+"\tage: " +rs.getInt(4));
   }
}
```

程序运行结果如下。

```
获取连接成功
结果集中最后一条记录
id: 1008  name: wangwu  password: 111111  age: 25
结果集中第一条记录
id: 1001  name: Ben     password: 123456  age: 24
结果集中第一条记录
id: 1001  name: Ben     password: 123456  age: 24
结果集中当前记录(第 1 条)的第 2 条记录
id: 1003  name: Paul    password: 123456  age: 24
游标向前移动一条后,当前游标所指位置 2
```

上述实例中使用了可滚动结果集,游标不但可以向前滚动,也可以向后滚动,还可以

使用绝对定位或相对定位使游标指向特定位置，可滚动结果集操作的主要方法如表9-4所示。该示例中使用了其中一些方法，将游标跳转到结果集中的指定位置，并显示所指位置对应记录的信息内容。

对于可更新结果集，是指在更新结果集时将这些更新保存到数据库中。新增数据时，首先要把游标指向可以插入数据的那行，然后存入数据，执行插入操作。具体操作语句如下。

```
//游标指向可以插入数据的结果记录行
rs.moveToInsertRow();
//存入数据
rs.updateXxx(cloumnNameInResultSet, newValue)
   ...
//执行插入操作
rs.insertRow();
rs.moveToCurrentRow();
```

插入数据后，游标已经移动到最后一行后面的位置，所以需要 moveToCurrentRow 才可能得到刚刚的结果集。

删除数据时，首先将游标定位到删除行的位置，然后执行删除操作，删除后游标还是指向删除那行。具体操作语句如下。

```
//删除第三行，移动游标到第3条记录行
rs.absolute(3);
//执行删除
rs.deleteRow();
```

更新数据时，移动游标到指定位置，调用 updateXxx(cloumnNameInResultSet, newValue)，为指定的字段指定最新的值，然后执行更新操作。此时 ResultSet 的游标指向当前行，并没有移动，但是数据在数据库中已更新。具体操作语句如下。

```
//游标移动到需要更新的记录行
rs.absolute(int row);
//更新数据
rs.updateXxx(cloumnNameInResultSet, newValue)
...
//执行更新操作
rs.updateRow();
```

ResultSet 接口中的 updateRow、insertRow 和 deleteRow 方法的执行效果等同于 SQL 命令中的 UPDATE、INSERT 和 DELETE，更新结果集的内容，数据库将自动更新。

9.5.4 调用存储过程

存储过程是由 SQL 语句以及数据库相关的增强指令(PL/SQL 语句)和流程控制语句书写的过程程序，经过数据库编译和优化后存储在数据库服务器端，提高运行性能。

JDBC 提供了 CallableStatement 接口,用于执行数据库中的存储过程。CallableStatement 对象使用 Connection 接口的 prepareCall(String sql)方法创建,方法的参数是一个调用存储过程的字符串。存储过程可以是无参或参数为 in 类型、out 类型或 in out 类型的,不同的数据库存储过程,创建的语法和功能相差很大。

【例 9-21】 以 MySQL 为例创建一个存储过程,并使用 CallableStatement 进行存储过程的调用。

(1) 创建存储过程。

```
create procedure myProcedure (in id int, in name varchar (100), in password
varchar(100),in age int)
begin
insert into Members values(id,name,password,age);
end
```

在 MySQL 中使用 create procedure 语句创建上面的存储过程,具有 4 个输入参数,分别是 id、name、password 和 age,作为插入到表 Members 中记录的字段值。

(2) 存储过程的调用。

程序 CallProcedureTest.java 如下。

```
import java.sql.CallableStatement;
import java.sql.Connection;
import java.sql.SQLException;
public class CallProcedureTest {
    public static void main(String[] args) {
        Connection conn =null;
        CallableStatement cst =null;
        try {
          conn =(new DBUtil()).getConnection();
          //调用存储过程
          cst =conn.prepareCall("{call myProcedure(?,?,?)}");
          cst.setInt(1, 1009);
          cst.setString(2, "user09");
          cst.setString(3, "123456");
          cst.setInt(4, 23);
          cst.executeUpdate();
        } catch (SQLException e) {

            e.printStackTrace();
        } finally {
            ResourceClose.close(cst, conn);
        }
    }
}
```

“cst = conn.prepareCall("{call myProcedure(?,?,?)}");”语句创建了CallableStatement对象,并且调用了存储过程myProcedure,该过程有4个输入参数,调用时使用占位符‘?’来表示,并使用setXXX( )方法实现参数设置,最后调用executeUpdate( )方法执行存储过程。上述代码的运行结果如图9-7所示,id为1009的会员通过调用存储过程插入到表Members中。JDBC中隐藏了不同数据库调用存储过程的语法差异性,统一使用prepareCall( )方法实现存储过程的调用,运行时刻由JDBC驱动,负责将这种格式转换成具体的数据库所采用的语法格式。

```
获取连接成功
id:1001 name:Ben        password:123456 age:24
id:1002 name:David      password:123456 age:24
id:1003 name:Paul       password:123456 age:24
id:1005 name:wang       password:123456 age:25
id:1006 name:Lily       password:123    age:26
id:1007 name:Jack       password:abc    age:27
id:1008 name:wangwu     password:111111 age:25
id:1009 name:user09     password:123456 age:23
```

图9-7 存储过程调用

9.5.5 事务处理

作为数据库操作的一种规范,JDBC为数据库的事务(Transaction)提供了支持。事务是由一组SQL语句构建成的一个逻辑执行单元,具有原子性(Atomic)、一致性(Consistency)、隔离性(Isolation)和持久性(Durability)等特性。

当所有的语句被执行,事务可以被提交(Commit)。否则,如果有一个语句遇到错误,事务将被回滚(RollBack)。前面使用JDBC进行数据库操作的过程中,都使用了Connection默认的模式,即数据库处在自动提交模式。每个SQL命令执行后,就自动提交给了数据库。为了保证操作数据库中数据的一致性,可以使用事务进行提交和回滚的操作。事务的常规回滚就是取消本次事务的操作,即撤销自上次事务提交以来的所有命令。为了能很好地控制回滚操作,可以定义保存点(Save Point),这样回滚就可以回到指定的保存点。

JDBC的事务操作步骤如下:首先关闭自动提交模式,执行任意多条SQL语句,执行成功提交事务或执行失败回滚事务。

【例9-22】 演示JDBC事务处理过程。

程序CommitTest.java如下。

```
import java.sql.Connection;
import java.sql.ResultSet;
import java.sql.SQLException;
import java.sql.Savepoint;
import java.sql.Statement;
public class CommitTest {
    public static void main(String[] args) {
```

```
        Connection conn =null;
        Statement st =null;
        ResultSet rs =null;
        try {
            conn =ConnectionFactory.getConnection();
            //设置事务管理模式为非自动提交模式(显式提交模式)
            conn.setAutoCommit(false);
            st =conn.createStatement(ResultSet.TYPE_SCROLL_INSENSITIVE,
                                        ResultSet.CONCUR_READ_ONLY);
            //一组 SQL 语句构建成的一个逻辑执行单元
            st.executeUpdate("insert into Members values(1010,'Mark','123456',
            24)");
            st.executeUpdate("insert into Members values(1011,'Tom','123456',
            24)");
            //由于主键约束,下述语句将抛出异常
            st.executeUpdate("insert into Members values(1010,'Mark','123456',
            24)");
            //调用事务提交方法
            conn.commit();
            //恢复事务默认的提交方式
            conn.setAutoCommit(true);
        } catch (SQLException e) {
            e.printStackTrace();
            try {
                //事务回滚
                conn.rollback();
                System.out.println("事务回滚");
            } catch (SQLException e1) {
                e1.printStackTrace();
            }
        } finally {
            ResourceClose.close(st, conn);
        }
    }
}
```

```
mysql> select * from members;
+------+----------+----------+------+
| id   | userName | password | age  |
+------+----------+----------+------+
| 1001 | Ben      | 123456   |   24 |
| 1002 | David    | 123456   |   24 |
| 1003 | Paul     | 123456   |   24 |
| 1005 | wang     | 123456   |   25 |
| 1006 | Lily     | 123      |   26 |
| 1007 | Jack     | abc      |   27 |
| 1008 | wangwu   | 111111   |   25 |
| 1009 | user09   | 123456   |   23 |
| 1010 | Mark     | 123456   |   24 |
| 1011 | Tom      | 123456   |   24 |
+------+----------+----------+------+
10 rows in set (0.00 sec)
```

图 9-8　事务提交

上述代码在执行多条 Insert SQL 语句时,由于主键限制,将会在插入第 3 个会员信息时抛出异常,从而使程序跳转到 catch 子句,通过调用 conn.rollback( )语句实现事务回滚,撤销所有操作,运行程序后,查询表 Members 会发现前两个会员信息并没有插入到表中。如果将插入的第 3 条语句注释掉,程序会正常执行,此时调用了 conn.commit( )事务提交方法,查询表 Members 会发现前两个会员信息插入到表中,如图 9-8 所示。

设计自己的事务，需要首先关闭自动提交模式，然后设置保存点，接下来执行数据库的更新操作。当命令执行过程中出现错误，就可以使用回滚操作回到保存点。

JDBC 3.0 中的事务处理设置了保存点，一个事务中可以建立几个保存点，使用类型 Savepoint 表示事务的保存点，Connection 对象调用 setSavepoint( )方法，实现保存点的设置。保存点可以表示数据库的一个正确状态，调用回滚方法 rollback( )时可以指定回滚到指定的保存点状态。

9.5.6 批处理

所谓批处理，是指一次向数据库管理系统发送多条 SQL 语句，相比单独发送每个 SQL 语句提高运行效率。JDBC 提供了批量处理的功能，多条 SQL 语句作为一批操作同时收集、同时处理。使用批处理功能前，应该使用 DatabaseMetaData.supportsBatchUpdates( )方法确定目标数据库是否支持批量更新处理。如果 JDBC 驱动程序支持此功能，该方法将返回 true。

JDBC 中的 Statement、PreparedStatement 和 CallableStatement 的 addBatch( )方法用于将单个语句添加到批处理。executeBatch( )用于执行组成批量的所有语句。

【例 9-23】 演示批处理操作。

程序 BatchTest.java 如下。

```
import java.sql.Connection;
import java.sql.ResultSet;
import java.sql.SQLException;
import java.sql.Statement;
public class BatchTest {
    public static void main(String[] args) {
        Connection conn =null;
        Statement st =null;
        ResultSet rs =null;
        try {
            conn = (new DBUtil()).getConnection();
            //关闭事务自动提交方式,开启事务
            conn.setAutoCommit(false);
            //创建 Statement 对象
            st =conn.createStatement(ResultSet.TYPE_SCROLL_INSENSITIVE,
                                               ResultSet.CONCUR_READ_ONLY);
            //同时收集多条 SQL 语句
             st.addBatch("insert into Members values(1012,'user12','123456',
             24)");
             st.addBatch("insert into Members values(1013,'user13','123456',
             25)");
             st.addBatch("insert into Members values(1014,'user14','123456',
             26)");
            //同时执行所有 SQL 语句
```

```
                st.executeBatch();
                //事务提交
                conn.commit();
                //恢复事务原有提交状态
                conn.setAutoCommit(true);
            } catch (SQLException e) {
                e.printStackTrace();
                try {
                    //事务回滚
                    conn.rollback();
                    System.out.println("事务回滚");
                } catch (SQLException e1) {
                    e1.printStackTrace();
                }
            } finally {
                ResourceClose.close(rs, st, conn);
            }
        }
    }
```

程序运行后查询数据库表 Members,进行了批量添加,结果如图 9-9 所示。

```
mysql> select * from members;
+------+----------+----------+-----+
| id   | userName | password | age |
+------+----------+----------+-----+
| 1001 | Ben      | 123456   |  24 |
| 1002 | David    | 123456   |  24 |
| 1003 | Paul     | 123456   |  24 |
| 1005 | wang     | 123456   |  25 |
| 1006 | Lily     | 123      |  26 |
| 1007 | Jack     | abc      |  27 |
| 1008 | wangwu   | 111111   |  25 |
| 1009 | user09   | 123456   |  23 |
| 1010 | Mark     | 123456   |  24 |
| 1011 | Tom      | 123456   |  24 |
| 1012 | user12   | 123456   |  24 |
| 1013 | user13   | 123456   |  25 |
| 1014 | user14   | 123456   |  26 |
+------+----------+----------+-----+
13 rows in set (0.01 sec)
```

图 9-9　批量更新结果

9.5.7　高级 SQL 类型 BLOB 和 CLOB

JDBC 2.0 引入了对 SQL 高级类型的支持,BLOB 和 CLOB 是其中最重要的两种大对象数据类型。

BLOB:即 Binary Large Object,二进制大对象,用于保存大规模的二进制数据,即二进制的字节序列,如视频、音频、文本、图片等各种格式的数据信息都可以以二进制形式存储为一个 BLOB 对象,BLOB 对象的最大长度不超过 4GB。

CLOB:即 Character Large Object,文本大对象,用于保存大规模的文本数据,最大长度为 4GB,若存储常规文本类型(char,varchar),字段保存不了这么多信息,如 Oracle 中的 varchar2 类型字段最多也只能保存 4000 个字符。

JDBC 使用 BLOB 类型和 CLOB 类型的方法相似,下面以 BLOB 为例说明 JDBC 对高级 SQL 类型的使用。

【例 9-24】 演示 JDBC 对大数据类型 BLOB 的使用。

在 MySQL 数据库中创建 Employee 表,含有 BLOB 类型字段,程序 Employee.sql 如下。

```
create table employee(id int(10) primary key auto_increment,
    name varchar(100) not null,
    picture longblob)ENGINE=InnoDB DEFAULT CHARSET=utf8;
```

表 Employee 包含 3 个字段分别是 id、name 和 picture，其中 id 为主键，类型是 int，name 的类型是 varchar，picture 的类型是 longblob。说明一下，不同的数据库中对应的 BLOB 类型也不相同。

MySQL 有 4 种 BLOB 类型，内容如下。

- TinyBlob：仅 255B。
- Blob：最大限制到 65KB。
- MediumBlob：限制到 16MB。
- LongBlob：可达 4GB。

Employee 中的 picture 字段使用的是其中的一种 LongBlob。

使用 JDBC 编程实现添加一条记录到 Employee 表中，再查询出表中记录，将图片保存到文件中。

程序 BLOBTest.java 如下。

```
import java.io.File;
import java.io.FileInputStream;
import java.io.FileNotFoundException;
import java.io.FileOutputStream;
import java.io.IOException;
import java.io.InputStream;
import java.sql.Connection;
import java.sql.PreparedStatement;
import java.sql.ResultSet;
import java.sql.SQLException;
public class BLOBTest {
    public static void main(String[] args) {
        writeBlob();
        readBlob();
    }
    //将图片文件读入,添加记录到表中
    public static void writeBlob() {
        Connection conn =null;
        PreparedStatement pstm =null;
        FileInputStream fis =null;
        try {
            conn =ConnectionFactory.getConnection();
            pstm =conn.prepareStatement("insert into employee values(?,?,?)");
            pstm.setInt(1, 1003);
            pstm.setString(2, "lisi");
            fis =new FileInputStream(new File("D: //javacore//b.jpg"));
```

```
            //设置 BLOB 数据类型的数据为 fis 流
            pstm.setBinaryStream(3,fis);
            pstm.executeUpdate();
        } catch (SQLException e) {
            e.printStackTrace();
        } catch (FileNotFoundException e) {
            e.printStackTrace();
        }finally {
            try {
                fis.close();
            } catch (IOException e) {
                e.printStackTrace();
            }
            ResourceClose.close(pstm, conn);
        }
    }
    //读取查询表结果,将图片保存到文件
    public static void readBlob() {
        Connection conn =null;
        PreparedStatement pstm =null;
        ResultSet rs =null;
        FileOutputStream fos =null;
        try {
            conn =ConnectionFactory.getConnection();
            pstm =conn.prepareStatement("select * from employee");
            rs =pstm.executeQuery();
            rs.next();
            //读取图片字段内容到 InputStream 流中
            InputStream is =rs.getBinaryStream(3);
            //将输入流内容输出到文件
            fos =new FileOutputStream("D: //javacore//bc.jpg");
            byte[] b =new byte[1024];
            int len;
            while((len=is.read(b,0,1024))!=-1) {
                fos.write(b, 0, len);
             }
            is.close();
    }catch (SQLException e) {
        e.printStackTrace();
    } catch (FileNotFoundException e) {
        e.printStackTrace();
    } catch (IOException e) {
        e.printStackTrace();
    }
```

```
        finally {
          try {
              fos.close();
          } catch (IOException e) {
              e.printStackTrace();
          }
          ResourceClose.close(rs, pstm, conn);
        }
    }
}
```

上述代码实现了添加“D:/javacore/”路径下的图片“b.jpg”作为 Employee 表中记录的 picture 字段的内容。将图片文件内容读入字节流中，使用 setBinaryStream( )方法设置字节流内容为字段值，实现大数据类型 BLOB 存入数据库的功能。从数据库中读取大数据 BLOB 类型，使用的同样是流的方式，将数据库中的内容读入到字节流中，再将字节流中的内容输出到文件中，上述代码将 picture 字段内容写到文件“D:/javacore/bc.jpg”中。

CLOB 处理类似 BLOB，使用字符流实现文本大对象保存到数据库以及从数据库写入到文件。

9.6　案　　例

本案例利用 JDBC 技术和 MySQL 数据库实现学生信息的持久保存管理，本案例会将项目源程序文件放置在不同的包下，实现分层思想。

9.6.1　案例设计

项目包结构如图 9-10 所示。

其中 view 是表示层，包中包含的是操作页面的相关类；service 是业务逻辑服务层，包中是业务逻辑相关的接口及类；dao 表示数据操作层，放置对数据库的访问相关类；entity 是实体类层；util 包中包含项目编程中涉及的工具类，如数据库连接类。view 层调用 service 层，service 层调用数据访问 DAO 层。

```
chapter09.dao
    StudentDao.java
    StudentDaoImpl.java
chapter09.entity
    Student.java
    User.java
chapter09.service
    IStudentService.java
    StudentServiceImp.java
chapter09.util
    JDBCUtil.java
chapter09.view
    StudentManager.java
    Test.java
```

图 9-10　包结构

本章实现学生信息在数据库中的存储，在 DAO 层中定义 StudentDao 接口和其实现类 StudentDaoImpl，实现对 Student 实体对象在数据库表中的添加、删除、修改等操作的方法定义。StudentDao 和 StudentDaoImpl 的类图如图 9-11 所示。

9.6.2　案例演示

运行程序，根据菜单选项实现学生信息的添加、删除、修改等操作，对学生信息的操作

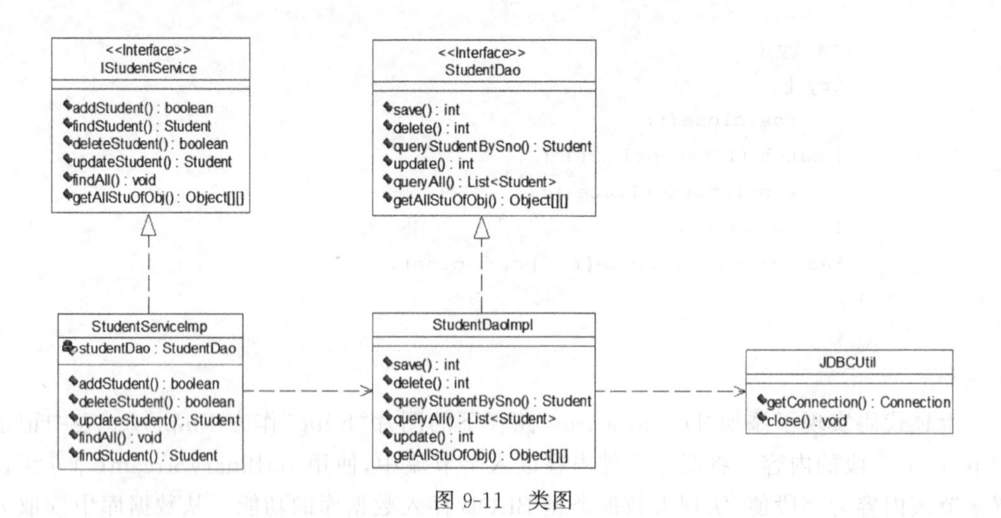

图 9-11　类图

同步体现在数据库中。以删除学生信息为例，假设已在数据库中添加了两条学生信息记录，执行删除功能，输入存在于表中的一个学生的学号，删除功能执行界面如图 9-12 所示。在执行删除功能前后，查询数据库表 student 的所有记录如图 9-13 所示，从图中可以发现程序中的删除功能实现了对数据库表的操作，进行了数据同步。

```
输入功能编号（1-6）》
1
学号          姓名    性别    年龄    手机号         qq 号          email
20202012      张三    男      21      13454544444    215345345      zhang@126.com
20202013      zhao    男      21      13444444444    465768         2543@126.com
*        1、学生列表          *
*        2、学生添加          *
*        3、学生删除          *
*        4、学生修改          *
*        5、学生查询          *
*        6、返回        *
---------------------------------------
输入功能编号（1-6）》
3
请输入要删除学生的学号：
20202013
删除成功
```

图 9-12　程序运行删除功能截图

```
管理员: 命令提示符 - mysql  -u root -p
mysql> select * from student;            删除功能执行前表查询结果
+----------+----------+------+-----+-----+-------------+-----------+---------------+
| userid   | password | name | sex | age | phone       | qq        | email         |
+----------+----------+------+-----+-----+-------------+-----------+---------------+
| 20202012 | 1212     | 张三 | 男  |  21 | 13454544444 | 215345345 | zhang@126.com |
| 20202013 | 1234     | zhao | 男  |  21 | 13444444444 | 465768    | 2543@126.com  |
+----------+----------+------+-----+-----+-------------+-----------+---------------+
2 rows in set (0.00 sec)
                                          删除功能执行后表查询结果
mysql> select * from student;
+----------+----------+------+-----+-----+-------------+-----------+---------------+
| userid   | password | name | sex | age | phone       | qq        | mail          |
+----------+----------+------+-----+-----+-------------+-----------+---------------+
| 20202012 | 1212     | 张三 | 男  |  21 | 13454544444 | 215345345 | zhang@126.com |
+----------+----------+------+-----+-----+-------------+-----------+---------------+
1 row in set (0.00 sec)
```

图 9-13　删除功能执行前后数据库表的数据显示

9.6.3 代码实现

view 包中的 Test.java 和 StudentManager.java、entity 包中的 Student.java 和 User.java、service 包中的 IStudentService.java 从原有包中进行复制即可，内容不变。

表 student 创建语句如下。

```
create table student(userid int(10) primary key auto_increment,
      password varchar(100) not null,
      name varchar(100) ,
             sex varchar(1) , age int,
             phone varchar(11) ,
             qq varchar(100) ,
             email varchar(100))ENGINE=InnoDB DEFAULT CHARSET=utf8;
```

程序 JDBCUtil.java 如下，其中 db.properties 内容同【例 9-18】。

```
package chapter09.util;
import java.io.FileInputStream;
import java.io.IOException;
import java.sql.Connection;
import java.sql.DriverManager;
import java.sql.SQLException;
import java.util.Properties;
public class JDBCUtil {
    public static Connection getConnection() {
        Properties ps =new Properties();
        //定义数据库连接
        Connection conn =null;
        try {
            FileInputStream fis =new FileInputStream("db.properties");
            ps.load(fis);
            fis.close();
            //通过 ps 的 getProperty 方法获取属性文件中的数据库连接信息
            String driver =ps.getProperty("driverName");
            String url =ps.getProperty("url");
            String user =ps.getProperty("user");
            String password =ps.getProperty("password");

            //安装数据库驱动程序
            Class.forName(driver);
            //获取数据库连接
            conn =DriverManager.getConnection(url, user, password);
        } catch (IOException e1) {
            e1.printStackTrace();
        } catch (ClassNotFoundException e) {
```

```
            e.printStackTrace();
        } catch (SQLException e) {
            e.printStackTrace();
        }
        //返回数据库连接
        return conn;
    }

    /**
     * 关闭数据连接静态方法
     *
     * @param conn
     */
    public static void close(Connection conn) {
        //判断数据库连接是否非空
        if (conn !=null) {
          try {
              //判断连接是否未关闭
              if (!conn.isClosed()) {
                  // 关闭数据库连接
                  conn.close();
              }
          } catch (SQLException e) {
              e.printStackTrace();
          }
        }
    }
}
```

程序 StudentDao.java 如下。

```
package chapter09.dao;
import java.util.List;
import chapter09.entity.Student;
public interface StudentDao {
    int save(Student student);
    int delete(int userid);
    Student queryStudentBySno(int userid);
     int update (int userid, String password, String name, String sex, int age,
          String phone, String qq,String email);
    List<Student>queryAll();
    Object[][] getAllStuOfObj();
}
```

程序 StudentDaoImpl .java 如下。

```
package chapter09.dao;
import java.sql.Connection;
import java.sql.PreparedStatement;
import java.sql.ResultSet;
import java.sql.SQLException;
import java.sql.Statement;
import java.util.ArrayList;
import java.util.List;
import chapter09.entity.Student;
import chapter09.util.JDBCUtil;
public class StudentDaoImpl implements StudentDao {
    @Override
    public int save(Student student) {
        Connection connection =null;
        PreparedStatement statement =null;
        int affectedRow =0;
        try {
            connection =JDBCUtil.getConnection();
            statement =connection.prepareStatement(
                    "insert into student(userid,password,name,sex,age,phone,
                    qq,email) "+"values(?,?,?,?,?,?,?,?)");
            statement.setInt(1, student.getUserId());
            statement.setString(2, student.getPassword());
            statement.setString(3, student.getName());
            statement.setString(4, student.getSex());
            statement.setInt(5, student.getAge());
            statement.setString(6, student.getPhone());
            statement.setString(7, student.getQq());
            statement.setString(8, student.getEmail());
            affectedRow =statement.executeUpdate();
        } catch (Exception e) {
            e.printStackTrace();
        } finally {
            JDBCUtil.close(connection);
        }
        return affectedRow;
    }
    @Override
    public int delete(int userid) {
        Connection connection =null;
        PreparedStatement statement =null;
        int affectRow =0;
        try {
            connection =JDBCUtil.getConnection();
```

```
            statement =connection.prepareStatement("delete from student where
                                                    userid=?");
            statement.setInt(1, userid);
            affectRow =statement.executeUpdate();
        } catch (Exception e) {
            e.printStackTrace();
        } finally {
            JDBCUtil.close(connection);
        }
        return affectRow;
    }
    @Override
    public Student queryStudentBySno(int userid) {
        Student student =null;
        Connection conn =JDBCUtil.getConnection();
        String strSQl ="select * from student where userid =?";
        try {
            PreparedStatement pstmt =conn.prepareStatement(strSQl);
            pstmt.setInt(1, userid);
            ResultSet rs =pstmt.executeQuery();
            if (rs.next()) {
                student =new Student();
                student.setUserId(rs.getInt("userid"));
                student.setName(rs.getString("name"));
                student.setPassword(rs.getString("password"));
                student.setSex(rs.getString("sex"));
                student.setAge(rs.getInt("age"));
                student.setPhone(rs.getString("phone"));
                student.setEmail(rs.getString("email"));
                student.setQq(rs.getString("qq"));
            }
        } catch (SQLException e) {
            e.printStackTrace();
        } finally {
            JDBCUtil.close(conn);
        }
        return student;
    }
    public List<Student>queryAll() {
        List<Student>students =new ArrayList<>();
        Connection conn =JDBCUtil.getConnection();
        String strSQl ="select * from student";
        try {
            Statement stmt =conn.createStatement();
```

```
            ResultSet rs =stmt.executeQuery(strSQl);
            while (rs.next()) {
                Student student =new Student();
                student.setUserId(rs.getInt("userid"));
                student.setName(rs.getString("name"));
                student.setPassword(rs.getString("password"));
                student.setSex(rs.getString("sex"));
                student.setAge(rs.getInt("age"));
                student.setPhone(rs.getString("phone"));
                student.setEmail(rs.getString("email"));
                student.setQq(rs.getString("qq"));
                students.add(student);
            }
            rs.close();
            stmt.close();
        } catch (Exception e) {
            e.printStackTrace();
        } finally {
            JDBCUtil.close(conn);
        }
        return students;
    }
    @Override
    public int update(int userid, String password, String name, String sex, int
                    age, String phone, String qq,String email) {
        Connection connection =null;
        PreparedStatement statement =null;
        int affectRow =0;
        try {
            connection =JDBCUtil.getConnection();
            statement =connection.prepareStatement("update student set name=
           '" +name +"',password='" +password+"',sex='" +sex +"',age=" +age +
           ",phone='" +phone +"',email='" +email +"',qq='" +qq+"'where userid
            ='" +userid +"'");
            affectRow =statement.executeUpdate();
        } catch (Exception e) {
            e.printStackTrace();
        } finally {
            JDBCUtil.close(connection);
        }
        return affectRow;
    }
    public Object[][] getAllStuOfObj() {
        Connection connection =null;
```

```
        PreparedStatement prepareStatement =null;
        ResultSet resultset =null;
        String sql ="select * from student";
        Object[][] result =null;
        try {
            connection =JDBCUtil.getConnection();
            prepareStatement =connection.prepareStatement(sql);
            resultset =prepareStatement.executeQuery();
            int count =0;
            while (resultset.next())
                count++;
            resultset.beforeFirst();
            if (count !=0)
                result =new Object[count][6];
            int i =0;
            while (resultset.next()) {
                result[i][0] =resultset.getInt(1);
                result[i][1] =resultset.getString(3);
                result[i][2] =resultset.getString(4);
                result[i][3] =resultset.getString(5);
                result[i][4] =resultset.getString(6);
                result[i][5] =resultset.getString(8);
                i++;
            }
        } catch (Exception e) {
            e.printStackTrace();
        } finally {
            JDBCUtil.close(connection);
        }
        return result;
    }
}
```

程序 StudentServiceImp.java 要访问 dao 层,实现对底层数据库的操作,修改后的代码如下。

```
package chapter09.service;
import java.util.Iterator;
import chapter09.dao.StudentDao;
import chapter09.dao.StudentDaoImpl;
import chapter09.entity.Student;
public class StudentServiceImp implements IStudentService{
    private StudentDao studentDao =new StudentDaoImpl();
    @Override
    public boolean addStudent(Student student) {
```

```
        boolean flag =studentDao.save(student)>0;
        if (flag) {
            System.out.println("添加成功");
        }
        else {
            System.out.println("添加失败!");
        }
        return flag;
    }
    @Override
    public Student findStudent(int studentNo) {
        Student existStudent=studentDao.queryStudentBySno(studentNo);
        if (existStudent!=null) {
            System.out.println("查找成功");
            System.out.println(existStudent);
        }
        else {
            System.out.println("查找失败,不存在该学号对应的学生!");
        }
        return existStudent;
    }
    @Override
    public boolean deleteStudent(int studentNo) {
        Student existStudent =studentDao.queryStudentBySno(studentNo);
        if (existStudent!=null) {
            System.out.println("删除成功");
            return studentDao.delete(studentNo)>0;
        }
        else {
            System.out.println("删除失败,不存在该学号对应的学生!");
        }
        return false;
    }
    @Override
    public Student updateStudent (int studentNo, String password, String name,
                                  String sex, int age, String phone, String qq,
                                  String email){
        Student existStudent =studentDao.queryStudentBySno(studentNo);
        if (existStudent!=null) {
             studentDao.update(studentNo, password, name, sex, age, phone, qq,
             email);
            System.out.println("修改成功");
        }
        else {
```

```
                System.out.println("修改失败,不存在该学号对应的学生!");
            }
            return existStudent;
        }
        @Override
        public void findAll() {
            Iterator<Student> iterator = studentDao.queryAll().iterator();
            System.out.println("学号\t\t" + "姓名\t" + "性别\t" + "年龄\t" + "手机号\t\
                            t" + "qq号\t\t" + "email\t");
            while (iterator.hasNext()) {
                Student student = iterator.next();
                System.out.println(student.getUserId()+"\t"+student.getName()+"\
                t"+student.getSex()+"\t"+student.getAge()+"\t"+student.getPhone
                ()+"\t"+student.getQq()+"\t"+student.getEmail());
            }
        }
        public Object[][] getAllStuOfObj(){
            return studentDao.getAllStuOfObj();
        }
    }
```

9.7 习　　题

1. 选择题

(1) 使用 Java 程序访问数据库时,首先与数据库建立连接,连接前应加载数据库驱动程序,该语句为(　　)。

A. Class.forName("com.mysql.cj.jdbc.Driver")

B. DriverManage.getConnection("","","")

C. Result rs= DriverManage.getConnection("","","").createStatement()

D. Statement st= DriverManage.getConnection("","","").createStaement()

(2) Java 程序与数据库连接后,需要查看某个表中的数据,使用(　　)语句。

A. executeQuery()　　　　B. executeUpdate()

C. executeEdit()　　　　D. executeSelect()

(3) 关于 JDBC 访问数据库的说法,错误的是(　　)。

A. 建立数据库连接时,必须加载驱动程序,可采用 Class.forName()实现

B. 用于建立与某个数据源的连接可采用 DriverManager 类的 getConnection 方法

C. 建立数据库连接时,必须要进行异常处理

D. JDBC 中查询语句的执行方法必须采用 Statement 类实现

(4) 在 Java 中,(　　)是数据库连接技术。

A. ODBC
B. JDBC
C. 数据库厂家驱动程序
D. 数据库厂家的连接协议

(5) 典型的JDBC程序按(　　)顺序编写。

① 释放资源

② 获得与数据库的物理连接

③ 执行SQL命令

④ 注册JDBC Driver

⑤ 创建不同类型的Statement

⑥ 如果有结果集,处理结果集

A. ④③⑥①②⑤
B. ④②③⑥①⑤
C. ④②③⑤⑥①
D. ④②⑤③⑥①

(6) (　　)是JDBC编程的异常类型。

A. SQLException
B. SQLError
C. SQLFatal
D. SQLTruncation

(7) 接口Statement中的executeUpdate方法的返回类型以及代表的含义分别是(　　)。

A. ResultSet;结果集
B. int;受影响的记录数量
C. boolean;是否成功
D. 有无ResultSet返回

(8) 要限制查询语句返回的最多记录数,通过调用Statement的(　　)方法实现。

A. setFetchSize
B. setMaxFieldSize
C. setMaxRows
D. setFlush

(9) 下列关闭数据库连接的顺序,正确的是________。

A. 先关闭Statement,再关闭ResultSet,最后关闭Connection

B. 先关闭ResultSet,再关闭Statement,最后关闭Connection

C. 先关闭ResultSet,再关闭Connection,最后关闭Statement

D. 先关闭Statement,再关闭Connection,最后关闭ResultSet

2. 填空题

(1) Java数据库操作的基本流程是:________________。

(2) 下面的程序片段是输出"计算机9-1"班全体同学的学号和姓名。其中数据表为Student(包括字段:学号(sno)、姓名(sname)、班级(sclass))的过程。

```
String driverName ="com.mysql.cj.jdbc.Driver";
String URL =" jdbc: mysql: //127. 0. 0. 1: 3306/test? serverTimezone = Asia/
Shanghai";
Connection conn =null;
try{
    Class.forName(driverName);
    conn=DriverManager.getConnection(URL, "sa", "sa");
```

```
System.out.println("数据库已连接成功");
Statement st =__________;(1)
String sql =______________;(2)
ResultSet rs =st.executeQuery (sql);
whiles(rs!=null&&rs.next()){
    System.out.println("学号: "+rs.getString("sno"));
    System.out.println("姓名: "+_____________________);(3)
}
conn.close();
} catch(ClassNotFoundException e){
}catch(SQLException e){
}
```

3. 实训题

(1) 题目。

学生成绩管理子系统。

(2) 实现功能。

① 学生个人成绩的增加、删除、修改和查找。

② 按照班级的形式进行课程成绩的导入与导出。

(3) 提示。

使用 DAO 模式进行设计与实现。

GUI 编 程

GUI(Graphics User Interface)即图形用户界面,是与用户交互的窗口。之前各章中的程序都是通过命令行窗口或控制台与用户交互,通过键盘输入数据给应用程序,程序通过命令行窗口或控制台将程序运行后的结果数据返回给用户,而GUI是通过图形化的方式与用户交互。图形用户界面更加友好,与用户交互更加方便。Windows系统就是典型的图形用户界面。

本章主要介绍GUI基础、GUI事件处理、常用Swing组件编程。

10.1 GUI 基 础

10.1.1 GUI编程概述

当前使用Java语言进行GUI编程有3种技术:Applet、AWT和Swing。使用Applet进行GUI编程,通常用于Web页面,目前很少使用,基本被Flash等技术取代。使用AWT进行GUI编程,不是甲骨文(Oracle)推荐使用的工具集,虽然它在许多非桌面环境,如移动或嵌入式设备中有自己的优势,但是具有组件类型较少、组件外观粗糙和依赖本地操作系统等缺点。使用Swing技术进行GUI的编程,是目前开发者更倾向使用的GUI编程技术。Swing是在AWT组件集的基础上进行的改进和升级,具有组件类型丰富、组件外形美观、与平台无关等优点。尽管利用Java语言进行GUI编程多使用Swing组件,但是有些基本组件还是来自AWT组件集。

AWT(Abstract Window ToolKit)即抽象窗口工具集,是JDK的一部分,也可以说是Java API的子集,包括组件、容器和布局管理器等GUI重要组件。AWT支持Java GUI事件处理机制,使用AWT可以进行Java GUI的开发。

利用Java语言进行GUI程序设计,涉及的Java API相关组件包如下。

1. java.awt 包

java.awt包是GUI的基本组件包,提供GUI开发涉及的基本组件类,例如Component、Frame、Button、Menu、Lable、TextField等。不过,对于AWT中GUI开发常的用组件,目前使用不多,多被Swing组件取代。

2. java.awt.event 包

java.awt.event 包是 Java GUI 事件处理包,Java GUI 编程中用到与事件处理相关的接口、类等均处于此包,用来实现程序界面与用户交互。

3. javax.swing 包

javax.swing 包是图形界面组件升级包,是对 java.awt.* 包中的 GUI 组件扩展和升级,提供种类丰富、外形美观的 GUI 组件,在目前的 Java GUI 开发中基本取代了大多数 AWT 组件,应用广泛。

10.1.2 组件

组件(Component)是图形用户界面的基本组成元素,凡是能够显示在屏幕上并能够与用户交互的对象均称为组件,如菜单、按钮、标签、文本框和滚动条等。除了容器类组件外,其他组件不能单独显示,必须放在一个容器中才能显示。java.awt.* 包中定义了很多组件类:Frame、Button、Menu、Lable、TextField 等。Swing 提供了许多新的图形界面组件。除了有与 AWT 类似的按钮(JButton)、菜单(JMenu)、标签(JLable)等基本组件外,还增加了丰富的高层组件,如表格(JTable)、树(JTree)等。

java.awt.* 包中有一个抽象组件类 java.awt.Component,该类是 AWT 组件中除了 Menu 类之外所有组件类的功能父类,其中定义了 GUI 组件的基本特征,如尺寸、位置、颜色等,还实现了作为 GUI 组件应该具备的基本功能。GUI 组件的继承关系如图 10-1 所示。

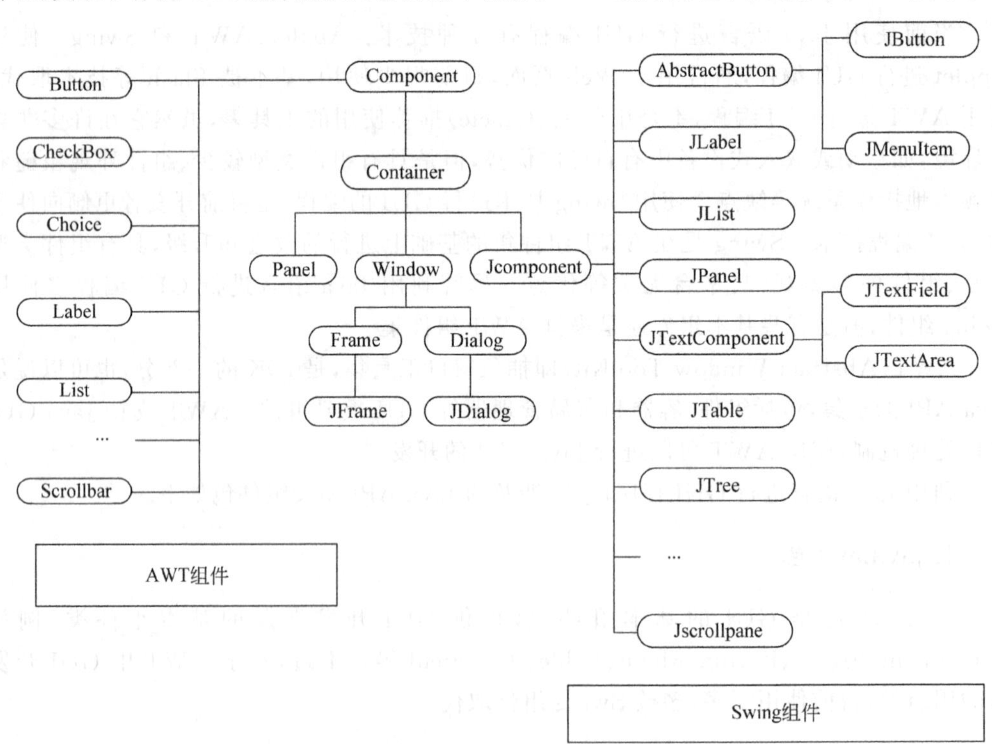

图 10-1 GUI 组件的继承关系图

10.2 GUI应用程序的构建

10.2.1 容器

容器(Container)本身也是一个组件,具有组件具有的所有性质。容器组件可以容纳其他组件或容器,所以Container类是Component的子类。所有容器都具有add()方法,用于添加其他组件到容器中。容器可以分为独立存在的顶层容器和必须依附于其他容器存在的非顶层容器。

java.awt.Window为顶层容器类,是可以自由停泊的顶层容器,如javax.swing.JFrame、javax.swing.JDialog都是常见的顶层容器。JFrame带有边框、标题、用于关闭和最小化窗口的图标等,一般作为Java Application的主窗口,JFrame的类层次结构如图10-2所示。

```
java.lang.Object
└─ java.awt.Component
    └─ java.awt.Container
        └─ java.awt.Window
            └─ java.awt.Frame
                └─ javax.swing.Frame
```

图10-2 JFrame的类层次结构

JFrame的创建与设置可以使用如下方法。

(1) 使用JFrame的构造方法创建JFrame对象。

① JFrame():不带参数的构造方法,用于创建一个初始不可见的窗口。

② JFrame(String title):带一个字符串参数的构造方法,用于创建一个带有由字符串参数指定标题的不可见窗口。

(2) JFrame属性设置方法。

① 设置单击关闭窗口按钮的方法public void setDefaultCloseOperation(int operation)。

参数operation必须指定以下选项之一。

DO_NOTHING_ON_CLOSE:不执行任何操作。

HIDE_ON_CLOSE:自动隐藏该窗体。

DISPOSE_ON_CLOSE:自动隐藏并释放该窗体。

EXIT_ON_CLOSE:使用System exit方法退出应用程序。

② 设置窗口位置、大小方法。

public void setSize(int width, int height):用来设置组件的大小。

public void setLocation(int x, int y):用来设置组件的位置。

【例10-1】 演示JFrame的创建与相关设置方法的使用。

程序JFrameTest.java如下。

```
import javax.swing.JFrame;
public class JFrameTest {
    public static void main(String[] args) {
        //创建一个带有由字符串参数指定标题的不可见窗口
```

```
        JFrame f =new JFrame("JFrameTest");
        //设置窗口左上角的坐标(100,200)
        f.setLocation(100, 200);
        //设置窗口的大小为宽 500 像素,高 300 像素
        f.setSize(500, 300);
        //指定窗口关闭方式为退出应用程序
        f.setDefaultCloseOperation(JFrame.EXIT_ON_CLOSE);
        //设置窗口可见
        f.setVisible(true);
    }
}
```

程序运行结果如图 10-3 所示。

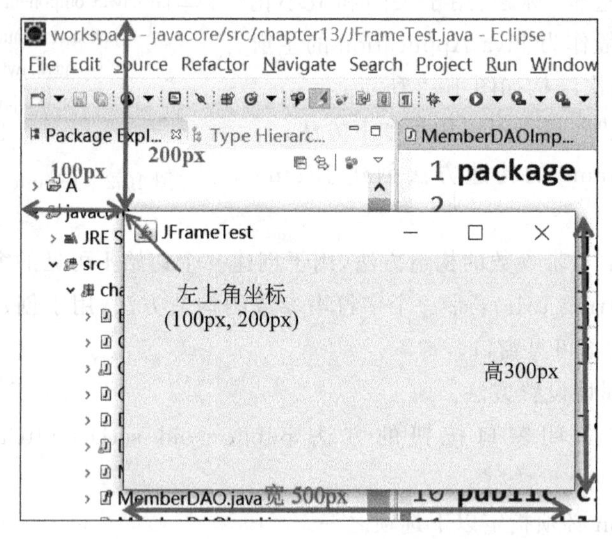

图 10-3　程序 JFrameTest.java 运行结果

通过【例 10-1】的运行结果看出,JFrame 对象的显示效果是一个可以自由停泊的"顶层"窗口,带有标题和尺寸重置角标。窗体的右上角带有最小化和关闭角标,最小化角标操作有效,通过 setDefaultCloseOperation()方法设置关闭角标的操作。JFrame 窗体默认是不可见的,可以调用窗体对象的 setVisible 方法,并将参数设置为"true"实现窗体可见。

setLocation(int x,int y)方法是从 Component 类继承而来的,用来设置组件的位置,x 为横坐标,y 为纵坐标。对于窗体来说,是相对于计算机屏幕的位置,即坐标原点为屏幕的左上角。对于容器中的组件来说,是相对于所在容器的位置,即坐标原点为容器组件的左上角。setSize(int width,int height)方法是从 Window 类中继承的,用来设置组件的大小,width 为组件宽度,height 为组件高度。

另外一个设置组件大小和位置的方法是 setBounds(int x, int y, int width, int

height)方法，定义在 Window 类中用来设置组件边界，方法参数同上述两个方法，该方法与上述两个方法结合使用是等价的。如果人工控制组件的定位，可取消布局管理器，然后使用上述 3 个方法实现。在一般情况下，GUI 开发中的组件在容器中的定位由布局管理器决定，不采用人工控制组建位置。

Javax.swing.JPanel 是非顶层容器，可以作为容器容纳其他组件，但是不能独立存在，它的作用是给其他组件提供空间。通常在 JPanel 时，先将其他组件添加到 JPanel 中，再将 JPanel 添加到其他顶层容器中，如添加到 JFrame 中。JPanel 的类层次结构如图 10-4 所示。

```
java.lang.Object
└─ java.awt.Component
   └─ java.awt.Container
      └─ javax.swing.JComponent
         └─ javax.swing.JPanel
```

图 10-4　JPanel 的类层次结构

【例 10-2】 演示 JPanel 创建使用示例。

程序 JPanelTest.java 如下。

```
import java.awt.Color;
import java.awt.Container;
import javax.swing.JButton;
import javax.swing.JFrame;
import javax.swing.JPanel;
public class JPanelTest {
    public static void main(String[] args) {
        JFrame f =new JFrame("JPanelTest");
        //获得内容面板
        Container c =f.getContentPane();
        f.setSize(500, 300);
        f.setDefaultCloseOperation(JFrame.EXIT_ON_CLOSE);
        //创建 JPanel 实例对象 jp
        JPanel jp =new JPanel();
        jp.setSize(200,100);
        jp.setBackground(Color.yellow);
        //创建一个按钮，按钮上文本显示"确定"
        JButton b1 =new JButton("确定");
        //将按钮添加到 JPanel 容器 jp 中
        jp.add(b1);
        //将 jp 添加到应用程序窗口内容面板中
        c.add(jp);
        f.setVisible(true);
    }
}
```

程序运行结果如图 10-5 所示。

【例 10-2】中声明了一个 JButton 对象 b1，这个按钮组件通过 jp 调用 JPanel 从 container 组件中继承来的 add 方法，添加到 jp 容器中。向 JFrame 容器中添加组件时，组件都是添加在与 JFrame 相关联的内容面板上的，因此在程序中通过 f.getContentPane() 获得 f 对象的内容面板，添加组件时调用内容面板 c 对象的方法实现添加，程序中使用 c.add(jp)实现将 jp 对象组件添加到顶层容器 f 的内容面板中。在 JDK 1.5 之后的版本中，

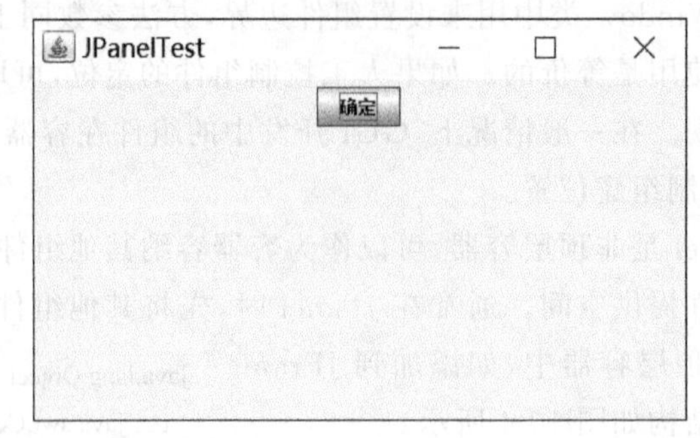

图 10-5 程序 JPanelTest.java 运行结果

为了方便使用,JFrame 的 add()方法被重写,重写后的方法可以实现把添加的组件自动转交给内容面板。因此,可以像操作 AWT 中的容器一样,直接对容器添加组件,使用 f.add(jp)也可以实现将 jp 对象添加到内容面板中。JFrame 的 remove()方法和 setLayout()方法也被重写,具有类似的功能和使用方法。

10.2.2 布局管理器

布局管理器(LayoutManager)用来控制组件在容器中的排列风格,包括组件位置和大小的设定。为了使 Java GUI 程序具有良好的平台无关性,Java 提供了布局管理器来管理容器的布局,不建议直接设置组件在容器中的尺寸和位置。

每个容器都有一个默认的布局管理器,当容器需要对某一组件进行定位或判断其大小尺寸时,就会调用对应的布局管理器。Java.awt.Window 及其子类(JFrame、JDialog)的默认布局管理器为 BorderLayout,JPanel 及其子类(Applet)的默认布局管理器为 FlowLayout,并且一个容器只能有一种排列风格,即只能使用一个布局管理器。

Java API 为 GUI 提供了多种布局管理器,下面介绍常用的 4 种布局管理器:边界布局管理器(BorderLayout)、流式布局管理器(FlowLayout)、网格布局管理器(GridLayout)与卡片布局管理器(CardLayout)。

1. FlowLayout 布局管理器

FlowLayout 是 JPanel 容器的默认布局管理器,其布局效果如下。

(1) 组件在容器中逐行加入,在行内自左向右排列,排满一行后换行。

(2) 不改变组件大小,按原始大小加入。

(3) 组件在容器中默认居中对齐,也可以通过构造方法设置对齐方式、行间距、组件间距。

FlowLayout 类的构造方法有如下 3 个。

(1) FlowLayout():不带参数的构造方法,使用默认对齐方式(中间对齐)和默认(水平、垂直间距都为 5px)创建一个新的流式布局管理器。

(2) Flowlayout(int align):带有对齐方式参数的构造方法,用于创建一个指定方式、默认间距为 5 像素的流式布局管理器,参数 align 的取值必须是 FlowLayout. LEFT、

FlowLayout. RIGHT、FlowLayout. CENTER。它们是 FlowLayout 类中定义的 3 个 public static final 类型的整型常量，取值分别为 Flowlayout. LEFT＝ 0、FlowLayout. CENTER＝ 1 和 FlowLayout. RIGHT＝2。

(3) Flowlayout(int align, int hgap,int vgap)：带有对齐方式、水平间距和垂直参数的构造方法，用于创建一个指定对齐方式、水平和垂直间距的流布局管理器，组件水平间距由 hgap 参数指定，垂直间距由 vgap 参数指定。

【例 10-3】 演示容器布局管理器 FlowLayout 的使用。

程序 FlowLayoutTest.java 如下。

```
import java.awt.Container;
import java.awt.FlowLayout;
import javax.swing.*;
public class FlowLayoutTest {
    public static void main(String[] args) {
        JFrame f =new JFrame("FlowLayoutTest");
        Container c =f.getContentPane();
        //创建一个流式布局管理器对象,对齐方式是靠左
        FlowLayout layout =new FlowLayout(FlowLayout.LEFT);
        //设置窗体的布局
        f.setLayout(layout);
        //创建按钮组件对象
        JButton b1 =new JButton("Button1");
        JButton b2 =new JButton("Button2");
        JButton b3 =new JButton("Button3");
        //将按钮添加到窗体内容面板中
        c.add(b1);
        c.add(b2);
        c.add(b3);
        f.setDefaultCloseOperation(JFrame.EXIT_ON_CLOSE);
        f.setBounds(300, 300, 300, 300);
        f.setVisible(true);
    }
}
```

程序运行结果如图 10-6 所示。

组件添加到 JFrame 窗体对象中时，实际上是添加到窗体的内容面板中，因此语句“f. setLayout(layout);”是用来设置 JFrame 窗体的内容面板的布局管理器为 FlowLayout，可以使用 f.setLayout(layout)，是因为 setLayout 被重写了，当然也可以用“c.setLayout (layout);”实现布局管理器的设置。使用语句“c.add(b1);”可以在 JFrame 窗体内容面板中依次加入组件。改变运行几个窗体的大小，可以发现 3 个按钮的位置会随着窗体的大小变化而变化，组件的大小是保持原始的大小，不改变。

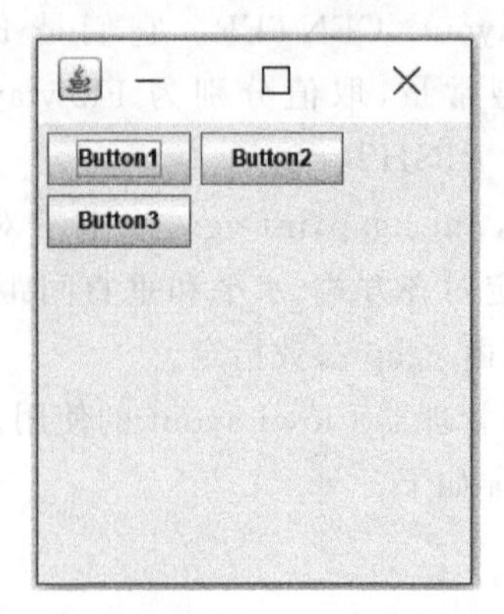

图 10-6　程序 FlowLayoutTest.java 运行结果

2. BorderLayout 布局管理器

BorderLayout 布局管理器是 Frame 默认的布局,其布局方式如下。

(1) BorderLayout 将容器划分为东(East)、西(West)、南(South)、北(North)、中(Center)5 个区域,组件只能被添加到指定的区域。

(2) 添加组件时,如果没有指定添加区域,默认添加到 Center 区域。

(3) 一个区域只能放一个组件,如果在一个区域添加多个组件,则先前添加的组件将作废。

(4) 组件大小被强行控制,大小与指定区域大小相同。

BorderLayout 的构造方法有如下 2 个。

(1) BorderLayout():用于创建一个组件之间没有水平间隙与垂直间隙的边界布局管理器。

(2) BorderLayout(int hgap, int vgap):用于创建一个指定组件之间水平间隙与垂直间隙的边界布局管理器。

【例 10-4】 演示容器布局管理器 BorderLayout 的使用。

程序 BorderLayoutTest.java 如下。

```
import java.awt.BorderLayout;
import java.awt.Container;
import javax.swing.*;
public class BorderLayoutTest {
    public static void main(String[] args) {
        JFrame f =new JFrame();
        Container c =f.getContentPane();
        //创建一个流式布局管理器对象,组件间无间距
        f.setLayout(new BorderLayout());
        //创建五个按钮组件
        JButton b1 =new JButton("north");
        JButton b2 =new JButton("east");
```

```
        JButton b3 =new JButton("west");
        JButton b4 =new JButton("south");
        JButton b5 =new JButton("center");
        //将按钮放置在内容面板的指定位置
        c.add(b1,"North");
        c.add(b2,"East");
        c.add(b3,"West");
        c.add(b4,"South");
        c.add(b5,"Center");
        f.setSize(300, 200);
        f.setLocation(200, 100);
        f.setDefaultCloseOperation(JFrame.EXIT_ON_CLOSE);
        f.setVisible(true);
    }
}
```

程序运行结果如图 10-7 所示。

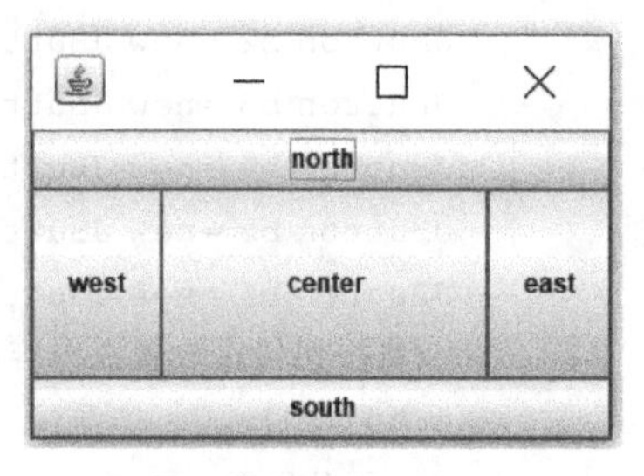

图 10-7　程序 BorderLayoutTest.java 运行结果

通过【例 10-4】的运行结果可以看出：向布局管理器采用 BorderLayout 的容器中添加组件时，指定添加位置可直接使用 BorderLayout 类中定义的静态字符串常量：CENTER（中间区域）、EAST（东部区域）、NORTH（北部区域）、SOUTH（南部区域）和 WEST（西部区域）。也可以分别直接使用对应字符串常量"Center""East""North""South"和"West"，注意单词首字母一定大写。

改变 BorderLayout 容器大小时，其缩放原则如下：改变容器的高度时，中部、东部和西部组件随容器高度变化而变化，北部和南部组件高度不变；改变容器的宽度时，中部、北部和南部组件随容器宽度变化而变化，东部和西部组件宽度不变。

3. GridLayout 布局管理器

GridLayout 布局效果如下。

(1) 将容器划分为规则的矩形网格，按照程序中组件的加入顺序，行中按自左向右的顺序逐个加入，行间按自上而下的顺序加入，将组件放入单元格。

(2) 组件大小被强行控制，和单元格大小相同，随着容器的大小变化，组件大小自动调整，但相对位置不变。

GridLayout 的构造方法有如下 3 个。

(1) GridLayout()：用于创建一个默认值的网格布局，即每个组件占据一列的网格。

(2) GridLayout(int rows, int cols)：用于创建一个指定行数和列数的网格布局管理器。

(3) GridLayout(int rows, int cols,int hgap,int vgap)：用于创建一个指定行数、列数、组件水平间距和垂直间距的网格布局管理器。

【例 10-5】 演示容器布局管理器 GridLayout 的使用。

程序 GridLayoutTest.java 如下。

```
import javax.swing.*;
import java.awt.Container;
import java.awt.GridLayout;
public class GridLayoutTest {
    public static void main(String[] args) {
        JFrame f =new JFrame("GridLayoutDemo");
        Container c =f.getContentPane();
        //创建一个 2 行 3 列的网格布局管理器对象,组件间距为 5px,
        //并将该布局设置到窗体中
        c.setLayout(new GridLayout(2,3,5,5));
        //创建六个按钮组件
        JButton b1 =new JButton("Button1");
        JButton b2 =new JButton("Button2");
        JButton b3 =new JButton("Button3");
        JButton b4 =new JButton("Button4");
        JButton b5 =new JButton("Button5");
        JButton b6 =new JButton("Button6");
        //将按钮依次放置在内容面板中
        c.add(b1);
        c.add(b2);
        c.add(b3);
        c.add(b4);
        c.add(b5);
        c.add(b6);
        f.setBounds(200, 200, 500, 500);
        f.setVisible(true);
        f.setDefaultCloseOperation(JFrame.EXIT_ON_CLOSE);
    }
}
```

程序运行结果如图 10-8 所示。

通过【例 10-5】的运行结果可以看出:语句“new GridLayout(2,3,5,5)”在构建 GridLayout 对象的同时指定行数、列数、行间距和列间距的网格布局。当改变窗体大小时,各组件的大小随着窗体大小的改变而均匀变化。

4. CardLayout 布局管理器

CardLayout 的布局效果如下。

(1) 将多个组件放在容器的同一区域内交替显示,就像摞在一起的扑克牌只显示最上面的一张。

(2) CardLayout 可以按照名称显示某一张卡片,或者按照顺序依次显示每一张卡

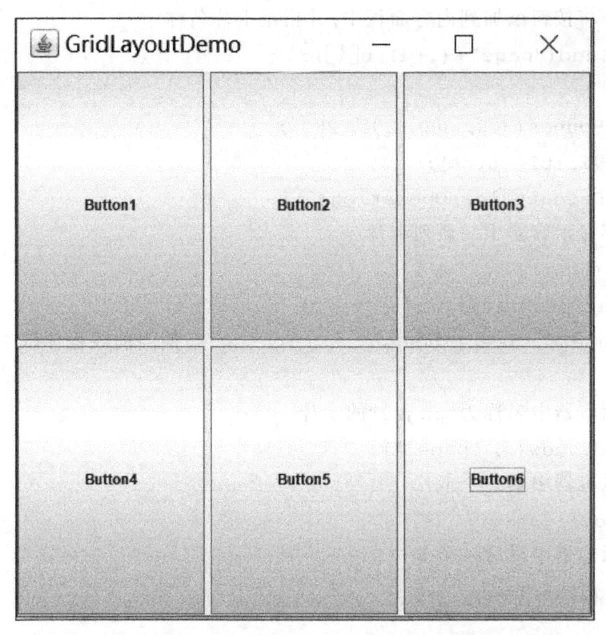

图 10-8　程序 GridLayoutTest.java 运行结果

片,也可以直接定位到第一张、下一张、上一张或最后一张。

CardLayout 的构造方法有如下 2 个。

(1) CardLayout():用于创建一个间距大小为 0 的新卡片布局。

(2) CardLayout(int hgap,int vgap):用于创建一个具有指定水平间距和垂直间距的新卡片布局。

【例 10-6】 演示容器布局管理器 CardLayout 的使用。

程序 CardLayoutTest.java 如下。

```
import javax.swing.*;
import java.awt.CardLayout;
import java.awt.Container;
public class CardLayoutTest {
    public static void main(String[] args) throws InterruptedException {
        JFrame f =new JFrame("CardLayoutTest");
        Container c =f.getContentPane();
        //创建一个卡片式布局管理器对象
        CardLayout card =new CardLayout();
        //设置窗体的布局
        c.setLayout(card);
        //实例化按钮数组
        JButton[] b =new JButton[4];
        //循环实例化按钮组件,并将组件添加在 f 内容面板中
        for(int i=0;i<b.length;i++){
            b[i] =new JButton("第"+(i+1)+"页");
```

```
            //将按钮添加到内容面板中,并指定卡片名称
            c.add("page"+(i+1),b[i]);
        }
        f.setBounds(300, 300, 200, 200);
        f.setVisible(true);
        f.setDefaultCloseOperation(3);
        //循环显示容器中一系列卡片
        while(true){
            card.next(c);
            Thread.sleep(1000);                    //使当前线程休眠 1000 毫秒
        }
        //显示容器中名称为"page3"的卡片
        //card.show(c, "page3");
        //显示容器中第一个卡片
        //card.first(c);
        //显示容器中最后一个卡片
        //card.last(c);
    }
}
```

程序运行结果如图 10-9 所示。

图 10-9　程序 CardLayoutTest.java 运行结果

通过【例 10-6】的运行结果可以看出：第 1～4 页每隔 1s(1000ms)交替显示。程序语句"c.next(f);"实现翻转到指定容器的下一张卡片,也可以使用语句"card.show(c,某一张卡片名称)""card.first(c)""card.previous(c);"和"card.last(c);"分别实现翻转到指定容器的某一张卡片、第一张卡片、前一张卡片和最后一张卡片。

10.3　GUI 事件处理

图形用户界面设计不是 Java GUI 程序设计的全部,甚至不是主要部分。前面讲的 GUI 界面不能进行用户交互,是静止的。GUI 程序能够和用户很好地交互,即通过图形界面能够接收来自用户的输入,并且按照用户操作做出相应的响应。

10.3.1 GUI事件处理机制

GUI事件处理机制和异常处理机制类似，JDK为GUI组件的各种可能操作预先定义了事件类。如果触发了组件的某一操作，组件将产生对应事件类的事件对象，此时将根据事件对象执行注册在该组件上的相应监听器中与事件对象相对应的方法（当然前提是对于关心的组件事件，已经在组件上注册了对应的监听器并实现了对应事件处理方法）。

与GUI交互，比如移动鼠标、按下鼠标键、单击按钮、在文本框内输入文本、选择菜单项或关闭窗口时，GUI会接收到相应的事件，即各种可能的操作。GUI事件处理的3个要素为事件对象、事件源和事件监听器。

1. **事件对象**

事件就是描述发生了什么事，即对组件进行了什么操作。Java用事件对象来描述事件。事件一旦被触发。组件就产生对应的事件对象，其对应的类一般均是Java语言直接提供，开发者很少构建事件对象类。例如，对按钮进行单击操作，被单击的按钮组件将产生ActionEvent事件对象。

2. **事件源**

能够接收用户事件（用户操作）并产生事件对象的GUI组件都被当作事件源，事件源产生事件对象，例如按钮、文本框等。

3. **事件监听器**

对事件进行处理的对象，该对象定义了能够接收、解析和处理事件的方法，方法实现与用户的交互。

每一种事件都对应专门的监听器中的某一方法，监听器中的方法负责接收和处理这种事件。一个事件源可以触发多种事件，如果它注册了某种事件的监听器，这种事件就会被接收和处理。

操作GUI界面中的组件时，会产生一个事件，事件被事件源（组件）绑定的事件监听器监听并捕获，事件监听器调用相应的事件处理方法处理。这就是事件处理机制，如图10-10所示。图形界面中的每个组件均可以针对特定的事件绑定一个或多个事件监听对象，并由这些事件监听对象负责监听并处理事件。

事件处理机制确定了实现事件处理程序编写的基本步骤：

(1) 创建监听类，实现监听接口并重写监听接口中的事件处理方法。

(2) 创建监听器对象，也就是需要实例化上一步中创建的监听器类的对象。

(3) 注册监听器对象，调用组件的addXXXListener( )方法，将监听器对象组成到相应的组件上，实现对组件（事件源）上触发事件的监听。

【例10-7】 演示GUI事件处理程序的编写。

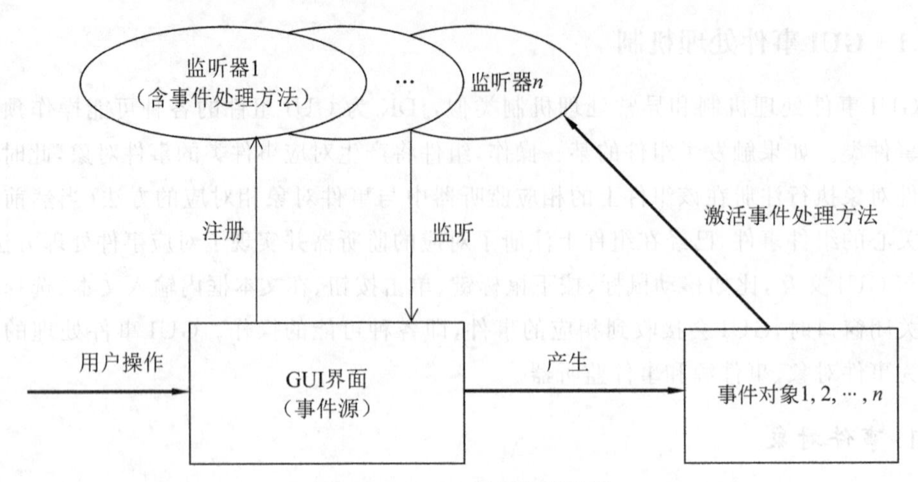

图 10-10 GUI 事件处理机制

程序 EventTest.java 如下。

```
import java.awt.FlowLayout;
import java.awt.event.ActionEvent;
import java.awt.event.ActionListener;
import javax.swing.JButton;
import javax.swing.JFrame;
public class EventTest {
    public static void main(String[] args) {
        JFrame f =new JFrame("EventTest");
        f.setLayout(new FlowLayout(FlowLayout.CENTER));
        JButton b1 =new JButton("press me");
        //创建监听器对象
        MyListener myListener =new MyListener();
        //注册监听器对象到按钮组件上
        b1.addActionListener(myListener);
        f.add(b1);
        f.setSize(200,100);
        f.setLocation(300,100);
        f.setDefaultCloseOperation(JFrame.EXIT_ON_CLOSE);
        f.setVisible(true);
    }
}
//创建监听类实现 ActionListener 接口,实现对 ActionEvent 事件的监听
class MyListener implements ActionListener {
    public void actionPerformed(ActionEvent e) {
        System.out.println("ActionEvent occurred");
        System.out.println("Button's label is : "+e.getActionCommand());
```

```
    }
}
```

程序运行结果如图 10-11 所示。

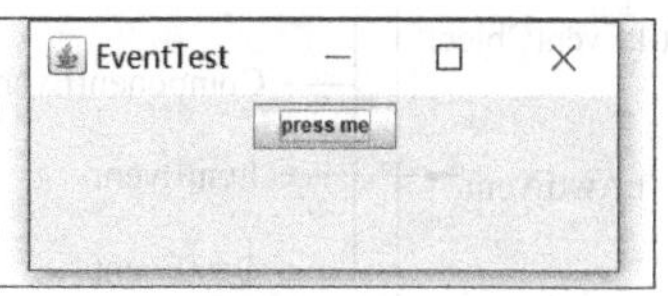

图 10-11　程序 EventTest.java 运行结果

【例 10-7】的 GUI 界面中包含了一个按钮,该按钮上注册了一个监听 ActionEvent 事件的监听器对象,该对象是监听器类 MyListener 的实例对象,而 MyListener 实现了 ActionListener,即对单击事件进行监听,该类必须要实现接口中所有的抽象方法。实际上,根据用户需要,在方法中编写自己的程序处理逻辑,不需要的方法只需空实现,对于 ActionListener 接口来说,只有唯一的方法 actionPerformed(ActionEvent e),由该方法作为按钮单击事件的事件处理方法,在单击按钮事件发生时调用该方法。

定义了监听器后,必须在对应组件上添加该监听器对象。上述代码在按钮 b1 上绑定了 MyListener 的类对象 myListener,从此该监听器对象 myListener 对发生在按钮上的单击事件进行监听,若发生对应事件,将执行对应监听器的事件处理方法。程序 EventTest.java 运行后,单击窗体按钮程序将执行方法 actionPerformed(ActionEvent e),方法输出的内容中的 getActionCommand()方法返回的是指令信息,组件的指令信息默认为组件的标签值。

通过【例 10-7】的运行结果可以看出:程序实现了按钮单击事件处理,实现了图形用户界面和用户的有效交互。GUI 程序的运行结果,开发者并不能控制,它和用户操作有关,用户操作不同程序,做出的响应也不同。

10.3.2　GUI 事件类型

Java API 为 GUI 组件的各种可能操作预先定义了事件类型,其层次结构如图 10-12 所示。

图 10-12 中的各事件类型介绍如下。

ActionEvent:描述鼠标在菜单、按钮等组件上进行单击的事件。

AdjustmentEvent:描述组件或容器的大小发生变化或者重置事件。

ItemEvent:描述组件条目发生变化事件,如当列表框中的条目发生变化或被选中。

TextEvent:描述当文本框或文本域中的内容发生变化事件。

ContainerEvent:描述当向容器加入组件或从容器移除组件事件。

FocusEvent:描述焦点事件,如组件获得或失去焦点时触发的事件。

InputEvent:描述用鼠标、键盘进行输入事件。

KeyEvent:描述键盘按键被按下或释放事件。

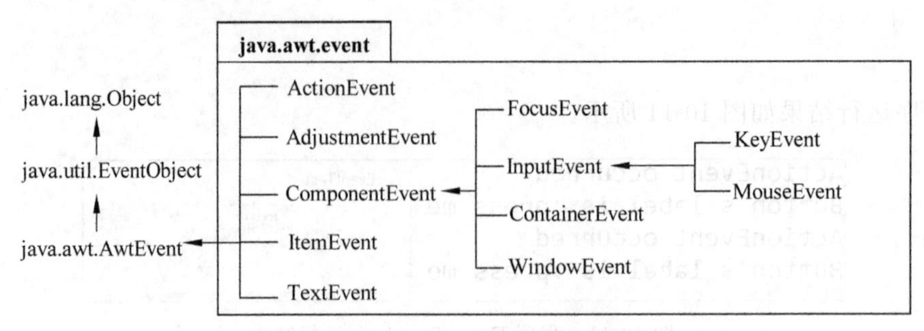

图 10-12　事件类型层次结构图

MouseEvent：描述鼠标按下、移动、单击、双击等事件。

WindowEvent：描述当窗口初始化、最大化、最小化、关闭或销毁事件。

事件类型中最常用的有动作事件(ActionEvent)、键盘事件(KeyEvent)、鼠标事件(MouseEvent)和窗口事件(WindowEvent)。

事件类型、事件类型相应的监听器接口以及监听器接口中的方法的对应关系如表 10-1 所示。

表 10-1　事件类型及相应的监听器接口

事件类型	接　口	方　法
Action	ActionListener	actionPerformed(ActionEvent)
Item	ItemListener	itemStateChanged(ItemEvent)
Mouse Motion	MouseMotionListener	mouseDragged(MouseEvent)
		mouseMoved(MouseEvent)
Mouse	MouseListener	mousePressed(MouseEvent)
		MouseReleased(MouseEvent)
		mouseEntered(MouseEvent)
		mouseExited(MouseEvent)
		mouseClicked(MouseEvent)
Key	KeyListener	keyPressed(KeyEvent)
		keyReleased(KeyEvent)
		keyTyped(KeyEvent)
Focus	FocusListener	focusGained(FocusEvent)
		focusLost(FocusEvent)
Adjustment	AdjustmentListener	adjustmentValueChanged(AdjustmentEvent)

续表

事件类型	接口	方法
Component	ComponentListener	componentMoved(ComponentEvent)
		componentHidden(ComponentEvent)
		componentResized(ComponentEvent)
		componentShown(ComponentEvent)
Window	WindowListener	WindowClosing(WindowEvent)
		windowOpened(WindowEvent)
		windowIconified(WindowEvent)
		windowDeiconified(WindowEvent)
		windowClosed(WindowEvent)
		windowedActivated(WindowEvent)
		windowDeactivated(WindowEvent)
Container	ContainerListener	componentAdded(ContainerEvent)
		componentRemoved(ContainerEvent)
Text	TextListener	textValueChanged(TextEvent)

10.3.3 多重监听器

在GUI事件处理中，对于同一事件源可以注册多个监听器，一个监听器可以被多个事件源注册，同一事件源的同一种事件也可以注册多个监听器。这种事件源和监听器的多对多关系称为多重监听器。

【例10-8】 演示多重监听器的使用。

程序MutiListenerTest.java如下。

```
import java.awt.FlowLayout;
import java.awt.event.ActionEvent;
import java.awt.event.ActionListener;
import java.awt.event.MouseEvent;
import java.awt.event.MouseListener;
import java.awt.event.MouseMotionListener;
import javax.swing.JButton;
import javax.swing.JFrame;
public class MutiListenerTest {
    public MutiListenerTest() {
        JFrame f =new JFrame("事件处理程序");
        f.setLayout(new FlowLayout());
        JButton b1 =new JButton("start");
```

```
        JButton b2 =new JButton("stop");
        b1.setActionCommand("Game begin");
        b2.setActionCommand("Game Over");
        f.add(b1);
        f.add(b2);
        //创建监听器对象
        MultiListener myListener =new MultiListener();
        //注册监听器对象到组件上
        f.addMouseListener(myListener);
        f.addMouseMotionListener(myListener);
        b1.addActionListener(myListener);
        b2.addActionListener(myListener);
        f.setDefaultCloseOperation(JFrame.EXIT_ON_CLOSE);
        f.setBounds(200, 200, 300, 300);
        f.setVisible(true);
    }
    public static void main(String[] args) {
        new MutiListenerTest();
    }
}
//创建监听类
class MultiListener implements MouseListener,ActionListener,MouseMotionListener {
    //重写 ActionListener 监听接口中的事件处理方法
    public void actionPerformed(ActionEvent e) {
        System.out.println(e.getActionCommand());
    }
    @Override
    public void mouseClicked(MouseEvent e) { }
    @Override
    //重写 MouseListener 监听接口中的事件处理方法
    public void mouseEntered(MouseEvent e) {
        System.out.println("mouse into frame");
    }
    @Override
    public void mouseExited(MouseEvent e) { }
    @Override
    public void mousePressed(MouseEvent e) { }
    @Override
    public void mouseReleased(MouseEvent e) { }
    @Override
    //重写 MouseMotionListener 监听接口中的事件处理方法
    public void mouseDragged(MouseEvent arg0) {
        //拖动鼠标,并获得鼠标指针的坐标值,将坐标值输出到控制台
        String str="鼠标键被按下,鼠标左键拖动,当前位置("+
```

```
            arg0.getX()+","+arg0.getY()+").";
        System.out.println(str);
    }
    @Override
    public void mouseMoved(MouseEvent arg0) { }
}
```

程序运行结果如图 10-13 所示。

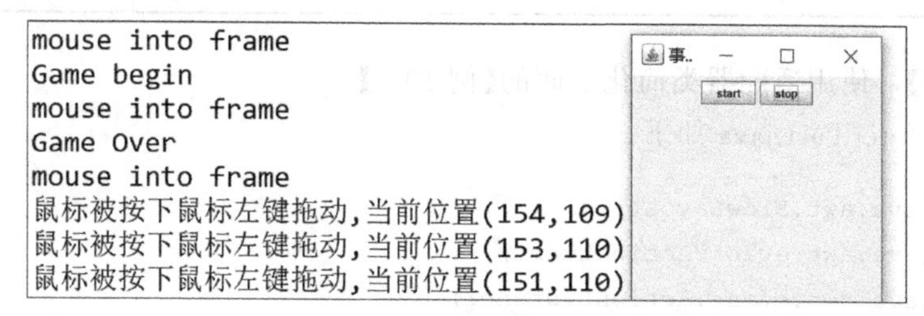

图 10-13 程序 MutiListenerTest.java 运行结果

【例 10-8】定义了一个监听器 MultiListener,它实现了 3 种监听器接口 MouseListener、ActionListener、MouseMotionListener,能够监听和响应 MouseEvent 和 ActionEvent 事件。该例子创建了一个 JFrame 窗体,其中包含两个按钮组件,程序中将同一个 MultiListener 对象注册为 JButton 和 JFrame 的监听器,处理 JButton 的单击事件,处理 JFrame 的鼠标拖动和单击事件。

【例 10-8】的 JFrame 组件上调用了两次 addXXXListener()方法,注册了两种不同监听器类型,它们都能够监听 JFrame 这一个组件上的事件。当这些监听器监听的事件发生时,系统将调用所有监听器的相关事件处理方法。【例 10-8】中也将同一个 ActionListener 监听器对象注册在两个按钮组件上,用一个监听器处理了两个按钮的同一类型的事件监听,调用相同的事件处理方法。

10.3.4 适配器类

适配器类(Adapter)是针对大部分的事件监听器接口所定义的对应的实现类,适配器类实现了相应的监听器接口中的所有方法,只不过所有的方法都是空实现,即什么事情都不做。

通过本章上述各个案例可以看出,如果实现 GUI 控件的事件处理,那么要在定义监听器类时实现监听器接口,这意味着必须实现其中的所有方法,在实现的所有方法中,有些方法可能根本用不到。【例 10-8】的 MutiListenerTest.java 中实现了 8 个方法,只用到 3 个。当然,用不到的方法也只是空实现而已,但即使是这样,也令程序员十分讨厌。为了避免这种情况,Java 中引入了适配器类。通过继承适配器类,创建的监听器类就可以仅重写需要的事件处理方法,其他未用到的事件处理方法不需要重写,使代码更加简洁。

Java API 为开发者提供的主要适配器类如表 10-2 所示。

Java API 中定义的适配器类都是 abstract 的,这不是必需的,只是防止开发者误用适配器类实例化对象。

表 10-2 Java 适配器类

适 配 器 类	实现的接口	适 配 器 类	实现的接口
MouseAdapter	MouseListener	KeyAdapter	KeyListener
MouseMotionAdapter	MouseMotionListener	ComponentAdapter	ComponentListener
FocusAdapter	FocusListener	ContainerAdapter	ContainerListener
WindowAdapter	WindowListener		

【例 10-9】 使用适配器类简化上面的【例 10-8】。

程序 AdapterTest.java 如下。

```
import java.awt.FlowLayout;
import java.awt.event.ActionEvent;
import java.awt.event.ActionListener;
import java.awt.event.MouseAdapter;
import java.awt.event.MouseEvent;
import java.awt.event.MouseMotionListener;
import javax.swing.JButton;
import javax.swing.JFrame;
public class AdapterTest {
    public AdapterTest() {
        JFrame f =new JFrame("事件处理程序");
        f.setLayout(new FlowLayout());
        JButton b1 =new JButton("start");
        JButton b2 =new JButton("stop");
        b1.setActionCommand("Game begin");
        b2.setActionCommand("Game Over");
        f.add(b1);
        f.add(b2);
        //创建监听器对象
        MultiListener1 myListener =new MultiListener1();
        //注册监听器对象到组件上
        f.addMouseListener(myListener);
        f.addMouseMotionListener(myListener);
        b1.addActionListener(myListener);
        b2.addActionListener(myListener);
        f.setDefaultCloseOperation(JFrame.EXIT_ON_CLOSE);
        f.setBounds(200, 200, 300, 300);
        f.setVisible(true);
    }
    public static void main(String[] args) {
        new AdapterTest();
    }
```

```
}
class   MultiListener1   extends   MouseAdapter   implements   ActionListener,
MouseMotionListener {
    //重写 ActionListener 监听接口中的事件处理方法
    public void actionPerformed(ActionEvent e) {
        System.out.println(e.getActionCommand());
    }
    @Override
    //重写 MouseListener 监听接口中的事件处理方法
    public void mouseEntered(MouseEvent e) {
        System.out.println("mouse into frame");
    }
    @Override
    //重写 MouseMotionListener 监听接口中的事件处理方法
    public void mouseDragged(MouseEvent arg0) {
        //拖动鼠标,并获得鼠标指针的坐标值,将坐标值输出到控制台
        String str ="鼠标键被按下,鼠标左键拖动,当前位置(" +arg0.getX() +
                                                    "," +arg0.getY() +").";
        System.out.println(str);
    }
    @Override
    public void mouseMoved(MouseEvent arg0) {
    }
}
```

和【例 10-8】相比,【例 10-9】使用适配器类后的 MultiListener1 继承了 MouseAdapter,对于 MouseAdapter 实现的 MouseListener 接口中的 5 个方法,MultiListener1 重写当前程序中需要用到的 mouseEntered 即可,不必再在监听器中写其多余的空方法,减少大量的冗余代码。

有些情况下,使用适配类可以带来便利,但也不能完全替代监听器接口。因为 Java 不支持多继承,正如上面的 MultiListener1 继承了 MouseAdapter,就不能继承 MouseMotionAdapter,而又要实现对鼠标移动事件的监听,只能选择继承一种事件监听适配器类的同时去实现另一种事件监听接口。

10.3.5 基于内部类的事件处理

事件适配器类给监听器类的定义带来了方便,也限制了监听器类对其他类的继承。监听器类中封装的业务逻辑有非常强的针对性,一般没有重用价值,因此常采用内部类或匿名类的形式来实现监听器类。

【例 10-10】 演示内部类作为监听器类的使用。

程序 InnerListenerTest.java 如下。

```
import java.awt.*;
import java.awt.event.*;
```

```
import javax.swing.*;
public class InnerClassEventTest extends JFrame{
    public InnerClassEventTest(){
      setLayout(new FlowLayout());
        JButton btn=new JButton("ok");
        add(btn);
        InnerClass btListener=new InnerClass();
        btn.addActionListener(btListener);
    }
    //内部类实现监听器类
    class InnerClass implements ActionListener{
        public void actionPerformed (ActionEvent e){
          System.out.println("The OK button is clicked");
        }
    }
    public static void main(String args[]){
        InnerClassEventTest frame =new InnerClassEventTest();
        frame.setTitle("内部类作为事件监听器");
        frame.setDefaultCloseOperation(JFrame.EXIT_ON_CLOSE);
        frame.setSize(280, 100);
        frame.setVisible(true);
    }
}
```

【例 10-10】的 InnerListenerTest.java 中的监听器类 A 采用实例内部类形式实现,实现对按钮单击事件的监听。单击按钮时,控制台输出“The OK button is clicked”。监听器类还可以使用静态内部类、局部内部类和匿名内部类来实现。在 GUI 的程序设计中,使用匿名内部类实现监听器类的应用场景较多。

一般来讲,当监听器类代码比较少时,建议采用内部类的方式实现监听器类,当监听器类比较复杂且代码比较多时,不建议使用内部类。

10.4 Swing 基本组件

10.4.1 JButton 按钮组件

JButton 组件是最简单的按钮组件,只是在按下和释放两个状态之间切换,可以通过捕获按下并释放的动作执行一些操作,从而完成和用户的交互。JButton 类提供了一系列方法来设置按钮的属性,如 setText(String text)设置按钮的标签文本、setActionCommand(String text)设置按钮的动作指令。JButton 的属性和方法信息参见 Java API 文档。

10.4.2 JLabel 标签组件

JLabel 标签组件用来显示文本和图像,用来标识和显示提示信息。标签不响应用户的单击操作，在GUI编程中，标签通知放在文本框、文本域、组合框等不带标签的组件前，对用户进行提示。JLabel类提供了设置标签的方法，如setText(String text)设置标签显示的文本信息、setFont(Font font)设置标签文本的字体及大小、setIcon(Icon icon)设置标签图标等方法。JLabel的属性和方法信息参见Java API文档。

10.4.3 JTextField文本框组件

JTextField组件实现一个文本框，用来接受用户输入的单行文本信息。JTextField的属性和方法信息参见Java API文档。

【例10-11】 演示JTextField组件的使用。

程序JTextFieldTest.java如下。

```
import java.awt.event.ActionEvent;
import java.awt.event.ActionListener;
import java.awt.event.FocusEvent;
import java.awt.event.FocusListener;
import java.awt.event.MouseAdapter;
import java.awt.event.MouseEvent;
import javax.swing.JButton;
import javax.swing.JFrame;
import javax.swing.JLabel;
import javax.swing.JTextField;
public class JTextFieldTest extends MouseAdapter implements FocusListener,
ActionListener {
    //创建一个内容为空,长度为 30 的文本框
    JTextField jf =new JTextField(30);
    //创建一个初始内容为空的标签
    JLabel jl =new JLabel();
    public JTextFieldTest() {
        JButton jb =new JButton("注册");
        JFrame f =new JFrame("用户注册");
        f.add(jb, "North");
        f.add(jl, "Center");
        f.add(jf, "South");
        jf.addFocusListener(this);
        jf.addMouseListener(this);
        jb.addActionListener(this);
        f.setBounds(300, 300, 300, 300);
        f.setDefaultCloseOperation(JFrame.EXIT_ON_CLOSE);
        f.setVisible(true);
    }
    public static void main(String[] args) {
        new JTextFieldTest();
    }
```

```
    //文本框获得焦点的事件处理方法
    public void focusGained(FocusEvent arg0) {
        //文本框内容清空
        jf.setText("");
    }
    public void focusLost(FocusEvent arg0) {
    }
    //鼠标移动进入文本框事件处理方法
    public void mouseEntered(MouseEvent arg0) {
        //设置文本框内容
        jf.setText("请输入您的姓名!");
    }
    //确定注册按钮的事件处理方法
    public void actionPerformed(ActionEvent arg0) {
        //设置标签内容信息
        jl.setText("您的姓名为'" +jf.getText() +"';恭喜您注册成功!");
    }
}
```

运行程序,起初文本框内容为空,将鼠标移入文本框区域内,文本框信息提示为"请输入您的姓名!",这时单击鼠标使文本框获得焦点,调用获得焦点的事件处理方法,清空文本框内容,输入姓名,单击"注册"按钮,触发按钮单击事件处理方法,标签中显示相关提示信息,程序运行结果如图 10-14 所示。

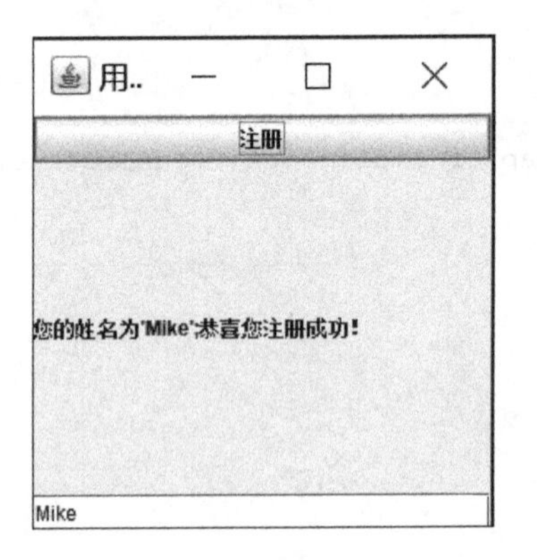

图 10-14 程序 JTextFieldTest.java 运行结果

10.4.4 JTextArea 文本域组件

JTextArea 是一个显示纯文本的多行区域。作为一个轻量级组件,它提供与 java.awt.TextArea 类的源兼容性。另外,Swing 组件中还有 JTextPane 和 JEditorPane,也是具有更多功能的多行文本类。java.awt.TextArea 在内部处理滚动,JTextArea 的不同之处是它不管理滚动,但实现了 swing Scrollable 接口。这允许把它放置在 JScrollPane 的内部(如果需要滚动行为),或者直接使用(如果不需要滚动)。JTextArea 的属性和方法信息参见 Java API 文档。

【例 10-12】 演示 JTextArea 组件的使用。

程序 JTextAreaTest.java 如下。

```
import java.awt.Color;
import java.awt.Dimension;
import java.awt.Font;
import javax.swing.JFrame;
```

```
import javax.swing.JScrollPane;
import javax.swing.JTextArea;
public class JTextAreaTest{
    public static void main(String[] agrs){
        JFrame frame=new JFrame("Java 文本域组件示例");
        frame.setLayout(null);
        //设置文本域 7 行 30 列,初始内容为"请输入内容"
        JTextArea jta=new JTextArea("请输入内容",7,30);
        //设置文本域中的文本为自动换行
        jta.setLineWrap(true);
        //设置组件的背景色
        jta.setForeground(Color.BLACK);
        //修改字体样式
        jta.setFont(new Font("楷体",Font.BOLD,16));
        //设置文本域背景色
        jta.setBackground(Color.YELLOW);
        //定义一个滚动面板对象,并将文本域放入滚动面板
        JScrollPane jsp=new JScrollPane(jta);
        //获得文本域的首选大小
        Dimension size=jta.getPreferredSize();
        jsp.setBounds(40,30,size.width,size.height);
        //将 JScrollPane 添加到窗体容器内容面板中
        frame.add(jsp);
        //设置 JFrame 容器的大小
        frame.setSize(400,300);
        frame.setDefaultCloseOperation(JFrame.EXIT_ON_CLOSE);
        frame.setVisible(true);
    }
}
```

【例 10-12】中使用 JTextArea 组件类方法设置组件的相关属性,并创建 JScrollPane 面板对象,将 JTextArea 放入面板中,使得在文本域中输入的信息内容超出文本域高度时会显示滚动条,如果直接将文本域组件添加在容器中,就无法实现滚动效果,程序运行结果如图 10-15 所示。

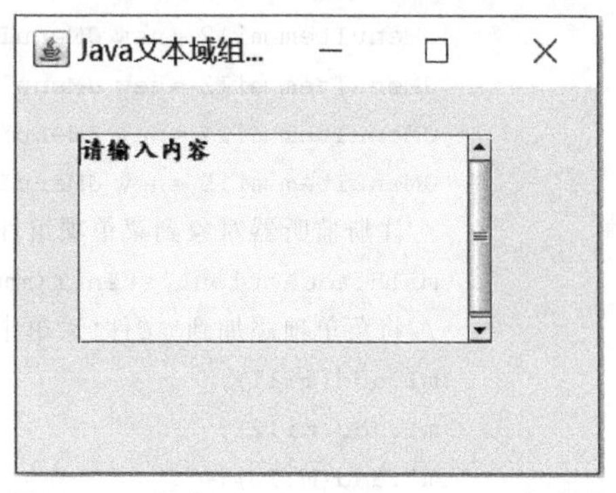

图 10-15　程序 JTextAreaTest.java 运行结果

10.4.5　JMenuBar、JMenu 和 JMenuItem 菜单组件

在窗口中,需要经常给窗口添加菜单条,Java 中的这一部分由 3 个类实现,即 JMenuBar、JMenu 和 JMenuItem,分别对应菜单条、菜单和菜单项。

菜单条(JMenuBar)构造之后,还要将它设置成窗口的菜单条,JMenuBar 类根据 JMenu

添加的顺序从左到右显示,并建立整数索引。

添加完菜单(JMenu)之后,并不会显示任何菜单,所以还需要在菜单条中添加菜单。构造完菜单条后,使用 JMenuBar 类的 add 方法将其添加到菜单条中。

构造菜单项(JmenuItem),然后将其添加到菜单中。菜单中可以添加不同的内容,可以是菜单项(JMenuItem),可以是一个子菜单,也可以是分隔符。

JMenuBar、JMenu 和 JMenuItem 的属性和方法信息参见 Java API 文档。

【例 10-13】 演示 JMenuBar、JMenu 和 JMenuItem 组件的使用。

程序 JMenuTest.java 如下。

```
import java.awt.event.ActionEvent;
import java.awt.event.ActionListener;
import javax.swing.JCheckBoxMenuItem;
import javax.swing.JFrame;
import javax.swing.JMenu;
import javax.swing.JMenuBar;
import javax.swing.JMenuItem;
import javax.swing.JTextArea;
public class JMenuTest{
    public static void main( String args[]) {
        JFrame f =new JFrame("记事本");
        JTextArea ta =new JTextArea("",20,20);
        f.add(ta,"Center");
        MyMonitor mm =new MyMonitor()
        //创建菜单条
        JMenuBar mb =new JMenuBar();
        //创建菜单
        JMenu m1 =new JMenu("文件");
        JMenu m2 =new JMenu("编辑");
        JMenu m3 =new JMenu("格式");
        JMenu m4 =new JMenu("帮助");
        //创建菜单项
        JMenuItem mi11 =new JMenuItem("新建");
        JMenuItem mi12 =new JMenuItem("打开");
        JMenuItem mi13 =new JMenuItem("保存");
        JMenuItem mi14 =new JMenuItem("另存为");
        JMenuItem mi15 =new JMenuItem("退出");
        //注册监听器对象到菜单项组件上
        mi15.addActionListener(mm);
        //将菜单项添加到"文件"菜单中
        m1.add(mi11);
        m1.add(mi12);
        m1.add(mi13);
        m1.add(mi14);
```

```
        //菜单中加入一个分隔符
        m1.addSeparator();
        m1.add(mi15);
        //创建'格式'菜单的菜单项
        JCheckBoxMenuItem mi31 =new JCheckBoxMenuItem("二进制");
        JMenuItem mi32 =new JMenuItem("字体");
        //注册监听器对象到菜单项组件上
        mi31.addActionListener(mm);
        //将菜单项添加到"格式"菜单中
        m3.add(mi31);
        m3.add(mi32);
        //将菜单添加到菜单栏上
        mb.add(m1);
        mb.add(m2);
        mb.add(m3);
        mb.add(m4);
        //设置窗体的菜单栏内容
        f.setJMenuBar(mb);
        f.setSize(300,200);
        f.setLocation(300,100);
        f.setDefaultCloseOperation(JFrame.EXIT_ON_CLOSE);
        f.setVisible( true);
    }
}
class MyMonitor implements ActionListener{
    public void actionPerformed(ActionEvent e){
        String s =e.getActionCommand();
        System.out.println(s);
        if(s.equals("退出")){
            System.exit(0);
        }
    }
}
```

程序运行结果如图10-16所示。

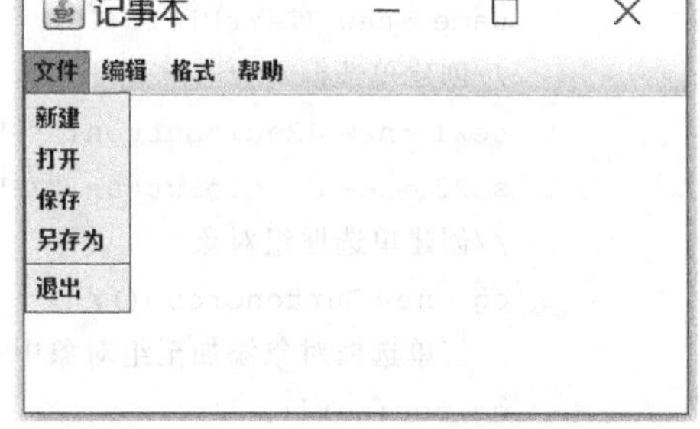

图10-16　程序JMenuTest.java运行结果

10.4.6　选择框组件

Java GUI控件中的选择框包括单选框JRadioButton、复选框JCheckBox、组合框JComboBox和下拉列表List这4个组件。JRadioButton单选框可单独使用，状态有被选择或取消选择，也可以和ButtonGroup类联合起来使用，组成一个单选框组，此时只能选择组合中的一个单选框。ButtonGroup只是为了实现单选规则的逻辑分值，仍然要将JRadioButton单选框对象添加到容器对象中。JChecBox复选框可以被选择或取消选择，并且可以同时选定多个复选框。JComboBox 组合框是一个文本框和一个下拉列表的组合,用户可以从下拉列表中选择一个选项,下拉列表可以设置为可编辑的。JList 列表框中的选项以列表的形式都显示出来,用户在列表框中可以选择一个或多个选项(按住 Ctrl 键可以选中多个)。JComboBox 和 JList 的主要区别是 JList 可以多选,而 JComboBox 只能单选。以上 4 种选择框组件具有的属性和方法信息参见 Java API 文档。

【例 10-14】 演示选择框组件的使用。

程序 ChoiceTest.java 如下。

```
import java.awt.*;
import java.awt.event.*;
import javax.swing.*;
public class ChoiceTest implements ItemListener, ActionListener {
    JTextField name;
    ButtonGroup cg;
    JComboBox career;
    JList city;
    JCheckBox[] favorite;
    JRadioButton sex1;
    JRadioButton sex2;
    public static void main(String[] args) {
        new ChoiceTest().createUI();
    }
    public void createUI() {
        Font vFont =new Font("Dialog", Font.PLAIN, 13);
        UIManager.put("ComboBox.font", vFont);
        JFrame f =new JFrame("注册窗口");
        JPanel p =new JPanel();
        p.setLayout(new GridLayout(5, 2, 2, 2));
        name =new JTextField(10);
        //创建单选框对象
        sex1 =new JRadioButton("男", true);
        sex2 =new JRadioButton("女");
        //创建单选框组对象
        cg =new ButtonGroup();
        //将单选框对象添加至组对象中
        cg.add(sex1);
        cg.add(sex2);
        //创建一个内嵌的 JPanel 面板对象
        JPanel sp =new JPanel();
        //将单选按钮放入面板对象
        sp.add(sex1);
        sp.add(sex2);
        //创建组合框对象
```

```
career =new JComboBox();
//添加组合框条目项
career.addItem("IT技术人员");
career.addItem("工商管理");
career.addItem("教育");
career.addItem("金融");
//设置下拉列表的内容
String[] citys ={"北京", "上海", "天津", "天津", "太原", "石家庄", "哈尔
                滨", "三亚", "威海" };
//创建下拉列表对象,并指定初始内容
city =new JList(citys);
//设置下拉列表选择模式为单选模式
city.setSelectionMode(ListSelectionModel.SINGLE_SELECTION);
//将内容组件逐一添加至面板中
p.add(new JLabel(" 姓    名: "));
p.add(name);
p.add(new JLabel(" 性    别: "));
p.add(sp);
p.add(new JLabel(" 职    业: "));
p.add(career);
p.add(new JLabel(" 城    市: "));
p.add(city);
p.add(new JLabel(" 爱    好: "));
JPanel sp1 =new JPanel();
sp1.setLayout(new FlowLayout(FlowLayout.LEFT, 1, 1));
//设置多选框显示内容
String[] sf ={ "旅游", "读书", "时装", "汽车", "健美" };
//创建多选框按钮,并指定具体内容
favorite =new JCheckBox[sf.length];
for (int i =0; i <sf.length; i++) {
    favorite[i] =new JCheckBox(sf[i]);
    favorite[i].addItemListener(this);
    sp1.add(favorite[i]);
}
p.add(sp1);
f.add(p, "Center");
JPanel psouth =new JPanel();
psouth.setLayout(new GridLayout(1, 2));
JButton submit =new JButton("提交");
JButton reset =new JButton("退出");
submit.addActionListener(this);
reset.addActionListener(new ActionListener() {
    public void actionPerformed(ActionEvent e) {
        System.exit(0);
```

```
            }
        });
        psouth.add(submit);
        psouth.add(reset);
        f.add(psouth, "South");
        f.setDefaultCloseOperation(JFrame.EXIT_ON_CLOSE);
        f.setSize(160, 270);
        f.setLocation(300, 100);
        f.setVisible(true);
    }
    //提交按钮事件处理方法,将如上信息内容获取并输出在控制台上
    public void actionPerformed(ActionEvent e) {
        if (e.getActionCommand().equals("提交")) {
            String s =sex1.isSelected() ? sex1.getText() : sex2.getText();
            String info ="您提交的信息如下：\n 姓名：" +name.getText() +"\n 性别："
                        +s +"\n 职业：" +career.getSelectedItem() +"\n 城市："+
                        city.getSelectedValue().toString() +"\n 爱好：";
          for (JCheckBox f : favorite) {
              if (f.isSelected())
                  info +=f.getText() +" ";
          }
          System.out.println(info);
        }
    }
    public void itemStateChanged(ItemEvent e) {
        String s =e.getItem().toString();
        if (e.getStateChange() ==ItemEvent.SELECTED) {
            System.out.println("您刚选中了项目：" +s);
        } else {
            System.out.println("您刚取消了项目：" +s);
        }
    }
}
```

以上代码使用了单选框 JRadioButton、复选框 JCheckBox、组合框 JComboBox 和下拉列表 List 这 4 个组件,演示了 4 个组件的基本使用方法,程序运行结果如图 10-17 所示。当单击“提交”按钮后,控制台输出信息如下。

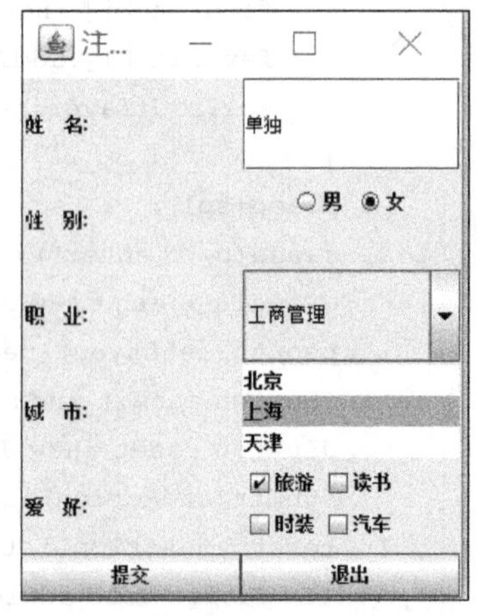

图 10-17　程序 ChoiceTest.java 运行结果

```
您提交的信息如下：
姓名：单独
性别：女
职业：IT 技术人员
```

城市：上海
爱好：旅游

10.4.7 JDialog 对话框组件

JDialog 是创建对话框窗口的主要类，可以使用此类创建自定义的对话框，属于顶级窗体。该类继承了 AWT 的 Dialog 类，支持 Swing 体系结构的高级 GUI 属性。与 JFrame 类似，只不过 JDialog 是用来设计对话框的，它通常依赖其他窗体，即对话框通常有一个父窗体。JDialog 的属性和方法信息参见 Java API 文档。

【例 10-15】 演示 JDialog 组件的使用。

程序 JDialogTest.java 如下。

```
import java.awt.GridLayout;
import java.awt.event.ActionEvent;
import java.awt.event.ActionListener;
import javax.swing.JButton;
import javax.swing.JDialog;
import javax.swing.JFrame;
import javax.swing.JLabel;
import javax.swing.JPanel;
import javax.swing.JPasswordField;
import javax.swing.JTextField;
public class JDialogTest implements ActionListener {
    private JLabel info;
    private JDialog loginDialog;
    private JDialog quitDialog;
    private JTextField tf_name;
    private JPasswordField tf_psw;
    public static void main(String args[]) {
        new JDialogTest().init();
    }
    public void init() {
        JFrame f =new JFrame("注册窗口");
        JButton login =new JButton("登录");
        JButton regist =new JButton("注册");
        JButton help =new JButton("帮助");
        JButton exit =new JButton("退出");
        JPanel p =new JPanel();
        p.setLayout(new GridLayout(1, 4));
        p.add(login);
        p.add(regist);
        p.add(help);
        p.add(exit);
        info =new JLabel("您尚未登录");
```

```
        f.add(p, "North");
        f.add(info, "Center");
        login.addActionListener(this);
        exit.addActionListener(this);
        f.setSize(400, 150);
        f.setLocation(450, 200);
        f.setDefaultCloseOperation(JFrame.EXIT_ON_CLOSE);
        f.setVisible(true);
        loginDialog =this.createLoginDialog(f);
        quitDialog =this.createQuitDialog(f);
    }
    //定义创建登录对话框的方法
    public JDialog createLoginDialog(JFrame f) {
        //创建一个指定父窗体和标题的模式对话框
        JDialog d =new JDialog(f, "登录对话框", true);
        JLabel note =new JLabel("请输入注册信息");
        JPanel pa =new JPanel();
        pa.setLayout(new GridLayout(2, 1));
        pa.add(new JLabel("用户名："));
        pa.add(new JLabel("密 码："));
        JPanel pc =new JPanel();
        pc.setLayout(new GridLayout(2, 1));
        tf_name =new JTextField();
        //创建一个密码框
        tf_psw =new JPasswordField();
        //设置密码框显示符号
        tf_psw.setEchoChar('*');
        pc.add(tf_name);
        pc.add(tf_psw);
        JPanel pb =new JPanel();
        pb.setLayout(new GridLayout(1, 2));
        JButton submit =new JButton("提交");
        JButton cancel =new JButton("取消");
        submit.setActionCommand("submitLogin");
        cancel.setActionCommand("cancelLogin");
        submit.addActionListener(this);
        cancel.addActionListener(this);
        pb.add(submit);
        pb.add(cancel);
        d.add(note, "North");
        d.add(pa, "West");
        d.add(pc, "Center");
        d.add(pb, "South");
        d.setSize(160, 120);
```

```
        d.setLocation(400, 200);
        return d;
    }
    //定义创建退出对话框的方法
    public JDialog createQuitDialog(JFrame f) {
        //创建一个指定父窗体和标题的模式对话框
        JDialog d =new JDialog(f, "确认退出对话框", true);
        JLabel note =new JLabel("您确定要退出程序吗?");
        JPanel p =new JPanel();
        JButton confirm =new JButton("确定");
        JButton cancel =new JButton("取消");
        confirm.setActionCommand("confirmQuit");
        cancel.setActionCommand("cancelQuit");
        confirm.addActionListener(this);
        cancel.addActionListener(this);
        p.add(confirm);
        p.add(cancel);
        d.setSize(160, 120);
        d.setLocation(400, 200);
        d.add(note, "Center");
        d.add(p, "South");
        return d;
    }
    //按钮事件处理方法
    public void actionPerformed(ActionEvent e) {
        String s =e.getActionCommand();
        //分支结构处理不同按钮的操作
        if (s.equals("登录")) {
            //设置登录对话框可见
            loginDialog.setVisible(true);
        } else if (s.equals("退出")) {
            //调用 quit()方法
            this.quit();
        } else if (s.equals("confirmQuit")) {
            //系统退出
            System.exit(0);
        } else if (s.equals("cancelQuit")) {
            //设置退出对话框不可见
            quitDialog.setVisible(false);
        } else if (s.equals("submitLogin")) {
            //获取文本框信息内容
            String name =tf_name.getText();
            String password =new String(tf_psw.getPassword());
            //设置标签信息提示信息
```

```
            if (name.equals("CoreJava") && password.equals("Tiger")) {
                info.setText("欢迎您: " +name +" 用户");
            } else {
                info.setText("验证失败,错误的用户名/密码!");
            }
            //设置登录对话框不可见
            loginDialog.setVisible(false);
        } else if (s.equals("cancelLogin")) {
            //设置登录对话框不可见
            loginDialog.setVisible(false);
        }
    }
    public void quit() {
        //设置退出对话框可见
        quitDialog.setVisible(true);
    }
}
```

上述代码自定义了 createLoginDialog 和 createQuitDialog 两个方法,分别创建登录对话框和退出对话框,它们在初始状态下均不可见。在父窗体中单击“登录”“退出”按钮时,事件处理方法进行处理,使对话框可见,在“登录对话框”中输入信息,单击“提交”按钮,父窗体标签组件中将显示相关信息,程序运行结果如图 10-18、图 10-19 和图 10-20 所示。

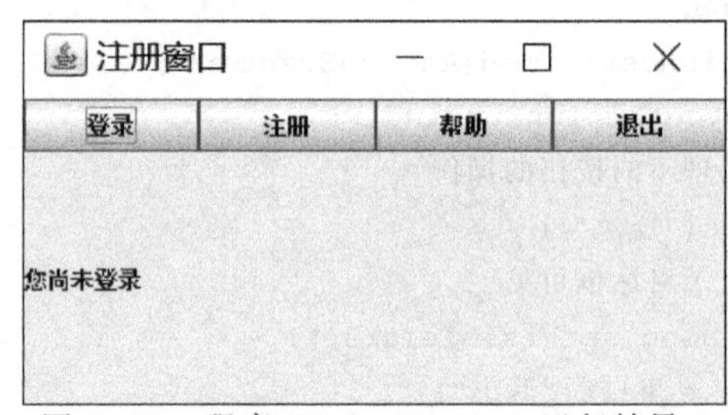

图 10-18　程序 JDialogTest.java 运行结果 1

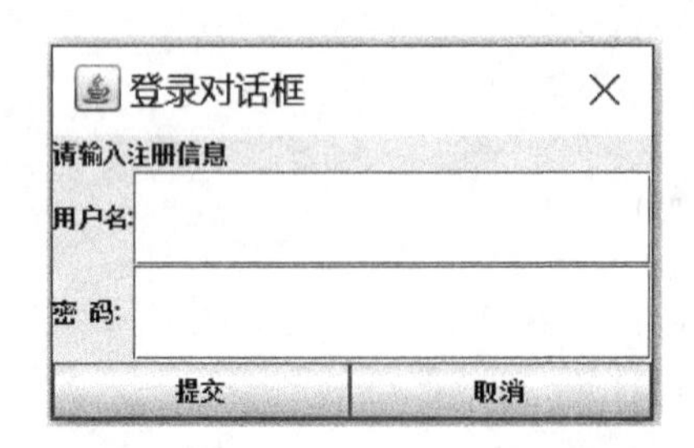

图 10-19　程序 JDialogTest.java 运行结果 2

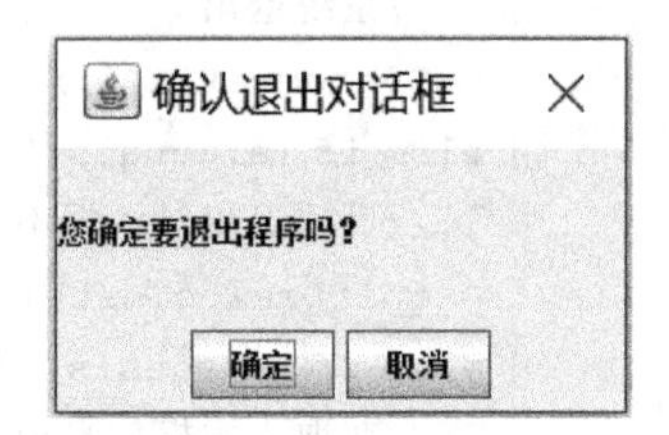

图 10-20　程序 JDialogTest.java 运行结果 3

10.4.8 JScrollPane 滚动面板组件

滚动面板(JScrollPane)可以建立一个带有上下和左右都能滚动的面板容器。JScrollPane 的属性和方法信息参见 Java API 文档。

【例 10-16】 演示 JScrollPane 组件的使用。

程序 JScrollPaneTest.java 如下。

```
import java.awt.GridLayout;
import javax.swing.JFrame;
import javax.swing.JPanel;
import javax.swing.JScrollPane;
import javax.swing.JTextField;
public class JScrollPaneTest{
    public static void main( String args[]) {
        JFrame frame =new JFrame("表格效果");
        JPanel p =new JPanel();
        p.setLayout(new GridLayout(10,5));
        JTextField[] cells =new JTextField[50];
        for(int i=0;i<50;i++){
            cells[i] =new JTextField(String.valueOf(i),5);
            p.add(cells[i]);
        }
        //创建一个带有滚动条的面板,将"p"指定为滚动面板对象放置组件对象
        JScrollPane sp =new JScrollPane(p);
        frame.add(sp,"Center");
        frame.setSize(250,180);
        frame.setLocation(450,200);
        frame.setDefaultCloseOperation(JFrame.EXIT_ON_CLOSE);
        frame.setVisible( true);
    }
}
```

上述代码中为 JFrame 窗体嵌套的 JPanel 面板添加了一个滚动面板,使用 JTextField 组件设计的表格内容都在滚动面板中。随着窗体大小的调整,水平滚动条和垂直滚动条在需要时才显示,程序运行结果如图 10-21 所示。

图 10-21 程序 JScrollPaneTest.java 运行结果

10.4.9 JTable 表格组件

表格是 GUI 程序中常见的组件,是由多行多列组成的一个二维显示区,Swing 为表格提供了专门的组件 JTable 来定制外观及进行编辑。

使用表格时,通常将其添加在滚动面板中,然后再将滚动面板添加到窗体的相应位置。JTable 的属性和方法信息参见 Java API 文档。

【例 10-17】 演示 JScrollPane 组件的使用。

程序 JScrollPaneTest.java 如下。

```
import java.awt.BorderLayout;
import java.awt.Color;
import java.sql.Connection;
import java.sql.ResultSet;
import java.sql.SQLException;
import java.sql.Statement;
import java.util.Vector;
import javax.swing.JFrame;
import javax.swing.JScrollPane;
import javax.swing.JTable;
public class JTableTest extends JFrame {
    JTable table;
    public static void main(String[] args) {
        JTableTest frame =new JTableTest();
        frame.setVisible(true);
    }
    public JTableTest() {
        //设置窗体标题
        super("表格使用示例");
        this.setBounds(100, 100, 100, 175);
        this.setDefaultCloseOperation(JFrame.EXIT_ON_CLOSE);
        JScrollPane sc =new JScrollPane();
        add(sc, BorderLayout.CENTER);
        //表格表头信息数组
        String[] colNames ={ "id", "username", "age" };
        Vector colNameV =new Vector();
        for (int i =0; i <colNames.length; i++) {
            colNameV.add(colNames[i]);
        }
        //定义 tabV 为表数据
        Vector tabV =new Vector();
        Connection conn =null;
        Statement st =null;
        ResultSet rs =null;
        try {
            conn =(new DBUtil()).getConnection();
            st =conn.createStatement(ResultSet.TYPE_SCROLL_INSENSITIVE,
                                    ResultSet.CONCUR_READ_ONLY);
            String sql ="select * from Members ";
```

```
            rs =st.executeQuery(sql);
            //将结果集中记录添加在表格中
            while (rs.next()) {
                //定义 rowV 为行数据
                Vector rowV =new Vector();
                rowV.add(rs.getInt(1));
                rowV.add(rs.getString(2));
                rowV.add(rs.getInt(4));
                //将行数据添加在表数据中
                tabV.add(rowV);
            }
        } catch (SQLException e) {
            e.printStackTrace();
        } finally {
            ResourceClose.close(rs, st, conn);
        }
        //创建表格,colNameV 作为表头数据,tabV 作为表格数据
        table =new JTable(tabV, colNameV);
        //设置表格行高为 30px
        table.setRowHeight(30);
        //设置选中行背景色
        table.setSelectionBackground(Color.yellow);
        //设置从索引 1 到索引 3 被选中,索引从 0 开始
        table.setRowSelectionInterval(1, 3);
        sc.setViewportView(table);
        //调用表格方法,获取表格行列数
        System.out.println("表格共有: " +table.getRowCount() +"行" +table.
                        getColumnCount() +"列");
        //输出表格第三行状态
        System.out.println("第 3 行的选择状态是: " +table.isRowSelected(2));
        //将位于索引 1 处的利移动到索引 2 处
        table.moveColumn(1, 2);
    }
}
```

上述代码将表 Members 中的数据填充到表 JTable 中显示，并使用了 JTable 相关方法实现对表格属性的设置、行的选择、列的移动，操作控制台输出信息如下。

```
获取连接成功
表格共有: 8 行 3 列
第 3 行的选择状态是: true
```

程序运行结果如图 10-22 所示。

表格使用示例

id	age	username
1001	20	lisi
1002	21	wangwu
1003	22	maliu
1005	25	wang
1006	26	Lily
1007	27	Jack
1008	25	wangwu

图 10-22　程序 JScrollPaneTest.java 运行结果

10.5　案　　例

前几章的案例通过测试类输出功能菜单的方式模拟管理员管理学生信息,根据功能菜单输入对应的选项实现学生信息的管理,操作友好性不高。本章案例使用 GUI 界面实现用户的登录以及管理员对学生信息的管理,从而提高程序交互的友好性。

10.5.1　案例设计

设计程序的 GUI 界面程序,放置在系统的 view 包中。本章设计 LoginView.java,实现用户登录的界面,根据用户登录提供的用户名、密码及用户的类型查询数据库,实现登录后页面的跳转;管理员登录后,学生信息的管理通过 RootManageView.java 来实现,在界面中可以实现学生信息列表的显示、学生信息的查询、修改、删除等功能。在实现用户登录中使用 UserSeviceImp.java,完成对 dao 层 UserDao 实现类 UserDaoImp 的调用,相关类接口类图如图 10-23 所示。

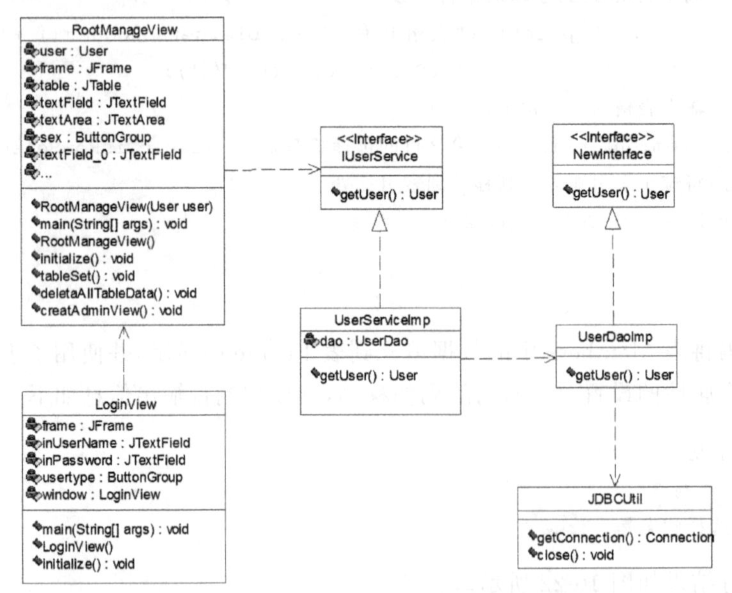

图 10-23　用户登录、学生信息管理相关类类图

10.5.2 案例演示

程序 LoginView 运行后，进入系统登录界面，如图 10-24 所示。输入管理员的用户名和密码，并选择用户类型为管理员，然后单击“登录”按钮，如果用户名、密码正确，程序进入图 10-25 所示的学生信息管理界面。若单击“取消”按钮，则退出登录操作。

登录页面

学生成绩管理系统

用户名： 100000

密　码： ••••••

◉管理员　○学　生　○教　师

登录　取消

图 10-24 用户登录界面

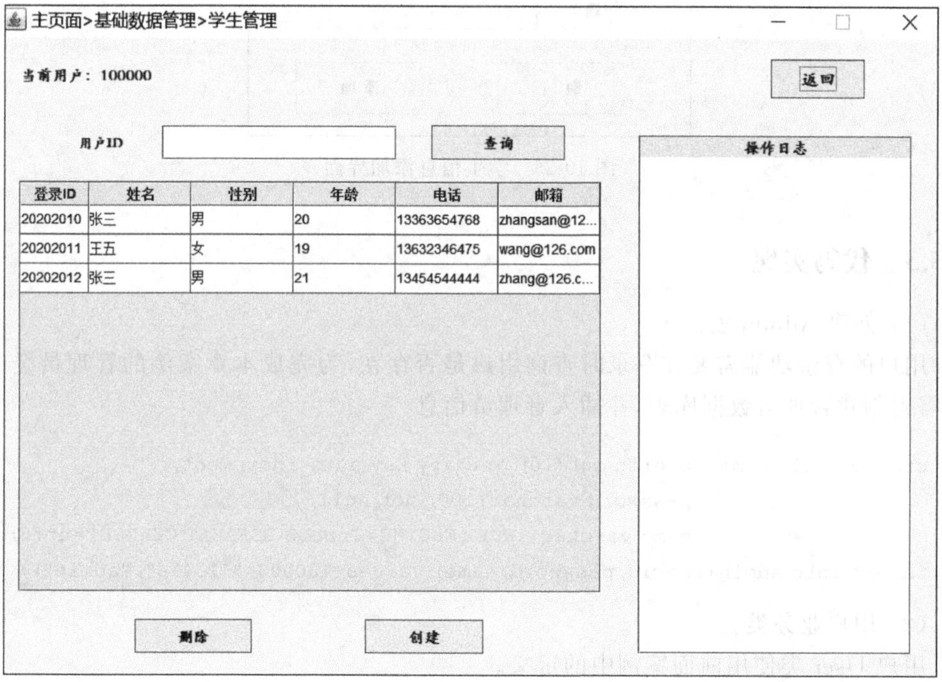

主页面>基础数据管理>学生管理

当前用户：100000　返回

用户ID　查询

登录ID	姓名	性别	年龄	电话	邮箱
20202010	张三	男	20	13363654768	zhangsan@12...
20202011	王五	女	19	13632346475	wang@126.com
20202012	张三	男	21	13454544444	zhang@126.c...

操作日志

删除　创建

图 10-25 学生信息管理界面

在图 10-25 所示的学生信息管理界面中,可以进行学生信息的添加、删除、修改和查询操作,还可以完成日志信息的记录。输入要查询的学生 ID 后单击“查询”按钮,则在表格中显示从数据库表中查询出来的学生信息。选中表格中的一条学生记录,单击“删除”按钮,会删除该条记录。单击“创建”按钮,进入学生信息的添加界面,如图 10-26 所示。

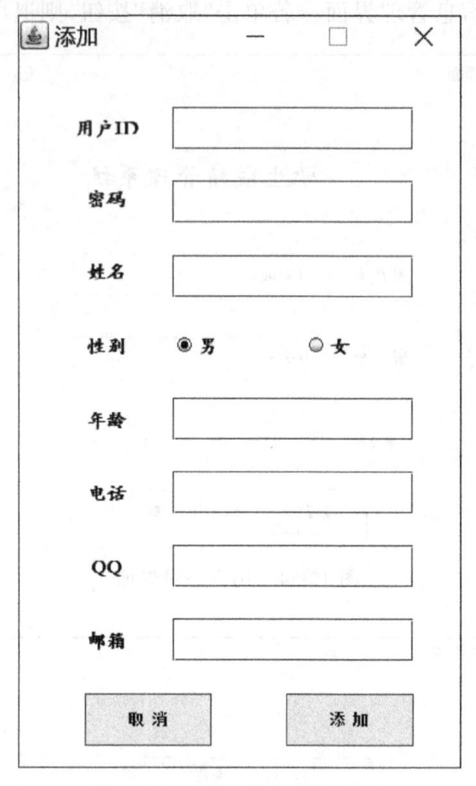

图 10-26 学生信息添加界面

10.5.3 代码实现

(1) 创建 Admin 表。

用户的登录功能需要在登录时查询用户是否存在,为完成本章案例的管理员登录功能,需先创建管理员数据库表,并插入管理员信息。

```
create table admin(userid int(10) primary key auto_increment,
                   password varchar(100) not null,
                   name varchar(100) )ENGINE=InnoDB DEFAULT CHARSET=utf8;
insert into admin(userid,password,name) values(100000,"123456","admin");
```

(2) 用户业务类。

用户 User 类使用前面案例中的定义。

程序 IUserService.java 如下。

```
package chapter10.serivce;
```

```
import chapter10.entity.User;
public interface IUserService {
    User getUser(int userid,String type);
}
```

程序 UserServiceImp .java 如下。

```
import chapter10.dao.UserDao;
import chapter10.dao.UserDaoImp;
import chapter10.entity.User;
public class UserServiceImp implements IUserService{
    private UserDao dao =new UserDaoImp();
    public User getUser(int userid,String type) {
        return dao.getUser(userid,type);
    }
}
```

(3) 访问数据库 dao 层实现。

程序 UserDao .java 如下。

```
package chapter10.dao;
import chapter10.entity.User;
public interface UserDao {
    User getUser(int userid,String model);
}
```

数据库连接类 JDBCUtil 同第 9 章案例。

程序 UserDaoImp.java 如下。

```
package chapter10.dao;
import java.sql.Connection;
import java.sql.PreparedStatement;
import java.sql.ResultSet;
import chapter10.entity.User;
import chapter10.util.JDBCUtil;
public class UserDaoImp implements UserDao {
    @Override
    public User getUser(int userid, String type) {
        Connection connection =null;
        PreparedStatement prepareStatement =null;
        ResultSet resultset =null;
        String sql ="select * from " +type +" where userid=?";
        User result =null;
        try {
            connection =JDBCUtil.getConnection();
            prepareStatement =connection.prepareStatement(sql);
```

```
            prepareStatement.setInt(1, userid);
            System.out.println(sql);
            resultset =prepareStatement.executeQuery();
            while (resultset.next()) {
                result =new User();
                result.setUserId(resultset.getInt(1));
                result.setPassword(resultset.getString(2));
            }
        } catch (Exception e) {
        //TODO: handle exception
            e.printStackTrace();
        } finally {
            JDBCUtil.close(connection);
        }
        return result;
    }
}
```

(4) GUI 界面实现。

登录界面通过 LoginView.java 实现,代码如下。

```
package chapter10.view;
import javax.swing.JFrame;
import javax.swing.JTextField;
import javax.swing.JButton;
import javax.swing.AbstractButton;
import javax.swing.ButtonGroup;
import java.awt.event.ActionListener;
import java.util.Enumeration;
import java.awt.event.ActionEvent;
import javax.swing.JLabel;
import java.awt.Font;
import java.awt.SystemColor;
import javax.swing.JPasswordField;
import javax.swing.JRadioButton;
import chapter10.entity.User;
import chapter10.serivce.IUserService;
import chapter10.serivce.UserServiceImp;
import java.awt.Color;
import javax.swing.SwingConstants;
public class LoginView {
    private JFrame frame;
    private JTextField inUserName;
    private JTextField inPassword;
    private ButtonGroup usertype =new ButtonGroup();
```

```
static LoginView window;
public static void main(String[] args) {
    window =new LoginView();
}
public LoginView() {
    initialize();
    frame.setVisible(true);
}
private void initialize() {
    frame =new JFrame();
    frame.setResizable(true);
    frame.setBackground(SystemColor.inactiveCaption);
    frame.getContentPane().setBackground(SystemColor.text);
    frame.getContentPane().setFont(new Font("楷体", Font.BOLD, 18));
    frame.setBounds(500, 300, 700, 650);
    frame.setDefaultCloseOperation(JFrame.EXIT_ON_CLOSE);
    frame.getContentPane().setLayout(null);
    JLabel lable_Title =new JLabel("学生成绩管理系统");
    lable_Title.setFont(new Font("楷体", Font.BOLD, 30));
    lable_Title.setBounds(251, 59, 271, 59);
    frame.getContentPane().add(lable_Title);
    JLabel label_User =new JLabel("用户名: ");
    label_User.setFont(new Font("楷体", Font.BOLD, 20));
    label_User.setBounds(153, 171, 76, 41);
    frame.getContentPane().add(label_User);
    JLabel label_1_Pwd =new JLabel("密 码: ");
    label_1_Pwd.setFont(new Font("楷体", Font.BOLD, 20));
    label_1_Pwd.setBounds(153, 260, 76, 41);
    frame.getContentPane().add(label_1_Pwd);
    inUserName =new JTextField();
    inUserName.setFont(new Font("宋体", Font.PLAIN, 16));
    inUserName.setBounds(265, 169, 257, 47);
    frame.getContentPane().add(inUserName);
    inUserName.setColumns(10);
    inPassword =new JPasswordField();
    inPassword.setFont(new Font("宋体", Font.PLAIN, 16));
    inPassword.setBounds(265, 258, 257, 47);
    frame.getContentPane().add(inPassword);
    inPassword.setColumns(10);
    String[] type ={ "管理员", "学  生", "教  师" };
    JRadioButton[] usertypeItem =new JRadioButton[type.length];
    for (int i =0; i <type.length; i++) {
        usertypeItem[i] =new JRadioButton(type[i]);
        usertypeItem[i].setFont(new Font("楷体", Font.PLAIN, 14));
```

```
        usertypeItem[i].setBackground(SystemColor.text);
        usertype.add(usertypeItem[i]);
        frame.getContentPane().add(usertypeItem[i]);
    }
    usertypeItem[0].setSelected(true);
    usertypeItem[0].setBounds(165, 348, 100, 47);
    usertypeItem[1].setBounds(295, 348, 100, 47);
    usertypeItem[2].setBounds(435, 348, 100, 47);
    JLabel message = new JLabel("");
    message.setHorizontalAlignment(SwingConstants.CENTER);
    message.setForeground(new Color(255, 102, 0));
    message.setBounds(265, 508, 204, 21);
    frame.getContentPane().add(message);
    JButton scoreManageButton = new JButton("登录");
    scoreManageButton.setBackground(SystemColor.inactiveCaptionBorder);
    scoreManageButton.setFont(new Font("楷体", Font.BOLD, 18));
    scoreManageButton.addActionListener(new ActionListener() {
        public void actionPerformed(ActionEvent e) {
            IUserService userservice = new UserServiceImp();
            String username = inUserName.getText().replace(" ", "");
            String password = inPassword.getText().replace(" ", "");
            String model = null;
            Enumeration<AbstractButton> modelBtns = usertype.getElements();
            while (modelBtns.hasMoreElements()) {
                AbstractButton modelbtn = modelBtns.nextElement();
                if (modelbtn.isSelected()) {
                    model = modelbtn.getText();
                    break;
                }
            }
            System.out.println(model);
            String type = null;
            User user;
            if (model.equals("管理员"))
                type = "admin";
            else if (model.equals("学 生"))
                type = "student";
            else if (model.equals("教 师"))
                type = "teacher";
            int userid = 0;
            try {
                userid = Integer.parseInt(username);
            } catch (NumberFormatException nume) {
```

```
                System.out.println("用户名为数字");
                message.setText("用户名或密码错误!");
            }
            user =userservice.getUser(userid, type);
            if (user !=null) {
                if (user.getPassword().equals(password)) {
                    switch (type) {
                    case "admin":
                        frame.dispose();
                        inUserName.setText("");
                        inPassword.setText("");
                        RootManageView rv =new RootManageView(user);
                        break;
                    case "student":
                        frame.dispose();
                        inUserName.setText("");
                        inPassword.setText("");
                        System.out.println("学生登录界面");
                        //学生登录界面实现代码省略
                        break;
                    case "teacher":
                        frame.dispose();
                        inUserName.setText("");
                        inPassword.setText("");
                        System.out.println("老师登录界面");
                        //学生登录界面实现代码省略
                        break;
                    }
                } else {
                    message.setText("用户名或密码错误!");
                }
            } else {
                message.setText("用户名或密码错误!");
            }
        }
    });
    scoreManageButton.setBounds(199, 421, 107, 47);
    frame.getContentPane().add(scoreManageButton);
    JButton cacle =new JButton("取消");
    cacle.addActionListener(new ActionListener() {
        public void actionPerformed(ActionEvent e) {
            inUserName.setText("");
            inPassword.setText("");
        }
```

```
        });
        cacle.setBackground(SystemColor.inactiveCaptionBorder);
        cacle.setFont(new Font("楷体", Font.BOLD, 18));
        cacle.setBounds(388, 421, 107, 47);
        frame.getContentPane().add(cacle);
    }
}
```

管理员对学生信息进行管理的界面通过 RootManageView.java 实现,代码如下。

```
package chapter10.view;
import java.awt.Color;
import java.awt.Dimension;
import java.awt.EventQueue;
import java.awt.Font;
import java.awt.event.ActionEvent;
import java.awt.event.ActionListener;
import java.text.SimpleDateFormat;
import java.util.Vector;
import javax.swing.ButtonGroup;
import javax.swing.JButton;
import javax.swing.JFrame;
import javax.swing.JPanel;
import javax.swing.JRadioButton;
import javax.swing.JTable;
import javax.swing.table.DefaultTableModel;
import chapter10.entity.Student;
import chapter10.entity.User;
import chapter10.serivce.StudentServiceImp;
import java.awt.SystemColor;
import javax.swing.JScrollPane;
import javax.swing.JLabel;
import javax.swing.JOptionPane;
import javax.swing.SwingConstants;
import javax.swing.JTextField;
import javax.swing.JTextArea;

public class RootManageView {
    private User user;
    private JFrame frame;
    String logPath =System.getProperty("user.dir") +"\\Log\\";
    private JTable table;
    private JTextField textField;
    private JTextArea textArea;
    StudentServiceImp stuService =new StudentServiceImp();
```

```
SimpleDateFormat df =new SimpleDateFormat("yyyy-MM-dd HH: mm: ss");
private JTextField textField_0;
private JTextField textField_1;
private JTextField textField_2;
private JTextField textField_4;
private JTextField textField_5;
private JTextField textField_6;
private JTextField textField_7;
private ButtonGroup sex =new ButtonGroup();
/**
 * Launch the application.
 */
public RootManageView(User user) {
    this.user =user;
    initialize();
    frame.setVisible(true);
}
public static void main(String[] args) {
    EventQueue.invokeLater(new Runnable() {
        public void run() {
            try {
                RootManageView window =new RootManageView();
                window.frame.setVisible(true);
            } catch (Exception e) {
                e.printStackTrace();
            }
        }
    });
}
/**
 * Create the application.
 */
public RootManageView() {
}
/**
 * Initialize the contents of the frame.
 */
private void initialize() {
    frame =new JFrame();
    frame.setResizable(false);
    frame.getContentPane().setBackground(Color.WHITE);
    frame.setTitle("主页面>基础数据管理>学生管理");
    frame.setBounds(400, 150, 1000, 700);
    frame.setDefaultCloseOperation(JFrame.EXIT_ON_CLOSE);
```

```
frame.getContentPane().setLayout(null);
JPanel panel =new JPanel();
panel.setBackground(SystemColor.inactiveCaptionBorder);
panel.setBounds(0, 0, 994, 671);
frame.getContentPane().add(panel);
panel.setLayout(null);
JLabel rootLableInf =new JLabel("当前用户: " +user.getUserId());
rootLableInf.setBackground(Color.WHITE);
rootLableInf.setFont(new Font("华文楷体", Font.BOLD, 16));
rootLableInf.setHorizontalAlignment(SwingConstants.LEFT);
rootLableInf.setBounds(20, 20, 247, 35);
panel.add(rootLableInf);
JButton btnMainview =new JButton("返回");
btnMainview.setFont(new Font("华文楷体", Font.BOLD, 18));
btnMainview.addActionListener(new ActionListener() {
    public void actionPerformed(ActionEvent e) {
        frame.dispose();
        new LoginView();
    }
});
btnMainview.setBounds(812, 20, 100, 40);
btnMainview.setBackground(SystemColor.menu);
panel.add(btnMainview);
JScrollPane scrollPane =new JScrollPane();
scrollPane.setBounds(20, 147, 614, 422);
panel.add(scrollPane);
String[] columnNames ={ "登录 ID", "姓名", "性别", "年龄", "电话", "邮箱" };
//表格所有行数据
Object[][] rowData =stuService.getAllStuOfObj();
DefaultTableModel DftableModel =new DefaultTableModel(rowData,
                                                        columnNames) {
    public boolean isCellEditable(int row, int column) {
        if (column ==0)
            return false;
        else
            return true;
    }
};
table =new JTable(DftableModel);
tableSet(table);
scrollPane.setViewportView(table);
JLabel idLabel =new JLabel("用户 ID");
idLabel.setFont(new Font("华文楷体", Font.BOLD, 14));
idLabel.setHorizontalAlignment(SwingConstants.CENTER);
```

```
idLabel.setBounds(51, 90, 110, 35);
panel.add(idLabel);
textField =new JTextField(" ");
textField.setBounds(171, 90, 247, 35);
panel.add(textField);
textField.setColumns(10);
JButton selectButton =new JButton("查询");
selectButton.addActionListener(new ActionListener() {
    public void actionPerformed(ActionEvent e) {
        String s =textField.getText().replace(" ", "");
        Student a =null;
        if (s.length() >0) {
            a =stuService.findStudent(Integer.parseInt(s));
            if (a !=null) {
                deletaAllTableData(DftableModel);
                Vector<Object>v =new Vector<>(6);
                v.add(a.getUserId());
                v.add(a.getName());
                v.add(a.getSex());
                v.add(a.getAge());
                v.add(a.getPhone());
                v.add(a.getEmail());
                DftableModel.addRow(v);
            } else {
                deletaAllTableData(DftableModel);
                JOptionPane.showConfirmDialog(null, "没有此用户", "提示
                                信息", JOptionPane.CLOSED_OPTION);
                textField.setText("");
                Object[][] rowData =stuService.getAllStuOfObj();
                for (int i =0; i <rowData.length; i++) {
                    DftableModel.addRow(rowData[i]);
                }
            }
        } else {
            deletaAllTableData(DftableModel);
            Object[][] rowData =stuService.getAllStuOfObj();
            for (int i =0; i <rowData.length; i++) {
                DftableModel.addRow(rowData[i]);
            }
        }
    }
});
selectButton.setBackground(SystemColor.menu);
selectButton.setFont(new Font("华文楷体", Font.BOLD, 16));
```

```
        selectButton.setBounds(455, 89, 140, 35);
        panel.add(selectButton);
        JButton creatButton =new JButton("创建");
        creatButton.addActionListener(new ActionListener() {
            public void actionPerformed(ActionEvent e) {
                JFrame cf =new JFrame();
                creatAdminView(cf, DftableModel);
            }
        });
        creatButton.setFont(new Font("华文楷体", Font.BOLD, 16));
        creatButton.setBackground(SystemColor.menu);
        creatButton.setBounds(386, 597, 124, 35);
        panel.add(creatButton);
        JButton dltButton =new JButton("删除");
        dltButton.addActionListener(new ActionListener() {
            public void actionPerformed(ActionEvent e) {
                int i =table.getSelectedRow();
                if (i ==-1) {
                    JOptionPane.showConfirmDialog(null, "请选择有效信息", "提示
                                信息", JOptionPane.CLOSED_OPTION);
                } else {
                    stuService.deleteStudent(Integer.parseInt(
                                   table.getValueAt(i,  0).toString()));
                    DftableModel.removeRow(i);
                }
            }
        });
        dltButton.setFont(new Font("华文楷体", Font.BOLD, 16));
        dltButton.setBackground(SystemColor.menu);
        dltButton.setBounds(143, 597, 124, 35);
        panel.add(dltButton);
        //log
        JScrollPane scrollPane_1 =new JScrollPane();
        scrollPane_1.setBounds(673, 99, 289, 533);
        panel.add(scrollPane_1);
        JLabel logLabel =new JLabel("操作日志");
        scrollPane_1.setColumnHeaderView(logLabel);
        logLabel.setFont(new Font("华文楷体", Font.BOLD, 16));
        logLabel.setHorizontalAlignment(SwingConstants.CENTER);
        textArea =new JTextArea();
        textArea.setFont(new Font("宋体", Font.PLAIN, 15));
        textArea.setEditable(false);
        scrollPane_1.setViewportView(textArea);
    }
```

```
//表格样式设置
void tableSet(JTable table) {
    table.setForeground(Color.BLACK);                          //字体颜色
    table.setFont(new Font(null, Font.PLAIN, 14));             //字体样式
    table.setSelectionForeground(Color.DARK_GRAY);             //选中后字体颜色
    table.setSelectionBackground(Color.LIGHT_GRAY);            //选中后字体背景
    table.setGridColor(Color.GRAY);                            //网格颜色
    //设置表头名称字体样式
    table.getTableHeader().setFont(new Font(null, Font.BOLD, 14));
    //设置表头名称字体颜色
    table.getTableHeader().setForeground(Color.BLUE);
    //设置不允许手动改变列宽
    table.getTableHeader().setResizingAllowed(false);
    //设置不允许拖动重新排序各列
    table.getTableHeader().setReorderingAllowed(false);
    table.setRowHeight(30);
    table.getColumnModel().getColumn(0).setPreferredWidth(40);
    table.setPreferredScrollableViewportSize(new Dimension(400, 300));
}
void deletaAllTableData(DefaultTableModel DftableModel) {
    //获取当前行数列数
    int r =table.getRowCount();
    for (int i =r -1; i >=0; i--) {
        DftableModel.removeRow(i);
    }
}
void creatAdminView(JFrame cf, DefaultTableModel DftableModel) {
    cf.setResizable(false);
    cf.getContentPane().setBackground(Color.WHITE);
    cf.setTitle("添加");
    cf.setBounds(700, 260, 380, 660);
    cf.setDefaultCloseOperation(JFrame.HIDE_ON_CLOSE);
    cf.getContentPane().setLayout(null);
    cf.setVisible(true);
    JLabel zhLabel =new JLabel("用户 ID");
    zhLabel.setFont(new Font("华文楷体", Font.BOLD, 16));
    zhLabel.setHorizontalAlignment(SwingConstants.CENTER);
    zhLabel.setBounds(22, 38, 106, 35);
    cf.getContentPane().add(zhLabel);
    JLabel pasLabel =new JLabel("密码");
    pasLabel.setHorizontalAlignment(SwingConstants.CENTER);
    pasLabel.setFont(new Font("华文楷体", Font.BOLD, 16));
    pasLabel.setBounds(22, 96, 106, 35);
    cf.getContentPane().add(pasLabel);
```

```
JLabel nameLabel =new JLabel("姓名");
nameLabel.setHorizontalAlignment(SwingConstants.CENTER);
nameLabel.setFont(new Font("华文楷体", Font.BOLD, 16));
nameLabel.setBounds(22, 155, 106, 35);
cf.getContentPane().add(nameLabel);
JLabel sexLabel =new JLabel("性别");
sexLabel.setHorizontalAlignment(SwingConstants.CENTER);
sexLabel.setFont(new Font("华文楷体", Font.BOLD, 16));
sexLabel.setBounds(22, 216, 106, 35);
cf.getContentPane().add(sexLabel);
JLabel ageLabel =new JLabel("年龄");
ageLabel.setHorizontalAlignment(SwingConstants.CENTER);
ageLabel.setFont(new Font("华文楷体", Font.BOLD, 16));
ageLabel.setBounds(22, 276, 106, 35);
cf.getContentPane().add(ageLabel);
JLabel telLabel =new JLabel("电话");
telLabel.setHorizontalAlignment(SwingConstants.CENTER);
telLabel.setFont(new Font("华文楷体", Font.BOLD, 16));
telLabel.setBounds(22, 336, 106, 35);
cf.getContentPane().add(telLabel);
JLabel qqLabel =new JLabel("QQ");
qqLabel.setHorizontalAlignment(SwingConstants.CENTER);
qqLabel.setFont(new Font("华文楷体", Font.BOLD, 16));
qqLabel.setBounds(22, 396, 106, 35);
cf.getContentPane().add(qqLabel);
JLabel emailLabel =new JLabel("邮箱");
emailLabel.setHorizontalAlignment(SwingConstants.CENTER);
emailLabel.setFont(new Font("华文楷体", Font.BOLD, 16));
emailLabel.setBounds(22, 456, 106, 35);
cf.getContentPane().add(emailLabel);
textField_0 =new JTextField();
textField_0.setBounds(130, 39, 201, 35);
cf.getContentPane().add(textField_0);
textField_0.setColumns(10);
textField_1 =new JTextField();
textField_1.setColumns(10);
textField_1.setBounds(130, 99, 201, 35);
cf.getContentPane().add(textField_1);
textField_2 =new JTextField();
textField_2.setColumns(10);
textField_2.setBounds(130, 160, 201, 35);
cf.getContentPane().add(textField_2);
JRadioButton fale =new JRadioButton("男");
JRadioButton mfale =new JRadioButton("女");
fale.setFont(new Font("华文楷体", Font.BOLD, 16));
fale.setBackground(SystemColor.text);
```

```
        mfale.setFont(new Font("华文楷体", Font.BOLD, 16));
        mfale.setBackground(SystemColor.text);
        fale.setSelected(true);
        fale.setBounds(130, 216, 95, 35);
        mfale.setBounds(240, 216, 95, 35);
        cf.getContentPane().add(fale);
        cf.getContentPane().add(mfale);
        sex.add(fale);
        sex.add(mfale);
        textField_4 =new JTextField();
        textField_4.setColumns(10);
        textField_4.setBounds(130, 276, 201, 35);
        cf.getContentPane().add(textField_4);
        textField_5 =new JTextField();
        textField_5.setColumns(10);
        textField_5.setBounds(130, 336, 201, 35);
        cf.getContentPane().add(textField_5);
        textField_6 =new JTextField();
        textField_6.setColumns(10);
        textField_6.setBounds(130, 396, 201, 35);
        cf.getContentPane().add(textField_6);
        textField_7 =new JTextField();
        textField_7.setColumns(10);
        textField_7.setBounds(130, 456, 201, 35);
        cf.getContentPane().add(textField_7);
        JButton qxButton =new JButton("取 消");
        qxButton.addActionListener(new ActionListener() {
            public void actionPerformed(ActionEvent e) {
                //方法体省略
            }
        });
        qxButton.setBackground(SystemColor.menu);
        qxButton.setBounds(57, 517, 106, 43);
        cf.getContentPane().add(qxButton);
        JButton qdButton =new JButton("添 加");
        qdButton.addActionListener(new ActionListener() {
            public void actionPerformed(ActionEvent e) {
                //方法体省略
            }
        });
        qdButton.setBackground(SystemColor.menu);
        qdButton.setBounds(225, 517, 106, 43);
        cf.getContentPane().add(qdButton);
    }
}
```

10.6 习　　题

1. 选择题

(1) Window(窗口)独立于其他容器,它的两种形式是(　　)。

A. Frame 和 Dialog　　B. Panel 和 Frame

C. Container 和 Component　　D. LayoutManager 和 Container

(2) 框架(JFrame)的缺省布局管理器就是(　　)。

A. 流程布局(Flow Layout)　　B. 卡片布局(Card Layout)

C. 边框布局(Border Layout)　　D. 网格布局(Grid Layout)

(3) 所有 Swing 构件都实现了(　　)接口。

A. ActionListener　　B. Serializable

C. Accessible　　D. MouseListener

(4) 要表示表格数据,需要继承(　　)类。

A. JTable　　B. TableModel

C. JTableModel　　D. AbstractTableModel

(5) Swing 采用了(　　)设计规范。

A. 视图—模式—控制　　B. 模式—视图—控制

C. 控制—模式—视图　　D. 控制—视图—模式

(6) 关于 AWT 和 Swing 说法,正确的是(　　)。

A. AWT 在不同操作系统中显示相同的风格

B. Swing 在不同的操作系统中显示相同的风格

C. AWT 和 Swing 在不同的操作系统中都显示相同的风格

D. AWT 和 Swing 都支持事件模型

(7) (　　)用户图形界面组件在软件安装程序中是常见的。

A. 滑块　　B. 进度条　　C. 对话框　　D. 标签

2. 填空题

(1) GUI 是________________的缩写。

(2) Swing 的事件处理机制包括________、事件和事件处理者。

(3) ________类包括 5 个区域:东、南、西、北和中。

(4) 容器中的组件位置与大小,由________决定。

(5) 显示组件时,使用的字体可以用________方法来设置。

3. 程序设计题

(1) 编写一个将华氏温度转换为摄氏温度的程序。界面包括:华氏温度输入文本框、计算按钮和结果文本框。使用下面的公式进行温度转换:摄氏温度=(华氏温度-32)×

5/9。

(2) 设计课程总分计算程序。要求：输入每门课程的成绩与学分，在单击“计算”按钮后，计算每门课程的成绩与学分乘积(成绩×学分)，计算总成绩、总学分和平均成绩。

4. 实训题

(1) 实训题目。

简单计算器设计。

(2) 实训内容。

设计的计算器界面如图10-27所示。实现界面上设计的功能。

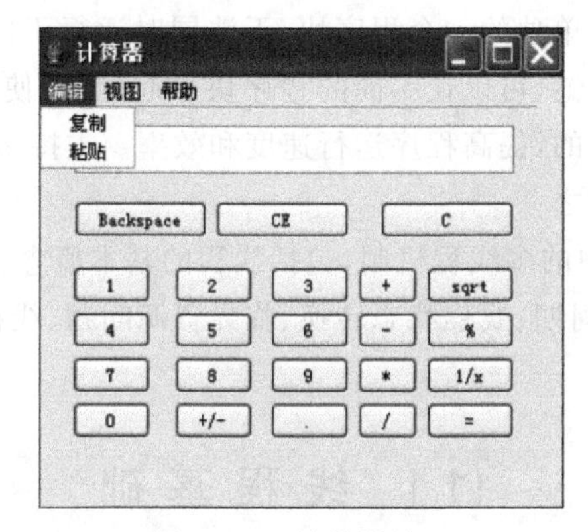

图10-27 计算器界面

线　　程

大多数语言只能运行单独的一个程序块,无法同时运行不同的多个程序块。Java 的多线程机制弥补了这个缺憾,可以让不同的程序块一起运行,使程序运行更加顺畅,同时也达到了多任务处理的目的,提高程序运行速度和效率。支持多线程编程是 Java 语言吸引开发者的众多显著特点之一。

本章主要介绍 Java 中的多线程机制,包括线程的基本概念、线程的概念模型、Java 中线程的创建、线程的生命周期、线程状态转换、临界资源问题、线程同步、线程死锁、线程通信等内容。

11.1　线程基础

11.1.1　线程的基本概念

程序是计算机指令的集合,或一组指令序列,以文件的形式存储在磁盘上。程序是一个静态的概念,而操作系统中运行的是一个动态概念——进程。提出进程是为了实现并发执行环境,提高计算机系统性能。进程是程序在数据集合上的一次执行过程,是资源申请、调度和独立运行的单位。例如,在操作系统上同时运行 QQ 聊天程序、音乐播放器程序、Java 集成开发程序和浏览器程序,实际上就是在操作系统中创建了对应进程。对于单 CPU 的计算机来说,同一时刻只有一个进程在运行,而不是同时运行多个进程,它们之间通过时间间隔交替运行,由于时间间隔较短,所以感觉是多个进程同时运行,实际上是并发执行。

线程实质是进程中一个独立执行线索,一个进程至少包括一个线程。在支持线程的系统中,进程执行时,真正完成任务的是线程。线程又称为轻量级进程,它和进程一样拥有独立的执行控制,区别在于线程没有独立的存储空间,而是和所属进程中的其他线程共享一个存储空间。线程之间的切换只需要切换执行流程和相关的局部变量,这种切换要比进程之间的切换效率高得多。所以,要设计一个程序来完成多任务时,常采用多线程设计。很多程序设计语言需要线程软件包或系统提供的特殊接口实现多线程,而 Java 语言是第一个语言级支持多线程的语言。

11.1.2 线程的概念模型

Java 语言内在支持多线程，它的很多类都是在多线程环境下定义的。Java 中的线程由 3 部分组成，如图 11-1 所示。

(1) 虚拟的 CPU：封装在 java.lang.Thread 类中，由 Thread 的对象封装模拟实现线程运行需要的 CPU。

(2) CPU 所执行的代码，传递给 Thread 类，由 Thread 的对象执行。

(3) CPU 所处理的数据，传递给 Thread 类，由 Thread 的对象处理。

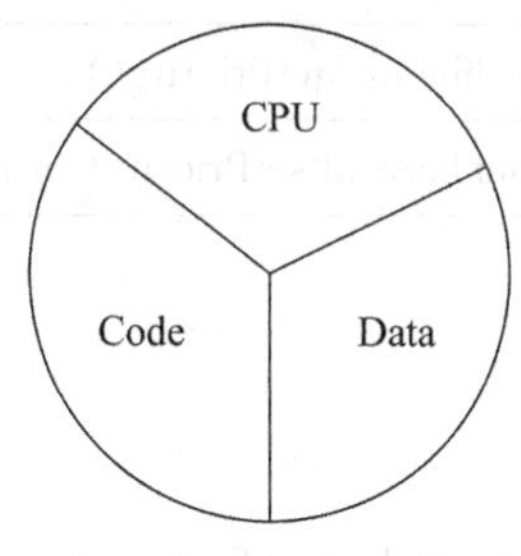

图 11-1 线程概念模型

11.1.3 线程的创建

Java 中线程的创建有两种方式，一是直接继承 java.lang.Thread 类，二是实现 java.lang.Runnable 接口。

1. 继承 Thread 类

java.lang.Thread 类是由 Java API 为开发者提供线程类，这在 Java 的多线程机制中是十分重要的。这一点通过线程的概念模型可以看出，线程运行需要的虚拟 CPU 由 Thread 类封装模拟，线程代码和所要处理的数据交由 Thread 对象运行和处理。

java.lang.Thread 类中定义的主要常量、构造方法如表 11-1 所示。

表 11-1 Thread 类中的主要常量、构造方法

方法	说明
public static final int MAX_PRIORITY	常量，值为整数 10，线程可以具有的最高优先级
public static final int MIN_PRIORITY	常量，值为整数 1，线程可以具有的最低优先级
public static final int NORM_PRIORITY	常量，值为整数 5，分配给线程的默认优先级
public Thread()	构造方法，创建一个新的 Thread 对象，名字默认为 Thread-n，n 为大于等于 0 的整数
public Thread(String name)	构造方法，创建一个新的 Thread 对象，名字指定为 name
public Thread(Runnable target)	构造方法，创建一个新的实现了 Runnable 接口的线程类对象，即传入的参数
public Thread(Runnable target, String name)	构造方法，创建一个新的实现了 Runnable 接口的线程类对象，即传入的参数，同时指定线程名字为 name
public static int activeCount()	返回当前线程的线程组中活动线程的数目
public static Thread currentThread()	返回对当前正在执行的线程对象的引用
public long getId()	返回该线程的唯一标识 ID
public String getName()	返回该线程的名称

续表

方　法	说　明
public void setName(String name)	设置线程名称为参数 name
public int getPriority()	返回线程的优先级
public void setPriority(int newPriority)	设置线程的优先级
public Thread.State getState()	返回该线程的状态。返回值类型为 Thread.State 类型，是一种枚举类型，该枚举类型包括的枚举值如下。 ① BLOCKED：受阻塞并且正在等待监视器锁的某一线程的线程状态 ② NEW：至今尚未启动的线程的状态 ③ RUNNABLE：可运行线程的线程状态 ④ TERMINATED：已终止线程的线程状态 ⑤ TIMED_WAITING：具有指定等待时间的某一等待线程的线程状态 ⑥ WAITING：某一等待线程的线程状态
public void interrupt()	中断线程
public static boolean interrupted()	测试当前线程是否已经中断
public boolean isAlive()	测试线程是否处于活动状态
public boolean isDaemon()	测试该线程是否为守护(后台)线程
public void setDaemon(boolean on)	将该线程标记为守护(后台)线程
public boolean isInterrupted()	测试线程是否已经中断
public void run()	线程体，线程处理的所有业务逻辑均放在该方法中，线程运行时执行该方法。run()方法不被显示调用，当调用线程的 start()方法时，Java 虚拟机自动调用线程 run()方法
public void start()	使该线程开始执行，Java 虚拟机调用该线程的 run()方法
public void join()	当前线程执行某一线程 join()方法，当前线程等到该线程执行完之后才能执行
public void join(long millis)	当前线程执行某一线程 join()方法，当前线程等到该线程执行完之后才能执行。等待时间最长为参数 millis 指定的毫秒数
public void join(long millis, int nanos)	当前线程执行某一线程 join()方法，当前线程等到该线程执行完之后才能执行。等待时间最长为参数 ms＋ns 指定的时间
public static void sleep(long millis)	使线程休眠，休眠时间为 ms。线程休眠时不释放所占有的资源
public static void sleep(long millis, int nanos)	使线程休眠，休眠时间为 ms＋ns。线程休眠时不释放所占有的资源
public static void yield()	暂停当前正在执行的线程对象，并执行其他线程。调用该方法的线程并不进入阻塞状态，而直接进入就绪状态

续表

方　法	说　明
public void notify()	在同步块中执行，唤醒锁定对象的等待队列中的一个线程
public void notifyAll()	在同步块中执行，唤醒锁定对象的等待队列中的所有线程
public void wait()	在同步代码中执行，调用该方法的线程将暂停执行进入对象的等待队列，并释放对象的锁。直到有其他线程在锁定同一对象的同步代码中执行 notify 方法或 notifyAll 方法

表 11-1 中所述 Thread 类的常量、构造方法和方法在多线程编程中经常使用，应熟练掌握。随着本章内容的学习，可以通过程序实例掌握 Thread 类的常量、构造方法和方法的使用。

【例 11-1】 演示直接继承 Thread 类的方式创建线程类。

程序 ThreadTest1.java 如下。

```
public class ThreadTest1 {
    public static void main(String[] args) {
        MyThread1 t1=new MyThread1();
        MyThread1 t2=new MyThread1();
        t1.start();
        t2.start();
        for(int i=1;i<=5;i++){
            System.out.println(Thread.currentThread().getName()+": "+i);
        }
        System.out.println(Thread.currentThread().getName()+" is over!");
        System.out.println("main method is over!");
    }
}
class MyThread1 extends Thread{
    public void run(){
        for(int i=1;i<=5;i++){
            System.out.println(this.getName()+": "+i);
        }
        System.out.println(this.getName()+" is over!");
    }
}
```

程序运行结果如下。

```
main: 1
Thread-0: 1
Thread-0: 2
Thread-0: 3
Thread-0: 4
```

```
Thread-0: 5
Thread-0 is over!
main: 2
main: 3
Thread-1: 1
main: 4
main: 5
Thread-1: 2
Thread-1: 3
Thread-1: 4
Thread-1: 5
Thread-1 is over!
main is over!
main method is over!
```

【例 11-1】中定义线程类 MyThread1 直接继承 Thread 类。在 ThreadTest1 类的 main 方法中创建了两个 MyThread1 线程类对象 t1 和 t2,并启动执行,创建线程时没有为线程命名,故 t1 和 t2 采用线程默认名字 Thread-0 和 Thread-1。从程序的运行结果看,main 线程中的循环先执行了一次,Thread-0(t1)线程获得执行权后执行,直到线程结束,然后 main 线程和 Thread-1(t2)线程交替执行,直至线程结束。多线程程序每次执行的运行结果基本不会是完全相同,原因是运行结果取决于系统中线程的调度情况以及线程获得执行权时执行时间片的长短。

2. 实现 Runnable 接口

定义线程类除了直接继承 Thread 类,还可以通过实现 Runnable 接口的方式定义线程类。

【例 11-2】 演示实现 Runnable 接口的方式创建线程类。

程序 ThreadTest2.java 如下。

```
public class ThreadTest2 {
    public static void main(String[] args) {
        MyThread2 t=new MyThread2();
        Thread t1=new Thread(t,"线程一");
        Thread t2=new Thread(t,"线程二");
        t1.start();
        t2.start();
        for(int i=1;i<=5;i++){
            System.out.println(Thread.currentThread().getName()+": "+i);
        }
        System.out.println(Thread.currentThread().getName()+" is over!");
        System.out.println("main method is over!");
    }
}
```

```
class MyThread2 implements Runnable{
    public void run() {
        for(int i=1;i<=5;i++){
            System.out.println(Thread.currentThread().getName()+": "+i);
        }
        System.out.println(Thread.currentThread().getName()+" is over!");
    }
}
```

程序运行结果如下。

```
main: 1
main: 2
main: 3
main: 4
main: 5
main is over!
main method is over!
线程一: 1
线程一: 2
线程一: 3
线程一: 4
线程二: 1
线程一: 5
线程二: 2
线程二: 3
线程二: 4
线程二: 5
线程二 is over!
```

【例 11-2】的 ThreadTest2.java 中,线程类 MyThread2 实现了接口 Runnable,通过这种方式创建的线程类在实例化线程类对象后,还必须通过 Thread 类进行封装。例如:

```
MyThread2 t=new MyThread2();
Thread t1=new Thread(t,"线程一");
```

t 不能作为线程启动运行,必须将 t 作为参数构造 Thread 对象 t1,t1 才可以启动运行。但是有一点必须注意,此时 t1 启动运行的线程是 t,执行的线程体也是 t 的。

从程序运行的结果来看,线程一、线程二和 main 线程基本是轮流交替执行,直至线程运行结束。

【例 11-1】和【例 11-2】演示了 Java 中有两种实现创建线程的方式,直接继承 java.lang.Thread 类和实现 java.lang.Runnable 接口。下面编写一个程序实例来分析这两种方式的区别。

【例 11-3】 实现模拟铁路售票系统,通过 4 个售票点发售某日某次列车的 100 张车票,一个售票点用一个线程表示。

程序 SellTicketSystemTest1.java 如下。

```
public class SellTicketSystemTest1 {
    public static void main(String[] args){
        new SellTicketSystem1().start();
        new SellTicketSystem1().start();
        new SellTicketSystem1().start();
        new SellTicketSystem1().start();
    }
}
class SellTicketSystem1 extends Thread {
    private int ticket =100;
    public void run(){
        while(true){
          if(ticket >0){
             System.out.println(Thread.currentThread().getName()
                    +" is selling ticket" +ticket--);
          }else{
             break;
          }
      }
    }
}
```

程序运行结果如下。

```
Thread-0 is selling ticket100
Thread-0 is selling ticket99
Thread-0 is selling ticket98
Thread-0 is selling ticket97
Thread-0 is selling ticket96
Thread-0 is selling ticket95
Thread-0 is selling ticket94
Thread-0 is selling ticket93
Thread-0 is selling ticket92
Thread-0 is selling ticket91
Thread-0 is selling ticket90
Thread-0 is selling ticket89
Thread-0 is selling ticket88
Thread-0 is selling ticket87
Thread-1 is selling ticket100
Thread-1 is selling ticket99
Thread-2 is selling ticket100
Thread-3 is selling ticket100
Thread-3 is selling ticket99
Thread-2 is selling ticket99
Thread-1 is selling ticket98
```

```
Thread-1 is selling ticket97
Thread-2 is selling ticket98
Thread-3 is selling ticket98
Thread-3 is selling ticket97
Thread-3 is selling ticket96
Thread-3 is selling ticket95
Thread-2 is selling ticket97
Thread-2 is selling ticket96
Thread-2 is selling ticket95
…
```

从【例 11-3】的运行结果看，每个票号都被打印了 4 次，即 4 个线程各自卖各自的 100 张票，而不是卖共同的 100 张票。这是怎么造成的呢？需要指出的是，多个线程处理同一个资源，一个资源只能对应一个对象，上面的程序创建了 4 个 SellTicketSystem1 对象，就等于创建了 4 个资源，每个资源都有 100 张票，每个线程都在独自处理各自的资源。经过程序演示和分析可以总结，要实现铁路售票程序，只能创建一个资源对象，同时创建多个线程处理该资源对象。

【例 11-3】中线程类的定义直接继承 Thread 类，下面通过线程类实现 Runnable 接口的方式来解决这个问题。

【例 11-4】 实现模拟铁路售票系统。

程序 SellTicketSystemTest2.java 如下。

```
public class SellTicketSystemTest2{
    public static void main(String[] args){
        SellTicketSystem2 t =new SellTicketSystem2();
        new Thread(t).start();
        new Thread(t).start();
        new Thread(t).start();
        new Thread(t).start();
    }
}
class SellTicketSystem2 implements Runnable{
    private int ticket =100;
    public void run(){
        while(true){
          if(ticket >0){
             System.out.println(Thread.currentThread().getName()
                        +" is selling ticket" +ticket--);
          }else{
             break;
          }
        }
    }
}
```

程序运行结果如下。

```
Thread-2 is selling ticket100
Thread-2 is selling ticket98
Thread-2 is selling ticket97
Thread-2 is selling ticket96
Thread-2 is selling ticket95
Thread-2 is selling ticket94
Thread-2 is selling ticket93
Thread-2 is selling ticket92
Thread-2 is selling ticket91
Thread-2 is selling ticket90
Thread-2 is selling ticket89
Thread-2 is selling ticket88
Thread-2 is selling ticket87
Thread-2 is selling ticket86
Thread-2 is selling ticket85
Thread-2 is selling ticket84
Thread-2 is selling ticket83
Thread-2 is selling ticket82
Thread-2 is selling ticket81
Thread-2 is selling ticket80
Thread-2 is selling ticket79
Thread-2 is selling ticket78
Thread-2 is selling ticket77
Thread-2 is selling ticket76
Thread-1 is selling ticket75
Thread-0 is selling ticket99
Thread-1 is selling ticket73
Thread-2 is selling ticket74
Thread-3 is selling ticket70
Thread-3 is selling ticket68
Thread-3 is selling ticket67
Thread-3 is selling ticket66
Thread-3 is selling ticket65
...
```

通过【例 11-4】中 SellTicketSystemTest2.java 的运行结果看，避免了【例 11-3】中出现的问题。【例 11-4】创建了 4 个线程，每个线程调用同一个 SellTicketSystem2 对象中的 run()方法，访问的是同一个对象中的变量(tickets)的实例，满足了实际需求。像在 Windows 上可以启动多个记事本程序一样，多个进程使用同一个记事本程序代码。

通过比较分析【例 11-3】和【例 11-4】，相对于直接继承 Thread 类来说，创建线程类实现 Runnable 接口有如下显著的好处。

(1) 适合多个具有相同程序代码的线程处理同一资源的情况，对虚拟 CPU(线程)、程序的代码和数据进行了有效分离，较好地体现了面向对象的设计思想。

(2) 避免由于 Java 的单继承特性带来的局限。如果要将已经继承了某一个类的子类放入多线程中，由于一个类不能同时有两个直接父类，所以不能用继承 Thread 类的方式，那么这个类就只能采用实现 Runnable 接口的方式。

(3) 有利于程序的健壮性，代码能够被多个线程共享，代码与数据是独立的。当多个线程的执行代码来自同一个类的实例时，即称它们共享相同的代码。多个线程操作相同的数据，与它们的代码无关。当共享访问相同的对象时，即它们共享相同的数据。当线程被构造时，需要的代码和数据通过一个对象作为构造函数的实参传递进去，这个对象就是一个实现了 Runnable 接口的类实例。

11.2 线程的状态

11.2.1 线程状态转换

在 Java 语言中，每个线程都需经历新建(New)、就绪(Runnable)、运行(Running)、阻塞(Blocked)和死亡(Dead)5 种状态，线程从新建到死亡的状态变化称为生命周期，如图 11-2 所示。线程的阻塞状态分为 3 种，即 wait 等待池阻塞(Blocked in object wait pool)、lock 等待池阻塞(Blocked in lock pool)和其他阻塞(Otherwise Blocked)。

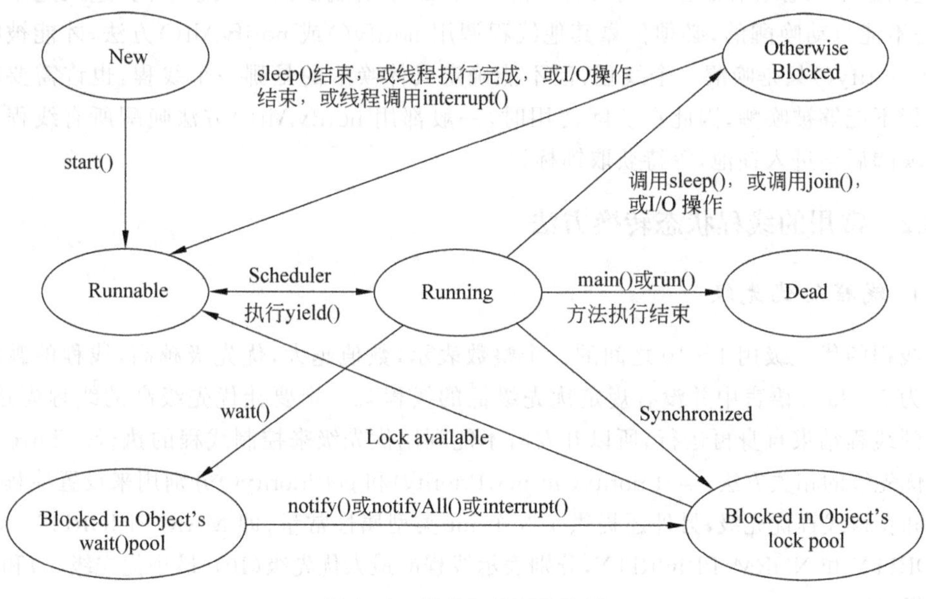

图 11-2 线程的状态转换图

线程状态转换具体描述如下。

(1) 线程的实现有两种方式，一是继承 Thread 类，二是实现 Runnable 接口，不管哪种方式，当通过 new 关键字创建了线程对象后，该线程就进入了新建状态。

(2) 处于新建状态的线程对象调用了 start()方法，就进入就绪(可运行)状态。

(3) 处于就绪状态的线程对象被操作系统选中,获得 CPU 时间片,就会进入运行状态。

(4) 处于运行状态的线程对象可以通过不同方式进入不同线程状态,分为 5 种情况,具体描述如下。

① 处于运行状态的线程对象的 run()方法或 main()方法运行结束后,线程就进入死亡(程序运行完成而运行终止)状态。

② 处于运行状态的线程对象,当线程对象调用了自身的 sleep()方法或其他线程的 join()方法,或者发出了 IO 请求,就会进入阻塞状态(该状态即停止当前线程,但并不释放占有的资源)。当 sleep()结束或者 join()结束后,或者 I/O 操作结束、调用线程的 interrupt 方法,该线程进入就绪状态,继续等待 OS 分配时间。

③ 处于运行状态的线程对象,当线程对象调用了 yield()方法,放弃当前获得的 CPU 时间片,或者时间片用完线程还没结束,线程对象回到就绪状态,这时与其他进程处于同等竞争状态,OS 有可能接着又让这个进程进入运行状态。

④ 当线程对象刚进入运行状态,但还没运行,发现线程运行需要的资源被 synchronized(同步),并获取不到锁标记,将会立即进入阻塞(锁等待池)状态,等待获取锁标记,一旦线程获得锁标记后,就转入就绪状态,等待 OS 分配 CPU 时间片。

⑤ 处于运行状态的线程对象,当线程调用 wait()方法后,会进入阻塞(等待队列)状态,进入这个状态会释放占有的所有资源。与(2)中所属的阻塞状态不同,进入这个状态后,是不能自动唤醒的,必须依靠其他线程调用 notify()或 notifyAll()方法,才能被唤醒(由于 notify()只是唤醒一个线程,但不能确定具体唤醒的是哪一个线程,也许需要唤醒的线程不能够被唤醒,因此在实际使用时,一般都用 notifyAll()方法唤醒所有线程),线程被唤醒后会进入锁池,等待获取锁标记。

11.2.2 常用的线程状态转换方法

1. 线程的优先级

线程的优先级用 1~10 之间的一个整数表示,数值越大,优先级越高,线程的默认优先级为 5。Java 语言中并没有规定优先级低的线程就一定要让优先级高的线程先运行,且直到线程结束自身再运行,所以开发时不能利用优先级来控制线程的执行。Thread 类提供优先级的相关方法:setPriority(int newPriority)和 getPriority()分别用来设置线程的优先级和获得线程优先级,另外还提供了 3 个 int 类型属性常量,即 MAX_PRIORITY、MIN_PRIORITY 和 NORM_PRIORITY,分别表示线程的最大优先级(10)、最小优先级(1)和默认优先级(5)。

【例 11-5】 演示线程优先级的使用。

程序 ThreadPriorityTest.java 如下。

```
public class ThreadPriorityTest {
    public static void main(String[] args) {
        System.out.println("max==="+Thread.MAX_PRIORITY);
```

```
        System.out.println("min==="+Thread.MIN_PRIORITY);
        System.out.println("norm==="+Thread.NORM_PRIORITY);
        System.out.println("main==="+Thread.currentThread().getPriority());
        MyThread4 t1=new MyThread4();
        t1.setPriority(Thread.MAX_PRIORITY);
        t1.start();
        MyThread4 t2=new MyThread4();
        t2.setPriority(Thread.MIN_PRIORITY);
        t2.start();
        for(int i=1;i<=5;i++){
            System.out.println(Thread.currentThread().getName()+": "+i);
        }
        System.out.println("main is over!");
    }
}
class MyThread4 extends Thread{
    public void run(){
        for(int i=1;i<=5;i++){
            System.out.println(this.getName()+": "+i);
        }
        System.out.println(this.getName()+" is over!");
    }
}
```

程序运行结果如下。

```
max===10
min===1
norm===5
main===5
main: 1
Thread-0: 1
Thread-0: 2
Thread-0: 3
Thread-0: 4
Thread-0: 5
main: 2
main: 3
main: 4
main: 5
Thread-0 is over!
main is over!
Thread-1: 1
Thread-1: 2
Thread-1: 3
```

```
Thread-1: 4
Thread-1: 5
Thread-1 is over!
```

【例 11-5】的 ThreadPriorityTest.java 中首先打印出线程类 Thread 中定义的优先级常量值以及线程默认的优先级。程序设置线程 t1 和 t2 的优先级分别为 10 和 1,main 线程采用默认优先级 5。从程序运行结果可以看出,先是线程 t1 和 main 线程交替运行,直至执行完成,t2 再运行,直至执行完成。虽然线程 t1 的优先级比 main 线程优先级高,但线程 t1 在运行过程中并不占"绝对"的优先,所以不能在程序中使用设置优先级的方式来控制线程。

2. 线程的串行化

线程的串行化使用 join()方法,如果线程 A 调用了线程 B 的 join()方法,那么直到线程 B 执行完成后,线程 A 才能执行。当一个线程的运行需要另一个线程运行的结果时,要使用线程的串行化。线程的串行化实际应用广泛,多用无参方法,带有参数的 join()方法在实际应用中很少使用。

【例 11-6】 演示线程串行化的使用。

程序 JoinTest.java 如下。

```
public class JoinTest {
    public static void main(String[] args) {
        MyThread5 t=new MyThread5();
        t.start();
        try {
            t.join();                    //直到线程 t 执行完之后,main 线程再执行
        } catch (InterruptedException e) {
            e.printStackTrace();
        }
        for(int i=1;i<=5;i++){
            System.out.println(Thread.currentThread().getName()+": "+i);
        }
        System.out.println("main is over!");
    }
}
class MyThread5 extends Thread{
    public void run(){
        for(int i=1;i<=5;i++){
            System.out.println(this.getName()+": "+i);
        }
        System.out.println(this.getName()+" is over!");
    }
}
```

程序运行结果如下。

```
Thread-0: 1
Thread-0: 2
Thread-0: 3
Thread-0: 4
Thread-0: 5
Thread-0 is over!
main: 1
main: 2
main: 3
main: 4
main: 5
main is over!
```

在【例 11-6】的 JoinTest.java 中,在 main 线程中调用了 t 线程的 join()方法,那么 main 线程停止执行,t 线程开始运行,直至结束,main 线程才开始运行。程序的运行结果也反映了这一点。

3. sleep 方法

sleep(long millis)方法可以使线程休眠。

【例 11-7】 利用 sleep 方法实现数字时钟。

程序 SleepTest.javarux 如下。

```
package chapter11;
import java.awt.Font;
import java.time.LocalDateTime;
import javax.swing.JFrame;
import javax.swing.JLabel;
public class SleepTest {
    public static void main(String[] args) {
        JFrame jf =new JFrame("数字时钟");
        JLabel jl =new JLabel("clock");
        jl.setFont(new java.awt.Font("楷体", Font.CENTER_BASELINE, 20));
        jl.setHorizontalAlignment(JLabel.CENTER);
        jf.add(jl);
        jf.setBounds(500, 300, 350, 150);
        jf.setDefaultCloseOperation(JFrame.EXIT_ON_CLOSE);
        jf.setVisible(true);
        Clock clock =new Clock(jl);
        clock.start();
    }
}
class Clock extends Thread {
```

```
    private JLabel jl;
    public Clock(JLabel jl) {
        this.jl =jl;
    }
    public void run() {
        while (true) {
            jl.setText(this.getTime());
            try {
                Thread.sleep(1000);
            } catch (InterruptedException e) {
                e.printStackTrace();
            }
        }
    }
    public String getTime() {
        LocalDateTime currentTime =LocalDateTime.now();
        int year =currentTime.getYear();
        int month =currentTime.getMonthValue();
        int day =currentTime.getDayOfMonth();
        int h =currentTime.getHour();
        int m =currentTime.getMinute();
        int s =currentTime.getSecond();
        String pmo =month <10 ? "0" : "";
        String pd =day <10 ? "0" : "";
        String ph =h <10 ? "0" : "";
        String pm =m <10 ? "0" : "";
        String ps =s <10 ? "0" : "";
        return year +"-" +pmo +month +"-" +pd +day +"-" +ph +h
              +": " +pm +m +": " +ps +s;
    }
}
```

程序运行结果如图 11-3 所示。

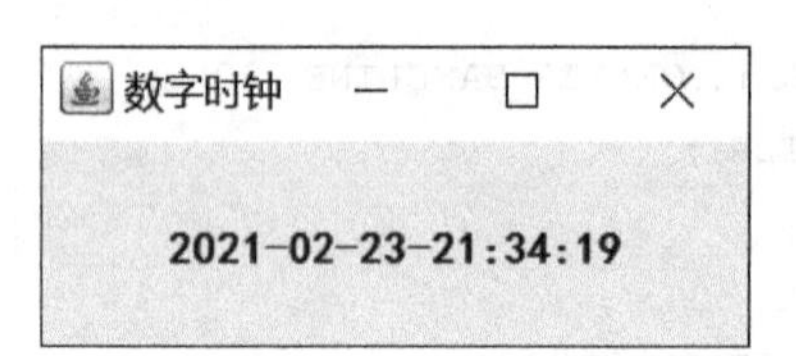

图 11-3　程序 SleepTest.java 运行结果

【例 11-7】运行结果显示一个窗体，窗体中央位置显示当前日期时间的“年-月-日 时-分-秒”形式。程序中 Clock 线程中的 getTime()方法获得当前日期时间的“年 v 月-日 时-分-秒”形式，线程体 run()方法中执行一个死循环，循环体中将 getTime()方法获得当前日期时间设置为窗体显示文本，然后是当前线程休眠 1000ms，即 1s，休眠完成之后开始下一次循环。所以窗体显示效果是当前日期时间的“年-月-日 时-分-秒”形式，间隔 1s 变化一次。

4. yield()方法

yield()方法使线程让步给其他线程进行执行。使用该方法后,线程并不进入阻塞状态,而直接进入就绪状态。yield()方法主要用于一个线程释放已经用完资源时调用,以便其他线程获得使用资源的机会。

【例 11-8】 使用 yield()方法实现线程让步。

程序 YieldTest.java 如下。

```
public class YieldTest {
    public static void main(String[] args) {
        MyThread6 t1=new MyThread6(true);
        MyThread6 t2=new MyThread6(false);
        MyThread6 t3=new MyThread6(true);
        t1.start();
        t2.start();
        t3.start();
    }
}
class MyThread6 extends Thread{
    private boolean flag=false;              //flag用于标示是否为让步线程
    public MyThread6(boolean flag) {
        this.flag =flag;
    }
    public void run(){
        long start=(new Date()).getTime();   //返回从1970年1月1日0时0分0秒0
                                             //毫秒到现在所经历的毫秒数
        for(int i=1;i<500;i++){
            if(flag){
                yield();
            }
            System.out.println(this.getName()+": "+i);
        }
        long end=(new Date()).getTime();
        System.out.println(this.getName()+"运行了"+(end-start)+"ms");
    }
}
```

程序运行结果如下。

```
Thread-2: 1
Thread-1: 1
Thread-0: 1
…
Thread-1运行了 79ms
```

```
Thread-0: 499
…
Thread-0 运行了 110ms
…
Thread-2 运行了 110ms
```

【例 11-8】将线程 t1(Thread-0)和 t3(Thread-2)设置为让步线程。在这两个线程中，每执行一次循环，调用一个 yield()方法，使线程让步于其他线程，t2(Thread-1)线程为不让步线程。所以线程 t1 的运行时间相对较短，线程 t2 和 t3 的运行时间相对较长。

5. 线程终止

Thread 类定义了 stop()方法，调用线程的 stop()方法可以使线程终止运行。但是 stop()方法存在不安全因素，不推荐使用。可以通过标识变量等价实现 stop()方法，从而使线程终止运行。

【例 11-9】 使用标识标量的方式等价实现终止线程运行。

程序 StopTest.java 如下。

```
public class StopThreadTest {
    public static void main(String[] args){
        MyThread7 t=new MyThread7();
        t.start();
        try {
            Thread.sleep(1);
        } catch (InterruptedException e){
            e.printStackTrace();
        }
        for(int i=1;i<=5;i++){
            System.out.println(Thread.currentThread().getName()+": "+i);
        }
        System.out.println("main is over!");
        t.shutDown();
    }
}
class MyThread7 extends Thread{
    private boolean flag=false;                //flag 用来表示线程是否结束
    public void run(){
        int i=0;
        while(true){
            if(flag){
                break;
            }
            System.out.println(this.getName()+": "+(i++));
        }
```

```
        System.out.println(this.getName()+" is over!");
    }
    public void shutDown(){
        this.flag=true;
    }
}
```

程序运行结果如下。

```
Thread-0: 0
Thread-0: 1
Thread-0: 2
Thread-0: 3
Thread-0: 4
main: 1
Thread-0: 5
main: 2
Thread-0: 6
main: 3
main: 4
Thread-0: 7
main: 5
Thread-0: 8
main is over!
Thread-0: 9
Thread-0 is over!
```

【例 11-9】的 MyThread7 中定义了一个标识变量 flag,用来表示线程是否结束,初始值设为 false,即线程没有结束,其中定义了 shutDown()方法,该方法实现将 flag 设为 true,即表示线程终止。在线程体的循环中,根据 flag 变量的值决定线程是否结束。main 线程中首先创建了 MyThread7 线程 t(Thread-0),并启动线程,然后 main 线程休眠,那么线程 t(flag 初始值为 false)开始执行,main 线程休眠结束后,main 线程和线程 t 交替执行,当 main 线程执行程序语句"t.shutDown();"后,flag 值变为 true,线程 t 执行线程体中的循环时跳出循环,线程 t 终止执行而结束。

11.3 线程同步

11.3.1 临界资源问题

首先通过一段代码分析临界资源的问题。下述代码描述数据结构栈的实现,其中包括入栈方法 push(char c)和出栈方法 pop(),实例变量 index 表示栈中元素的个数,字符数组 data 存放栈元素。下述栈的实现代码在单线程环境下的执行是完全正确的。

```
class Stack{
```

```
    int index=0;
    char[] data=new char[6];
    public void push(char c){
        data[index]=c;
        index++;
    }
    public char pop(){
        index--;
        return data[index];
    }
}
```

下面分析上述代码在多线程环境下是否正确。

(1) 假定当前栈中有两个元素 A 和 B,那么 index=2,如图 11-4(a)所示。

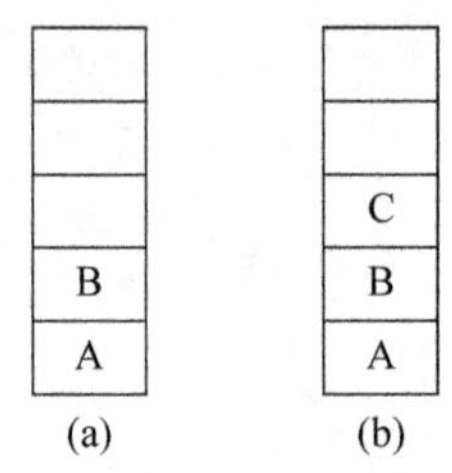

图 11-4　栈中存储元素情况图

(2) 有一个线程 t1:执行入栈方法 push(C),执行代码 data[2]=C;将要执行 index++,但还没做,此时线程 t1 失去了执行权(时间片用完,或让步于其他线程,或其他原因),所以 index 值仍为 2,栈中元素情况如图 11-4(b)所示。

(3) 有一个线程 t2:执行出栈方法 pop();执行 index--,此时 index=2-1=1;返回 data[1]即返回值为 B。

分析结果:线程 t2 调用出栈方法 pop()应该返回栈顶元素 C(此时 C 已经入栈),但是由于第 2 步线程 t1 没有修改 index 的值,导致线程 t2 没有真正拿到栈顶元素 C,而拿到元素 B,造成数据不一致。

根据上述代码分析,在多线程环境下,对于入栈方法 push(char c)和出栈方法 pop()中的代码,同一时刻只能允许一个线程访问。直到该线程访问完成后,另一个线程才能访问,这样才能保证数据的一致性。

同一时刻只允许一个线程访问的资源,称为临界资源;处理临界资源的代码称为临界区。上述代码中,index 和 data 中的元素都是临界资源,入栈方法 push(char c)和出栈方法 pop()为临界区。

【例 11-4】的 SellTicketSystemTest2.java 实际涉及了临界资源的问题,修改【例 11-4】,在线程类 SellTicketSystem2 的线程体中的 if 判断语句中加入使用当前线程休眠的语句。

【例 11-10】　修改【例 11-4】,模拟火车票售票系统。

程序 SellTicketSystemTest3.java 如下。

```
public class SellTicketSystemTest3{
    public static void main(String[] args){
        SellTicketSystem2 t =new SellTicketSystem2();
        new Thread(t).start();
        new Thread(t).start();
        new Thread(t).start();
        new Thread(t).start();
    }
```

```
}
class SellTicketSystem3 implements Runnable{
    private int ticket =100;
    public void run(){
        while(true){
            if(ticket >0){
                try {
                    Thread.currentThread().sleep(10);
                } catch (InterruptedException e) {
                    e.printStackTrace();
                }
                System.out.println(Thread.currentThread().getName()
                    +" is selling ticket" +ticket--);
            }else{
                break;
            }
        }
    }
}
```

程序运行结果如下。

```
…
Thread-2 is selling ticket3
Thread-0 is selling ticket2
Thread-2 is selling ticket1
Thread-1 is selling ticket0
Thread-3 is selling ticket-1
Thread-0 is selling ticket-2
```

从【例 11-10】的运行结果(最后 3 条打印语句)可以看出,线程 Thread-1 卖了票号为 0 的车票,线程 Thread-3 卖了票号为－1 的车票,线程 Thread-0 卖了票号为－2 的车票,这显然是错误的,因为票号为 0,－1,－2 的车票是根本不存在的。造成这种结果的原因是:当还有最后一张车票(票号为 1)时,此时 ticket＝1,线程 Thread-2 通过 if 判断进入 if 语句块,进入后休眠,没有执行卖票操作,即没有执行 ticket－－,此时 ticket 的值还为 1;线程 Thread-1 获得执行权,由于此时 ticket 的值还为 1,线程 Thread-1 通过 if 判断进入 if 语句块,进入后休眠,没有执行卖票操作。即没有执行 ticket－－,此时 ticket 的值还为 1;同理,线程 Thread-3 和线程 Thread-0 也可以通过 if 判断进入 if 语句块,当线程休眠结束后,出现了 Thread-2 卖了票号为 1 的车票,Thread-1 卖了票号为 0 的车票,线程 Thread-3 卖了票号为－1 的车票,线程 Thread-0 卖了票号为－2 的车票的情况。

上述情况发生的最根本原因是,线程类 SellTicketSystem2 中的 ticket 属于临界资源,线程体中的 if 语句块为临界区。对于 if 语句块,同一时刻只能有一个线程访问,所以【例 11-4】并没有完全正确地模拟火车站售票过程。

11.3.2 线程同步

为了保证共享数据操作的完整性,Java 语言引入了互斥锁概念。Java 中的每一个对象都有一个互斥锁(有且仅有一个),一旦加上锁后(获得了该对象的访问权),同一时刻只能有一个线程访问临界区。Java 中使用关键字 synchronized 给对象加锁,synchronized 可以修饰方法,也可以修饰代码块,用 synchronized 修饰的方法称为同步方法,用 synchronized 修饰的代码块称为同步代码块。定义同步代码块时,开发者可以直接指定加锁对象,对于同步方法,不用指定加锁对象,JVM 默认同步方法给 this 对象加锁。

下面改正【例 11-10】中的 SellTicketSystemTest3.java,使之能够完全正确地模拟火车站售票过程,通过为临界区添加对象锁来保护临界资源。

【例 11-11】 修改【例 11-10】,实现模拟火车站售票系统。

程序 SellTicketSystemTest4.java 如下。

```
public class SellTicketSystemTest4{
    public static void main(String[] args){
        SellTicketSystem2 t =new SellTicketSystem2();
        new Thread(t).start();
        new Thread(t).start();
        new Thread(t).start();
        new Thread(t).start();
    }
}
class SellTicketSystem4 implements Runnable{
    private int ticket =100;
    public void run(){
        while(true){
            synchronized(this){
                if(ticket >0){
                    try {
                        Thread.currentThread().sleep(10);
                    } catch (InterruptedException e) {
                        e.printStackTrace();
                    }
                    System.out.println(Thread.currentThread().getName()
                            +" is selling ticket" +ticket--);
                }else{
                    break;
                }
            }
        }
    }
}
```

程序运行结果如下。

```
Thread-0 is selling ticket100
Thread-0 is selling ticket99
Thread-0 is selling ticket98
Thread-0 is selling ticket97
Thread-0 is selling ticket96
Thread-0 is selling ticket95
Thread-0 is selling ticket94
Thread-0 is selling ticket93
Thread-3 is selling ticket92
Thread-3 is selling ticket91
Thread-3 is selling ticket90
Thread-2 is selling ticket89
Thread-1 is selling ticket88
...
Thread-1 is selling ticket14
Thread-2 is selling ticket13
Thread-2 is selling ticket12
Thread-2 is selling ticket11
Thread-3 is selling ticket10
Thread-3 is selling ticket9
Thread-0 is selling ticket8
Thread-0 is selling ticket7
Thread-3 is selling ticket6
Thread-3 is selling ticket5
Thread-3 is selling ticket4
Thread-3 is selling ticket3
Thread-2 is selling ticket2
Thread-2 is selling ticket1
```

【例 11-11】的 SellTicketSystemTest4.java 中将临界区(if 代码块)放入 synchronized 代码块中,即将临界资源保护起来,synchronized 代码块的使用语法格式如下。

```
synchronized(对象){
    //访问临界资源的代码
}
```

synchronized 块中的对象可以是任意对象,线程如果要执行 synchronized 块中的代码(访问临界资源),首先应拿到 synchronized 块同步对象的锁,否则不能访问 synchronized 块中的代码。线程一旦获得锁之后,直到执行完所有 synchronized 块中的代码才释放对象锁,因为对象锁有且仅有一把锁,保证了一个线程执行同步块代码过程中其他线程不能执行同步块代码,确保数据的一致性。【例 11-11】中 SellTicketSystemTest4.java 的运行结果是正确的,不会出现卖出票号为 0 或负数的情况,正确模拟了火车站的售票过程。

Synchronized 也可以修饰方法，修饰方法同步的对象是 this。通过线程类 SellTicketSystem2 代码，将访问临界资源的代码放在一个方法，然后使用 Synchronized 修饰该方法，修改后的代码如下。

```
class SellTicketSystem4 implements Runnable{
    private int ticket =100;
    public void run(){
        while(true){
            sell();
            if(ticket<=0){
                break;
            }
        }
    }
    public synchronized void sell(){
        if(ticket >0){
          try {
              Thread.currentThread().sleep(10);
          } catch (InterruptedException e) {
              e.printStackTrace();
          }
          System.out.println(Thread.currentThread().getName()
                  +" is selling ticket" +ticket--);
        }
    }
}
```

修改后的程序运行结果和使用同步代码块程序运行结果相同，区别在于本程序使用了同步方法，同步方法所同步的对象为 this，即为 this 对象加锁。同步方法体同一时刻只能有一个线程访问，有效避免了数据不一致情况的发生。

11.4 线程死锁

并发运行的多个线程等待对方占有的资源、彼此都无法运行的状态称为死锁。产生死锁的原因主要是系统资源不足、进程运行推进的顺序不合适、资源分配不当等。如果系统资源充足，进程的资源请求都能够满足，死锁的可能性就很低，否则就会因争夺有限的资源而陷入死锁。其次，进程运行推进顺序与速度不同，也可能产生死锁。

【例 11-12】 演示线程死锁。

程序 DeadThreadTest.java 如下。

```
public class DeadThreadTest{
    public static void main(String[] args) {
        StringBuffer str=new StringBuffer("ABCDEFG");
```

```
        MyThread8 t=new MyThread8(str);
        t.start();
        synchronized (str) {
            try {
                t.join();
            } catch (InterruptedException e) {
                e.printStackTrace();
            }
        }
        System.out.println("main is over!");
    }
}
class MyThread8 extends Thread{
    StringBuffer s=new StringBuffer();
    public MyThread8(StringBuffer s) {
        this.s =s;
    }
    public void run(){
        try {
            Thread.sleep(1);
        } catch (InterruptedException e) {
            e.printStackTrace();
        }
        synchronized (s) {
            s.reverse();
            System.out.println("after reverse: "+s);
        }
        System.out.println(this.getName()+" is over");
    }
}
```

【例 11-12】中的 DeadThreadTest.java 运行出现线程死锁,导致程序运行不能正常终止。产生死锁的原因是:main 线程中拿到 str 对象的锁后执行“t.join();”,main 线程(等待时不释放 str 对象锁)等待线程 t 执行完后再执行,线程 t 要执行,也必须获得 str 对象的锁,实际线程 t 不可能获得 str 对象锁。此时就形成了 main 线程拿着 str 对象锁等待线程 t 执行完获得执行权,而线程 t 拥有执行权,等待 str 对象锁的状态,即死锁状态。上述程序去掉 main 方法同步块修饰符 synchronized 或 MyThread8 线程体中同步块修饰符 synchronized,即可解决死锁问题,synchronized 关键字一定要慎用。

11.5 线程通信

在多线程程序设计中,最重要的一点是使得多线程之间进行相互通信。多线程程序中的线程如果没有任何联系,相互之间是孤立的,就失去了多线程程序的意义了。Java

中多线程通信的主要方法是 wait()、notify()、notifyAll()。为了在多线程并发运行时避免死锁,线程阻塞时应该尽可能释放占用的资源,使得其他线程获得运行的机会。线程的 wait()方法就是使线程等待同时释放线程占有的资源。

下面通过程序实例模拟生产者-消费者问题,演示线程间通信。生产者生产产品,而消费者消费产品,生产者生产出产品后,将其放在一个仓库,然后通知消费者来拿产品并等待,等消费者拿走产品后,生产者再往仓库放产品(消费者拿走产品后通知生产者继续放产品);消费者从仓库拿走产品后,通知生产者继续往仓库放产品并等待,等生产者放完产品后再来取产品(生产者放完产品后通知消费者来取产品)。

利用多线程来解决这个问题:通过刚才的分析,看该问题中有几个对象:生产者、消费者,另外还有放置产品的仓库。仓库是用来存放产品的,以面向对象程序设计的思想编写"仓库"这个类,将产品数据和操作产品的方法组织在一起,也就是说仓库类要提供放置产品和获得产品的方法。生产者和消费者用线程来表示。

【例 11-13】 实现模拟生产者消费者问题。

程序 ProConTest.java 如下。

```
public class ProConTest {
    public static void main(String[] args) {
        MyStack ms=new MyStack();
        Produce p=new Produce(ms);
        Consume c=new Consume(ms);
        Thread t1=new Thread(p);
        Thread t2=new Thread(c);
        t1.start();
        t2.start();
    }
}
class MyStack{
    int index=0;                                    //表示元素个数
    char[] data=new char[6];                        //存放栈中元素
    public synchronized void push(char c){
        if(index==data.length){
            try {
                this.wait();
            } catch (InterruptedException e) {
                e.printStackTrace();
            }
        }
        data[index]=c;
        index++;
        System.out.println("Produce 生产产品: "+c);
        this.notify();
    }
```

```
    public synchronized char pop(){
        if(index==0){
            try {
                this.wait();
            } catch (InterruptedException e) {
                e.printStackTrace();
            }
        }
        index--;
        System.out.println("Consume: "+data[index]);
        this.notify();
        return data[index];
    }
}
class Produce implements Runnable{
    MyStack ms;
    public Produce(MyStack ms) {
        this.ms =ms;
    }
    public void run(){
        for(int i=0;i<=20;i++){
            char c=(char)(Math.random() * 26+'A');
            ms.push(c);
            try {
                Thread.sleep((int)(Math.random() * 10));
            } catch (InterruptedException e) {
                e.printStackTrace();
            }
        }
    }
}
class Consume implements Runnable{
    MyStack ms;
    public Consume(MyStack ms) {
        this.ms =ms;
    }
    public void run(){
        for(int i=0;i<=20;i++){
            ms.pop();
            try {
                Thread.sleep((int)(Math.random() * 1000));
            } catch (InterruptedException e) {
                e.printStackTrace();
            }
```

```
            }
        }
    }
```

程序运行结果如下。

```
Produce 生产产品：C
Consume：C
Produce 生产产品：L
Produce 生产产品：H
Produce 生产产品：Y
Produce 生产产品：G
Produce 生产产品：T
Produce 生产产品：E
Consume：E
Produce 生产产品：S
Consume：S
Produce 生产产品：G
Consume：G
Produce 生产产品：S
Consume：S
Produce 生产产品：S
Consume：S
Produce 生产产品：M
Consume：M
Produce 生产产品：O
Consume：O
Produce 生产产品：W
Consume：W
Produce 生产产品：D
Consume：D
Produce 生产产品：A
Consume：A
Produce 生产产品：F
Consume：F
Produce 生产产品：T
Consume：T
Produce 生产产品：P
Consume：P
Produce 生产产品：T
Consume：T
Produce 生产产品：U
Consume：U
Consume：T
Consume：G
```

```
Consume: Y
Consume: H
Consume: L
```

【例 11-13】中 ProConTest.java 的运行结果正确描述了生产者—消费者问题。在实现过程中注意以下两个问题。

(1) wait 方法、notify 方法放在同步块或同步方法中，由于这里使用的是同步方法，所以同步的对象是 this。

(2) 调用 wait 方法，此时将线程放入 this 对象的等待队列中，notify 方法唤醒的也是 this 对象的等待队列的线程。这里一定要注意 wait 方法和 notify 方法要处于锁定同一对象的同步代码块中或同步方法中，否则将会产生一些问题。

11.6 案　　例

本章案例程序利用多线程技术实现学生信息管理界面中操作日志信息的实时刷新功能。

11.6.1 案例设计

第 10 章实现的学生信息管理界面中的操作日志信息没有实现写入功能，而是实现学生信息的添加、删除、修改操作，进行日志文件的写入，并定时刷新页面，将日志文件的内容读出显示在页面中。本章案例实现对学生的删除操作进行日志记录，并启动单独的线程定时读取日志文件，将文件内容显示在页面中。案例设计 LogTxt.java 实现对日志文件的读写操作，日志文件指定放置在工程路径下的"log"文件夹下，文件名为"rootlog.txt"。同时案例修改 RootManageView.java 程序中删除按钮的事件处理程序，调用 LogTxt 中的方法，将删除的学生信息及操作时间信息写入日志文件中。定义线程类 FreshThread，实现每分钟读日志文件 1 次，并将所读内容传入界面中的文本域中。在 RootManageView.java 中启动线程，实现主线程和日志读取线程的并行运行。类图设计如图 11-5 所示。

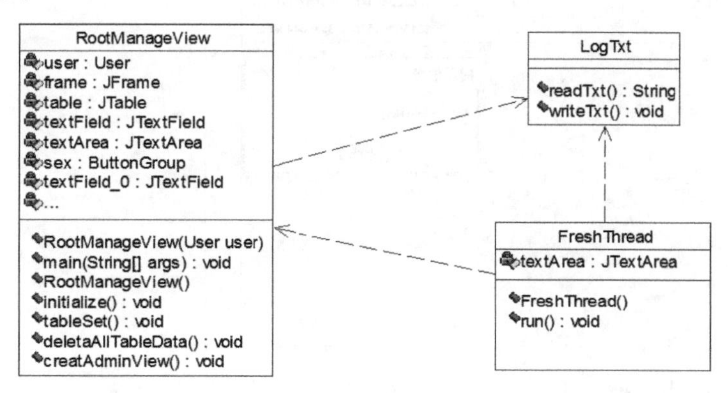

图 11-5　类图设计

11.6.2 案例演示

运行程序,进入学生信息管理界面后选择要删除的学生记录,如图 11-6 所示。单击“删除”按钮,从数据库表中删除数据,删除成功后的提示信息如图 11-7 所示,成功删除学生信息后会将删除操作信息写入日志文件。

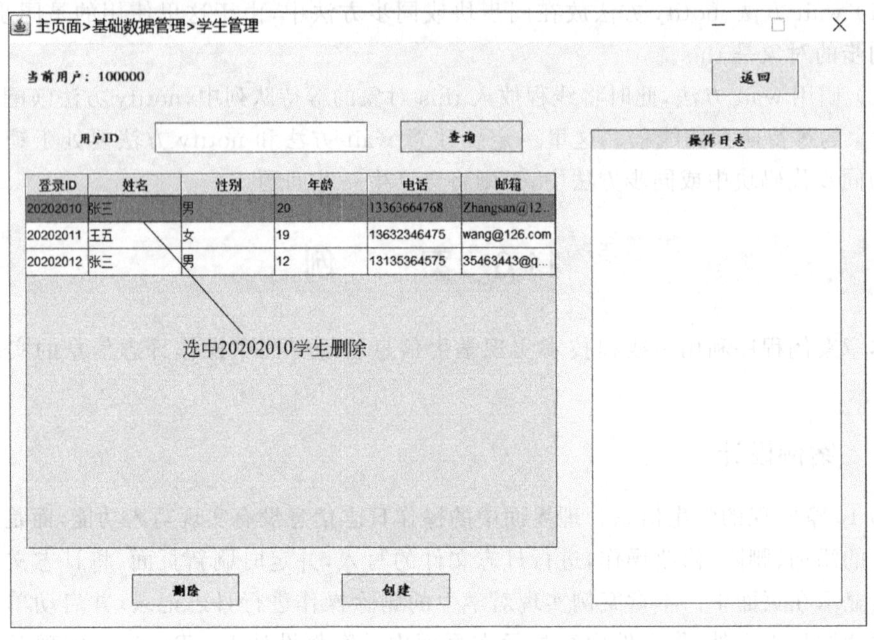

图 11-6 学生信息管理界面

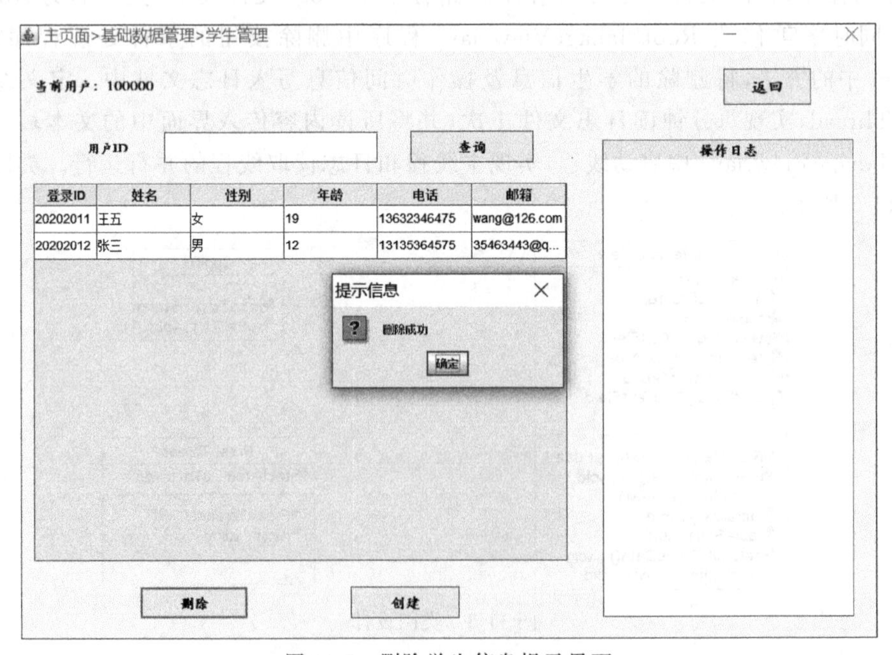

图 11-7 删除学生信息提示界面

日志信息在界面中的显示是通过子线程来完成的，子线程每分钟读取文件1次，实现日志操作的实时更新，更新后的结果如图11-8所示。

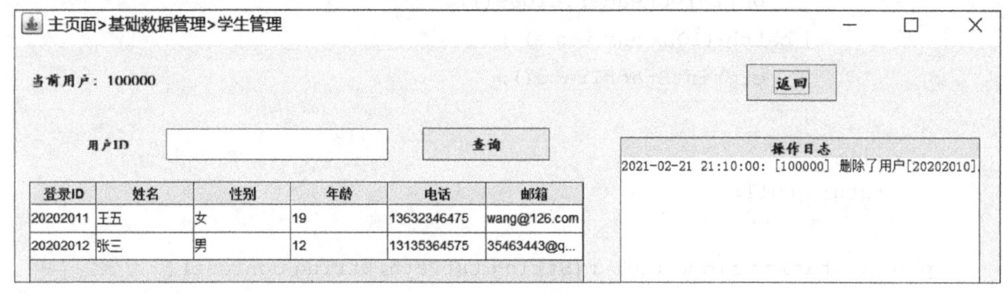

图11-8 日志信息更新结果

11.6.3 代码实现

程序LogTxt .java如下。

```
package chapter11.util;
import java.io.BufferedReader;
import java.io.BufferedWriter;
import java.io.File;
import java.io.FileInputStream;
import java.io.FileOutputStream;
import java.io.IOException;
import java.io.InputStreamReader;
import java.io.OutputStreamWriter;
public class LogTxt {
    public static String readTxt(String txtPath) {
        File file =new File(txtPath);
        BufferedReader bufferedReader=null;
        if(file.isFile() && file.exists()){
          try {
              FileInputStream fileInputStream =new FileInputStream(file);
              InputStreamReader inputStreamReader =
                        new InputStreamReader(fileInputStream);
              bufferedReader =new BufferedReader(inputStreamReader);
              StringBuffer sb =new StringBuffer();
              String text =null;
              while((text =bufferedReader.readLine()) !=null){
                  sb.append(text+"\n");
              }
              return sb.toString();
          } catch (Exception e) {
              e.printStackTrace();
```

```
            }finally {
                try {
                    bufferedReader.close();
                } catch (IOException e) {
                    e.printStackTrace();
                }
            }}
            return null;
        }
        public static void writeTxt(String txtPath, String content) {
            BufferedWriter out =null;
            try {
                out =new BufferedWriter(new OutputStreamWriter(
                                        new FileOutputStream(txtPath, true)));
                out.write(content+"\r\n");
            } catch (Exception e) {
              e.printStackTrace();
        } finally {
              try {
                  out.close();
              } catch (IOException e) {
                  e.printStackTrace();
              }
          }
      }
}
```

程序 FreshThread.java 如下。

```
package chapter11.view;
import javax.swing.JTextArea;
import chapter11.util.LogTxt;
public class FreshThread extends Thread{
    private JTextArea textArea;
    String logPath =System.getProperty("user.dir") +"\\Log\\";
    public FreshThread(JTextArea textArea) {
        this.textArea =textArea;
    }

    public void run() {
        while (true) {
            System.out.println("自动刷新多线程");
            textArea.setText("");
            System.out.println(LogTxt.readTxt(logPath+"rootLog.txt"));
```

```
            textArea.setText(LogTxt.readTxt(logPath+"rootLog.txt"));
            try {
                Thread.sleep(2 * 60 * 1000);
            } catch (Exception e) {
                e.printStackTrace();
            }
        }
    }
}
```

修改 RootManageView.java 中的删除按钮事件处理代码及增加线程启动的代码。修改代码如下。

```
public class RootManageView {
    //...省略
    private void initialize() {
        //...省略
        JButton dltButton =new JButton("删除");
        dltButton.addActionListener(new ActionListener() {
            public void actionPerformed(ActionEvent e) {
                int i =table.getSelectedRow();
                if (i ==-1) {
                    JOptionPane.showConfirmDialog(frame, "请选择有效信息", "提示
                        信息", JOptionPane.CLOSED_OPTION);
                } else {
                    stuService.deleteStudent(Integer.parseInt(
                                        table.getValueAt(i, 0).toString()));
                  //写入文件
                  String log =df.format(new Date()) +": [" +user.getUserId() +
                      "] 删除了用户["+table.getValueAt(i, 0).toString() +"].";
                  LogTxt.writeTxt(logPath+"rootLog.txt", log);
                  DftableModel.removeRow(i);
                  JOptionPane.showConfirmDialog(frame, "删除成功",
                      "提示信息", JOptionPane.CLOSED_OPTION);
                }
            }
        });
        //...省略
        //插入多线程
        new FreshThread(textArea).start();
    }
    //...省略
}
```

11.7 习 题

1. 选择题

(1) 下列关于 Java 线程的说法中,(　　)是正确的。

A. 每一个 Java 线程可以看成由代码、一个真实的 CPU 以及数据 3 部分组成

B. 创建线程的两种方法中,从 Thread 类中继承的创建方式能防止出现多父类

C. Thread 类属于 java.util 程序包

D. 以上说法无一正确

(2) 运行下列程序,会产生(　　)结果。

```
1  public class X extends Thread implements Runable{
2      public void run(){
3          System.out.println("this is run()");
4      }
5      public static void main(String args[]) {
6          Thread t=new Thread(new X()); t.start();
7      }
8  }
```

A. 第 1 行会产生编译错误　　B. 第 6 行会产生编译错误

C. 第 6 行会产生运行错误　　D. 程序会运行和启动

(3) 下面的(　　)方法,不能在任意时刻被任何线程调用。

A. wait()　　B. sleep()

C. yield()　　D. synchronized(this)

(4) 下列关于线程优先级的说法中,正确的是(　　)。

A. 线程的优先级是不能改变的

B. 线程的优先级是在创建线程时设置的

C. 在创建线程后的任何时候都可以设置

D. B 和 C

(5) 在线程生命周期中,正确的状态是(　　)。

A. 新建状态、运行状态和终止状态

B. 新建状态、运行状态、阻塞状态和终止状态

C. 新建状态、可运行状态、运行状态、阻塞状态和终止状态

D. 新建状态、可运行状态、运行状态、恢复状态和终止状态

(6) 在 Thread 类中,能运行线程体的方法是(　　)。

A. start()　　B. resume()　　C. init()　　D. run()

(7) 在线程同步中,为了唤醒另一个等待的线程,使用(　　)方法。

A. sleep()　　B. wait()　　C. notify()　　D. join()

(8) 使用(　　)方法,可以得到当前正在运行的线程。

A. getName()　　B. Thread.CurrentThread()

C. sleep()　　D. run()

(9) (　　)不属于线程的状态。

A. 就绪状态　　B. 运行状态　　C. 挂起状态　　D. 独占状态

(10) 当线程被创建后,其所处的状态是(　　)。

A. 阻塞状态　　B. 运行状态　　C. 就绪状态　　D. 新建状态

(11) 当线程调用 start()后,其所处的状态为(　　)。

A. 阻塞状态　　B. 运行状态　　C. 就绪状态　　D. 新建状态

(12) 调用 Thread.sleep()方法后,当等待时间未到,该线程所处的状态为(　　)。

A. 阻塞状态　　B. 运行状态　　C. 就绪状态　　D. 新建状态

(13) wait()方法首先是(　　)类的方法。

A. Object　　B. Thread　　C. Runnable　　D. File

(14) 当线程因异常而退出 run()后,其所处的状态为(　　)。

A. 阻塞状态　　B. 运行状态　　C. 就绪状态　　D. 结束状态

(15) (　　)关键字通常用来对对象的加锁,该标记使得对对象的访问是排他的。

A. transient　　B. synchronized　　C. serialize　　D. static

(16) 阅读下面的代码,答案正确的是(　　)。

```
class Example {
    public static void main(String args[]) {
        Thread.sleep(3000);
        System.out.println("sleep");
    }
}
```

A. 编译出错　　B. 运行时异常

C. 正常编译运行,输出 sleep　　D. 正常编译运行,但没有内容输出

(17) 阅读下面的代码,答案正确的是(　　)。

```
class MyThread extends Thread{
    public void run(){
        for(int i =0; i<100; i++){
            System.out.println("$$$");
        }
    }
}
public class TestMyThread{
    public static void main(String args[]){
        Thread t =new MyThread();
        t.start();
        t.start();
```

```
        t.start();
    }
}
```

A. 编译出错

B. 编译正常,运行时有错

C. 编译运行都无错误,产生 1 个线程

D. 编译运行都无错误,产生 3 个线程

2. 填空题

(1) 实现线程的两种方式分别是:________和________。

(2) 线程生命期内包括的状态有:________________。

(3) 取得当前线程的语句是:________________。

(4) 主线程的名称是________,默认创建的第一个子线程的名称是________。

(5) 可以调用 Thread 类的方法________和________来存取线程的优先级,线程的优先级界于________和________之间,默认是________。

(6) 守护线程一般被用于在后台为其他线程提供服务。调用方法________来判断一个线程是否是守护线程,也可以调用方法________将一个线程设为守护线程。

(7) 下列程序的功能是在监控台上每隔 1 秒钟显示一个字符串"Hello",能够填写在程序中的下画线位置,使程序完整并能正确运行的语句是:

```
public class Test implements Runnable{
    public static void main(String args[]){
        Test t=new Test();
        Thread tt=new Thread(t); tt.start();
    }
    public void run(){
        for(;;){
            try{
                ______________;
            }catch(_______ e){}
        System.put.println("Hello");
        }
    }
}
```

(8) 启动"a"和"b"两个线程,使每个线程间隔 1000ms 显示一次该线程的名字,各显示 6 次。

```
public class TTTest{
    public static void main(String args[]){
        //(1) ______________;
        new SimpleThread("b").start();
```

```
        }
    }
    class SimpleThread extends Thread {
        public SimpleThread(String str) {
            super(str);
        }
        //(2) _______________ {
            for(int i=0;i<6;i++) {
                try{
                    //(3) _______________;
                }catch(InterruptedException e) {
                    e.printStackTrace();
                }
                System.out.print("_Done-"+getName());
            }
        }
    }
```

3. **程序设计题**

(1) 编写 MyQueue 类,实现线程安全的队列,并编写 MyQueueTest 类,创建多个线程,对 MyQueue 类进行测试。提示:队列中存储 Object 类型的数据,操作逻辑为先进先出,利用 Vector 保存数据。

(2) 按要求完成下题。

① 编写 Storage 类,要求:保存 1 个 int 类型的数据。

② 编写 Counter 类,要求:继承 Thread 类,作用为往 Storage 对象中保存 0~99 的数据。

③ 编写 Printer 类,要求:继承 Thread 类,作用为取出 Storage 对象中保存的数据,并输出。

④ 编写 Test 类,要求:分别创建 Counter 类的对象和 Printer 类的对象。

(3) 利用多线程编程模拟龟兔赛跑。

提示:可以采用 Math.random()取得 0~1 之间的随机数,模拟比赛进程,如总距离为 100 米,在随机数 0~0.3 之间代表兔子跑,每次跑 2m,在 0.3~1 之间代表乌龟跑,每次跑 1m,先跑完 100m 者为胜利者。Race 类:产生 RabbitAndTurtle 的两个实例,分别代表兔子和乌龟。RabbitAndTurtle 类:继承 Thread 类,实现赛跑的逻辑。

(4) 编写程序,让系统能在规定的时间后关机。

网络编程

Java平台成功的主要原因是适合编写网络程序，访问网络资源。本章将从网络的基本概念出发，讲述Socket、Datagram和URL在程序开发中的应用。

12.1 网络基本概念

目前，Internet的网络体系结构是以TCP/IP（Transmission Control Protocol/Internet Protocol）协议为核心构建。互联网上的计算机之间通过TCP和UDP（User Datagram Protocol）协议通信。

（1）TCP/IP模型。

TCP/IP模型分成4个层次，分别是网络访问层、网际互联层、传输层（主机到主机）和应用层。模型如图12-1所示。

TCP/IP模型
应用层 （HTTP、FTP、…）
传输层 （TCP、UDP、…）
网际互联层 （IP、…）
网络访问层 （设备驱动、…）

图12-1　TCP/IP模型

应用层提供所需的各种服务，如HTTP、FTP、Telnet、DNS、SMTP等。

传输层为应用层实体提供端到端的通信功能。定义了两个主要的协议：传输控制协议（TCP）和用户数据报协议（UDP）。TCP协议提供的是一种可靠的、面向连接的数据传输服务；而UDP协议提供的则是不可靠的、无连接的数据传输服务。

网际互联层主要解决主机到主机的通信问题。有4个主要协议：网际协议（IP）、地址解析协议（ARP）、互联网组管理协议（IGMP）和互联网控制报文协议（ICMP）。IP协议是网际互联层最重要的协议，它提供的是一个不可靠、无连接的数据包传递服务。

TCP/IP并未定义网络访问层的协议，而由参与互连的各网络使用自己的物理层和数据链路层协议，然后与TCP/IP的网络访问层进行连接。

（2）TCP协议。

TCP协议提供可靠的、面向连接的传输控制协议，即在传输数据前要先建立逻辑连接，然后再传输数据，最后释放连接。TCP提供端到端、全双工通信；采用字节流方式，如果字节流太长，将其分段；提供紧急数据传送功能。由IETF（Internet Engineering Task）的RFC 793说明。

面向连接意味着两个使用TCP的应用程序(通常是一个客户和一个服务器)彼此交换数据前必须先建立一个TCP连接。这一过程与打电话相似,即需要在通话双方间建立一条电话线路。在一个TCP连接中,仅有两方彼此通信。广播和多播不能用于TCP。

(3) UDP协议。

UDP与TCP同处在传输层,用于数据包的处理。UDP是一种无连接的传输层协议,提供面向事务简单的、不可靠信息的传送服务。UDP不提供数据包分组、组装,不能对数据包进行排序,即当报文发送后,是无法得知其是否安全完整到达的。UDP协议适用端口分别运行在同一台设备上的多个应用程序。由IETF的RFC 768说明。

在网络质量不好的环境下,UDP协议数据包丢失比较严重。但是由于UDP具有面向非连接,资源消耗小、处理速度快的优点,所以通常音频、视频和普通数据在传送时使用UDP较多,因为它们即使偶尔丢失一两个数据包,也不会对接收结果产生太大影响。比如聊天用的QQ使用的就是UDP协议。

(4) 端口(PORT)。

在Internet上,主机间通过TCP/IP协议发送和接收数据包,各个数据包根据目的主机的IP地址进行互联网络中的路由选择。当数据包送达目的主机时,由于操作系统支持多程序(进程)并发运行,目的主机应该把接收到的数据包传送给进程中的哪一个呢?操作系统根据应用程序定义的端口号接收带有相同端口号的数据包,即使用端口来解决这个问题。

端口号被定义为2B长,范围为0~65 535,端口号常被划分为3类。0到1 023常称为公认端口(Well Known Ports),它们紧密绑定(binding)一些服务。通常这些端口明确表明了某种服务的协议。如80端口是HTTP通信。1 024~49 151常称为注册端口(Registered Ports),它们松散地绑定一些服务,即有许多服务绑定这些端口,它们同样用于许多其他目的,9 152~65 535常称为动态或私有端口(Dynamic or Private Ports),理论上不应为服务分配这些端口。实际上,机器通常从1 024起分配动态端口。但也有例外:SUN的RPC端口从32 768开始。

12.2 java.net包

Java为用户开发网络程序提供了java.net包,包中封装了实现网络应用程序需要的类和接口。该包中包含了基本的网络编程实现,是网络编程的基础。java.net包中的类和接口可以分为两个部分:提供传输层开发的类和接口,用于处理地址、套接字、接口和异常;提供应用层开发的类和接口,用于处理URI(统一资源定位符)、URL、URL连接和异常。

表12-1中列出了java.net包中的部分常用类;表12-2中列出了部分常用的异常类。

表12-1 java.net中的部分类

类 名	说 明
DatagramPacket	表示数据包
DatagramSocket	表示用来发送和接收数据包的套接字

续表

类　名	说　明
InetAddress	表示互联网协议(IP)地址
MulticastSocket	多播数据包套接字类用于发送和接收 IP 多播包
ServerSocket	实现服务器套接字
Socket	实现客户端套接字(也可以就叫“套接字”)
URL	类 URL 代表一个统一资源定位符,它是指向互联网“资源”的指针
URLConnection	抽象类 URLConnection 是所有类的超类,它代表应用程序和 URL 之间的通信链接
URLDecoder	HTML 格式解码的实用工具类
URLEncoder	HTML 格式编码的实用工具类

表 12-2　java.net 中的部分异常类

类　名	说　明
BindException	试图将套接字绑定到本地地址和端口时发生错误的情况下,抛出此异常
ConnectException	试图将套接字连接到远程地址和端口时发生错误的情况下,抛出此异常
SocketException	抛出此异常,指示在底层协议中存在错误,如 TCP 错误
SocketTimeoutException	如果在读取或接受套接字时发生超时,则抛出此异常

其中,URL、URLConnection、Socket、ServerSocket 类使用 TCP 进行通信。而 DatagramPacket、DatagramSocket 和 MulticastSocket 类使用 UDP 进行通讯。

12.3　基于 TCP 的 Socket 编程

Socket 的英文原意是“插座”。Socket 起源于 UNIX 系统,是一种应用程序间通信的协议。Socket 通常也称作“套接字”,用于描述请求或应答的 IP 地址和端口,主要用于网络应用程序之间的通信。

12.3.1　InetAddress 类

Internet 上的主机有两种表示地址的方式:域名和 IP 地址。有时需要通过域名查找它对应的 IP 地址,有时又需要通过 IP 地址来查找主机名。Java 中的 InetAddress 是 IP 地址的封装类。

InetAddress 类没有提供构造方法,不能通过 new 关键字进行对象实例化,因此程序员只能利用一些静态方法来获取对象实例,再通过这些对象实例来对 IP 地址或主机名进行处理。获取 InetAddress 实例的方法如表 12-3 所示。

表 12-3 获取 InetAddress 实例的方法

方法	说明
static InetAddress [ ] getAllByName (String host)	在给定主机名的情况下,根据系统上配置的名称服务返回其 IP 地址组成的数组
static InetAddress getByAddress(byte[] addr)	在给定原始 IP 地址的情况下返回 InetAddress 对象
static InetAddress getByAddress(String host, byte[] addr)	根据提供的主机名和 IP 地址创建 InetAddress
static InetAddress getByName(String host)	在给定主机名的情况下确定主机的 IP 地址
static InetAddress getLocalHost()	返回本地主机

【例 12-1】 根据域名来获取主机的 IP 地址。

程序 TestInetAddress.java 如下。

```
import java.net.InetAddress;
import java.net.UnknownHostException;
public class TestInetAddress {
    private static void displayAllbyName( String urlName) throws
    UnknownHostException{
        System.out.println(urlName+" all Ip : ");
        InetAddress allNetAddress[] =InetAddress.getAllByName(urlName);
        for(int i=0;i <allNetAddress.length;i++){
                    System.out.println(allNetAddress[i]);
        }
    }
    public static void main(String args[]){
        InetAddress netAddress =null;
        try{
            netAddress =InetAddress.getLocalHost();
            System.out.println("LocaoHost: "+netAddress);
            displayAllbyName("www.imut.edu.cn");
            displayAllbyName("www.baidu.com");
            displayAllbyName("www.sohu.com");
            displayAllbyName("www.sina.com");
        }catch(UnknownHostException e){
            System.out.println("Net Exception: "+e.getMessage());
        }
    }
}
```

程序运行结果如下。

```
LocaoHost: imut-xode2hly1z/115.24.93.16
www.imut.edu.cn all Ip :
www.imut.edu.cn/202.207.16.138
```

```
www.baidu.com all Ip :
www.baidu.com/61.135.169.125
www.baidu.com/61.135.169.105
www.sohu.com all Ip :
www.sohu.com/123.125.116.12
www.sina.com all Ip :
www.sina.com/218.60.32.23
www.sina.com/218.60.32.24
www.sina.com/218.60.32.25
www.sina.com/218.60.32.26
www.sina.com/218.60.32.27
www.sina.com/218.60.32.28
www.sina.com/218.60.32.29
www.sina.com/218.60.32.30
www.sina.com/218.60.32.21
www.sina.com/218.60.32.22
```

12.3.2 Socket 编程模型

使用 Socket 进行网络程序通信,程序采用 C/S(Client/Server)架构进行设计,即需要设计服务器和客户端两个程序。通常计算机上运行的服务器程序有一个绑定了端口号(Port)的套接字(Socket)。服务器一直在等待,套接字(Socket)监听来自客户端的连接请求。

使用 Socket 实现服务器与客户机进行通信的程序模型,如图 12-2 所示。下面分别从服务器端和客户端进行说明。

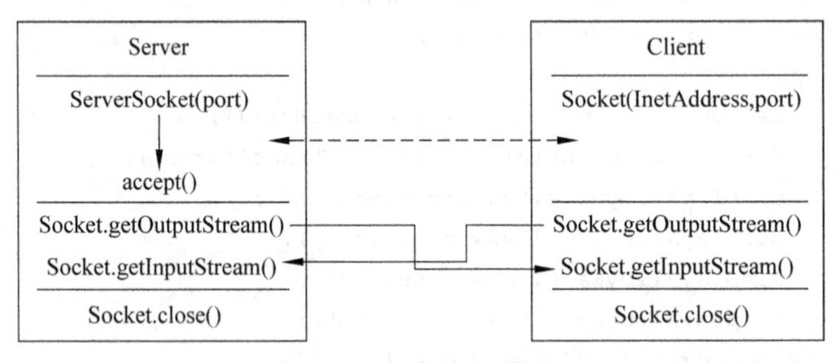

图 12-2 Socket 编程模型

(1) 服务器端:服务器端需要首先指定服务器端口,在实例化服务器套接字后,服务器处在监听状态下,客户机才能进行连接请求。

(2) 客户端:客户机需要已知服务器运行的主机名和服务器监听的端口号。客户机使用连接请求,尽力与服务器程序建立连接。一旦客户机的请求被接受,套接字就被建立,客户端可以使用该套接字与服务器进行通信。客户机也需要绑定一个本地端口号,与服务器相区别,这个端口号的分配是通常由系统指定的。连接请求过程如图 12-3 所示。

一旦服务器接受了连接请求并连接成功后,服务器通过连接建立一个新的绑定了本

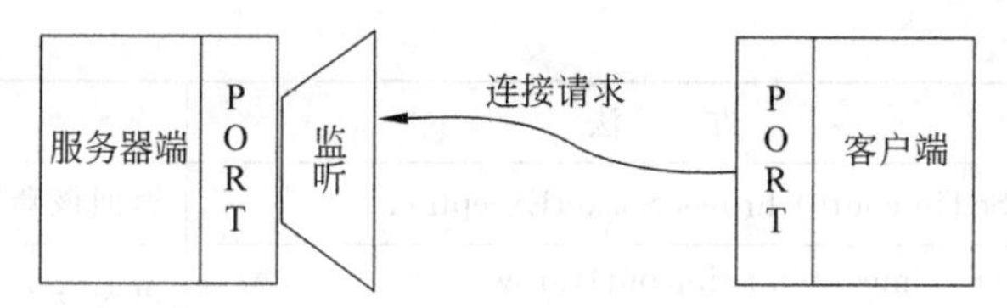

图 12-3 客户机连接服务器

地端口号的套接字,同时也可以得到远程客户机的地址和端口号。客户机一旦和服务器建立连接,就可以实现双向通信,进行写(Write)和读(Read)的操作。

java.net 包中为 Socket 开发提供了支持,开发中主要使用类,如表 12-4 所示。

表 12-4 Socket 与 ServerSocket 类

类	方　法	说　明
Socket	Socket(InetAddress address,int port) throws IOException	构造方法
	Socket(String host,int port) throws UnknowHostException,IOException	
	Socket(InetAddress address, int port, InetAddress localAddr,int localport) throws IOException	
	InetAddress getInetAddress()	返回套接字连接的主机地址
	InetAddress getLocalAddress()	返回套接字绑定的本地地址
	InputStream getInputStream()throws IOException	获得该套接字的输入流
	int getLocalPort()	返回套接字绑定的本地端口
	OutputStream getOutputSteam()throws IOException	返回该套接字的输出流
	int getSoTimeout()throws SocketException	返回该套接字最长等待时间
	void setSoTimeout(int timeout)throws SocketException	设置该套接字最长等待时间
	void shutdownInput()throws IOException	关闭输入流
	void shutdownOutput()throws IOException	关闭输出流
	void close()throws IOException	关闭套接字
Server Socket	ServerSocket(int port) throws IOException	构造方法
	ServerSocket(int port,int backlog) throws IOException	
	ServerSocket (int port, int backlog, InetAddress bindAddr) throws IOException	
	Socket accept() throws IOException	监听并接受客户端 Socket 连接
	InetAddress getInetAddress()	返回服务器套接字的本地地址
	int getLocalPort()//	返回套接字监听的端口

续表

类	方　法	说　明
Server Socket	int getSoTimeout() throws SocketException	返回该套接字最长等待时间
	void setSoTimeout(int timeout) throws SocketException	设置该套接字最长等待时间
	void close() throws IOException	关闭套接字

12.3.3 服务器程序

下面设计一个使用 Socket 进行通信的客户机与服务器程序案例，来说明开发 Socket 通信程序的过程。案例的功能比较简单，就是将客户机发出的消息显示在服务器端，当接收到"bye"信息时，客户机和服务器断开连接，关闭服务器和客户机程序。

【例 12-2】 服务器程序功能：服务器启动后，监听端口一旦接收客户机请求，服务器将客户机发给它的信息输出到自己的标准输出设备上。当接到"bye"信息时，服务器关闭。

程序 SingleUserServer.java 如下。

```
import java.io.BufferedReader;
import java.io.IOException;
import java.io.InputStreamReader;
import java.io.PrintWriter;
import java.net.ServerSocket;
import java.net.Socket;
import java.util.Date;
public class SingleUserServer {
public static void main(String[] args) throws IOException{
    System.out.println("Server Start!");
    System.out.println(new Date());
    System.out.println("进入监听(Listen…)");
    ServerSocket server=new ServerSocket(5678);
    Socket client=server.accept();
    BufferedReader in=new BufferedReader(new
                         InputStreamReader(client.getInputStream()));
    PrintWriter out=new PrintWriter(client.getOutputStream());
    String username =in.readLine();
    System.out.println(username+"上线");
    out.println(username+"欢迎你!");
    out.flush();
    while(true){
        String str=in.readLine();
        System.out.println(str);
        out.println("被服务器接收…");
        out.flush();
```

```
        if(str.equals("bye"))
            break;
    }
    System.out.println(in.readLine());
    out.println("再见!");
    out.flush();
    client.close();
    System.out.println("Server Shuntdown!");
    }
}
```

服务器程序启动后的运行结果如下。

```
Server Start!
Tue Oct 30 23: 02: 25 CST 2012
进入监听(Listen…)
```

从【例 12-2】中可以得到服务器程序的具体编写过程，分为以下 4 个步骤。

① 调用 ServerSocket(port)，创建一个服务器端套接字，并绑定指定端口。

② 调用 accept()，监听连接请求，如果客户端请求连接，则接受连接，返回通信套接字。

③ 调用 Socket 类的 getOutputStream()和 getInputStream，获取输出流和输入流，开始网络数据的发送和接收。

④ 最后关闭通信套接字。

12.3.4 客户端程序

客户端程序是与服务器程序配套的程序，客户端功能就是建立 Socket 实例，向服务器发出连接请求。

【例 12-3】 建立客户端程序，向服务器发送信息，并接受服务器发来的消息，显示在输出设备上。当信息是“bye”时，关闭客户程序。本客户端程序是 12.3.3 节中服务器的配套程序。

程序 Client.java 如下。

```
import java.io.PrintWriter;
import java.net.InetAddress;
import java.net.Socket;
public class Client{
    public static void main(String[] args) throws Exception{
        Socket server;
        server=new Socket(InetAddress.getLocalHost(),5678);
    BufferedReader in=new BufferedReader(new
                InputStreamReader(server.getInputStream()));
        PrintWriter out=new PrintWriter(server.getOutputStream());
    BufferedReader wt=new BufferedReader(new
                InputStreamReader(System.in));
```

```
        System.out.println("客户端启动!");
        System.out.println("输入登录用户名: ");
        String name =wt.readLine();
        out.println(name);
        out.flush();
        System.out.println(in.readLine());
        while(true){
            String str=wt.readLine();
            out.println(str);
            out.flush();
            if(str.equals("bye")){
                break;
            }
            System.out.println(in.readLine());
        }
        System.out.println("断开连接!");
        out.println(name+"Logoff");
        out.flush();
        System.out.println(in.readLine());
        server.close();
    }
}
```

客户机程序与服务器通信的运行结果如下。

服务器端:	客户端:
Server Start!	客户端启动!
Wed Oct 31 07:39:57 CST 2012	输入登录用户名:
进入监听(Listen……)	mzq
mzq 上线	mzq 欢迎你!
今天有 Java 课吗	今天有 Java 课吗
我要学习了	被服务器接收....
bye	我要学习了
mzqLogoff	被服务器接收....
Server Shuntdown!	bye
	断开连接!
	被服务器接收....

从【例 12-3】中可以得到客户机程序的具体编写过程,分为以下 3 个步骤。

(1) 调用 Socket(),创建一个流套接字,并连接到服务器端。

(2) 调用 Socket 类的 getOutputStream()和 getInputStream(),获取输出流和输入流,开始网络数据的发送和接收。

(3) 最后关闭通信套接字。

12.3.5 多客户端的服务器程序

通过上面的案例可以看出,目前的服务器只能连接一个客户机。在实际应用中,需要多个客户端并行地向服务器提出连接申请,并分别请求得到服务器的响应和服务。这就需要服务器程序能够提供对多个客户端的服务,所以客户机与服务器程序就变化为图12-4所示的情况。

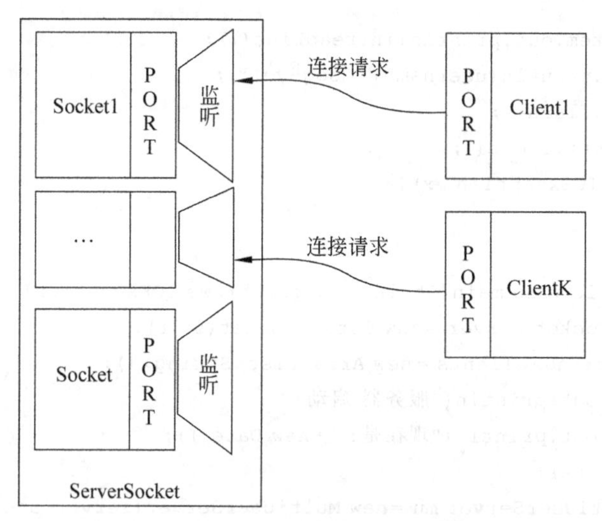

图12-4　多客户端的服务器程序连接模型

【例12-4】 建立一个响应多客户端的服务端程序。为了实现服务器程序能够并发响应多客户端提出的连接请求,服务器端采用第11章所学的线程知识,面对每一个客户机程序提出的连接请求,服务器端为它建立一个独立的Socket,与之通信。

程序MultiUserServer.java如下。

```
public class MultiUserServer extends Thread{
    private Socket client;
    public MultiUserServer(Socket c) {
        this.client=c;
    }
    public void run() {
        try {
            BufferedReader in=new BufferedReader(new
                    InputStreamReader(client.getInputStream()));
            PrintWriter out=new PrintWriter(client.getOutputStream());
            //Mutil User but can't parallel
            String username =in.readLine();
            System.out.println(username+"上线");
            out.println(username+"欢迎你!");
            out.flush();
            while(true) {
              String str=in.readLine();
              System.out.println(str);
              out.println("has receive...");
              out.flush();
```

```
                if(str.equals("bye")){
                    break;
                }
            }
            System.out.println(in.readLine());
            out.println(username+"GoogBye!");
            out.flush();
            client.close();
        }catch(IOException ex){
        }
    }
    public static void main(String[] args)throws IOException{
        ServerSocket server =new ServerSocket(5678);
        List<String>clients =new ArrayList<String>();
        System.out.println("服务器 启动!");
        System.out.println("现在是: "+new Date());
        while(true){
            MultiUserServer mu =new MultiUserServer(server.accept());
            clients.add(mu.client.toString());
            mu.start();
            System.out.println("当前连接数: "+clients.size());
        }
    }
}
```

客户端程序仍然使用【例 12-3】,与多客户端程序进行通信的运行结果如下。

```
服务器端:
服务器 启动!
现在是: Wed Oct 31
08: 23: 34 CST 2012
当前连接数: 1
mzq上线
当前连接数: 2
lili上线
当前连接数: 3
tom上线
hello
bye
mzqLogoff
bye
liliLogoff
bye
tomLogoff
```

```
客户端 1:
客户端启动!
输入登录用户名:
mzq
mzq欢迎你!
hello
has receive...
bye
断开连接!
has receive...
```

```
客户端 2:
客户端启动!
输入登录用户名:
lili
lili欢迎你!
bye
断开连接!
has receive...
```

```
客户端 3:
客户端启动!
输入登录用户名:
tom
tom欢迎你!
bye
断开连接!
has receive...
```

12.4 基于UDP的Socket编程

12.4.1 UDP编程模型

在传输层上，除了TCP方式外，还有一种实现的方式就是UDP方式。UDP(User Datagram Protocol)，即用户数据报协议。UDP通信不需建立专用的虚拟连接，所以对于服务器的压力要比TCP小，因此也是一种常见的网络编程方式。由于是无连接通信，所以最大的缺点是传输不可靠。当需要在网络上传输大量多媒体信息时，选择UDP方式，能减少服务器压力。

UDP的编程模型类似于TCP模型，也需要分别建立接收端(服务器)和发送端(客户机)程序。编程模型如图12-5所示。

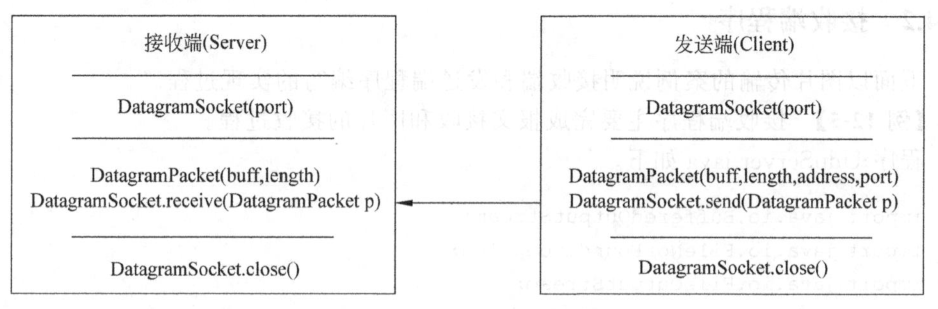

图12-5 UDP编程模型

java.net包也对UDP提供了支持。UDP的编程与Socket编程相似，也包含客户端网络编程和服务器端网络编程，主要由两个类实现，分别是DatagramSocket类和DatagramPacket类。

DatagramSocket类实现所谓的"网络连接"，包括客户端网络连接和服务器端网络连接。即要完成发送数据和接收数据的功能。该类既可以实现客户端连接，也可以实现服务器端连接。DatagramPacket类用于网络中传输数据的封装。该类的实例代表网络中交换的数据。类的常用方法如表12-5所示。

表12-5 UDP类的常用方法

类　名	方　法	说　明
DatagramPacket	DatagramPacket(byte[] buf,int length)	接收数据报
	DatagramPacket(byte[] buf,int length,InetAddress address,int port))	数据报文包用来把长度为length的包发送到指定服务器的指定端口
	getAddress()	返回接收或发送此数据报文的机器的IP地址
	getData()	返回接收的数据或发送出的数据
	getLength()	返回发送出的或接收到的数据的长度
	getPort()	返回接管或发送该数据报文的主机的端口

续表

类　名	方　法	说　明
DatagramSocket	DatagramSocket(int port)	创建数据报套接字,并将其绑定到本地主机上的指定端口
	DatagramSocket(int port, InetAddress laddr)	创建数据报套接字,将其绑定到指定的本地地址
	receive(DatagramPacket p)	从此套接字接收数据报
	void send(DatagramPacket p)	从此套接字发送数据报
	bind(SocketAddress addr)	将此 DatagramSocket 绑定到指定的地址和端口
	void close()	封闭此数据报套接字

12.4.2　接收端程序

下面以图片传输的案例说明接收端和发送端程序编写的实现过程。

【例 12-5】　接收端程序主要完成报文接收和图片的接收过程。

程序 UdpServer.java 如下。

```
import java.io.BufferedOutputStream;
import java.io.FileNotFoundException;
import java.io.FileOutputStream;
import java.io.IOException;
import java.net.DatagramPacket;
import java.net.DatagramSocket;
import java.net.SocketException;
public class UdpServer implements Runnable{
    int port;
    byte[] buffer;
    boolean stop =false;
    final static int LENGTH =1024;
    public UdpServer(int port){
        this.port =port;
        buffer =new byte[LENGTH];
    }
    public void run(){
        DatagramSocket dgSocket =null;
        DatagramPacket dgPacket;
        BufferedOutputStream bOut =null;
        try {
            bOut =new BufferedOutputStream(new FileOutputStream("out.bmp"));
        } catch (FileNotFoundException e) {

            e.printStackTrace();
        }
        try {
```

```
            System.out.println("UdpServer is Start!");
            dgSocket =new DatagramSocket(port);

            while(!stop){
                System.out.println("Waite receive!");
                dgPacket =new DatagramPacket(buffer,LENGTH);
                dgSocket.receive(dgPacket);
                bOut.write(dgPacket.getData());
                bOut.flush();
                //System.out.println(new String(dgPacket.getData()));
                try {
                    Thread.sleep(1000);
                } catch (InterruptedException e) {

                    e.printStackTrace();
                }
            }
            bOut.close();
        } catch (SocketException e1) {

            e1.printStackTrace();
        }catch (IOException e2) {

            e2.printStackTrace();
        }finally{
            dgSocket.close();
        }
    }
    public void setStop(boolean stop){
        this.stop =stop;
    }
    public static void main(String[] args){
        UdpServer serverrun =new UdpServer(1234);
        new Thread(serverrun).start();
        try {
            Thread.sleep(100);
            System.in.read();
            serverrun.setStop(true);
            serverrun.notifyAll();
        } catch (IOException e) {
            e.printStackTrace();
        } catch (InterruptedException e) {
            e.printStackTrace();
        }
    }
}
```

所以,接收端程序的开发过程为 4 个步骤,具体内容如下。

(1) 调用 DatagramSocket(int port),创建一个数据报套接字,并绑定到指定端口上。

(2) 调用 DatagramPacket(byte[] buf, int length),建立一个字节数组,以接收 UDP 包。

(3) 调用 DatagramSocket 类的 receive(),接收 UDP 包。

(4) 最后关闭数据报套接字。

12.4.3 发送端程序编程

发送端主要实现报文的发送过程。

【例 12-6】 建立发送端程序,实现图片的发送。

程序 UdpClient.java 如下。

```
import java.io.BufferedInputStream;
import java.io.FileInputStream;
import java.io.IOException;
import java.net.DatagramPacket;
import java.net.DatagramSocket;
import java.net.InetAddress;
import java.net.SocketException;
import java.net.UnknownHostException;
public class UdpClient implements Runnable{
    private int port;
    private String fileName ;
    public UdpClient(){
        port =1234;
        fileName ="tomato.bmp";
    }
    public UdpClient(int port,String fileName){
        this.port =port;
        this.fileName =fileName;
    }
    @Override
    public void run() {
        //TODO Auto-generated method stub
        DatagramSocket dgSocket =null;
        DatagramPacket dgPacket;
        try {
              dgSocket=new DatagramSocket();
              BufferedInputStream bIn =new BufferedInputStream(new
                                              FileInputStream(fileName));
           byte buffer[] =new byte[UdpServer.LENGTH];
           int count =bIn.read(buffer, 0, UdpServer.LENGTH);
           System.out.println("Start sending!");
           while(count>0){
```

```
                dgPacket = new DatagramPacket(buffer, 0, count,
                                InetAddress.getByName("localhost"), port);
                dgSocket.send(dgPacket);
                count = bIn.read(buffer, 0, UdpServer.LENGTH);
                System.out.println("sended!");
                Thread.sleep(1000);
            }
            System.out.println("Sending end!");
            bIn.close();
        } catch (SocketException e) {
            e.printStackTrace();
        } catch (UnknownHostException e) {
            e.printStackTrace();
        } catch (IOException e) {
            e.printStackTrace();
        } catch (InterruptedException e) {
            e.printStackTrace();
        }finally{
            dgSocket.close();
        }
    }
    public static void main(String[] args) {
        //TODO Auto-generated method stub
        UdpClient udpclient = new UdpClient(1234, "tomato.bmp");
        new Thread(udpclient).start();
    }
}
```

接收端和发送端的执行过程如下。

```
接收端:                    发送端:
UdpServer is Start!        Start sending!
Waite receive!             sended!
Waite receive!             sended!
Waite receive!             sended!
Waite receive!             sended!
Waite receive!             sended!
Waite receive!             sended!
Waite receive!             sended!
Waite receive!             sended!
Waite receive!             sended!
Waite receive!             Sending end!
接收文件: out.bmp          发送文件: tomato.bmp
```

所以,发送端程序的开发过程也为4个步骤,具体内容如下。

(1) 调用 DatagramSocket(),创建一个数据报套接字。

(2) 调用 DatagramPacket(byte[] buf, int offset, int length, InetAddress address, int port),建立要发送的 UDP 包。

(3) 调用 DatagramSocket 类的 send(),发送 UDP 包。

(4) 最后关闭数据报套接字。

12.5 URL

URL(Uniform Resource Locator)统一资源定位器是对网络上一个资源的引用。可以通过 URL 访问网络上的对应文件、查询数据库和输出命令。因此,Java 程序也可以通过 URL 访问网络上的资源。URL 看上去比较抽象,实际上,它在 Java 程序中被认为是一个网络地址或一个 URL 对象,是在应用层上的一种应用。

URL 由两部分组成,一部分是协议,另一部分是资源的位置。它的一般格式(带方括号的为可选项)如下。

```
protocol : // hostname[: port] / path / [;parameters][?query]#fragmen
```

protocol:指协议,可以是 http、ftp、telnet、file 等协议;

hostname[:port]:指服务器的地址(域名或 IP 地址)和端口号;

path:资源在服务器上的路径;

[;parameters][? query]:指特定参数选项和动态网页查询参数;

#fragmen:锚点,指网络资源的片段。

java.net 包中还提供了一个 URLConnection 类。它是一个抽象类,代表应用程序和 URL 之间的通信链接。该类的实例可用于读取和写入此 URL 引用的资源。

通常,创建一个到 URL 的连接需要以下几个步骤。

(1) 通过在 URL 上调用 openConnection 的方法创建连接对象。

(2) 处理设置参数和一般请求属性。

(3) 使用 connect 方法建立到远程对象的实际连接。

(4) 远程对象变为可用。远程对象的头字段和内容变为可访问。

通过使用 URL、URLConnection 类,可以实现网络中资源的访问。

【例 12-7】 实现一个网页解析器。本程序由 3 个类组成,HttpCrawlerGUI(图形界面类)、HttpCrawler(下载网页类)和 HttpParser(网页解析类)。其中,HttpCrawler 类就是使用了 URL、URLConnection 和 HTTPURLConnection 类进行开发实现的。

程序 HttpCrawler.java 如下。

```
import java.io.*;
import java.net.HttpURLConnection;
import java.net.URL;
import java.util.Date;
public class HttpCrawler {
```

```
public static String Alength(String urlString) throws IOException {
    StringBuffer sb =new StringBuffer();
        URL url =new URL(urlString);                        //建立 URL
        HttpURLConnection urlConnection = (HttpURLConnection)
                        url.openConnection();               //打开 URL 连接
        long value;
        value =urlConnection.getContentLength();            //网页的长度
        sb.append(value);
    return sb.toString();
}
public static String Atype(String urlString) throws IOException {
    URL url =new URL(urlString);
    HttpURLConnection urlConnection = (HttpURLConnection)
                                url.openConnection();
    String value;
    value =urlConnection.getContentType();                  //网页的类型
    return value;
}
public static Date Asertime(String urlString) throws IOException {
    URL url =new URL(urlString);
    HttpURLConnection urlConnection = (HttpURLConnection)
                                url.openConnection();
    Date value;
    value =new Date((urlConnection.getDate()));
    //网页所在服务器时间
    return value;
}
public static Date Amodifytime(String urlString) throws IOException {
    URL url =new URL(urlString);
    HttpURLConnection urlConnection = (HttpURLConnection)
                                url.openConnection();
    Date value;
    value =new Date(urlConnection.getLastModified());
    //网页最新修改时间
    return value;
}
public static StringBuffer content(String urlString) throws IOException {
    StringBuffer sbuffer =new StringBuffer();
        URL url =new URL(urlString);
        HttpURLConnection urlConnection = (HttpURLConnection)
                                url.openConnection();
        BufferedReader reader =new BufferedReader(new InputStreamReader(
                urlConnection.getInputStream()));
        String line =null;
```

```
            while ((line =reader.readLine()) !=null) {
                sbuffer.append(line +"\r\n");
            }
        return sbuffer;
    }
}
```

程序 HttpParser.java 如下。

```
public class HttpParser {
    public String hyperlink;
    public String text;
    int flag1 =0;
    int flag2 =0;
    public static String gettitle(String str) {
        str =str.toLowerCase();
        String title =str.substring(str.indexOf("<title>")+7);   //获得标题
        title =title.substring(0, title.indexOf("</title"));
        return title;
    }
    public void gethypcon(String str) {
        char c;
        String word ="";
        String url ="";
        String temp ="";
        String zw ="";
        boolean key =false;
        boolean k =true;
        StringBuffer sbf =new StringBuffer();
        if (str !=null) {
          for (int i =0; i <str.length(); i++) {
            c =str.charAt(i);                                  //取单字
            if (c =='<') {                                     //区分在<>内还是在外
                key =true;
                continue;
            }
            if (c =='>') {
              key =false;
              word ="";
              continue;
            }
            if (key) {                                         //目前在<>内
              if (word =="") {                                 //取词
                  do {
                      word =word +str.charAt(i++);
```

```
                } while (str.charAt(i) >='a' && str.charAt(i) <='z'||
                        str.charAt(i) >='A' && str.charAt(i) <='Z');
                i--;
                if (word.equals("script")) {            //去掉script代码
                    while (!word.equals("/script")) {
                        word ="";
                        i++;
                        while ((str.charAt(i) >='a' && str.charAt(i) <='z')||
                                str.charAt(i) =='/') {
                            word =word +str.charAt(i++);
                        }
                    }
                    word ="";
                    key =false;
                    i--;
                } else if (word.equals("style")) {
                    //去掉style代码
                    while (!word.equals("/style")) {
                        word ="";
                        i++;
                        while ((str.charAt(i) >='a'&& str.charAt(i) <='z' ||
                                str.charAt(i) =='/')) {
                            word =word +str.charAt(i++);
                        }
                    }
                    word ="";
                    key =false;
                    i--;
                } else if (word.equals("STYLE")) {
                    //去掉STYLE代码
                    while (!word.equals("/STYLE")) {
                        word ="";
                        i++;
                        while ((str.charAt(i) >='A'&& str.charAt(i) <='Z' ||
                                str.charAt(i) =='/')) {
                            word =word +str.charAt(i++);
                        }
                    }
                    word ="";
                    key =false;
                    i--;
                }
            }else if (word.equals("a") || word.equals("area")) {
                //A标签,Area标签准备获取HREF链接
```

```
while (!(str.substring(i).startsWith("href")) && str.
charAt(i) !=
        '>'){                                  //找 HREF 标签
    i++;
}
if (str.charAt(i) == '>') {                    //A 标签中没有 HREF 标签
    word = "";
    key = false;
    continue;
} else {                                       //A 标签中有 HREF 标签
    i = i + 4;                                 //跳过 href 标签
}
while (k && i < str.length()) {
    if (url == ""&& (str.charAt(i) == '\''|| str.charAt(i)
    == ' '||
        str.charAt(i) == '"' || str.charAt(i) == '=')){
            i++;
    }else if (url != ""&& (str.charAt(i) == '>'||
str.charAt(i) == '\''|| str.charAt(i) == ' ' || str.charAt
(i) == '"')) {
        k = false;
        if (str.charAt(i) == '>') {
            key = false;
            word = "";
        }
    } else {
        url = url + str.charAt(i);
        i++;
    }
}
//每个 A 标签只能找一个 URL,直接找'>'
if (!(url.startsWith("javascript: "))
        && !(url.startsWith("mailto: "))
        && !(url.startsWith("https: "))
        && !(url.startsWith("ftp: "))) {
    if ((url.startsWith("http: //"))) {     //绝对地址
        flag1 = flag1 + 1;
    }
    else {                                  //相对地址
        flag2 = flag2 + 1;
    }
    sbf.append(url + "\r\n");
}
url = "";
```

```
                    k =true;
                    //本段分析结束
                } else {                                         //无用标签,抛弃
                    while (str.charAt(i++) !='>')
                        word ="";
                    key =false;
                    i--;
                }
            }else {
                if (str.substring(i).startsWith(" ")) {
                  //去掉  
                    i +=5;
                    zw =zw +"";
                } else {
                    zw =(zw +str.charAt(i)).trim();
                }
                temp =zw.replaceAll(" ", "");
                temp =temp.replaceAll(" ", "");
            }
        }
    }
    sbf.append("HyperLink Number: ");
    sbf.append(flag1 +flag2);
    hyperlink=sbf.toString();
    text=temp.trim();
}
public static String getdoc(String st) {
    String[] hlink =st.split("http: //");
    String doc ="";
    for (int i =1; i <hlink.length; i++) {
        if (hlink[i].indexOf(".doc") !=-1) {
            doc =doc +"http: //" +hlink[i];
        }
    }
    return doc;
}
public static String getxls(String str)
{
    String[] hlink =str.split("http: //");
    String xls ="";
    for (int i =1; i <hlink.length; i++) {
      if (hlink[i].indexOf(".xls") !=-1) {
          xls =xls +"http: //" +hlink[i];
      }
```

```
        }
        return xls;
    }
    public static String getpdf(String str) {
        String[] hlink =str.split("http: //");
        String pdf ="";
        for (int i =1; i <hlink.length; i++) {
            if (hlink[i].indexOf(".pdf") !=-1) {
                pdf =pdf +"http: //" +hlink[i];
            }
        }
        return pdf;
    }
}
```

程序 HttpCrawlerGUI.java 如下。

```
Import java.awt.Font;
public class HttpCrawlerGUI extends JFrame {
    final JPanel panel =new JPanel();
    final JPanel p1 =new JPanel();
    final JPanel p2 =new JPanel();
    final JPanel p3 =new JPanel();
    final JPanel p4 =new JPanel();
    final JPanel p5 =new JPanel();
    final JPanel p6 =new JPanel();
    final JPanel p7 =new JPanel();
    final JPanel p8 =new JPanel();
    final JPanel p9 =new JPanel();
    final JPanel p10 =new JPanel();
    final JPanel p11 =new JPanel();
    final JPanel p12 =new JPanel();
    final JPanel p13 =new JPanel();
    final JPanel p14 =new JPanel();
    final JLabel l1 =new JLabel("URL");
    final JLabel l2 =new JLabel("主 题");
    final JLabel l4 =new JLabel("内 容 ");
    final JLabel l3 =new JLabel("超 链");
    final JLabel l5 =new JLabel("属 性");
    final JLabel l6 =new JLabel("网页所在服务器时间");
    final JLabel l7 =new JLabel("网页最新修改日期");
    final JLabel l8 =new JLabel("网页内容长度");
    final JLabel l9 =new JLabel("网页的类型");
    final JLabel l10 =new JLabel("分类");
    public static JTextField t1 =new JTextField("http: //");     //输入 url
```

```
final JTextField t2 =new JTextField();                  //输入主题
final JTextField t3 =new JTextField("", 25);            //t3-t6 设置属性
final JTextField t4 =new JTextField("", 25);
final JTextField t5 =new JTextField("", 25);
final JTextField t6 =new JTextField("", 25);
final JTextField t7 =new JTextField("", 10);            //显示分类信息
final JButton b1 =new JButton("解析");
final JTextArea wa =new JTextArea(12, 36);              //设置内容
final JScrollPane bp =new JScrollPane(wa);
final JTextArea ta =new JTextArea(8, 35);
final JScrollPane sp =new JScrollPane(ta);              //设置超链
private static final long serialVersionUID =8050819330886927766L;
public HttpCrawlerGUI(final String name) {
super(name);
final Toolkit kit =Toolkit.getDefaultToolkit();
final Dimension screenSize =kit.getScreenSize();
final int screenHeight =screenSize.height;
final int screenWidth =screenSize.width;
setSize(800, 600);
setLocation(screenWidth / 5, screenHeight / 8);
final JComboBox jcb =new JComboBox();                   //设置下拉框
jcb.addItem("Hlink");
jcb.addItem(".doc");
jcb.addItem(".xls");
jcb.addItem(".pdf");
jcb.setEditable(false);
jcb.setVisible(true);
panel.setLayout(new BorderLayout());
//设置基本面板,在基本面板上增加了两个面板,p1,p2
panel.add(p1, BorderLayout.NORTH);
panel.add(p2, BorderLayout.CENTER);
getContentPane().add(panel);
p1.setLayout(new BorderLayout());                          //p1 设置了界面的上半部分
p1.add(l1, BorderLayout.WEST);
p1.add(t1, BorderLayout.CENTER);
p1.add(b1, BorderLayout.EAST);
p1.add(p4, BorderLayout.SOUTH);
p4.setLayout(new BorderLayout());
p4.add(l2, BorderLayout.WEST);
p4.add(t2, BorderLayout.CENTER);
p2.setLayout(new BorderLayout());
//p2 的左面放置了一个显示超链的文本域,右面放置了一个面板 p6
p2.add(sp, BorderLayout.WEST);
p2.add(p6, BorderLayout.EAST);
```

```
p6.setLayout(new BorderLayout());
p6.add(bp, BorderLayout.NORTH);
//p6的最上面放置了文本域bp,用于显示正文内容
p6.add(p9, BorderLayout.SOUTH);              //用于显示属性
p6.add(p14, BorderLayout.CENTER);
p14.setLayout(new BorderLayout());           //显示分类信息
p14.add(l10, BorderLayout.NORTH);
p14.add(t7, BorderLayout.CENTER);
p9.setLayout(new BorderLayout());            //用于显示网页所在服务器时间
p9.add(l5, BorderLayout.NORTH);
p9.add(p10, BorderLayout.CENTER);
p10.setLayout(new BorderLayout());           //网页最新修改日期
p10.add(l6, BorderLayout.WEST);
p10.add(t3, BorderLayout.EAST);
p10.add(p11, BorderLayout.SOUTH);
p11.setLayout(new BorderLayout());           //网页内容长度
p11.add(l7, BorderLayout.WEST);
p11.add(t4, BorderLayout.EAST);
p11.add(p12, BorderLayout.SOUTH);
p12.setLayout(new BorderLayout());           //网页的类型
p12.add(l8, BorderLayout.WEST);
p12.add(t5, BorderLayout.EAST);
p12.add(p13, BorderLayout.SOUTH);
p12.setLayout(new BorderLayout());
p12.add(l9, BorderLayout.WEST);
p12.add(t6, BorderLayout.EAST);
setVisible(true);
p2.add(p8, BorderLayout.NORTH);              //p8用于显示超链、下拉列表框等
p8.setLayout(new BorderLayout());
p8.add(p5, BorderLayout.WEST);
p8.add(p7, BorderLayout.CENTER);
p5.setLayout(new BorderLayout());            //p5左边用于显示"超链接"
p5.add(l3, BorderLayout.WEST);
p5.add(jcb, BorderLayout.CENTER);            //p5中间用于显示下拉列表框
p7.setLayout(new BorderLayout());
p7.add(l4, BorderLayout.EAST);               //p7用于显示"内容"
wa.setLineWrap(true);
t1.setFont(new Fontt("新宋体", Font.LAYOUT_NO_LIMIT_CONTEXT, 16));
//设置属性字体
t2.setFont(new Font("宋", Font.LAYOUT_NO_LIMIT_CONTEXT, 16));
t3.setFont(new Font("宋体", Font.LAYOUT_NO_LIMIT_CONTEXT, 22));
t4.setFont(new Font("宋体", Font.LAYOUT_NO_LIMIT_CONTEXT, 22));
t5.setFont(new Font("宋体", Font.LAYOUT_NO_LIMIT_CONTEXT, 22));
t6.setFont(new Font("宋体", Font.LAYOUT_NO_LIMIT_CONTEXT, 22));
```

```
t7.setFont(new Font("宋体", Font.LAYOUT_NO_LIMIT_CONTEXT, 20));
ta.setFont(new Font("宋体", Font.LAYOUT_NO_LIMIT_CONTEXT, 15));
//设置超链字体
wa.setFont(new Font("楷体", Font.LAYOUT_NO_LIMIT_CONTEXT, 15));
//设置内容字体
l1.setFont(new Font("宋体", Font.CENTER_BASELINE, 20));
l2.setFont(new Font("宋体", Font.CENTER_BASELINE, 20));
l3.setFont(new Font("宋体", Font.CENTER_BASELINE, 20));
l4.setFont(new Font("宋体", Font.CENTER_BASELINE, 20));
l5.setFont(new Font("宋体", Font.CENTER_BASELINE, 20));
l6.setFont(new Font("宋体", Font.CENTER_BASELINE, 15));
l7.setFont(new Font("宋体", Font.CENTER_BASELINE, 15));
l8.setFont(new Font("宋体", Font.CENTER_BASELINE, 15));
l9.setFont(new Font("宋体", Font.CENTER_BASELINE, 15));
l10.setFont(new Font("宋体", Font.CENTER_BASELINE, 20));
ta.setBackground(Color.lightGray);
ta.setForeground(Color.BLUE);
wa.setBackground(Color.LIGHT_GRAY);
wa.setForeground(Color.BLUE);
t1.setBackground(Color.LIGHT_GRAY);
t1.setForeground(Color.blue);
t2.setBackground(Color.lightGray);
t2.setForeground(Color.BLUE);
t3.setBackground(Color.lightGray);
t3.setForeground(Color.BLUE);
t4.setBackground(Color.lightGray);
t4.setForeground(Color.BLUE);
t5.setBackground(Color.lightGray);
t5.setForeground(Color.BLUE);
t6.setBackground(Color.lightGray);
t6.setForeground(Color.BLUE);
t7.setBackground(Color.lightGray);
t7.setForeground(Color.BLUE);
jcb.setBackground(Color.LIGHT_GRAY);
jcb.setForeground(Color.BLUE);
l1.setForeground(Color.black);
l2.setForeground(Color.black);
l3.setForeground(Color.black);
l4.setForeground(Color.black);
l5.setForeground(Color.black);
l6.setForeground(Color.black);
l7.setForeground(Color.black);
l8.setForeground(Color.black);
l9.setForeground(Color.black);
```

```
l10.setForeground(Color.black);
b1.setForeground(Color.BLUE);
b1.setFont(new Font("宋体", Font.CENTER_BASELINE, 20));
jcb.setFont(new Font("宋体", Font.CENTER_BASELINE, 16));
b1.addActionListener(new ActionListener() {  //设置解析按钮的事件
    public void actionPerformed(ActionEvent e) {
        exe();
    }
});
jcb.addItemListener(new ItemListener() {      //下拉列表框设置
    public void itemStateChanged(ItemEvent evt) {
        try {
            StringBuffer jieshou =HttpCrawler.content(t1.getText());
            HttpParser hp =new HttpParser();
            hp.gethypcon(jieshou.toString());
            String hk =hp.hyperlink;
            if (jcb.getSelectedItem().toString() =="Hlink"){
                ta.setText(hk);
            }
            else if (jcb.getSelectedItem().toString() ==".doc")
                ta.setText(HttpParser.getdoc(hk));
            else if (jcb.getSelectedItem().toString() ==".xls")
                ta.setText(HttpParser.getxls(hk));
            else if (jcb.getSelectedItem().toString() ==".pdf")
                ta.setText(HttpParser.getpdf(hk));
        } catch (Exception e1) {}
    }
});
ta.addMouseListener(new MouseAdapter(){ //响应事件
        public void mouseClicked(MouseEvent e) {
        ta.setCursor(Cursor.getPredefinedCursor(Cursor.HAND_CURSOR));
            if (e.getClickCount() ==3) {
                Runtime rt =Runtime.getRuntime();
                try {
                    String[] s ={"C: \\Program Files\\InternetExplorer\\
                                iexplore.exe",new String()};
                    s[1] =ta.getSelectedText();
                    if(!(ta.getSelectedText().startsWith("http: //")))
                        s[1] =t1.getText() +"/"+ta.getSelectedText();
                    rt.exec(s);
                } catch (IOException e1) {}
            }
```

```
            }
        });
        setDefaultCloseOperation(EXIT_ON_CLOSE);       //关闭窗口
        setResizable(false);
    }
    private void exe (){
        try {
            StringBuffer jieshou =HttpCrawler.content(t1.getText());
                                                                    //输入网址
            String title =HttpParser.gettitle(jieshou.toString());
            t2.setText(title);
            HttpParser hp =new HttpParser();
            hp.gethypcon(jieshou.toString());
            String hk =hp.hyperlink;
            String co=hp.text;
            ta.setText(hk);
            wa.setText(co);
            SimpleDateFormat sdf =new SimpleDateFormat(
                                            "yy年MM月dd日 HH: mm: ss");
            Date sbf1 =HttpCrawler.Asertime(t1.getText());
            t3.setText(sdf.format(sbf1));
            Date sbf2 =HttpCrawler.Amodifytime(t1.getText());
            t4.setText(sdf.format(sbf2));
            String sbf3 =HttpCrawler.Alength(t1.getText());
            t5.setText(sbf3);
            String sbf4 =HttpCrawler.Atype(t1.getText());
            t6.setText(sbf4);
            int t =hp.flag1 +hp.flag2;
            if (t >30)
                t7.setText("此网页以超链为主");
            else
                t7.setText("此网页以内容为主");
        } catch (Exception e1) {
                JOptionPane.showMessageDialog(null, "网址输入错误!");
                HttpCrawlerGUI.t1.setText("http: //");
        }
    }
    public static void main(final String[] args) {
        new HttpCrawlerGUI("HTML解析器");
    }
}
```

程序运行后，对 http://ww.oracle.com 主页进行分析，分析结果如图 12-6 所示。

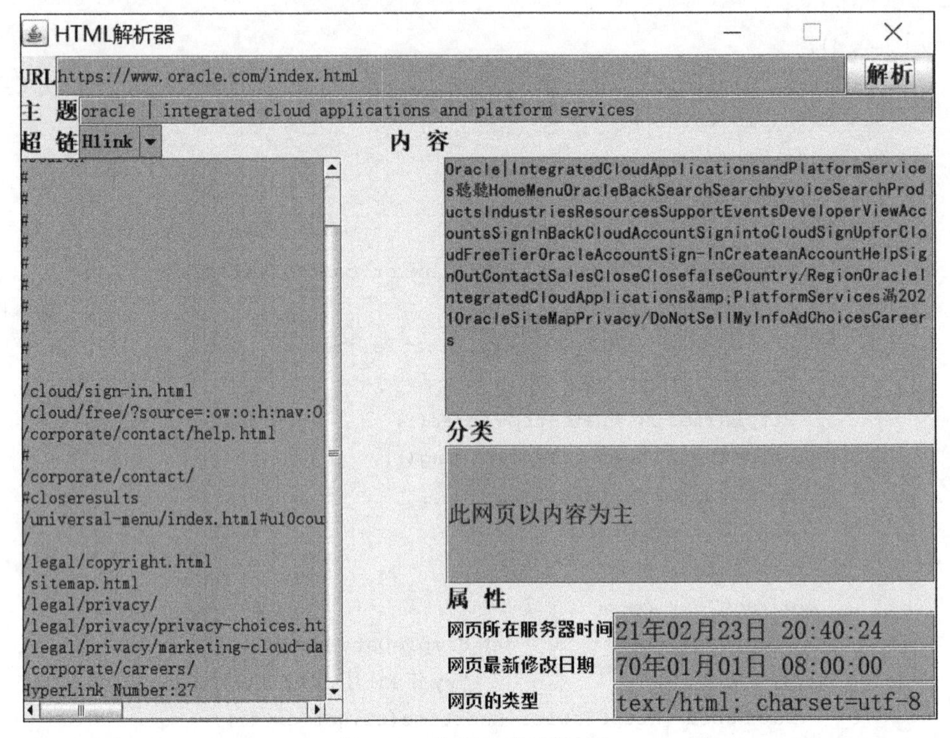

图 12-6 主页分析运行结果

12.6 案 例

为了实现客户端和服务器端的业务分离，本章将案例中对日志文件的写入操作放置在服务器端完成，客户端只需要将日志信息发送给服务器端即可。

12.6.1 案例设计

为了实现服务器对接收到的信息进行处理，写入文件，案例设计了 ServerSocketThread.java 实现服务器端应用程序，接收客户端发来的信息，并写入日志文件中。类 RootManageView.java 中“删除”按钮的事件处理的匿名内部类实现客户端向服务器发送请求。案例类图设计如图 12-7 所示。

12.6.2 案例演示

首先运行服务器端程序 ServerSocketThread.java，然后运行登录程序 LoginView.java，进入登录界面，管理员登录后进入学生信息管理界面，选中某条学生记录，单击“删除”按钮时，调用 RootManageView.java 中“删除”按钮对应的事件处理程序，启动客户端，连接服务器，将日志信息发送到服务器端，服务器端接收信息后输出到控制台上，同时写入日志文件，运行结果如图 12-8 所示。

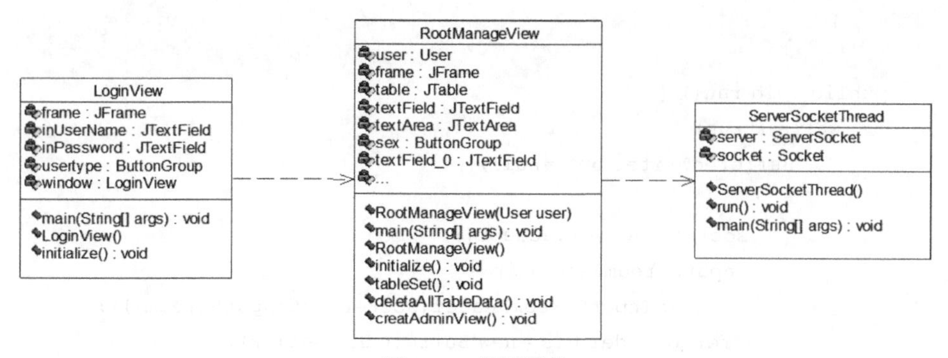

图 12-7 类图设计

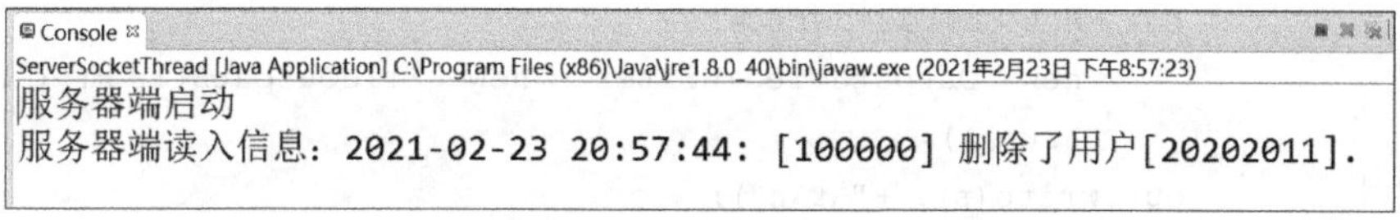

```
Console
ServerSocketThread [Java Application] C:\Program Files (x86)\Java\jre1.8.0_40\bin\javaw.exe (2021年2月23日 下午8:57:23)
服务器端启动
服务器端读入信息: 2021-02-23 20:57:44: [100000] 删除了用户[20202011].
```

图 12-8 服务器端运行界面

为了便于系统的维护,程序将服务器 IP 地址写在属性文件中。属性文件使用第 9 章中的 db.properties,在其中增加"serverIP = 127.0.0.1"一个属性。

12.6.3 代码实现

程序 User.java 如下。

```
package chapter12.util;
import java.io.BufferedReader;
import java.io.BufferedWriter;
import java.io.FileOutputStream;
import java.io.IOException;
import java.io.InputStreamReader;
import java.io.OutputStreamWriter;
import java.net.ServerSocket;
import java.net.Socket;
public class ServerSocketThread extends Thread {
    private ServerSocket server;
    Socket socket;
    String logPath =System.getProperty("user.dir") +"\\Log\\" +"rootLog.txt";
    public ServerSocketThread() {
        try {
            server =new ServerSocket(9999);
            System.out.println("服务器端启动");
        } catch (IOException e) {

            e.printStackTrace();
```

```
        }
    }
    public void run() {
        while (true) {
            BufferedWriter out =null;
            try {
                socket =server.accept();
                InputStreamReader in =
                    new InputStreamReader(socket.getInputStream());
                BufferedReader bis =new BufferedReader(in);
                String str =bis.readLine();
                System.out.println("服务器端读入信息: " +str);
                out =new BufferedWriter(
                    new  OutputStreamWriter  ( new  FileOutputStream  ( logPath,
                    true)));
                out.write(str +"\r\n");
            } catch (Exception e) {
                e.printStackTrace();
            } finally {
                try {
                    out.close();
                } catch (IOException e) {
                    e.printStackTrace();
                }
            }
        }
    }
    public static void main(String[] args) {
        new ServerSocketThread().start();
    }
}
```

修改 RootManageView.java 中的删除按钮事件处理代码及增加线程启动代码。将原来写入文件的代码改为建立 socket 客户端,并将需写入日志文件中的信息发送到 socket 服务器端。写入日志文件的操作由服务器实现。修改代码如下。

```
public class RootManageView {
    //...省略
    private void initialize() {
        //...省略
        JButton dltButton =new JButton("删除");
        dltButton.addActionListener(new ActionListener() {
            public void actionPerformed(ActionEvent e) {
                int i =table.getSelectedRow();
                Socket socket;
```

```
        if (i ==-1) {
            JOptionPane.showConfirmDialog(frame, "请选择有效信息", "提示
                信息", JOptionPane.CLOSED_OPTION);
        } else {
            stuService.deleteStudent(Integer.parseInt
                        (table.getValueAt(i, 0).toString()));
            //连接服务器端,将日志信息写入 socket 输出流,发送到服务器
            try {
                FileInputStream fis =
                        new FileInputStream("db.properties");
                Properties ps =new Properties();
                String serverIP =ps.getProperty("serverIP");
                socket =new Socket(serverIP, 9999);
                String log =df.format(new Date()) +": [" +user.getUserId()
                +"] 删除了用户["+table.getValueAt(i, 0).toString() +"].";
                BufferedWriter br =new BufferedWriter(new
                OutputStreamWriter(socket.getOutputStream()));
                br.write(log);
                br.flush();
                br.close();
            } catch (IOException e1) {
                    e1.printStackTrace();
            }
            DftableModel.removeRow(i);
            JOptionPane.showConfirmDialog(frame, "删除成功", "提示信息",
                JOptionPane.CLOSED_OPTION);
        }

      }
   });
//...省略
      // 插入多线程
      new FreshThread(textArea).start();
   }
   //...省略
}
```

12.7 习　题

1. 选择题

(1) Java 提供(　　)类,进行有关 Internet 地址的操作。

A. Socket　　　　B. ServerSocket

C. DatagramSocket　　　　D. InetAddress

(2) InetAddress 类中的(　　)方法可实现正向名称解析。

A. isReachable()　　B. getHostAddress()

C. getHosstName()　　D. getByName()

(3) 为了获取远程主机的文件内容,创建 URL 对象后,需要使用(　　)获取信息。

A. getPort()　　B. getHost

C. openStream()　　D. openConnection()

(4) 在 Java 程序中,使用 TCP 套接字编写服务端程序的套接字类是(　　)。

A. Socket　　B. ServerSocket

C. DatagramSocket　　D. DatagramPacket

(5) ServerSocket 的监听方法 accept()的返回值类型是(　　)。

A. void　　B. Object

C. Socket　　D. DatagramSocket

(6) ServerSocket 的 getInetAddress()的返回值类型是(　　)。

A. Socket　　B. ServerSocket

C. InetAddress　　D. URL

(7) 当使用客户端套接字 Socket 创建对象时,需要指定(　　)。

A. 服务器主机名称和端口　　B. 服务器端口和文件

C. 服务器名称和文件　　D. 服务器地址和文件

(8) 使用流式套接字编程时,为了向对方发送数据,需要使用(　　)方法。

A. getInetAddress()　　B. getLocalPort()

C. getOutputStream()　　D. getInputStream()

(9) 使用 UDP 套接字通信时,常用(　　)类把要发送的信息打包。

A. String　　B. DatagramSocket

C. MulticastSocket　　D. DatagramPacket

(10) 使用 UDP 套接字通信时,(　　)方法用于接收数据。

A. read()　　B. receive()　　C. accept()　　D. Listen()

(11) 若要取得数据包的源地址,可使用下列(　　)语句。

A. getAddress()　　B. getPort()

C. getName()　　D. getData()

2. 填空题

(1) java.net 包中提供了一个类________,允许数据报以广播方式发送到该端口的所有客户。

(2) 在 TCP/IP 协议的传输层,除了 TCP 协议之外还有一个________协议。几个标准的应用层协议 HTTP、FTP、SMTP 使用的都是________协议。________协议主要用于需要很强的实时交互性的场合,如网络游戏、视频会议等。

(3) 当得到一个 URL 对象后,就可以通过它读取指定的 WWW 资源。这时将使用 URL 的方法 openStream(),其定义为________________。

(4) URL 的构造方法都声明抛出非运行时异常 MalformedURLException,因此生成 URL 对象时，必须要对这一异常进行处理，通常是用________语句捕获。

3. 程序设计题

(1) 编写客户服务器端程序，使用 Socket 技术实现通信，双方约定通信端口为 6789。服务器端功能为：收到客户端信息后，首先判断是否是“BYE”，若是，则立即向对方发送“BYE”，然后关闭监听，结束程序。若不是，则在屏幕上输出收到的信息，并由键盘上输入发送到对方的应答信息。客户端功能为：收到服务器发来的是“BYE”时，立即向对方发送“BYE”，然后关闭连接，否则继续向服务器发送信息。

(2) 在(1)题的基础上实现一个多客户端通信程序。

4. 实训题

(1) 题目。

大学生综合测评系统服务器端程序设计。

(2) 功能。

① 接收多客户端的请求。

② 对客户端发来的消息，能够识别指令类型：包括登录、操作和退出等。

③ 客户端程序中不再与数据库服务器直接操作，而是将相关操作以消息的形式发送给服务器端，由服务器端进行相应的操作，最后将执行结果发送给客户端。

图书资源支持

感谢您一直以来对清华版图书的支持和爱护。为了配合本书的使用，本书提供配套的资源，有需求的读者请扫描下方的“书圈”微信公众号二维码，在图书专区下载，也可以拨打电话或发送电子邮件咨询。

如果您在使用本书的过程中遇到了什么问题，或者有相关图书出版计划，也请您发邮件告诉我们，以便我们更好地为您服务。

我们的联系方式：

地　　址：北京市海淀区双清路学研大厦 A 座 714

邮　　编：100084

电　　话：010-83470236　010-83470237

客服邮箱：2301891038@qq.com

QQ：2301891038（请写明您的单位和姓名）

资源下载：关注公众号“书圈”下载配套资源。

资源下载、样书申请

书圈

图书案例

清华计算机学堂

观看课程直播